荣获中国石油和化学工业优秀教材奖

普通高等教育"十一五"国家级规划教材

环境生态学
第二版

李洪远　主编

孟伟庆　单春艳　鞠美庭　文科军　副主编

化学工业出版社
·北京·

本书系统介绍了环境生态学的主要内容。全书内容框架根据环境类专业学生的知识背景来设置，第1章对环境生态学做导入性概述，第2～7章介绍了生态学的基础知识，第8～12章介绍了退化生态系统以及生态系统层面上的管理，第13、14章介绍了生态系统可持续管理的途径及全球生态问题。本书内容适度、结构合理，各章均附有学习要点、核心概念、课后复习、课后思考及推荐阅读文献。

本书适合作为高等院校环境类专业以及非生物专业本科生的教材，也可供从事环境保护工作的人员参考。

图书在版编目（CIP）数据

环境生态学/李洪远主编．—2 版．—北京：化学工业
出版社，2011.6（2024.9重印）
普通高等教育"十一五"国家级规划教材
ISBN 978-7-122-10873-9

Ⅰ．环… Ⅱ．李… Ⅲ．环境生态学-高等学校-教材
Ⅳ．X171

中国版本图书馆 CIP 数据核字（2011）第 051042 号

责任编辑：满悦芝　　　　　　　　装帧设计：尹琳琳
责任校对：宋　玮

出版发行：化学工业出版社（北京市东城区青年湖南街 13 号　邮政编码 100011）
印　　刷：北京云浩印刷有限责任公司
装　　订：三河市振勇印装有限公司
787mm×1092mm　1/16　印张 17¼　字数 431 千字　2024 年 9 月北京第 2 版第 15 次印刷

购书咨询：010-64518888　　　　　　售后服务：010-64518899
网　　址：http://www.cip.com.cn
凡购买本书，如有缺损质量问题，本社销售中心负责调换。

定　　价：36.00 元　　　　　　　　　　　　　版权所有　违者必究

前　言

　　环境生态学作为环境科学与生态学相互交叉、相互融合而逐步形成的一门新兴学科，其产生的背景是由于人类赖以生存的地球环境的不断恶化，全球气候变化、酸沉降、生物多样性丧失、生态系统退化、环境污染等生态环境问题越来越严重地威胁到整个地球生命系统。环境生态学以研究人为干扰的环境条件下生物与环境之间的相互关系为主要任务，以受损和退化生态系统作为研究对象，通过对环境变化所导致的生态系统结构和功能的变化机制和规律的研究，探索人类干扰活动对环境的影响效应，以寻求解决环境问题的生态学途径。

　　由于环境生态学理论基础之一的环境科学本身也是一门新兴学科，与其他新兴生态学分支学科相比，环境生态学在学科体系和内容框架上仍然不成熟，需要继续探索和逐步完善。目前，国内外与环境生态学相关的专著和教科书越来越多，尤其是国内环境类专业普遍开设了环境生态学课程，新的教材不断涌现，客观上推动了环境生态学学科的发展。但教材普遍存在3个问题：其一，与其他生态学分支学科内容上交叉重叠过多；其二，环境科学的内容纳入过多，生态学基础知识过少；其三，教材体系和内容编排上各式各样。究其原因，是由于编者所在院校的环境学科形成背景和课程体系设置的差异所致。环境学科基础深厚、课程体系健全的院校，与环境生态学相关的课程设置完善，故有些章节的内容会简化很多；而没有设置这些相关课程的院校，则会在课程和教材中比较系统、全面地加以介绍。这些内容包括"污染生态学"、"生态监测"、"生态影响评价"、"城市生态学"等。不少环境生态学教材中这些内容所占篇幅过大，而相对弱化了基础生态学的内容。如果是在环境学科发展比较完善的院校使用，由于以上内容都设有相关的课程，学生们就会感到重复的知识太多，而真正希望了解的生态学知识又不足；如果是在环境学科尚处于发展初期的院校使用，又会因为相关课程设置不够完善，很多内容会集中在这门课程里讲授，学生们同样会因为缺乏生态学的背景知识而对有些内容感到茫然。

　　基于以上问题的思考，在确定编写本教材之初，编写组反复讨论并几次修改大纲，最后教材形成以下特色。

　　1. 环境生态学毫无疑问是环境科学与生态学交叉的产物，但归根结底是生态学的一门分支学科。因此，本教材在内容的设置上，考虑到环境类专业学生生物学相关基础知识缺乏的特点，仍然把基础生态学的内容作了较为系统的介绍，重点放在生物与环境、种群、群落和生态系统等有关基本概念和基本原理，没有弱化经典生态学的这部分内容。

　　2. 环境生态学的研究重点是人类干扰下受损生态系统的变化机制以及恢复和保护策略。在内容框架设置上，除了经典生态学的基础知识不可或缺之外，重点考虑了景观生态系统、退化生态系统、生物多样性与保育、生态系统服务、生态系统健康管理、生态监测与评价等生态与环境密切相关的内容。

　　3. 增设了"生态系统可持续发展途径"一章，编者认为：与生物多样性保育、生态系统健康管理、退化生态系统恢复以及生态监测与评价等生态系统管理手段相比，生态规划、生态城市建设与生态工程则是人类更为积极主动地依据生态学原理，实现社会、经济和环境协调发展的有效途径。

　　本书由李洪远（南开大学）主持编写，并负责制订教材的编写大纲和内容框架，孟伟庆（天津师范大学）、单春艳（南开大学）、鞠美庭（南开大学）、文科军（天津城建大学）担任副主编。参加编写人员：李洪远（第1、2、4、8、9章），文科军、吴丽萍（第3、4、7章），孟伟庆（第6、7、13、14章），单春艳（第3、5、7、10、11、12章），鞠美庭（第5、10、11章），莫训强（第8、9章），闫维（第7、12章），李姝娟（第2、12章），王秀明（第1、14章），吴璇（第14章），郝翠（第6章），程晨（部分图表处理）。由孟伟庆负责对全书统一编排、图表处理。最后由李洪远统稿并定稿。

　　本书在编写过程中参考了很多国内外生态学领域的著作、教材和科研成果，在此向作者表示诚挚的敬意和感谢。

　　环境生态学尚处于不断充实和完善的阶段，尽管编者在教材内容和体系框架上都力求有所突破，但不足之处在所难免，恳请读者批评指正。

李洪远

2011 年 4 月于南开园

目 录

1 绪 论

■■■■■■

【学习要点】

1. 掌握环境生态学、生态学的概念；

2. 了解环境生态学、生态学产生的背景和发展过程；

3. 理解环境生态学与其他关联学科的关系；

4. 熟悉环境生态学、生态学的研究对象和研究方法。

【核心概念】

环境生态学：是研究人为干扰的环境条件下，生态系统结构内在的变化机制和规律、生态系统功能的响应，寻求因人类活动的影响而受损的生态系统的恢复、重建、保护的生态学对策，即运用生态学理论，阐明人与环境之间的相互作用及解决环境问题的生态途径的科学。

环境问题：是指人类在利用和改造自然的过程中，对自然环境破坏和污染所产生的危害人类生存的各种负反馈效应，包括生态破坏和环境污染。

生态学：是研究有机体与其周围环境相互关系的科学。环境包括非生物和生物环境，前者如温度、可利用水、风，而后者包括同种或异种的其他有机体。

环境科学：是研究和指导人类在认识、利用和改造自然的过程中，正确协调人与环境的相互关系，寻求人类社会可持续发展途径与方法的科学，是由众多分支学科组成的学科体系的总称。

1.1 环境生态学的产生及其发展历程

环境生态学是依据生态学理论，按照生态学的学术视野研究和解决环境问题的新兴学科，是环境科学与生态学之间的交叉学科，是生态学的重要应用学科之一。

1.1.1 环境生态学的概念

环境生态学（environmental ecology）是研究人为干扰的环境条件下，生态系统结构内在的变化机制和规律、生态系统功能的响应，寻求因人类活动的影响而受损的生态系统的恢复、重建、保护的生态学对策，即运用生态学理论，阐明人与环境之间的相互作用及解决环境问题的生态途径的科学。

环境生态学既不同于研究生物与其生存环境之间相互关系的经典生态学，也不同于研究污染物在生态系统中的行为规律和危害的污染生态学。它是从整体和系统角度出发，研究人类活动所导致的环境污染和生态破坏这两类环境问题的解决途径的学科。

1.1.2 环境生态学的形成与发展

1.1.2.1 环境问题的产生

环境问题（environmental problem）是指人类在利用和改造自然的过程中，对自然环境破坏和污染所产生的危害人类生存的各种负反馈效应，包括生态破坏和环境污染。生态破坏是指因不合理开发和利用资源而造成的对自然环境的破坏，如森林破坏、水土流失、土地沙化等。环境污染则是指人类排放的污染物对环境的危害，如 SO_2 污染、农药污染、重金属污染等。由于自然力的原因所引起的环境问题称为第一环境问题，或原生环境问题（first environmental problem），如火山、海啸、地震、台风等引起的环境问题，这些环境问题通常被称为自然灾害。由人类活动引起的环境问题，称为第二环境问题，或次生环境问题（secondary environmental problem）。第二环境问题是环境生态学研究的主要对象。

人类是环境的产物，又是环境的改造者。人类在同自然界的斗争中，运用自己的智慧，不断地改造自然，创造新的生存条件。然而，由于人类认识自然的能力和科学技术水平的限制，在改造环境的过程中，往往会产生意想不到的后果，造成环境的污染和破坏。从 18 世纪后半叶开始的第一次工业革命，到 19 世纪电的发明使人类进入第二次工业革命的电气化时代，特别是第二次世界大战以后社会生产力突飞猛进造成了严重的环境污染。20 世纪 60 年代后化学工业的迅速发展，合成并投入使用大量自然界中不存在的化学物质（如各种农药等），进一步加剧了环境质量的恶化。人口大幅度增长、森林过度砍伐、水土流失加剧、荒漠化面积扩大、土地盐碱化等都向人类生存和经济发展提出了严峻的挑战，环境污染和生态破坏所造成的影响已从局部向区域乃至全球范围扩展。1984 年由英国科学家发现、1985 年由美国科学家证实在南极上空出现"臭氧层空洞"，并由此掀起关注全球环境问题的热潮。

人类所面临的全球性环境问题主要有：全球变暖与温室效应所引发的海平面上升、气候异常；臭氧层的耗损与破坏使地面受到紫外线辐射的强度增加，给地球上的生命系统带来很大的危害；人口的急剧增加和人类对资源的不合理开发，加之环境污染等原因，导致地球上生物多样性减少；酸雨导致渔业减产、作物减产、土壤酸化、土壤贫瘠化，对人类生存环境产生影响；森林锐减导致土地沙漠化、水土流失、洪涝灾害频发、物种灭绝和温室效应加剧等一系列问题；土地荒漠化威胁到农田、牧场的生产力，严重影响到这些区域人类的生存环境质量。

1.1.2.2 环境生态学的形成与发展

环境生态学成为一门独立的科学始于 20 世纪 50、60 年代，随着全球性环境问题日益严重，如全球性气候变化、酸雨、臭氧层破坏、荒漠化扩展、生物多样性减少等带来的环境不断破坏、资源日益衰竭的严重生态危机，使全球环境和生态系统失衡。1972 年，罗马俱乐部发表了著名的研究报告——《增长的极限》。1972 年，联合国在瑞典首都斯德哥尔摩召开人类环境会议，通过了《联合国人类环境会议宣言》。1980 年 3 月 5 日，国际自然及自然资源保护联合会公布了《世界自然资源保护大纲》。这些会议和活动表明环境问题已成为当代世界上一个重大的社会、经济、技术问题。特别是随着社会、经济的发展，环境污染正以一种新的形态在发展。人类开始认识到地球的环境是脆弱的，各种资源也不是取之不尽的；环境被破坏、资源被过度利用以后是很难恢复的，必须依赖于生态学原理和方法，维护人类赖以生存的环境和可持续利用各种自然资源，这就是环境生态学产生的基础。

20世纪60年代初，美国海洋生物学家R. Carson的名著《寂静的春天》的出版对环境生态学的发展起到了极大的推动作用。该书描述了使用农药造成的严重污染，阐明了污染物在环境中的迁移转化，初步揭示了污染对生态系统的影响机制，阐述了人类同大气、海洋、河流、土壤及生物之间的密切关系。这些论述有力地促进了生态系统与现代环境科学的结合。这一时期，人类活动对环境影响的认识也更加深入，如《人类与环境》（Arvill，1967）、《我们生态危机的历史根源》（White，1967）、《人口炸弹》（Ehrlich，1968）、《人类对环境的影响》（Detewuler，1971）等论述有关人类活动对环境影响的专著相继出版，使人们认识到人类活动是如何影响地球表面大气圈、水圈、土壤-岩石圈和生物圈的自然过程的。

20世纪70~80年代是环境生态学的迅速发展时期。W. Barbara等在1972年出版的《只有一个地球》中，从整个地球的发展前景出发，从社会、经济和政治的不同角度，论述了经济发展和环境污染对不同国家产生的影响，指出人类所面临的环境问题，呼吁各国重视维护人类赖以生存的地球。该书的出版对环境生态学的发展起到了重要的作用。这一时期，国际上出版了一系列有影响的环境生态学方面的专著，如《人口、资源、环境——人类生态学的课题》（Ehrlich，1972），《应用生态学原理》（Remade，1974），《环境、资源、污染和社会》（Murdock，1975），《生态科学：人口、资源和环境》（1977），《环境生态学：生物圈、生态系统和人》（Anderson，1980），《受害生态系统的恢复过程》（Carins，1980）等。1987年，福尔德曼（Bill Freedman）发表了第一部详细的综合教科书《环境生态学》，标志着环境生态学的学科框架基本形成。

1.1.3 环境生态学的主要研究内容

（1）自然生态系统保护和管理利用的理论与方法　各类生态系统在生物圈中执行着不同的功能，被破坏后所产生的生态后果也有所不同，如水土流失、土地沙漠化、盐碱化等。环境生态学要研究各类生态系统的结构、功能、保护、管理和合理利用的途径与对策，探索不同生态系统的演变规律和调控技术，为防治人类活动对自然生态系统的干扰、有效地保护自然资源，合理利用资源提供科学依据。

（2）退化生态系统的机理以及恢复与重建技术　在人类干扰和自然干扰的影响下，很多生态系统处于退化状态。退化生态系统的恢复与重建是将环境生态学理论应用于生态环境建设的一个重要方面，应该重点研究人类活动与自然干扰造成各类生态系统退化的机理，探讨在遵循自然规律的基础上，通过人类的作用，根据技术上适当、经济上可行、社会能够接受的原则，恢复与重建自然生态系统的途径和技术方法，使受损或退化的生态系统重新获得有益于人类生存与发展的功能。

（3）人为干扰下受损生态系统内在的变化机制和规律　自然生态系统受到人为的外界干扰后，将会产生一系列的反应和变化。研究人为干扰对生态系统的生态作用、系统对干扰的生态效应及其机制和规律是十分重要的。主要包括各种污染物在各类生态系统中的行为、变化规律和危害方式，人为干扰的方式和强度与生态效应的关系等问题。生态系统受损程度的判断是环境生态学研究的重要任务之一，生态监测是必要的基础和手段，是分析生态系统中环境干扰效应的程度和范围的技术途径。

（4）解决环境污染防治的生态学对策与技术途径　环境污染防治主要是解决从污染发生、发展直至消除的全过程中存在的有关问题和采取防治的种种措施，其最终目的是保护和改善人类生存发展的生态环境。根据生态学的理论，结合环境问题的特点，采取适当的生态学对策并辅之以其他方法手段或工程技术来改善和恢复恶化的环境，是环境生态学的研究内容之一。如研究治理水体、土壤、大气污染的生态技术，各种废物处理和资源化的生态技术；研究生态工程技术，探索自然资源利用的新途径；研究生态系统科学管理的原理和方法等。

（5）生态规划手段与区域生态环境建设模式　生态规划主要是以生态学原理为理论依据，对某地区的社会、经济、技术和生态环境进行全面综合规划，调控区域社会、经济与自然生态系统及其各组分的生态关系，以便充分有效、科学地利用各种资源条件，促进生态系统的良性循环，使社会、经济持续稳定地发展。生态规划是区域生态环境建设的重要基础和实施依据。区域生态环境建设是根据生态规划，解决人类当前面临的生态环境问题，建设更适合人类生存和发展的生态环境的合理模式。

（6）不同尺度上生物多样性保护与管理方法　生物多样性是维持基本生态过程和生命系统的物质基础，生物多样性的监测与管理是环境生态学需要关注和研究的，包括种群和物种水平上的保护、群落和生态系统水平上的保护以及景观尺度上的保护。生态安全是指生物个体或生态系统不受侵害和破坏的状态。生态安全取决于人与生物之间、不同的生物之间的平衡状况。生物多样性是生态安全的重要组成部分，生物多样性的丧失，特别是基因和物种的丧失，对生态安全的破坏将是致命和无法挽回的，其潜在的经济损失是无法计算的。

（7）全球性生态环境问题监测与应对策略　全球性生态环境问题严重威胁着人类的生存和发展，如臭氧层破坏、温室效应、全球变化等，产生的根本原因是人类对大自然的不合理开发和破坏。因此，要在监测全球生态系统变化的基础上，研究全球变化对生物多样性和生态系统的影响、生存环境历史演变的规律、敏感地带和生态系统对环境变化的反应、全球环境变化及其与生态系统相互作用的模拟；建立适应全球变化的生态系统发展模型；提出减缓全球变化中自然资源合理利用和环境污染控制的对策和措施。

1.1.4　环境生态学的研究方法

（1）野外调查研究　野外调查研究是环境生态学研究的主要方法，是指在自然界原生境对生物与环境的关系进行调查分析，包括野外考察、定位观测等方法。

野外考察是考察特定种群或群落与自然地理环境的空间分异的关系。首先要划定生境边界，然后在确定的种群或群落生存活动空间范围内，进行种群行为或群落结构与生境各种条件相互作用的观察记录。野外考察种群或群落的特征和计测生境的环境条件，要采取适合各类生物的规范化抽样调查方法，如动物种群调查中的样方法、标记重捕法、去除取样法等，植物种群和群落调查中的样方法、无样地取样法、相邻格子取样法等。样地或样本的大小、数量和空间配置，都要符合统计学原理，保证得到的数据能反映总体特征。

定位观测是考察某个体、种群、群落或生态系统的结构和功能与其环境关系在时间上的变化。定位观测先要设立一块可供长期观测的固定样地，样地必须能反映所研究的种群或群落及其生境的整体特征。定位观测时间决定于研究对象和目的。若是观测微生物种群，只需要几天的时间即可，若观测群落演替，则需要几年、十几年、几十年甚至上百年的时间。

（2）科学实验研究　科学实验研究分为在野外进行的原地实验和在实验室内进行的受控实验。

原地实验是在自然条件下，采取某些措施获得有关某个因素的变化对种群、群落、生态系统及其他因素的影响。如在野外森林、草地群落中，人为去除或引进某个种群，观测该种群对群落和生境的影响；在自然保护区，人为地对森林进行疏伐，以观测某些阳生濒危植物种群的生长情况。

受控实验是在模拟自然生态系统的受控实验系统中，研究单项或多项因子相互作用，以及对种群或群落的影响的方法技术。如"微宇宙"（microcosm）模拟系统是在人工气候室或人工水族箱中，建立自然的生态系统模拟系统，即在光照、温室、风力、土质、营养元素等环境因子的数量与质量都完全可控制的条件下，通过改变其中某一因素或多个因素，来研究实验生物的个体、种群以及小型生物群落系统的结构、功能、生活史动态过程，及其变化的动因和机理。

（3）系统分析和数学模型　系统分析是一种进行科学研究的策略，通过系统分析可以建立一系列反映事物发展规律的系统模型，对系统进行模拟和预测，找出生态系统内各组分之间的关系、各组分内不同的影响力。系统分析中应用最多的方法有多元统计学、多元分析方法、动态方程、多维几何、模糊数学理论、综合评判方法、神经网络理论等一系列相关的数学、物理研究方法。目前，应用比较广泛的系统分析模型有微分方程模型（动力模型）、矩阵模型、突变率模型及对策论模型等。

数学模型是一个系统的基本要素及其关系的数学表达，模型能使一个十分复杂的系统简化，使研究者容易了解并预测其未来的发展趋势。生物种群或群落系统行为的时空变化的数学概括，统称生态数学模型。生态数学模型仅仅是实现生态过程的抽象，每个模型都有一定的限度和有效范围，如描述种群增长的指数方程和逻辑斯蒂（logistic）方程等就是用来分析表达种群动态的理论模型。

（4）新技术的应用　环境生态学的进展在很大程度上有赖于多种新技术、新方法的应用，包括计算机、卫星遥感、地理信息系统、同位素、分子生物学技术、自动测试技术、受控实验生态系统装置以及其他分析测试技术等。计算机技术在生态系统资料、数据处理中有极其重要的作用，生态系统的复杂规律必须在现代计算机技术手段下才能得以充分地揭示；对环境治理、资源合理利用、全球环境变化等这些复杂问题也只有利用计算机模拟才能解决，如预测系统行为及提出最佳方案等问题。遥感、航测和地理信息系统则频繁地用于资源探测、环境污染监测，如用近红外和可见光谱的遥测数据计算出来的归一化植被指数（ND-VI）预测生态系统的初级生产量。生态模拟技术则是另一类受到重视的新技术，美国、日本等国均已开展了许多生态模拟试验。如1991年美国在亚利桑那州沙漠中建成的"生物圈Ⅱ号"（biosphere 2）全封闭式人工模拟生态系统。现代环境生态问题的研究需要范围更大、分辨率更高的遥感技术，更精密的化学分析技术，稳定性同位素和分子生物学技术。

1.2　环境生态学的理论基础

1.2.1　生态学

1.2.1.1　生态学的概念

生态学（ecology）是研究有机体与其周围环境相互关系的科学（Haeckel，1866）。环境包括非生物和生物环境，前者如温度、可利用水、风，而后者包括同种或异种其他有机体。这个定义强调的是有机体与非生物环境的相互作用，以及有机体之间的相互作用。有机体之间的相互作用又可以分为同种生物之间和异种生物之间的相互作用，即种内相互作用和种间相互作用。前者如种内竞争，后者如种间竞争、捕食、寄生或互利共生。

ecology一词源于希腊文，由词根"oiko"和"logos"演化而来，"oiko"表示住所，"logos"表示学问。因此，从字义上讲，生态学是研究生物"住所"的科学。

Haeckel所赋予生态学的定义很广泛，由此引起了许多学者的争论。国际上许多著名生态学家也对生态学下过定义。如美国生态学家 E. P. Odum（1958）提出的定义是：生态学是研究生态系统的结构和功能的科学。我国著名生态学家马世骏（1980）认为：生态学是研究生命系统和环境系统相互关系的科学。他同时提出了社会-经济-自然复合生态系统的概念。

1.2.1.2 生态学的研究对象

由于生态学研究对象的复杂性，它已发展成一个庞大的学科体系。根据其研究对象的组织水平、类群、生境以及研究性质等可将其如下划分。

（1）根据研究对象的组织水平划分　生物的组织层次从分子到生物圈，与此相应，生态学也分化出分子生态学（molecular ecology）、进化生态学（evolutionary ecology）、个体生态学（autecology）或生理生态学（physiological ecology）、种群生态学（population ecology）、群落生态学（community ecology）、生态系统生态学（ecosystem ecology）、景观生态学（landscape ecology）与全球生态学（global ecology）。

（2）根据研究对象的分类学类群划分　生态学起源于生物学，生物的一些特定类群（如植物、动物、微生物）以及上述各大类群中的一些小类群（如陆生植物、水生植物、哺乳动物、啮齿动物、鸟类、昆虫、藻类、真菌、细菌等），甚至每一个物种都可从生态学角度进行研究。因此，可分出植物生态学、动物生态学、微生物生态学、陆生植物生态学、哺乳动物生态学、昆虫生态学、地衣生态学，以及各个主要物种的生态学。

（3）根据研究对象的生境类别划分　根据研究对象的生境类别划分，有陆地生态学（terrestrial ecology）、海洋生态学（marine ecology）、淡水生态学（freshwater ecology）、岛屿生态学（island ecology 或 island biogeography）等。

（4）根据研究性质划分　根据研究性质划分，有理论生态学与应用生态学。理论生态学涉及生态学进程、生态关系的数学推理及生态学建模；应用生态学则是将生态学原理应用于有关部门。例如，应用于各类农业资源的管理，产生了农业生态学、森林生态学、草地生态学、家畜生态学、自然资源生态学等；应用于城市建设则形成了城市生态学；应用于环境保护与受损资源的恢复则形成了保育生物学、恢复生态学、生态工程学；应用于人类社会，则产生了人类生态学、生态伦理学等。

1.2.1.3 生态学的形成及发展

生态学的形成和发展经历了一个漫长的历史过程，而且是多元起源的。概括地讲，大致可分为4个时期：生态学的萌芽时期、生态学的建立时期、生态学的巩固时期和现代生态学时期。

（1）生态学的萌芽时期（公元16世纪以前）　从远古时代起，人们实际上就已在积累生态学的知识，一些中外古籍中都有不少有关生态学知识的记载。早在公元前1200年，我国《尔雅》一书中就记载了176种木本植物和50多种草本植物的形态与生态环境。公元前200年《管子》"地员篇"专门论及水土和植物，记述了植物沿水分梯度的带状分布以及土地的合理利用。公元前100年前后，我国农历已确立24节气，它反映了作物、昆虫等生物现象与气候之间的关系。这一时期还出现了记述鸟类生态的《禽经》，记述了不少动物行为。在欧洲，Aristotle（公元前384～公元前322年）按栖息地把动物分为陆栖、水栖两大类，还按食性分为肉食、草食、杂食及特殊食性4类。Aristotle的学生、古希腊著名学者Theophrastus（公元前370～公元前285年）在其著作中曾经根据植物与环境的关系来区分不同树木类型，并注意到动物色泽变化是对环境的适应。但上述古籍中没有生态学这一名词，那时也不可能使生态学发展成为独立的科学。

（2）生态学的建立时期（公元17～19世纪）　进入17世纪之后，随着人类社会经济的发展，生态学作为一门科学开始成长。例如，1735年法国昆虫学家Reaumur发现，就一物种而言，发育期间的气温总和对任一物候期都是一个常数，被认为是研究积温与昆虫发育生理的先驱；1855 年 Al. de Candolle 将积温引入植物生态学，为现代积温理论打下了基础；1792 年德国植物学家 C. L. Willdenow 在《草学基础》一书中详细讨论了气候、水分与高山深谷对植物分布的影响；A. Humboldt 于 1807 年用法文出版《植物地理学知识》一书，提出"植物群落"、"外貌"等概念，并指出"等温线"对植物分布的意义；1859 年达尔文的《物种起源》发表，促进了生物与环境关系的研究；1866 年 Haeckel 提出 ecology 一词，并首次提出了生态学定义；丹麦植物学家 E. Warming 于 1895 年发表了他的划时代著作《以植物生态地理为基础的植物分布学》，1909 年用英文出版，改名为《植物生态学》（*Ecology of Plants*），1898 年波恩大学教授 A. F. W. Schimper 出版《以生理为基础的植物地理学》，这两本书全面总结了 19 世纪末叶之前生态学的研究成就，被公认为生态学的经典著作，标志着生态学作为一门生物学的分支科学的诞生。

（3）生态学的巩固时期（20 世纪初～20 世纪 50 年代） 这一时期，动物种群生态学取得了一些重要的发现并得到了迅速的发展，如 Peral（1920）和 Read（1920）对 logistic 方程的再发现，这个方程是描述种群数量变化的最基本方程；Lotka（1925）和 Volterra（1926）分别提出了描述两个种群间相互作用的 Lotka-Volterra 方程；C. Elton（1927）在《动物生态学》一书中提出了食物链、数量金字塔、生态位等非常有意义的概念；Lindeman（1942）提出了生态系统物质生产率的渐减法则。植物群落生态学方面有了很大的发展，一些学者如 Clements（1938）、Whittaker（1953）、Tansley（1954）等先后提出了诸如顶极群落、演替动态、生物群落类型等重要概念，对生态学理论的发展起了重要的推动作用。同时由于各地自然条件不同，植物区系和植被性质差别甚远，在认识上和工作方法上也各有千秋，形成了不同的学派。如以美国的 F. D. Clements 和英国的 A. G. Tansley 为代表的英美学派，以瑞士的苏黎世（Zurich）大学和法国的蒙伯利埃（Montpellier）大学为中心的法-瑞学派，以瑞典 Uppsala 大学 Rietz 为代表的北欧学派和以 V. N. Sukachev 院士为代表的前苏联学派。在这个时期内，动、植物生态学分别有较大的发展，被称为动、植物生态学并行发展的阶段。

（4）现代生态学时期（20 世纪 50 年代～现在） 20 世纪 50 年代以来，人类的经济和科学技术获得了史无前例的飞速发展，既给人类带来了进步和幸福，也带来了环境、人口、资源和全球变化等关系到人类自身生存的重大问题。在解决这些重大社会问题的过程中，生态学不仅与生理学、遗传学、行为学、进化论等生物学各个分支领域相互促进，并且与数学、地学、化学、物理学等自然科学相互交叉，甚至超越自然科学界限，与经济学、社会学、城市科学相互结合，生态学成了自然科学和社会科学相接的真正桥梁之一。

传统生态学的研究对象主要是有机体、种群、群落和生态系统几个宏观层次，现代生态学研究对象则向宏观和微观两极多层次发展，从微观的分子生态、细胞生态，到宏观的景观生态、区域生态、生物圈或全球生态。生态学研究的国际化趋势越来越显著。如 20 世纪 60 年代的 IBP（国际生物学计划），70 年代的 MAB（人与生物圈计划），以及现在正在执行中的 IGBP（国际地圈生物圈计划）和 DIVERSITAS（生物多样性计划）。

这一时期，生态学在理论和应用上都取得了显著的进展。

① 理论方面 在生理生态向宏观方向发展的同时，由于分子生物学、生物技术的兴起，促使其也向着细胞、分子水平发展。种群生态学发展迅速，德国的 Lorens（1950）和 Tinbergen（1951，1953）在行为生态学的研究方面获得了诺贝尔奖，把这一领域的研究推向了新阶段。Harper（1977）的巨著《植物种群生物学》，突破了植物种群研究上的难点，发展

了植物种群生态学。群落生态学由描述群落结构，发展到数量生态学，包括排序和数量分类，并进而探讨群落结构形成的机理。德国 Knapp（1974）主编的《植被动态》，全面论述了植被的动态问题，促进了植被动态的研究，进一步完善了演替理论。Whittaker（1978）编著的《植物群落分类》和主编的《植物群落排序》，以及加拿大 Pielou（1984）所著的《生态学数据的解释》等著作，强调了植被的"连续性"概念，采用数理统计、梯度分析和排序来研究群落的分类和演替，尤其是电子计算机的应用，使植物群落生态学的研究进入了数量化、科学化的新阶段。生态系统生态学在现代生态学中占据了突出地位，E. P. Odum 的《生态学基础》（1953，1959，1971，1983），对生态系统的研究产生了重大影响。H. Odum 和 Hutchinson（1970）分别从营养动态概念着手，进一步开拓了生态系统的能流和能量收支的研究。美国 Shugart 和 Neil（1979）的《系统生态学》，以及 Jefers（1978）的《系统分析及其在生态学上的应用》等著作，应用系统分析方法研究生态系统，使生态系统的研究在方法上有了新的突破，从而丰富和发展了生态学的理论。

② 应用方面　应用生态学的迅速发展是 20 世纪 70 年代以来的另一个趋势，它是联结生态学与各门类生物生产领域和人类生活环境与生活质量领域的桥梁和纽带。有两个重要的发展趋势：一是经典的农、林、牧、渔各业的应用生态学由个体和种群的水平向群落和生态系统水平的深度发展，如对所经营管理的生物集群注重其种间结构配置、物流、能流的合理流通与转化，并研究人工群落和人工生态系统的设计、建造和优化管理等；二是由于全球性污染和人类对自然界的控制管理的宏观发展，如人类所面临的人口、食物保障、物种和生态系统多样性、能源、工业及城市问题等方面的挑战，应用生态学的焦点已集中在全球可持续发展的战略战术方面。

1. 2. 2　环境科学

1. 2. 2. 1　环境科学的定义

环境科学是研究和指导人类在认识、利用和改造自然的过程中，正确协调人与环境相互关系，寻求人类社会可持续发展途径与方法的科学，是由众多分支学科组成的学科体系的总称。环境科学的研究对象是"人类和环境"这对矛盾之间的关系，其目的是要通过人类的社会行为，保护、发展和建设环境，从而使环境永远为人类社会持续、协调、稳定的发展提供良好的支持和保证。

1. 2. 2. 2　环境科学的主要研究内容

（1）探索全球范围内环境系统演化的规律　环境总是在不断地变化，环境变异也随时随地发生。人类在改造自然中，为了使环境向有利于人类的方向发展，就必须了解环境系统的变化规律，这是环境科学的基础。

（2）揭示人类活动与环境的关系　环境为人类提供生存和发展的物质条件，人类在生产和消费过程中又不断影响环境。人类生产和消费系统中物质和能量的迁移、转化过程虽然十分复杂，但必须使物质和能量的输入和输出之间保持相对平衡。

（3）探索环境变化对人类生存的影响　研究污染物在环境中的物理、化学变化过程，在生态系统中迁移转化的机理，以及进入人体发生的各种作用；研究环境退化同物质循环之间的关系，为保护人类生存环境提供依据。

（4）研究人类对不同范围和尺度的环境影响　人类活动造成的环境问题有不同的范围和尺度，如温室效应、臭氧层破坏等属于全球性环境问题，而酸雨的污染则具有区域性。不同范围和尺度的环境问题有其各自的成因和制约因素，因此需从不同范围的特点出发，系统、全面地加以研究。

（5）探索区域环境综合治理的技术和管理手段　引起环境问题的因素很多，需要综合运用多种技术措施和管理手段，从区域环境的整体出发，利用现代科学理论、技术和方法寻求解决环境问题的最优方案。

1.2.2.3　环境科学的形成与发展

20世纪50年代末，环境问题成为全球性的重大问题，引起世界上许多领域的科学家，包括生物学家、化学家、地理学家、医学家、工程学家、物理学家和社会科学家对环境问题的广泛关注。他们在各自原有学科的基础上，运用原有学科的理论和方法去研究环境问题，逐渐出现了一些新的分支交叉学科，如环境地学、环境生物学、环境化学、环境物理学等，在这些分支学科的基础上于20世纪70年代孕育产生了环境科学。

20世纪60年代末，来自西方十国的30多位自然科学家、经济学家和企业家在意大利罗马召开会议讨论人类当前和未来的环境问题，成立了罗马俱乐部，并先后发表了D. H. 米多斯等人撰写的《增长的极限》和E. 戈德史密斯的《生存的战略》。70年代出版了以《环境科学》为书名的综合性专著。1972年英国经济学家B. 沃德（B. Ward）和美国微生物学家R. 杜博斯（R. Dubos）受联合国人类环境会议秘书长M. 斯特朗（M. Strong）的委托，主编出版了《只有一个地球》一书，试图从整个地区以及社会、经济和政治的角度来探讨环境问题，要求人类明智地管理地球，这可以被认为是环境科学的一部绪论性质的著作，从而形成了环境科学相对独立的研究体系。

1992年在巴西里约热内卢召开的联合国环境与发展大会上通过了《气候变化框架公约》和《生物多样性公约》，并在所通过的《里约环境与发展宣言》中提出：人类处于普遍受到关注的可持续发展问题的中心，应享有以与自然和谐的方式过健康而富有生产成果的生活的权利，并公平地满足今世后代生存发展与环境方面的需要。这表明人类的发展观念和发展思想发生了深刻的改变，标志着人类即将步入可以被称为"环境文明"的新的历史时代。在经过30多年解决环境问题的实践与思考后，人们终于觉悟到，要真正解决环境问题，首先必须改变人类的发展观。发展不能仅局限于只经济发展，不能把社会经济发展与环境保护割裂开来，更不应对立起来。发展应当是社会、经济、人口、资源和环境的协调发展和人的全面发展，这就是"可持续发展"的发展观。在这一新的发展观指导下，环境科学又进入一个更高的发展阶段，正在成为一门崭新的、独立的科学。

1.2.2.4　环境科学的分支学科

经过几十年的发展，环境科学已经形成了一个由环境学、基础环境学和应用环境学3部分组成的较为完整的学科体系。这3部分各自的主要任务是：①环境学，是环境科学的核心和理论基础，它侧重于环境科学基本理论和方法论的研究。②基础环境学，是由环境科学中许多以基础理论研究为重点的分支学科组成，包括环境数学、环境物理学、环境化学、环境毒理学、环境地理学和环境地质学等。③应用环境学，是由环境科学中以实践应用为主的许多分支学科组成，包括环境控制学、环境工程学、环境经济学、环境医学、环境管理学和环境法学等。

1.3　环境生态学的相关学科

1.3.1　景观生态学

景观生态学（landscape ecology）是以整个景观为对象，通过物质流、能量流、信息流与价值流在地球表层的传输和交换，通过生物与非生物以及与人类之间的相互作用与转化，运用生态系统原理和系统方法研究景观结构和功能、景观动态变化以及相互作用机理，研究景观的美化格局、优化结构、合理利用和保护的学科。景观生态学和环境生态学都是以在人类干扰下，自然生态系统被开发利用后的复合系统为研究对象的。在研究内容上，景观生态学侧重的是景观格局的类型、其空间配置的生态学过程及其生态效应；而环境生态学则关注这种格局和配置对生态系统产生的效应、生态过程所发生的变化、变化的机制和规律、变化效应对人类社会是否构成危害，以及危害削减的对策。

1.3.2 城市生态学

城市生态学（urban ecology）是研究城市人类活动与城市环境之间关系的一门学科，将城市视为一个以人为中心的人工生态系统，在理论上着重研究其发生和发展的动因、组合和分布的规律、结构和功能的关系、调节和控制的机制；在应用上旨在运用生态学原理规划、建设和管理城市，提高资源利用率，改善城市系统关系，增加城市活力。其研究内容主要是城市生态系统的组成形态与功能、城市人口、生态环境、城市灾害及防范、城市景观生态、城市与区域可持续发展和城市生态学原理的社会应用等。

1.3.3 恢复生态学

恢复生态学（restoration ecology）是研究生态系统退化原因、退化生态系统恢复与重建的技术和方法、退化的生态学过程与机制的科学。很显然，恢复生态学的研究内容与环境生态学有交叉，但又不是完全相同的学科重复。首先，在学科性质上，恢复生态学更侧重于恢复与重建技术的研究，应属于技术科学的范畴，而环境生态学则更加侧重于基本理论的探讨，属于基础研究学科；其次，在研究内容上，在受损生态系统恢复这一重叠领域，环境生态学注重研究受损后生态系统变化过程的机制和产生的生态效应，关注的是"逆向演替"的动态规律，恢复生态学则注重研究生态恢复的可能与方法，更关注恢复与重建后，生态系统"正向演替"的动态变化，以及如何加快这种演替的各种措施。

1.3.4 保育生态学

保育生态学（conservation ecology）包含生态系统的"保护"与"复育"两个内涵，即针对濒危生物的育种、繁殖、栖息地的监测保护与对受破坏生态系统的恢复、改良和重建。以生态学的原理，监测人类与生态系统间的相互影响，并协调人类与生物圈的相互关系，以达到保护地球上单一生物物种以及不同生物群落所依存的栖息地的目的，并维系自然资源的可持续利用。由于生态保育关系到人类对生物行为、食物链乃至整个栖地环境的了解，也关系到人类在环境经营上的模式与对自然资源的利用和保护，因此生态保育需要多学科的协作。

1.3.5 环境生物学

环境生物学（environment biology）是研究生物与受人类干预的环境之间的相互作用的机制和规律。环境生物学以研究生态系统为核心，向两个方向发展：从宏观上研究环境中污染物在生态系统中的迁移、转化、富集和归宿，以及对生态系统结构和功能的影响；从微观上研究污染物对生物的毒理作用及对遗传变异影响的机制和规律。其研究的主要内容是环境污染引起的生态效应，生物或生态系统对污染的净化功能，利用生物对环境进行监测、评价的原理和方法以及自然保护等。其目的在于为人类合理地利用自然和自然资源、保护和改善人类的生存环境提供理论基础，促进环境和生物朝有利于人类的方向发展。

1.3.6 污染生态学

污染生态学（pollution ecology）是一门研究生物系统与被污染的环境系统之间的相互作用规律及采用生态学原理和方法对污染环境进行控制和修复的科学。有两个基本的内涵：

①生态系统中污染物的输入及其对生物系统的作用过程和对污染物的反应及适应性，即污染生态过程；②人类有意识地对污染生态系统进行控制、改造和修复的过程，即污染控制与污染修复生态工程。污染生态学把生态系统作为一个整体进行系统分析，进行生态模拟和建立生态系统模型，以便阐明污染物进入生态系统引起的生态效应以及生态系统对污染物的净化功能。

1.3.7 生态经济学

生态经济学（ecological economics）是以生态-经济复合系统为研究对象，研究整个系统运行机制和系统各要素间相互作用规律的科学，是一门跨自然经济学和社会科学的交叉学科。生态经济学根据生物物理学的理论，依据物理学中的能量学定律，采用"能值"作为基准，把不同种类、不可比较的能量转换成同一标准的能值进行分析，在研究方法上，实现了生态系统各种服务功能价值评价中无法统一比较标准的突破，这对环境生态学的研究无疑是非常重要的。环境生态学的研究需要界定生态系统受到损害的程度，评价其功能和结构的变化。从本质上看，这属于生态资源及其价值的评价问题，是生态系统各种服务功能的维护与管理问题，也是生态经济学研究的主要范畴。

1.3.8 人类生态学

人类生态学（human ecology）是应用生态学基本原理研究人类及其活动与自然和社会环境之间相互关系的科学。以"自然-社会-经济"复合的人类生态系统作为研究对象，以城市生态系统和农业生态系统的可持续发展作为人类社会与经济的可持续发展的目标，着重研究人口、资源与环境3者之间的平衡关系，涉及人口动态、食物和能源供应、人类与环境的相互作用，以及经济活动产生的生态环境问题，并试图提出解决上述问题的途径与措施。

［课后复习］

概念和术语：环境生态学、环境问题、原生环境问题、次生环境问题、定位观测、原地实验、受控实验、生态学、环境科学、景观生态学、城市生态学、恢复生态学、保育生态学、环境生物学、污染生态学、生态经济学、人类生态学

［课后思考］

1. 环境生态学与普通生态学有何异同点？
2. 阐述环境生态学的形成过程和发展趋势。
3. 现代生态学发展的趋势与特点是什么？
4. 简述环境生态学的主要研究内容。
5. 环境生态学与哪些生态学分支有密切的关联？

［推荐阅读文献］

[1] 李元. 环境生态学导论. 北京：科学出版社，2009.
[2] 盛连喜. 环境生态学导论. 第2版. 北京：高等教育出版社，2009.
[3] 卢升高，吕军. 环境生态学. 杭州：浙江大学出版社，2004.
[4] 金岚. 环境生态学. 北京：高等教育出版社，1992.

2 生物与环境

【学习要点】

1. 掌握环境的概念、类型、分类和特征；

2. 理解生物与环境之间的相互作用规律；

3. 熟悉生态因子的概念、特征、类型和生态因子研究的一般原理；

4. 了解主要生态因子（温度、光照、水分、土壤等）对生物的生态作用以及生物的适应机制。

【核心概念】

环境：是指某一特定生物体或生物群体以外的空间，以及直接或间接影响该生物体或生物群体生存与发展的各种因素。

环境因子：是指生物有机体外部对生物有机体生活和分布有影响的所有环境要素。

适应：是指生物从自身的形态、生理、行为等多方面进行调整，在不同的环境中产生不同的适应性变异，以适应环境变化的过程。生物对环境的适应分为基因型适应和表现型适应。

生态因子：是指环境中对生物生长、发育、生殖、行为和分布有直接或间接影响的环境要素。

限制因子：当生态因子（一个或相关的几个）接近或超过某种生物的耐受性极限而阻止其生存、生长、繁殖、扩散或分布时，这些因子就称为限制因子。

最小因子定律：低于某种生物需要的最小量的任何特定因子，是决定该种生物生存和分布的根本元素。

耐受性定律：任何一个生态因子在数量或质量上不足或过多，达到或超过某种生物的耐受限度时，就会导致该种生物衰退或不能生存。

光周期现象：生物长期生活在具有一定昼夜变化格局的环境中，借助于自然选择和进化而形成特有的对日照长度变化的反应方式。

有效积温法则：是指在生物的生长发育过程中，必须从环境中摄取一定的热量才能完成某一阶段的发育，而且各个发育阶段所需总热量是一常数。

2.1　生物与环境的关系

2.1.1　环境的概念和类型

环境（environment）是指某一特定生物体或生物群体以外的空间，以及直接或间接影响该生物体或生物群体生存与发展的各种因素。环境总是针对某一特定主体或中心而言，是一个相对的概念，离开了这个主体或中心也就无所谓环境，因此环境只具有相对的意义。在生物科学中，生物是主体，环境是指生物的栖息地以及直接或间接影响生物生存和发展的各种因素。在环境科学中，人类是主体，环境则指围绕着人类的空间以及直接或间接影响人类生活和发展的各种因素的总体。

环境所包括的范围和因素，是随所指的主体而决定的，主体有大小之分，环境也有大小之别，大到整个宇宙，小到基本粒子。例如，一条鲤鱼在池塘中游泳，若以它为主体，那么环境就是这条鲤鱼的栖息地及周围的一切，包括生物的和非生物的因素，或称生物因子和非生物因子。但对地球上所有的动植物而言，整个地球表面的大气圈、水圈、岩石圈及生物圈都是它们生存和发展的环境。

环境是一个非常复杂的体系，至今尚未形成统一的分类系统。根据环境的性质划分，可将环境分成自然环境、半自然环境（被人类破坏后的自然环境）和社会环境3类。根据环境的主体划分，一种是以人为主体，其他的生命物质和非生命物质都被视为环境要素，这类环境称为人类环境，也就是环境科学中所说的环境；另一种是以生物为主体，生物体以外的所有自然条件称为环境，这类环境称为生物环境，也就是生态学中所说的环境。生物环境又可以依据环境范围的大小分成大环境、微环境和内环境。大环境是指宇宙环境、地球环境和区域环境。大环境的气象条件称为大气候，是指离地面1.5m以上的气候，包括温度、降水、相对湿度、日照等，由太阳辐射、大气环流、地理纬度、距海洋远近等大范围因素所决定，基本不受局部地形、植被、土壤的影响。微环境是指生物的特定栖息地，微环境中的气候称为小气候，由于受局部地形、植被和土壤类型的影响而与大气候有极大的差别。微环境直接影响到生物的生活，生物群落的镶嵌性就是微环境作用的结果。内环境指生物体内组织或细胞间的环境，对生物体的生长和繁育具有直接的影响。例如，叶片内部直接和叶肉细胞接触的气腔、气室、通气系统，都是形成内环境的场所。内环境对植物有直接的影响，且不能为外环境所代替。

2.1.2　环境的基本功能和特性

环境是一个复杂的、有时空变化的动态系统和开放系统，系统内外存在着物质和能量的转化。系统外部的各种物质和能量，通过外部作用进入系统内部，这个过程称为输入；系统内部也对外部发生一定作用，通过系统内部作用，一些物质和能量排放到系统外部，这个过程称为输出。在一定的时空尺度内，若系统的输入等于输出，就出现平衡，称为环境平衡或生态平衡。

系统的内部，可以是有序的，也可以是无序的。系统的无序性，称为混乱度，也叫熵。熵越大，混乱度越大，越无秩序，如城市的人工物资系统和城市居民，都趋向于增加整个城市环境系统的熵值。反之，则称为负熵，即系统的有序性。负熵越大，即伴随物质能量进入系统后，有序性增大，如城市生物能增加系统负熵，系统的有序性增大。环境平衡就是保持系统的有序性。保持开放系统有序性的能力，称为稳定性。

　　系统的组成和结构越复杂，它的稳定性越大，越容易保持平衡；反之，系统越简单，稳定性越小，越不容易保持平衡。因为任何一个系统，除组成成分的特征外，各成分之间还具有相互作用的机制。这种相互作用越复杂，彼此的调节能力就越强；反之则越弱。这种调节的相互作用，称为反馈作用。最常见的反馈作用是负反馈作用（negative feedback），负反馈控制可以使系统保持稳定，正反馈使偏离加剧。例如在生物的生长过程中，个体越来越大，或一个种群个体数量不断上升，这都属于正反馈，正反馈是有机体生长和生存所必需的。但正反馈不能维持稳定，要使系统维持稳定，只有通过负反馈控制，因为地球和生物圈的空间和资源都是有限的。

　　由于人类环境存在连续不断的、巨大和高速的物质、能量和信息的流动，表现出其对人类活动的干扰与压力，因此它具有不容忽视的特性。

　　(1) 整体性与有限性　环境的整体性指组成环境的各部分之间存在着紧密的相互联系、相互制约关系。局部地区的环境污染或破坏，总会对其他地区造成影响和危害。人与地球环境也是一个整体，地球的任一部分或任一系统，都是人类环境的组成部分。

　　环境的有限性有 3 方面的含义，其一是指地球在宇宙中独一无二，而且其空间也有限；其二是指人类和生物赖以生存的各种环境资源在质量、数量等方面，都是有一定限度的，生物生产力通常都有一个大致的上限，因此任何环境对外来干扰都有一定忍耐极限，当外界干扰超过此极限时，环境系统就会退化甚至崩溃；第三是指环境容纳污染物质的能力有限，或对污染物质的自净能力有限。

　　(2) 变动性和稳定性　环境的变动性是指在自然和人类活动的作用下，环境的内部结构和外在状态始终处于不断变化之中。环境的稳定性指环境系统具有一定自动调节功能的特征，即在人类活动作用下，若环境结构所发生的变化不超过一定的限度，环境可以借助于自身的调节功能使其恢复到原来的状态。

　　环境的变动性与稳定性是相辅相成的，变动性是绝对的，稳定性是相对的。环境的这一特性表明人类活动会影响环境的变化，因此人类必须自觉地调控自己的活动方式和强度，不要超过环境自身调节功能的范围，才能实现人类与自然环境的和谐共生。

　　(3) 显隐性与持续性　环境的显隐性指环境的结构和功能变化后，对人类和其他生物产生的后果，有时会立即显现，如森林火灾、农药对水体的污染等。而有时环境污染与环境破坏对人类的影响，其后果的显现却有一个滞后过程，如日本汞污染引起的水俣病，经过 20 年时间才显现出来，又如温室效应也是人类长期向大气中排放温室气体和破坏植被造成的。

　　环境的持续性是指环境变化所造成的后果是长期的、连续的。如农药 DDT，虽然已经停止使用，但已进入生物圈和人体中的 DDT 需要经过几十年或更长时间才能从生物体中彻底排除出去。事实告诉人们，环境污染和破坏不但影响当代人的健康，而且还会造成世世代代的遗传隐患。

2.1.3　环境因子分类

　　环境因子（environmental factor）是指生物有机体外部对生物有机体生活和分布有影响的所有环境要素，具有综合性和可调剂性的特点。

　　美国科学家 R. F. Daubenmire（1947）将环境因子分为 3 大类：气候类、土壤类和生物类；7 个并列的项目：土壤、水分、温度、光照、大气、火和生物因子，这是以环境因子特点为标准进行分类的代表。

　　Dajoz（1972）依据生物有机体对环境的反应和适应性进行分类，将环境因子分为第一性周期因子、次生性周期因子及非周期性因子。

Gill（1975）将非生物的环境因子分为 3 个层次。第一层，植物生长所必需的环境因子（例如温、光、水等）；第二层，不以植被是否存在而发生的、对植物有影响的环境因子（例如风暴、火山爆发、洪涝等）；第三层，存在与发生受植被影响，反过来又直接或间接影响植被的环境因子（例如放牧、火烧等）。

2.1.4　生物与环境的相互作用

环境对生物的作用是多方面的，可以影响生物的生长、发育、繁殖和行为；影响生物的生育力和死亡率，导致生物种群的数量变化；某些生态因子能够限制生物的分布区域，例如热带动植物不能在北半球的北方生活，主要是受低温的限制。环境条件恶劣变化时，会导致生物的生长发育受阻甚至死亡。

生物也不是消极地对待环境的作用，它们可以从自身的形态、生理、行为等多方面进行调整，在不同的环境中产生不同的适应性变异，以适应环境的变化。适应（adaptation）具有许多不同的含义，但主要是指生物对其环境压力的调整过程。生物对环境的适应分为基因型适应和表现型适应。基因型适应发生在进化过程中，其调整是可遗传的，如生活在欧洲的一种淡水鱼——欧鳊，随着气温由南到北逐渐变冷，它的繁殖方式也由南方的一年之中连续产卵变成一年产一次卵，以适应环境的温度变化，并形成遗传固有性特征。表现型适应则发生在生物个体上，是非遗传的。

表现型适应包括可逆的和不可逆的表型适应两种类型。许多动物能够通过学习以适应环境的改变，它们不但能够通过学习什么食物最有营养、什么场所是最佳隐蔽地等，来调整对环境改变的反应，而且能够学习如何根据环境的改变来调整自己的行为。学习基本上是属于不可逆的表型适应，尽管动物会忘记或抑制已经学到的行为，但是，学习所产生的内在改变是永久的，这种内在改变只能被随后的学习所修改。

可逆的表型适应涉及一些有助于生物适应当地环境的生理过程。这些生理过程既有气候驯化的缓慢过程，也有维持稳态的快速生理调节。所谓气候驯化是指在自然条件下，生物对多个生态因子长期适应以后，其耐受范围发生可逆的改变。大多数动物都能够通过快速的生理应答（如哺乳类的流汗），或通过行为应答（如寻找合适的阴凉处）来适应环境温度的改变。

适应可以使生物对生态因子的耐受范围发生改变。自然环境的多种生态因子是相互联系、相互影响的。因此，对一组特定环境条件的适应也必定会表现出彼此之间的相互关联性，这一套协同的适应特性就称为适应组合（adaptive suites）。沙漠中生活的骆驼就是对沙漠环境进行适应组合的最好例子，骆驼能够高度浓缩尿液、干燥粪便以减少水分丧失，在清晨取食含有露水的植物嫩叶或多汁植物以获取水分，能够忍受使体重减少 25%～30% 的脱水，耐受外界较大的昼夜温差以减少失水等。

2.2　生态因子的概念和特征

2.2.1　生态因子的概念

生态因子（ecological factors）是指环境中对生物生长、发育、生殖、行为和分布有直接或间接影响的环境要素，如光照、温度、湿度、氧气、二氧化碳、食物和其他相关生物等。生物生存所不可缺少的各类生态因子，又统称为生物的生存条件，如二氧化碳和水是植物的生存条件，食物和氧气则是动物的生存条件。所有生态因子构成生物的生态环境（ecological environment)，特定生物个体或群体的栖息地的生态环境称为生境（habitat）。

2.2.2　生态因子的分类

生态因子的数量很多，依其特征可以简单地分为非生物因子和生物因子，非生物因子包括气候、土壤和地形3类相关的理化因子，生物因子包括各种生物之间以及生物与人类之间的相互关系。通常根据生态因子的性质归纳为并列的5类。

（1）气候因子　包括各种主要的气候参数，如温度、湿度、光、降水、风、气压和雷电等。

（2）土壤因子　主要指土壤的各种特性，包括土壤结构、土壤有机物和无机成分的理化性质及土壤生物等。

（3）地形因子　指各种对植物的生长和分布有明显影响的地表特征，如地面的起伏、海拔高度、坡度和坡向等。

（4）生物因子　指生物之间的各种相互关系，如捕食、寄生、竞争和互惠共生等。

（5）人为因子　把人为因子从生物因子中分离出来是为了强调人类作用的特殊性和重要性。人类的活动对自然界和其他生物的影响已越来越大和越来越具有全球性，分布在地球各地的生物都直接或间接受到人类活动的巨大影响。

Smith（1935）根据生态因子对生物种群的数量变动的作用，也将其分为密度制约因子（density dependent factor）和非密度制约因子（density independent factor）。前者如食物、天敌等生物因子，其对生物的影响随着种群密度而变化，对种群数量有调节作用；后者如温度、降水等气候因子，对生物的影响不随种群密度而变化。

2.2.3　生态因子作用的一般特征

（1）综合作用　环境中各种生态因子不是孤立存在的，每一个生态因子都在与其他因子的相互影响、相互制约中起作用，任何一个单因子的变化，都会在不同程度上引起其他因子的变化，从而对生物产生综合作用。例如光强度的变化必然会引起大气和土壤温度和湿度的改变，而这些因素共同对生物产生影响，这就是生态因子的综合作用。

（2）主导因子作用　对生物起作用的诸多因子是非等价的，其中有一种或一种以上对生物生长发育起决定性作用的生态因子，称为主导因子。主导因子的改变常会引起许多其他生态因子发生明显变化或使生物的生长发育发生明显变化。例如，光合作用时，光照强度是主导因子，温度和 CO_2 为次要因子；春化作用时，温度为主导因子，湿度和通气条件是次要因子。

（3）直接作用和间接作用　区分生态因子的直接作用和间接作用对认识生物的生长、发育、繁殖及分布都很重要。环境中的地形因子，其起伏程度、坡向、坡度、海拔及经纬度等对生物的作用不是直接的，但它们能影响光照、温度、雨水等因子的分布，因而对生物产生间接作用；光照、温度、水分、二氧化碳、氧等则对生物类型、生长和分布起直接作用。

（4）阶段性作用　生物在生长发育的不同阶段往往需要不同的生态因子或生态因子的不同强度，某一生态因子的有益作用常常只限于生物生长发育的某一特定阶段。因此，生态因子对生物的作用具有阶段性。例如，光照长短在植物的春化阶段并不起作用，但在光周期阶段则很重要；低温在植物的春化阶段必不可少，但在其后的生长阶段则不重要，甚至有害。

（5）不可代替性和补偿作用　环境中的各种生态因子虽非等价，但各有其重要性，一个因子的缺失不能由另一个因子来替代，尤其是作为主导作用的因子，因而总体上说生态因子是不可代替的。但某一因子的数量不足，可以依靠相近因子的加强而得到补偿。例如，光照强度减弱所引起的光合作用下降，可以依靠二氧化碳浓度的增加得到补偿。但生态因子的补偿作用只能在一定范围内作部分补偿，且因子之间的补偿作用也不是经常存在的。

2.3 生态因子研究的一般原理

2.3.1 利比希最小因子定律

1840 年，德国农业化学家 Liebig 研究土壤与植物关系时，发现作物的产量并非经常受到大量需要的营养物质（如 CO_2、水）的限制，而却受到土壤中一些微量元素（如硼、镁、铁等）的限制。因此，他提出："植物生长取决于处在最少量状况下的营养物的量"，其基本内容是：低于某种生物需要的最小量的任何特定因子，是决定该种生物生存和分布的根本元素。进一步研究表明，这个理论也适用于其他生物种类或生态因子。这个论点被后人称为利比希最小因子定律（Liebig's law of minimum）。

Liebig 之后，有不少学者对此定律进行了补充。E. P. Odum（1973）建议对 Liebig 定律作两点补充：①这一定律只适用于稳定状态，即能量和物质的流入和流出处于平稳的情况下才适用。不稳定状态下，各种营养物的存在量和需求量会发生变化，很难确定最小因子。②要考虑生态因子之间的替代作用。如光照强度不足时，CO_2 浓度的提高可起到部分补偿作用，使光合作用强度有所提高。因而最低因子并不是绝对的。

2.3.2 谢尔福德耐受性定律

1913 年，美国生态学家 V. Shelford 进一步发展了利比希的最小因子定律，在此基础上提出了谢尔福德耐受性定律（Shelford's law of tolerance），即任何一个生态因子在数量或质量上不足或过多，达到或超过某种生物的耐受限度时，就会导致该种生物衰退或不能生存。

许多学者在 Shelford 研究的基础上对耐受性定律作了补充和发展，概括如下。

① 生物对各种生态因子的耐性幅度有较大差异，生物可能对一种因子的耐性很广，而对另一种耐性很窄。

② 自然界中，生物并不都一定在最适环境因子范围生活，对所有因子耐受范围都很广的生物，分布也广。

③ 当一个物种的某个生态因子不是处在最适度状况时，另一些生态因子的耐性限度将会下降。如土壤含氮量下降时，草的抗旱能力也下降。

④ 自然界中生物之所以不在某一个特定因子的最适范围内生活，其原因是种群的相互作用（如竞争、天敌等）和其他因素妨碍生物利用最适宜的环境。

⑤ 繁殖期通常是一个临界期，此期间环境因子最可能起限制作用。繁殖期的个体、胚胎、幼体的耐受限度要窄得多。

2.3.3 生态幅

Shelford 耐受性定律中把最低量因子和最高量因子相提并论，即每一种生物对任何一种生态因子都有一个耐受范围，这个耐受范围就称作该种生物的生态幅（ecological amplitude）（图 2.1）。由于长期自然选择的结果，自然界的每个物种都有其特定的生态幅，这主要决定于物种的遗传特性。

生态学中常常使用一系列名词以表示生态幅的相对宽度。英文字首 "steno-" 为狭窄之意，而 "eury-" 为广的意思。上述字首与不同因子配合，就表示某物种对某一生态因子的适应范围。例如，窄食性（stenophagic）、窄温性（stenothermal）、窄水性（stenohydric）、

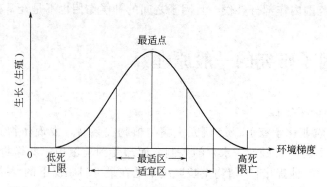

图 2.1　生物对生态因子的耐受曲线（引自 Putman 等，1984）

窄盐性（stenohaline）、窄栖性（stenoecious）等；广食性（euryphagic）、广温性（eury-thermal）、广水性（euryhydric）、广盐性（euryhaline）、广栖性（euryoecious）等。广温性与狭（窄）温性生物的耐性幅度比较见图 2.2。

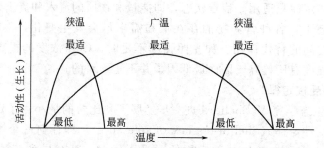

图 2.2　广温性与狭温性生物的耐性幅度比较（引自 Odum，2005）

当生物对某一生态因子的适应范围较宽，而对另一因子的适应范围很窄时，生态幅常常为后一生态因子所限制。在生物的不同发育时期，它对某些生态因子的耐性是不同的，物种的生态幅往往决定于它临界期的耐受限度。通常生物繁殖是一个临界期，环境因子最易起限制作用，从而使生物繁殖期的生态幅比营养期要窄得多。在自然界，生物种往往并不分布于其最适生境范围，主要是因为生物间的相互作用，妨碍它们去利用最适宜的环境条件，因此生理最适点与生态最适点常常是不一致的。

2.3.4　限制因子

目前，生态学家将最小因子定律和耐受性定律结合起来，提出了限制因子（limiting factor）的概念，即当生态因子（一个或相关的几个），接近或超过某种生物的耐受性极限而阻止其生存、生长、繁殖、扩散或分布时，这些因子就称为限制因子。

限制因子的概念非常有价值，它成为生态学家研究复杂生态系统的敲门砖，指明了生物的生存与繁衍取决于环境中各种生态因子的综合，也就是说，在自然界中，生物不仅受制于最小量需要物质的供给，而且也受制于其他的临界生态因子。生物的环境关系非常复杂，在特定的环境条件下或对特定的生物体来说，并非所有的因子都同样重要。如果一种生物对某个生态因子的耐受范围很广，而这种因子又非常稳定、数量适中，那么这个因子不可能是限制因子。相反，如果某种生物对某个因子的耐受限度很窄，而这种因子在自然界中又容易变化，那么这个因子就很可能是限制因子。比如在陆地环境中，氧气丰富而稳定，对陆生生物来说就不会成为限制因子；而氧气在水体中含量较少，且经常发生波动，因此对水生生物来说就是一个重要的限制因子。

2.3.5 生物内稳态及耐受限度的调整

内稳态 (homeostasis) 即生物控制自身的体内环境使其保持相对稳定,是进化发展过程中形成的一种更进步的机制,它或多或少能够减少生物对外界条件的依赖性。具有内稳态机制的生物借助于内环境的稳定而相对独立于外界条件,大大提高了生物对生态因子的耐受范围。

生物的内稳态是以其生理和行为为基础的。例如哺乳类动物都具有多种温度调节机制以维持体温的恒定,当环境温度在 20~40℃ 的范围内变化时,它们能维持体温在 37℃ 左右,表现出一定程度的恒温性 (homeothermy),因此哺乳类动物能在很大的温度范围内生活。恒温动物主要是靠控制体内产热的生理过程调节体温,而变温动物则主要靠减少热量散失或利用环境热源使身体增温,这类动物主要是靠行为来调节自己的体温,如沙漠蜥蜴依靠晒太阳等几种行为方式来间接改变体温,耐受范围较恒温动物要窄很多。除调节自身体温的机制以外,许多生物还可以借助于渗透压调节机制来调节体内的盐浓度,或调节体内的其他各种状态。

虽然维持体内环境的稳定性是生物扩大环境耐受限度的一种重要机制,但是内稳态机制只能使生物扩大耐受范围,使自身成为一个广适应性物种 (eurytopic species),但却不能完全摆脱环境所施加的限制,因为扩大耐受范围不可能是无限的。Putman (1984) 根据生物体内状态对外界环境变化的反应,把生物分为内稳态生物 (homeostatic organisms) 与非内稳态生物 (non-homeostatic organisms)。它们之间的基本区别是控制其耐性限度的机制不同,非内稳态生物的耐性限度仅取决于体内酶系统在什么生态因子范围内起作用;而对内稳态生物而言,其耐性范围除取决于体内酶系统的性质外,还有赖于内稳态机制发挥作用的大小 (图 2.3)。

生物对于生态因子的耐受范围并不是固定不变的,通过自然驯化或人工驯化可在一定程度上改变生物的耐受范围,使其适宜生存的范围扩大,形成新的最适度,去适应环境的变化。这种耐受性的变化是通过酶系统的调整来实现的,因为酶只能在特定的环境范围内起作用,

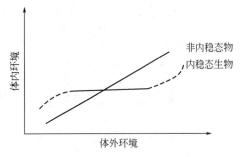

图 2.3 环境条件变化对内稳态生物和非内稳态生物体内环境的影响 (引自 Putman 等, 1984)

并决定生物的代谢速率与耐性限度,所以驯化过程是生物体内酶系统改变的过程。例如,把同一种金鱼长期饲养在两种不同温度下,它们对温度的耐性限度与生态幅就会发生明显的变化。

2.4 主要生态因子的生态作用

2.4.1 光因子的生态作用

光是太阳的辐射能以电磁波的形式投射到地球表面的辐射线,是所有生物得以生存和繁衍的最基本的能量源泉,地球上生物生活所必需的全部能量都直接或间接地源于太阳光。光本身也是一个复杂的环境因子,太阳辐射的强度、质量及其周期性变化对生物的生长发育和地理分布有着深刻的影响,而生物本身对这些变化的光因子也有着极其多样的反应。

2.4.1.1 光的性质

光的波长范围是 150～4000nm，波长小于 380nm 的是紫外光（短波），波长大于 760nm 的是红外光（长波），红外光和紫外光都是不可见光。可见光的波长在 380～760nm 之间，根据波长的不同又可分为红、橙、黄、绿、青、蓝、紫 7 种颜色的光。由于波长越长，增热效应越大，所以红外光可以产生大量的热，地表热量基本上就是由红外光能所产生的。紫外光对生物和人有杀伤和致癌的作用，但它在穿过大气层时，波长短于 290nm 的部分被臭氧层中的臭氧吸收，只有波长在 290～380nm 之间的紫外光才能到达地球表面。在高山和高原地区，紫外光的作用比较强烈。可见光具有最大的生态学意义，因为只有可见光才能在光合作用中被植物所利用并转化为化学能。植物的叶绿素是绿色的，它主要吸收红光和蓝光，所以在可见光谱中，波长为 620～760nm 的红光和波长为 435～490nm 的蓝光对光合作用最为重要（图 2.4）。

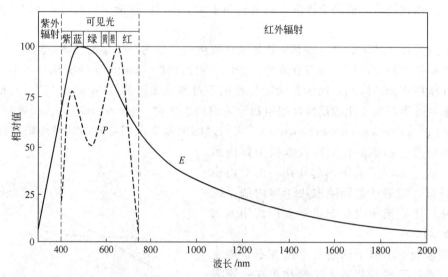

图 2.4 地球表面光质的组成（E）及小麦的生理有效辐射（P）（仿 Daubenmire，1959）

2.4.1.2 光质的生态作用与生物的适应

光质随空间发生变化的一般规律是短波光随纬度增加而减少，随海拔升高而增加。在时间变化上，冬季长波光增加，夏季短波光增加；一天之内中午短波光较多，早晚长波光较多。不同光质对生物的作用是不同的，生物对光质也产生了选择性适应。

当太阳辐射穿透森林生态系统时，大部分能量被树冠层截留，到达下木层的太阳辐射不仅强度大大减弱，而且红光和蓝光也所剩不多，所以生活在那里的植物必须对低辐射能环境有较好的适应。

光以同样的强度照射到水体表面和陆地表面。在水体中，水对光有很强的吸收和散射作用，这种情况限制了海洋透光带的深度。在纯海水中，10m 深处的光强度只有海洋表面光强度的 50％，而在 100m 深处，光强度则衰减到只及海洋表面强度的 7％（均指可见光部分）。不同波长的光被海水吸收的程度也不一样，红外光仅在几米深处就会被完全吸收，而紫色和蓝色等短波光则很容易被水分子散射，也不能射入到很深的海水中，结果在较深的水中只有绿色占较大优势（图 2.5）。植物的光合作用色素对光谱的这种变化具有明显的适应性。分布在海水表层的植物，如绿藻海白菜所含有的色素与陆生植物所含有的色素很相似，主要吸收蓝、红光，而分布在深水中的红藻紫菜，则通过另一些色素有效地利用绿光。

高山上的短波光较多，植物的茎叶含花青素，这是植物避免紫外线损伤的一种保护性适应。由于紫外光抑制了植物茎的伸长，很多高山植物具有特殊的莲座状叶丛。强烈的紫外线辐射不利于植物克服高山障碍进行散布，因此是决定很多植物垂直分布上限的因素之一。

2.4.1.3 光照强度的生态作用与生物的适应

（1）光照强度的变化　光照强度在赤道地区最大，随纬度的增加而逐渐减弱。例如在低纬度的热带荒漠地区，年光照强度为 $8.37 \times 10^5 \mathrm{J/cm^2}$ 以上；而在高纬度的北极地区，年光照强度不会超过 $2.93 \times 10^5 \mathrm{J/cm^2}$。位于中纬度地区的我国华南地区，年光照强度大约是 $5.02 \times 10^5 \mathrm{J/cm^2}$。光照强度还随海拔高度的增加而增强，在海拔1000m可获得全部入射太阳辐射的70%，而在海拔 0m 的海平面却只能获得50%。

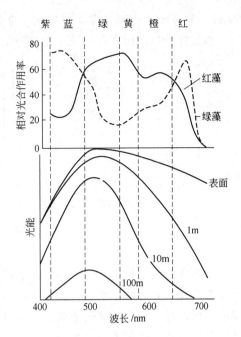

图 2.5　绿藻和红藻对不同光色的相对光合作用率和不同波长的光，其相对能值随海水（纯）深度而变化（引自 Ricklefs，1979）

此外，山的坡向和坡度对光照强度也有很大的影响。在北半球的温带地区，山的南坡所接受的光照比平地多，而平地所接受的光照又比北坡多。随着纬度的增加，在南坡上获得最大年光照量的坡度也随之增大，但在北坡无论什么纬度都是坡度越小光照强度越大。分布在不同地区的生物长期生活在具有一定光照条件的环境中，久而久之就会形成各自独特的生态学特性和发育特点，并对光照条件产生特定的要求。

光照强度在一个森林生态系统内部也有变化。一般来说，光照强度在森林内自上而下逐渐减弱，照射到林冠的光有10%～23%被叶面反射，植物冠层吸收约75%～80%，穿过冠层透射到地面的光只有不足10%，使下层植物对日光能的利用受到了限制，所以一个森林生态系统的垂直分层现象既决定于群落本身，也决定于所接受的太阳能总量。

（2）光照强度与水生植物　光的穿透性限制着植物在海洋中的分布，只有在海洋表层的透光带（euphotic zone）内，植物的光合作用量才能大于呼吸量。在透光带的下部，植物的光合作用量刚好与植物的呼吸消耗相平衡之处，就是所谓的补偿点（compensation point）。如果海洋中的浮游藻类沉降到补偿点以下或者被洋流携带到补偿点以下而又不能很快回升到表层时，这些藻类便会死亡。在清澈的海水和湖水中（特别是在热带海洋），补偿点可以深达几百米。在浮游植物密度很大或含有大量泥沙颗粒的水体中，透光带可能只限于水面下1m处，而在一些受到污染的河流中，水面下几厘米处就很难有光线透入了。

由于植物需要阳光，所以，扎根海底的巨型藻类通常只能出现在大陆沿岸附近，这里的海水深度一般不会超过100m。生活在开阔大洋和沿岸透光带中的植物主要是单细胞的浮游植物。

（3）光照强度与陆生植物　接受一定量的光照是植物获得净生产量的必要条件，因为植物必须生产足够的糖类以弥补呼吸消耗。当影响植物光合作用和呼吸作用的其他生态因子都保持恒定时，生产和呼吸这两个过程之间的平衡就主要决定于光照强度了（图2.6）。从图中可以看出，光合作用将随着光照强度的增加而增加，直至达到最大值。图中的光合作用率

（实线）和呼吸作用率（虚线）两条线的交叉点就是光补偿点，此处的光照强度是植物开始生长和进行净生产所需要的最小光照强度。

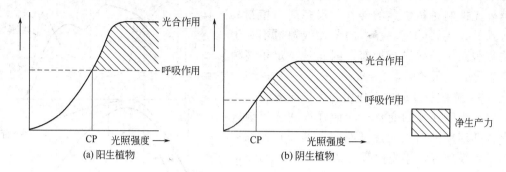

图 2.6　阳生植物和阴生植物的光补偿点（CP）位置示意图
（引自 Emberlin，1983）

光照强度在光补偿点下，植物的呼吸消耗大于光合作用生产，因此不能积累干物质；在光补偿点处，光合作用固定的有机物质刚好与呼吸消耗相等；在光补偿点以上，随着光照强度的增加，光合作用强度逐渐提高并超过呼吸强度，于是在植物体内开始积累干物质，但当光照强度达到一定水平后，光合产物也就不再增加或增加得很少，该处的光照强度就是光饱和点（saturation point）。各种植物的光饱和点也不相同，阴生植物比阳生植物能更好地利用弱光，它们在极低的光照强度下（1×10^4 lx）便能达到光饱和点，而阳生植物的光饱和点则要高得多。

① 阳生植物　泛指适应于强光照地区生活的植物。这类植物光的补偿点位置较高，光合速率和代谢速率都比较高，常见的种类有蒲公英、杨树、柳树、白桦、国槐等。

② 阴生植物　泛指适应于弱光照地区生活的植物。这类植物光的补偿点位置较低，其光合速率和呼吸速率都比较低，常见的种类有铁杉、红豆杉、云杉、冷杉等，人参、三七、黄连、半夏以及多数蕨类植物、苔藓、地衣等。这类植物耐阴能力强，在 5%～20% 的弱光下仍能正常生长。

（4）光照强度与动物的行为　光是影响动物行为的重要生态因子，很多动物的活动都与光照强度有着密切的关系。有些动物适应于在白天的强光下活动，如大多数鸟类，哺乳动物中的灵长类、有蹄类、松鼠，爬行动物中的蜥蜴和昆虫中的蝶类、蝇类和虻类等，这些动物被称为昼行性动物。另一些动物则适应于在夜晚或晨昏的弱光下活动，如夜猴、蝙蝠、家鼠、夜鹰、壁虎和蛾类等，这些动物被称为夜行性动物或晨昏性动物，又称为狭光性种类。昼行性动物所能耐受的日照范围较广，又称为广光性种类。还有一些动物既能适应于弱光也能适应于强光，它们白天黑夜都能活动，常不分昼夜地表现出活动与休息的不断交替，如很多种类的田鼠，也属于广光性种类。土壤和洞穴中的动物几乎总是生活在完全黑暗的环境中并极力躲避光照，因为光对它们就意味着致命的干燥和高温。蝗虫的群体迁飞也是发生在日光充足的白天，如果乌云遮住了太阳使天色变暗，它们就会停止飞行。

在自然条件下，动物开始活动的时间常常是由光照强度决定的，当光照强度上升到一定水平（昼行性动物）或下降到一定水平（夜行性动物）时，它们才开始一天的活动，随着日出日落时间的季节性变化，这些动物会调整其开始活动的时间。例如夜行性的美洲飞鼠，冬季每天开始活动的时间大约是 16 时 30 分，而夏季每天开始活动的时间将推迟到大约 19 时 30 分，说明光照强度与动物的活动有着直接的关系。

2.4.1.4　日照长度与生物的光周期现象

日照长度是指白昼的持续时数或太阳的可照时数。在北半球从春分到秋分是昼长夜短，夏至昼最长；从秋分到春分是昼短夜长，冬至夜最长；在赤道附近，终年昼夜平分。纬度越高，夏半年（春分到秋分）昼越长而冬半年（秋分至春分）昼越短。在两极地区则半年是白天，半年是黑夜（图2.7）。由于我国位于北半球，所以夏季的日照时间总是多于12h，而冬季的日照时间总是少于12h。随着纬度的增加，夏季的日照长度也逐渐增加，而冬季的日照长度则逐渐缩短。高纬度地区的作物虽然生长期很短，但在生长季节内每天的日照时间很长，所以我国北方的作物仍然可以正常地开花结实。

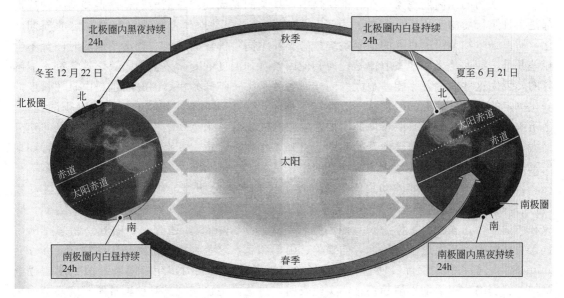

图2.7　在冬季和夏季，根据太阳的变化地球轴的方位也发生变化，产生了气候的季节性变化（引自Ricklefs，2004）

日照长度的变化对动植物都有重要的生态作用，由于分布在地球各地的动植物长期生活在具有一定昼夜变化格局的环境中，借助于自然选择和进化而形成了各类生物所特有的对日照长度变化的反应方式，这就是在生物中普遍存在的光周期现象（photoperiodism）。例如植物在一定光照条件下的开花、落叶和休眠，以及动物的迁移、生殖、冬眠、筑巢和换毛换羽等。

（1）植物的光周期现象　根据植物开花对日照长度的反应，可以将植物分为长日照植物、短日照植物、中日照植物和日中性植物4类。

a. 长日照植物（long day plant）　这类植物的原产地在长日照地区，即北半球高纬度地带。长日照植物在生长过程中，日照必须大于某一时数（这个时间称为临界光期）；或者说暗期短于某一时段才能形成花芽。长日照时间越长，开花时间越早。如大麦、小麦、油菜、菠菜、甜菜、甘蓝、萝卜以及牛蒡、紫菀、凤仙花等都属于长日照植物。

b. 短日照植物（short day plant）　与长日照植物相反，要求光照短于临界光期才能开花的植物称为短日照植物，暗期越长开花越早。这种植物在长日照下是不会开花的，只能进行营养生长。我国南方体系的植物，如水稻、大豆、玉米、棉花、烟草、向日葵、菊芋等均属于短日照植物。

c. 中日照植物（day intermediate plant）　这类植物要求白天与黑暗长短相近的日照长

度才能开花。甘蔗是中日照植物的代表，它要求每天 12.5h 的日照才能开花，超过或低于这一时数都会对开花有影响。

d. 日中性植物（day neutral plant） 有一些植物对日照长短的要求并不严格，只要其他条件合适，在不同的日照长度下都能开花。如蒲公英、番茄、黄瓜、四季豆等，都是日中性植物。

了解植物的光周期现象对植物的引种驯化工作非常重要，引种前必须特别注意植物开花对光周期的需要。在园艺工作中也常利用光周期现象人为控制开花时间，以便满足观赏需要。

（2）动物的光周期现象 在脊椎动物中，鸟类的光周期现象最为明显，很多鸟类的迁徙都是由日照长短的变化所引起的。由于日照长短的变化是地球上最严格和最稳定的周期变化，所以是生物节律最可靠的信号系统。鸟类在不同年份迁离某地和到达某地的时间都不会相差几日，如此严格的迁飞节律是任何其他因素（如温度的变化、食物的缺乏等）都不能解释的，因为这些因素各年相差很大。同样，各种鸟类每年开始生殖的时间也是由日照长度的变化决定的。温带鸟类的生殖腺一般都在冬季时最小，处于非生殖状态，随着春季的到来，生殖腺开始发育，随着日照长度的增加，生殖腺的发育越来越快，直到产卵时生殖腺才达到最大。生殖期过后，生殖腺便开始萎缩，直到来年春季才再次发育。鸟类生殖腺的这种周期发育是与日照长度的周期变化完全吻合的。

日照长度的变化对哺乳动物的生殖和换毛也具有十分明显的影响。很多野生哺乳动物（特别是高纬度地区的种类）都是随着春天日照长度的逐渐增长而开始生殖的，如雪貂、野兔和刺猬等，这些种类可称为长日照动物（long day animal）。还有一些哺乳动物总是随着秋天短日照的到来而进入生殖期，如绵羊、山羊和鹿，这些种类属于短日照动物（short day animal），它们在秋季交配，使它们的幼仔在春天条件最有利时出生，随着日照长度的逐渐增加，它们的生殖活动也渐趋终止。实验表明，雪兔换毛也完全是对秋季日照长度逐渐缩短的一种生理反应。

昆虫的冬眠和滞育主要与光周期的变化有关，但温度、湿度和食物也有一定的影响。例如秋季的短日照是诱发马铃薯甲虫在土壤中冬眠的主要因素，而玉米螟（老熟幼虫）和梨剑纹夜蛾（蛹）的滞育率则决定于每日的日照时数，同时也与温度有一定关系。

2.4.2 温度因子的生态作用

太阳辐射使地表受热，产生气温、水温和土温的变化，温度因子和光因子一样存在周期性变化，称节律性变温。不仅节律性变温对生物有影响，而且极端温度对生物的生长发育也有十分重要的意义。

2.4.2.1 温度的生态作用

温度是一种无时无刻不在起作用的重要生态因子，任何生物都生活在具有一定温度的外界环境中并受着温度变化的影响。地球表面的温度条件总是在不断变化的，在空间上它随纬度、海拔高度、生态系统的垂直高度和各种小生境而变化，在时间上它有一年的四季变化和一天的昼夜变化。温度的这些变化都能给生物带来多方面和深刻的影响。

温度的变化直接影响到生物的生长发育，因为生物体内的生物化学过程必须在一定的温度范围内才能正常进行。一般说来，生物体内的生理生化反应会随着温度的升高而加快，从而加快生长发育速率；生化反应也会随着温度的下降而变缓，从而减慢生长发育的速率。当环境温度高于或低于生物能忍受的温度范围时，生物的生长发育就会受阻，甚至造成死亡。虽然生物只能生活在一定的温度范围内，但不同的生物和同一生物的不同发育阶段所能忍受的温度范围却有很大不同，每一种生物都具有"三基点"，即最低温度、最适温度和最高温度。生物对温度的适应范围是它们长期在一定温度下生活所形成的生理适应，除了鸟类和哺乳动物是恒温动物，其体温相当稳定而受环境温度变化的影响很小以外，其他的所有生物都是变温的，其体温总是随着外界温度的变化而变化，所以如无其他特殊适应，在一般情况下它们都不能忍受冰点以下的低温，这是因为细胞中冰晶会使蛋白质的结构受到致命的损伤。

温度与生物发育的关系比较集中地反映在温度对植物和变温动物（特别是昆虫）的发育速率上，法国学者 Reaumur（1753）总结出了有效积温（sum of effective temperature）法则。

有效积温法则是指在生物的生长发育过程中，必须从环境中摄取一定的热量才能完成某一阶段的发育。而且各个阶段所需要的总热量是一个常数，可以用如下公式表示：

$$K = N(T - T_0)$$

式中，K 为该生物发育所需要的有效积温，它是一个常数；T 为当地该时期的平均温度，℃；T_0 为该生物生长发育所需的最低临界温度，又称发育起点温度或生物学零度（biological zero）；N 为生长发育所经历的时间，d。

如地中海果蝇在 26℃下，20d 内完成生长发育，而在 19.5℃下则需要 41.7d，由此可以计算出 $K = 250$d·℃。图 2.8 给出的是菜粉蝶在 10.5℃以上从卵孵化成蛹的发育速率。又如棉花从播种到出苗，其生物学零度是 10.6℃，有效积温是 66d·℃。

有效积温法则在农业生产上有很重要的意义，全年的农作物茬口必须根据当地的平均气温和每一种作物的有效积温来安排，如小麦的有效积温是 1000～1600d·℃，棉花、玉米是 2000～4000 d·℃，椰子约为 5000d·℃以上。该法则还可以用于预测害虫发生的世代数和来年发生程度。

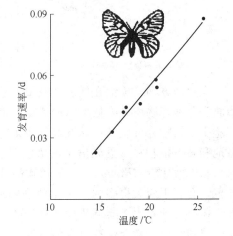

图 2.8 菜粉蝶（*Pieris rapae*）从卵孵化成蛹的发育速率在生物学零度 10.5℃时需要 174d·℃

（引自 Mackenzie，1999）

2.4.2.2 极端温度对生物的影响与生物的适应

（1）低温对生物的影响及生物的适应

a. 低温对生物的影响　温度低于一定的数值，生物便会因低温而受害，这个数值称为临界温度。在临界温度以下，温度越低生物受害越重。低温对生物的伤害可分为冷害、霜害和冻害 3 种。冷害是指喜温生物在零度以上的温度条件下受害或死亡，例如海南岛的热带植物丁子香（*Syzygium aromaticum*）在气温降至 16℃时叶片便受害，降至 3.4℃时顶梢干枯，受害严重。冷害是喜温生物向北方引种和扩展分布区的主要障碍。

冻害是指冰点以下的低温使生物体内（细胞内和细胞间隙）形成冰晶而造成的损害。冰晶的形成会使原生质膜发生破裂和使蛋白质失活与变性。当温度不低于 -3℃或 -4℃时，植物受害主要是由于细胞膜破裂引起的；当温度下降到 -8℃或 -10℃时，植物受害则主要是由于生理干燥和水化层的破坏引起的。当昆虫体温下降到冰点以下时，体液并不结冰，而是处于过冷状态，此时出现暂时的冷昏迷但并不出现生理失调，当温度继续下降到过冷点（临界点）时体液开始结冰，但在结冰过程中释放出的潜热又会使昆虫体温回跳，当潜热完全耗尽后体温又开始下降，此时体液才开始结冰，昆虫才会死亡。

　　b. 生物对低温环境的适应　　长期生活在低温环境中的生物通过自然选择，在形态、生理和行为方面表现出很多明显的适应。在形态方面，北极和高山植物的芽和叶片常受到油脂类物质的保护，芽具鳞片，植物体表面生有蜡粉和密毛，植物矮小并常成匍匐状、垫状或莲座状等，这种形态有利于保持较高的温度，减轻严寒的影响。生活在高纬度地区的恒温动物，其身体往往比生活在低纬度地区的同类个体大，因为个体大的动物，其单位体重散热量相对较少，这就是伯格曼规律（Bergman's law）。另外，恒温动物身体的突出部分（如四肢、尾巴和外耳等）在低温环境中有变小变短的趋势，这也是减少散热的一种形态适应，这一适应常被称为阿伦规律（Allen's law）。例如北极狐、赤狐、非洲大耳狐的耳壳的大小变化（图 2.9）。恒温动物的另一形态适应是在寒冷地区和寒冷季节增加毛的厚度或增加皮下脂肪的厚度，从而提高身体的隔热性能。

图 2.9　不同温度带狐的耳壳大小比较（仿 Hesse 等，1951）

(a) 北极狐（*Alopex lagopus*）；(b) 赤狐（*Vulpes vulpes*）；(c) 非洲大耳狐（*Fennecus zerda*）

　　在生理方面，生活在低温环境中的植物常通过减少细胞中的水分和增加细胞中的糖类、脂肪和色素等物质来降低植物的冰点，增加抗寒能力。例如鹿蹄草（*Pirola*）就是通过在叶细胞中大量贮存五碳糖、黏液等物质来降低冰点，这可使其结冰温度下降到 -31℃。此外，极地和高山植物在可见光谱中的吸收带较宽，并能吸收更多的红外线。虎耳草（*Saxifraga*）和十大功劳（*Mohomia*）等植物的叶片在冬季时由于叶绿素破坏和其他色素增加而变为红色，有利于吸收更多的热量。动物则靠增加体内产热量来增加御寒能力和保持恒定的体温，但寒带动物由于有隔热性能良好的毛皮，往往能使其在少增加甚至不增加（北极狐）代谢产热的情况下就能保持恒定的体温。

　　行为上的适应主要表现在休眠和迁移两个方面，前者有利于增加抗寒能力，后者可躲过低温环境，这在前面已经举过一些实例。

　　（2）高温对生物的影响及生物的适应

　　a. 高温对生物的影响　　温度超过生物适宜温区的上限后就会对生物产生有害影响，温度越高对生物的伤害作用越大。高温可减弱光合作用，增强呼吸作用，使植物的这两个重要过程失调。例如马铃薯在温度达到 40℃ 时，光合作用等于零，而呼吸作用在温度达到 50℃以前一直随温度的上升而增强。高温还会破坏植物的水分平衡，加速生长发育。

　　高温对动物的有害影响主要是破坏酶的活性，使蛋白质凝固变性，造成缺氧、排泄功能失调和神经系统麻痹等。动物对高温的忍受能力依种类而异。哺乳动物一般都不能忍受42℃ 以上的高温；鸟类体温比哺乳动物高，但也不能忍受 48℃ 以上的高温；多数昆虫、蜘蛛和爬行动物都能忍受 45℃ 以下的高温，温度再高就有可能引起死亡。

　　b. 生物对高温环境的适应　　生物对高温环境的适应也表现在形态、生理和行为 3 个方面。就植物来说，有些植物生有密绒毛和鳞片，能过滤一部分阳光；有些植物体呈白色、银白色，叶片革质发亮，能反射一大部分阳光，使植物体免受热伤害；有些植物叶片垂直排列使叶缘向光或在高温条件下叶片折叠，减少光的吸收面积；还有些植物的树干和根茎生有很厚的木栓层，具有绝热和保护作用。植物对高温的生理适应主要是降低细胞含水量，增加糖或盐的浓度，这有利于减缓代谢速率和增加原生质的抗凝结力。其次是靠旺盛的蒸腾作用避免使植物体因过热受害。还有一些植物具有反射红外线的能力，夏季反射的红外线比冬季多，也是避免使植物体受到高温伤害的一种适应。

　　动物对高温环境的一个重要适应就是适当放松恒温性，使体温有较大的变幅，这样在高温炎热的时刻身体就能暂时吸收和贮存大量的热并使体温升高，当环境条件改善时或躲到阴凉处时再把体内的热量释放出去，体温也会随之下降。沙漠中的啮齿动物对高温环境常常采取行为上的适应对策，即夏眠、穴居和昼伏夜出。

2.4.2.3　生物对环境温度的适应策略

　　（1）生物的地理分布　温度是决定生物分布区的重要生态因子，每个地区都生长繁衍着适应于该地区气候特点的生物。这里所讨论的温度因子，包括节律性变温和绝对温度，它们是综合起作用的。年平均温度、最冷月、最热月平均温度值是影响生物分布的重要指标。R. H. Boerker 曾根据这个指标来划分植被的气候类型。日平均温度累计值的高低是限制生物分布的重要因素，有效总积温就是根据生物有效临界温度的天数的日平均温度累积出来的。当然，极端温度（最高温度、最低温度）也是限制生物分布的最重要条件。例如，苹果和某些品种的梨不能在热带地区栽培，就是由于高温的限制；相反，橡胶、椰子、可可等只能在热带分布，它们是受低温的限制。糖槭是美国东北部和加拿大南部的一个普通树种，其

分布受到北方冬季低温的限制，但不受限于南方夏季的高温（图 2.10）。在垂直分布上，长江流域及福建地区马尾松分布在海拔 1000～2000m 以下，在这个界限的上部被黄山松取代，此现象源于海拔1000～1200m 是马尾松的低温界限又是黄山松的高温界限。

　　温度对动物的分布，有时可起到直接的限制作用。例如，各种昆虫的发育需要一定的总热量，若生存地区有效积温少于发育所需的积温时，这种昆虫就不能完成生活史。在气温 15℃ 以上的日子少于 70 天的地区，玉米螟不能持久地生存；苹果蚜向北分布的界限是 1 月等温线 3～4℃ 的地区，低于此界限，则无法生存。就北半球而言，动物分布

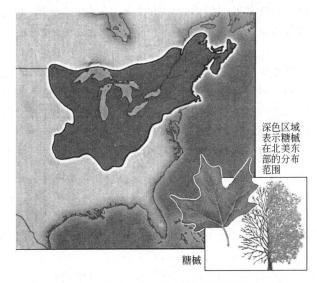

深色区域表示糖槭在北美东部的分布范围

糖槭

图 2.10　物种分布受自然环境条件限制
（引自 Fowells，1965；转引自 Ricklefs，2004）

的北界受低温限制，南界受高温限制。例如，喜热的珊瑚和管水母只分布在热带水域中，在水温低于 20℃ 的地方，它们是无法生存的。

　　一般地说，暖和的地区生物种类多，寒冷地区生物的种类少。例如，我国两栖类动物，广西有 57 种；福建有 41 种；浙江有 40 种；江苏有 21 种；山东、河北各有 9 种；内蒙只有 8 种。爬行动物也有类似的情况，广东、广西分别有 121 种和 110 种；海南有 104 种；福建有 101 种；浙江有 78 种；江苏有 47 种；山东、河北都不到 20 种；内蒙古只有 6 种。植物的情况也不例外，我国高等植物有 3 万多种；巴西有 4 万多种；而前苏联国土总面积位于世界第一，但是由于温度低，它的植物种类只有 16000 多种。

（2）生物的物候节律　生物长期适应于一年中温度的寒暑节律性变化，形成与此相适应的生物发育节律称为物候，研究生物的季节性节律变化与环境季节变化关系的科学叫做物候学（phenology）。动物对不同季节食物条件的变化以及对热能、水分和气体代谢的适应，导致生活方式与行为的周期性变化。例如，活动与休眠、繁殖期与性腺静止期、定居与迁移等。这种周期性现象以复杂的生理机制为基础，气候的周期变化可能是动物体内生理机能调整的外来信号。植物的物候变化更为明显，从发芽、生长到开花、结实和枯黄呈现出不同的物候期。

在不同地区、不同气候条件下，生物的物候状况是不同的。美国昆虫学家A. D. Hopkins 从 19 世纪末起，花了 20 多年时间研究物候，确定了美国境内生物物候与纬度、经度和海拔高度的关系。他指出，在北美温带地区，纬度向北移动 1°，或经度向东移动 5°或海拔上升 120m，生物的物候期在春天和夏初各延迟 4 天；而在秋天物候期则提早 4 天。在我国，物候变化与北美大陆有所不同，从纬度上看，从广东湛江沿海至福州、赣州一线纬度相差 5°，春季桃花开花期相差 50 天之多；南京和北京纬度相差 6°，桃花开花期相差 19 天；前者每 1 纬度相差 10 天，后者相差 3 天多，可见影响物候期的因素是比较复杂的。

研究物候的方法主要靠物候观测，除地面定期观测外，也可以用遥感等技术进行。物候观测的结果，可以整理成物候谱、物候图或等物候线以说明物候期与生态因子或地理区域的联系。分析多年物候资料，就能掌握物候变动周期，并可推知未来气候的变迁，为天气预报提供物候学方面的依据，并可应用于确定农时、确定牧场利用时间、了解群落的动态等。物候节律研究对确定不同植物的适宜区域及指导植物引种驯化工作也具有重要价值。

（3）生物与周期性变温　在自然界，温度受太阳辐射的制约，存在昼夜之间及季节之间温度差异的周期性变化。在不同纬度，温度的日较差与年较差是不同的。起源于不同地带的生物，对昼夜变温与温度周期性变化的反应也不相同。

① 变温与生物生长　由于地表太阳辐射的周期性变化产生温度有规律的昼夜变化，使许多生物适应了变温环境，多数生物在变温下比恒温下生长得更好。例如，蝗虫在变温下的平均发育速率比恒温下快 38.6%。植物生长与昼夜温度变化的关系更为密切，即所谓温周期现象（thermoperiodism）。大多数植物在变温下发芽较好，例如毒芹（Alpium praveolens）、草地早熟禾（Poa Pratensis）和鸭茅（Dactylis glomerata）等。对于生长期的植物，其生长往往要求温度因子有规律的昼夜变化。据 G. Bonnier 试验（1943），波斯菊如生长在变温条件下（白天 26.4℃，夜间 19℃）比生长在恒温条件下（昼夜均为 26.4℃或 19℃）质量要增加 1 倍。

② 变温与干物质积累　变温对于植物体内物质的转移和积累具有良好的作用。例如，银胶草（Parthenium argentatum）在 26.5℃ 或 7℃ 的恒温下均不形成橡胶，而在昼温 26.5℃、夜温 7℃时则产生大量橡胶。小麦在我国青藏高原地区一般每千粒重 40～50g，比同一品种在平原地区重 5%～30%。这些现象说明，白天温度高，光合作用强度大，夜间温度低，呼吸作用弱，物质消耗少，对植物有机物质的积累是有利的。

2.4.3　水因子的生态作用

地球素有"水的行星"之称，地球表面约有 70%以上被水所覆盖。水有 3 种形态：液态、固态和气态，3 种形态的水因时间和空间的不同发生很大变化，导致地球上不同地区水分分配的不均匀，从而对生物的分布和生长发育产生影响。

2.4.3.1　水的生态作用

水是生物体的重要组成成分，植物体的含水量一般为 60%～80%，有些水生动物可高达 90％以上（如水母、蝌蚪等），没有水就没有生命。其次，生物的一切代谢活动都必须以水为介质，生物体内营养的运输、废物的排除、激素的传递以及生命赖以存在的各种生物化学过程，都必须在水溶液中才能进行，而所有物质也都必须以溶解状态才能出入细胞，所以在生物体和它们的环境之间时时刻刻都在进行着水交换。

陆地上水量的多少，影响到陆生生物的生长与分布。适应在陆地生活的高等植物、昆虫、爬行动物、鸟类和哺乳动物等生物，它们的表皮和皮肤基本是干燥和不透水的，而且在获取更多的水、减少水的消耗和贮存水 3 个方面都具有特殊的适应。水对陆生生物的热量调节和热能代谢也具有重要意义，因为蒸发散热是所有陆生生物降低体温的最重要手段。

2.4.3.2 植物对水因子的适应

（1）**植物与水的关系** 植物从环境中吸收的水约有 99％用于蒸腾作用，只有 1％保存在体内，因此只有充分的水分供应才能保证植物的正常生活。在根吸收水和叶蒸腾水之间保持适当的平衡是保证植物正常生活所必需的。要维持水分平衡必须增加根的吸水能力和减少叶片的水分蒸腾，植物在这一方面具有一系列的适应性。例如气孔能够自动开关，当水分充足时气孔便张开以保证气体交换，但当缺水干旱时气孔便关闭以减少水分的散失。当植物吸收阳光时，植物体就会升温，但植物表面浓密的细毛和棘刺则可增加散热面积，防止植物表面受到阳光的直射和避免植物体过热。植物体表生有一层厚厚的蜡质表皮，也可减少水分的蒸发，因为这层表皮是不透水的。有些植物的气孔深陷在植物叶内，有助于减少失水。

水与植物的生产量有着十分密切的关系。所谓需水量就是指生产 1g 干物质所需要的水量。一般说来，植物每生产 1g 干物质约需 300～600g 水。不同种类的植物需水量是不同的，例如各类植物生产 1g 干物质所需水为：狗尾草 285g、苏丹草 304g、玉米 349g、小麦 557g、油菜 714g、紫苜蓿 844g 等。凡光合作用效率高的植物需水量都较低。当然，植物需水量还与其他生态因子有直接关系，如光照强度、温度、大气湿度、风速和土壤含水量等。植物的不同发育阶段需水量也不相同。

（2）**植物的生态类型** 依据植物对水分的依赖程度，可把植物分为水生植物和陆生植物两种主要生态类型。

① 水生植物（aquatic plant） 水生植物是所有生活在水中的植物的总称，它们的特点是体内有发达的通气系统（图 2.11），以保证身体各部对氧气的需要。水生植物的叶片常呈带状、丝状并且极薄，有利于增加采光面积和对二氧化碳、无机盐的吸收，植物体具有较强的弹性和抗扭曲能力以适应水的流动。淡水植物具有自动调节渗透压的能力，而海水植物则是等渗的。水生植物有 4 种类型。

a. 沉水植物 这一类植物除了它们的花序伸出水面之外，全部植物体都沉没在水中，为典型的水生植物。根退化或消失，表皮细胞可直接吸收水中气体、营养物和水分，叶绿体大而多，适应水中的弱光环境，无性繁殖比有性繁殖发达。如黑藻（*Hydrilla verticillata*）、苦草（*Vallisneria natans*）等。

b. 漂浮植物 漂浮植物的叶全部漂浮在水面上，根悬垂在水中，不与土壤发生直接关系，它们无固定的生长地点，如满江红（*Azolla imbricata*）、凤眼莲（*Eichhornia crassipes*）、浮萍（*Lemna minor*）等，它们都有漂浮的特化器官，以适应漂泊的生活。

c. 浮叶植物 浮叶植物的叶浮在水面上，但是它们的根牢牢扎在水下的土壤里，如荷花（*Nelumbo nucifera*）、睡莲（*Nymphaea tetragona*）、王莲（*Victoria amazonica*）等。

d. 挺水植物 这类植物的根部固定生长在水底泥土中，整个植物体分别处于土壤、水体和空气 3 种不同的环境里，茎叶等下部分浸没在水中，上部分则暴露于空气中。这是水生

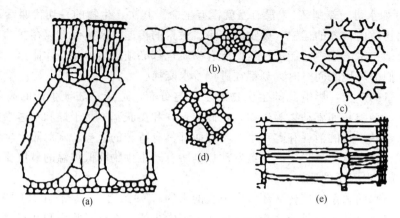

图 2.11　水生植物叶片的横切面（引自 Daubenmire，1974）

（a）漂浮植物；（b）浮叶植物；（c）沉水植物；（d）挺水植物（上部）；（e）挺水植物（下部）

植物界最复杂的一类，也是水生植物向陆生植物发展演变的先驱。典型代表是芦苇（*Phragmites communis*）和香蒲（*Typha angustifolia*）等。

② 陆生植物　陆生植物指生长在陆地上的植物，包括湿生、中生和旱生植物 3 种类型。

a. 湿生植物（hygrophyte）　抗旱能力小，不能长时间忍受缺水。生长在光照弱、湿度大的森林下层，或生长在日光充足、土壤水分经常饱和的环境中。前者如热带雨林中的大海芋、莲座蕨、秋海棠等；后者如水稻、毛茛、灯芯草等。

b. 中生植物（mesad）　适于生长在水湿条件适中的环境中，其形态结构及适应性均介于湿生植物和旱生植物之间，是种类最多、分布最广和数量最大的陆生植物。如大多数的农作物、蔬菜果树、田间杂草等。

c. 旱生植物（siccocolous）　能忍受较长时间干旱，主要分布在干热草原和荒漠地区。又可分为少浆液植物和多浆液植物两类。前者叶面积缩小，根系发达，原生质渗透压高，含水量极少，如刺叶石竹、骆驼刺和白刺等；后者体内有发达的储水组织，多数种类叶片退化而由绿色茎进行光合作用，如仙人掌科、石蒜科、景天科等植物（图 2.12，图 2.13）。

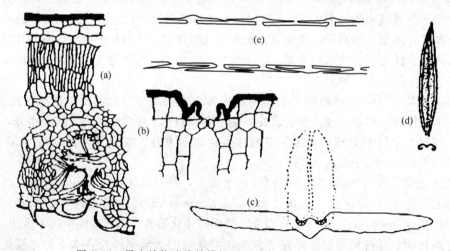

图 2.12　旱生植物叶片的横切面（引自 Daubenmire，1974）

2.4.3.3　动物对水因子的适应

动物和植物一样必须保持体内的水分平衡。对水生动物来说，保持体内水分得失平衡主

图 2.13　旱生植物——柱状仙人掌

要是依赖水的渗透作用。陆生动物体内的含水量一般比环境要高，因此常常因蒸发而失水，另外在排泄过程中也会损失一些水。失去的这些水必须从食物、饮水和代谢水那里得到补足，以便保持体内水分的平衡。水分的平衡调节总是同各种溶质的平衡调节密切联系在一起的，动物与环境之间的水交换经常伴随着溶质的交换。影响动物与环境之间进行水分和溶质交换的环境因素很多，不同的动物也具有不同的调节机制，但各种调节机制都必须使动物能在各种情况下保持体内水分和溶质交换的平衡，否则动物就无法生存。

（1）水生动物对水因子的适应

① 海洋动物　海洋是一种高渗环境，生活在海洋中的动物大致有两种渗透压调节类型。一种类型是动物的血液或体液的渗透浓度与海水的总渗透浓度相等或接近；另一种类型是动物的血液或体液大大低于海水的渗透浓度。海水的总渗透浓度是 1135mmol/kg，与海水渗透浓度基本相同的动物有海胆和贻贝等。这些动物一般不会由于渗透作用而失水或得水，但随着代谢废物的排泄总会损失一部分水，因此动物必须从以下几个方面摄取少量的水：从食物中（食物一般含有 50%～90% 的水），饮用海水并排出海水中的溶质，食物同化过程中产生的代谢水。由于等渗动物所需要的水量很少，所以一般不需要饮用海水，代谢水的多余部分还要靠渗透作用排出体外。蟹等的血液渗透浓度比海水略低一些，这些动物会由于渗透作用失去一些水，它们与等渗动物相比，失水量会稍多一些，但它们也会从食物、代谢水中或直接饮用海水而摄入更多的水。还有一些动物的血液或体液的渗透浓度比海水略高一些，如海月水母、枪乌贼、龙虾等。对这些动物来说，体外的水会渗透到体内来，渗透速率将决定于体内的渗透压差。这些动物不仅不需要饮水和从食物及代谢过程中摄取水，而且还需借助于排泄器官把体内过剩的水排出体外。

生活在海洋中的低渗动物（如鲱、鲑等），由于体内的渗透浓度与海水相差很大，因此体内的水将大量向体外渗透，如要保持体内水分平衡，低渗动物必须从食物、代谢过程或通过饮水来摄取大量的水。由于从食物和代谢过程中摄取的水量受到动物对食物需要量的限制，所以饮水就成了弥补大量渗透失水的主要方法。与此同时，动物还必须有发达的排泄器官，以便把饮水中的大量溶质排泄出去。在低渗动物中，排泄钠的组织是多种多样的，硬骨鱼类和甲壳动物体内的盐是通过鳃排泄出去的，而软骨鱼类则是通过直肠腺排出。这些排盐组织的细胞膜上有 K^+ 泵和 Na^+ 泵，因此可以主动把钾和钠通过细胞膜排出体外。

② 低盐和淡水环境中的动物　生活在低盐和淡水环境中的动物，其渗透压调节是相似的，两种环境只是在含盐量和稳定性方面有所不同。低盐环境（如河海交汇处）的渗透浓度波动性较大，当生活在海洋中的等渗动物游到海岸潮汐区的河流入海口附近时，环境的渗透浓度下降，由于动物与环境之间的渗透浓度差进一步加大，所以动物必须对它们体内的渗透浓度进行调整。当这些动物生活在真正的海水环境中时，它们的体液浓度都与海水相等或稍高一些；但当环境的渗透浓度下降时，这些动物的体液浓度也不同程度地跟着下降。体液浓度随着环境渗透浓度的改变而改变的动物称为变渗动物；而体液浓度保持恒定、不随环境改变而改变的动物称为恒渗动物。

淡水动物所面临的渗透压调节问题是最严重的，因为淡水的渗透浓度极低（约 $2\sim3\,mmol/L$）。由于动物血液或体液渗透浓度比较高，所以水不断地渗入动物体内，这些过剩的水必须不断地被排出体外才能保持体内的水分平衡。此外，淡水动物还面临着丢失溶质的问题，有些溶质是随尿排出体外的，另一些则由于扩散作用而丢失。丢失的溶质必须从两个方面得到弥补：一方面从食物中获得某些溶质，另一方面动物的鳃或上皮组织的表面也能主动地把钠吸收到动物体内。

（2）陆生动物对水因子的适应　陆生动物和水生动物一样，细胞内需要保持最适的含水量和溶质浓度。动物失水的主要途径是皮肤蒸发、呼吸失水和排泄失水。丢失的水分主要是从食物、代谢水和直接饮水 3 个方面得到弥补。但在有些环境中，水是很难得到的，所以单靠饮水远远不能满足动物对水分的需要。

① 形态结构适应　陆生动物各自以不同的形态结构来适应环境湿度，保持生物体的水分平衡，在进化过程中形成了各种减少或限制失水的形态结构。陆生动物皮肤的含水量总是比其他组织少，因此可以减缓水穿过皮肤。有很多蜥蜴和蛇，其皮肤中的脂类对限制水的移动发挥着重要作用，如果把这些脂类从皮肤中除去，皮肤的透水性就会急剧增加。很多陆生昆虫和节肢动物都有特殊适应，尽量减少呼吸失水和体表蒸发失水。例如昆虫利用气管系统来进行呼吸，而气门是由气门瓣来控制的，只有当气门瓣打开的时候，才能与环境进行最大限度的气体和水分交换。节肢动物的体表有一层几丁质的外骨骼，有些种类在外骨骼的表面还有很薄的蜡质层，可以有效地防止水分的蒸发。鸟类、哺乳类中减少呼吸失水的途径是将由肺内呼出的水蒸气，在扩大的鼻道内通过冷凝而回收，这样就可以最大限度地减少呼吸失水。

② 行为上的适应　钻洞的习性、昼夜周期性活动、季节周期性活动、休眠等都是动物为了减少水分散失而形成的行为适应。如沙漠地区昼夜温差较大，地面和地下的空气湿度和蒸发量差异也很大。因此沙漠地区的动物白天在洞内穴居，晚上出来活动，可以减少身体水分蒸发，降低代谢速率，保持体内水分平衡。具有季节性周期活动习性的动物一般分布在干旱地区，这样的地区由于受季节性降水和季节性植物的影响，动物也呈季节性活动的特征。如在以色列的沙漠地区，昼出性昆虫有 2/3 的个体在 3～5 月出现，4 月最多，8 月最少；夜出性种类 2/3 个体出现在 6～9 月，8 月最多，12 月最少。哺乳类动物（如地鼠和松鼠）在夏季高温、干燥时，会进入长时间的夏眠状态，代谢率降到原来的 60%，体温也会下降 5℃左右。动物利用这种方法度过水分缺乏和食物缺乏的困难时期。

③ 生理上的适应　最普通的一种生理机制是使体温有更大的波动范围（与正常的内稳态动物相比，体温波动幅度要大得多）。例如，黄鼠（*Citellus leucurus*）体内的酶系统与大多数动物相比，其发挥作用的温度范围要宽得多，因此允许体温有较大幅度的变化。实际上，黄鼠就是靠体温达到极高的水平来解决散热问题的，体温常常比周围环境温度还要高，

这样就可维持散热。当体温达到最高点时（42℃），它会躲避到地下洞穴中去降温。生活在沙漠中的羚羊也有同样的适应，把身体作为一个热贮存器加以利用，可使动物在高温条件下能继续有效地执行各种功能。羚羊的身体比黄鼠更大，因而可以吸收更多的热量，可以长时间地保持活动状态，而不必像黄鼠那样需定期退回洞穴中降温。动物在白天让自己的体温持续不断地升高还有另一种好处，这就是缩小动物和环境之间的温度差，从而进一步减少动物体的吸热量。

2.4.4　土壤因子的生态作用

土壤是岩石圈表面的疏松表层，是陆生植物和陆生动物生活的基质。土壤不仅为植物提供必需的营养和水分，也是土壤动物赖以生存的栖息场所，是人类重要的自然资源。

2.4.4.1　土壤的生态作用

土壤的形成从开始就与生物的活动密不可分，所以土壤中总是含有多种多样的生物，如细菌、真菌、放线菌、藻类、原生动物、轮虫、线虫、蚯蚓、软体动物和各种节肢动物等，少数高等动物（如鼹鼠等）终生都生活在土壤中。可见，土壤是生物和非生物环境中的一个极为复杂的复合体，土壤的概念总是包括生活在土壤里的大量生物，生物的活动促进了土壤的形成，而众多类型的生物又生活在土壤之中。

土壤无论对植物来说还是对土壤动物来说都是重要的生态因子。植物的根系与土壤有着极大的接触面，在植物和土壤之间进行着频繁的物质交换，彼此有着强烈影响，因此通过控制土壤因素就可影响植物的生长和产量。对动物来说，土壤是比大气环境更为稳定的生活环境，其温度和湿度的变化幅度要小得多，因此土壤常常成为动物的极好隐蔽所，在土壤中可以躲避高温、干燥、大风和阳光直射。由于在土壤中运动要比大气中和水中困难得多，所以除了少数动物（如蚯蚓、鼹鼠、竹鼠和穿山甲）能在土壤中掘穴居住外，大多数土壤动物都只能利用枯枝落叶层中的孔隙和土壤颗粒间的空隙作为自己的生存空间。

土壤是所有陆生生态系统的基底或基础，土壤中的生物活动不仅影响着土壤本身，而且也影响着土壤上面的生物群落。生态系统中的很多重要过程（特别是分解和固氮过程）都是在土壤中进行的。生物遗体只有通过分解过程才能转化为腐殖质和矿化为可被植物再利用的营养物质，而固氮过程则是土壤氮肥的主要来源。这两个过程都是整个生物圈物质循环所不可缺少的。

2.4.4.2　影响土壤形成的5种因素

任何一种土壤和土壤特性都是在5种成土因素的综合作用下形成的，这5种相互依存的成土因素是母质（parent material）、气候、生物因素、地形和时间。

母质是指最终能形成土壤的松散物质，这些松散物质来自于母岩的破碎和风化或外来输送物。母岩可以是火成岩、沉积岩，也可以是变质岩，岩石的构成成分是决定土壤化学成分的主要因素。其他母质可以借助于风、水、冰川和重力被传送，由于传送物的多样性，所以由传送物形成的土壤通常要比由母岩形成的土壤肥沃。

气候对土壤的发育有很大影响，温度依海拔高度和纬度而有很大变化，温度决定着岩石的风化速率，决定着有机物和无机物的分解和腐败速率，还决定着风化产物的淋溶和移动。此外，气候还影响着一个地区的植物和动物，而动植物又是影响土壤发育的重要因素。

地形是指陆地的轮廓和外形，它影响着进入土壤的水量。与平地相比，在斜坡上流失的水较多，渗入土壤的水较少，因此在斜坡上土壤往往发育不良，土层薄且分层不明显。在低地和平地常有额外的水进入土壤，使土壤深层湿度很大且呈现灰色。地形也影响着土壤的侵蚀强度并有利于成土物质向山下输送。

　　时间也是土壤形成的一种因素，因为一切过程都需要时间，如岩石的破碎和风化，有机物质的积累、腐败和矿化，土壤上层无机物的流失，土壤层的分化，所有这些过程都需要很长的时间。良好土壤的形成可能要经历 2000～20000 年的时间。在干旱地区土壤的发育速率较湿润地区更慢。在斜坡上的土壤不管它发育了多少年，土壤往往都是由新土构成的，因为在这里土壤的侵蚀速率可能与形成速率一样快。

　　植物、动物、细菌和真菌对土壤的形成和发育有很大影响。植物迟早会在风化物上定居，把根潜入母质并进一步使其破碎，植物还能把深层的营养抽吸到表面上来，并对风化后进入土壤的无机物进行重复利用。植物通过光合作用捕获太阳能，自身成长后身体的一部分又以有机碳的形式补充到土壤中去。而植物残屑中所含有的能量又维持了大量细菌、真菌、蚯蚓和其他生物在土壤中的生存。

　　通过有机物质的分解把有机化合物转化成了无机营养物。土壤中的无脊椎动物如马陆、蜈蚣、蚯蚓、螨类、跳虫等，它们以各种复杂的新鲜有机物为食，但它们的排泄物中却是已经过部分分解的产物。微生物将把这些产物进一步降解为水溶性的含氮化合物和碳水化合物。生物腐殖质最终会矿化成为无机化合物。

　　腐殖质是由很多复杂的化合物构成的，是呈黑色的同质有机物质，其性质各异，决定于其植物来源。腐殖质的分解速率缓慢，其分解速率和形成速率之间的平衡决定着土壤中腐殖质的数量。

　　植物的生长可减弱土壤的侵蚀与流失，并能影响土壤中营养物的含量。动物、细菌和真菌可使有机物分解并与无机物相混合，有利于土壤的通气性和水的渗入。

2.4.4.3　土壤的物理性质及对生物的影响

　　土壤是由固体、液体和气体组成的三相复合系统，其基本物理性质包括土壤质地、结构、容量、空隙度等，土壤的质地与结构的不同又导致土壤水分、土壤空气和土壤温度的差异，而这些因素都对会生物产生影响。

　　(1) 土壤质地与结构　固相颗粒是组成土壤的物质基础，约占土壤全部质量的 50%～85%，是土壤组成的骨干 (图 2.14)。根据土粒直径的大小可把土粒分成粗砂 (0.2～2.0mm)，细砂 (0.02～0.2mm)，粉砂 (0.002～0.02mm) 和黏粒 (0.002mm 以下)。这些不同大小固体颗粒的组合百分比就称为土壤质地 (soil texture)。根据土壤质地可把土壤区分为砂土、壤土和黏土 3 大类。在砂土类土壤中以粗砂和细砂为主，粉砂和黏粒所占比重不到 10%，因此土壤黏性小、孔隙多，通气透水性强，蓄水和保肥能力差。黏土类土壤中以粉砂和黏粒为主，约占 60% 以上，甚至可超过 85%，故黏土类土壤质地黏重，结构紧密，保水保肥能力强，但孔隙小，通气透水性能差，湿时黏干时硬。壤土类土壤的质地比较均匀，其中砂黏、粉砂和黏粒所占比重大体相等，土壤既不太松也不太黏，通气透水性能良好且有一定的保水保肥能力，是比较理想的农作土壤。

　　土壤结构 (soil structure) 则是固相颗粒的排列方式、孔隙的数量和大小以及团聚体的大小和数量等。土壤结构可分为微团粒结构 (直径小于 0.25mm)、团粒结构 (直径为 0.25～10mm) 和比团粒结构更大的各种结构。团粒结构是土壤中的腐殖质把矿质土粒黏结成直

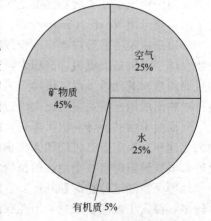

图 2.14　土壤中固相、液相和气相组成示意图

径为 0.25～10mm 的小团体，具有泡水不散的水稳性特点。具有团粒结构的土壤是结构良好的土壤，因为它能协调土壤中的水分、空气和营养物之间的关系，改善土壤的理化性质。团粒结构是土壤肥力的基础，无结构或结构不良的土壤，土体坚实、通气透水性差，植物根系发育不良，土壤微生物和土壤动物的活动亦受到限制。土壤的质地和结构与土壤中的水分、空气和温度状况有密切关系，并直接或间接地影响着植物和土壤动物的生活。

（2）土壤水分　土壤中的水分可直接被植物的根系吸收。土壤水分的适量增加有利于各种营养物质的溶解和移动，有利于磷酸盐的水解和有机态磷的矿化，这些都能改善植物的营养状况。此外，土壤水分还能调节土壤中的温度，灌溉防霜就是此道理。水分太多或太少都对植物和土壤动物不利，土壤干旱不仅影响植物的生长，也威胁着土壤动物的生存。土壤中的节肢动物一般都适应于生活在水分饱和的土壤孔隙内，例如金针虫在土壤空气湿度下降到92％时就不能存活，所以它们常常进行周期性的垂直迁移，以寻找适宜的湿度环境。土壤水分过多会使土壤中的空气流通不畅并使营养物质随水流失，降低土壤的肥力。土壤孔隙内充满了水对土壤动物更为不利，常使动物因缺氧而死亡。降水太多和土壤淹水会引起土壤动物大量死亡。此外，土壤中的水分对土壤昆虫的发育和生殖力有着直接影响，例如东亚飞蝗在土壤含水量为 8％～22％ 时产卵量最大，而卵的最适孵化湿度是土壤含水 3％～16％，含水量超过 30％，大部分蝗卵就不能正常发育。

（3）土壤空气　土壤中空气的成分与大气有所不同。例如土壤空气的含氧量一般只有10％～12％，比大气中的含氧量低，但土壤空气中二氧化碳的含量却比大气高得多，一般含量为 0.1％ 左右。土壤空气中各种成分的含量不如大气稳定，常随季节、昼夜和深度的变化而变化。在积水和透气不良的情况下，土壤空气的含氧量可降低到 10％ 以下，从而抑制植物根系的呼吸和影响植物正常的生理功能，动物则向土壤表层迁移以便选择适宜的呼吸条件。当土壤表层变得干旱时，土壤动物因不利于其皮肤呼吸而重新转移到土壤深层，空气可沿着虫道和植物根系向土壤深层扩散。

土壤空气中高浓度的二氧化碳（可比大气含量高几十至几百倍）一部分可扩散到近地面的大气中被植物叶子在光合作用中吸收，一部分则可直接被植物根系吸收。但是在通气不良的土壤中，二氧化碳的浓度常可达到 10％～15％，如此高浓度的二氧化碳不利于植物根系的发育和种子萌发。二氧化碳浓度的进一步增加会对植物产生毒害作用，破坏根系的呼吸功能，甚至导致植物窒息死亡。

土壤通气不良的情况下会抑制好气性微生物的种类和数量，减缓有机物质的分解活动，使植物可利用的营养物质减少。若土壤过分通气又会使有机物质的分解速率太快，这样虽能提供植物更多的养分，但却使土壤中腐殖质的数量减少，不利于养分的长期供应。只有具有团粒结构的土壤才能调节好土壤中水分、空气和微生物活动之间的关系，从而最有利于植物的生长和土壤动物的生存。

（4）土壤温度　土壤温度（soil temperature）除了有周期性的日变化和季节变化外，还有空间上的垂直变化。一般说来，夏季的土壤温度随深度的增加而下降，冬季的土壤温度随深度的增加而升高。白天的土壤温度随深度的增加而下降，夜间的土壤温度随深度的增加而升高。土壤温度除了能直接影响植物种子的萌发和实生苗的生长外，还对植物根系的生长和呼吸能力有很大影响。大多数作物在 10～35℃ 的温度范围内其生长速率随温度的升高而加快。温带植物的根系在冬季因土壤温度太低而停止生长，但土壤温度太高也不利于根系或地下贮藏器官的生长。土壤温度太高和太低都能减弱根系的呼吸能力，例如向日葵的呼吸作用在土壤温度低于 10℃ 和高于 25℃ 时都会明显减弱。此外，土壤温度对土壤微生物的活动、土壤气体的交换、水分的蒸发、各种盐类的溶解度以及腐殖质的分解都有明显的影响，而土壤的这些理化性质又都与植物的生长有着密切关系。

土壤温度的垂直分布从冬季到夏季要发生两次逆转，随着一天中昼夜的转变也要发生两次变化，这种现象对土壤动物的行为具有深刻影响。大多数土壤无脊椎动物都随着季节的变化而进行垂直迁移，以适应土壤温度的垂直变化。一般说来，土壤动物于秋冬季节向土壤深层移动，于春夏季节向土壤上层移动，移动距离常与土壤质地有密切关系。

2.4.4.4　土壤的化学性质及对生物的影响

（1）土壤酸碱性　土壤酸碱度（soil acidity）是土壤化学性质，特别是岩基状况的综合反映，它对土壤的一系列肥力性质有深刻的影响。土壤中微生物的活动，有机质的合成与分解，氮、磷等营养元素的转化与释放，微量元素的有效性，土壤保持养分的能力等都与土壤酸碱度有关。

土壤酸碱度包括酸性强度和数量两方面。酸性强度又称为土壤反应，是指与土壤固相处于平衡的土壤溶液中的 H^+ 浓度，用 pH 值表示。酸度数量是指酸度总量和缓冲性能，代表土壤所含的交换性氢、铝总量，一般用交换性酸量表示。土壤的酸度数量远远大于其酸性强度，因此，在调节土壤酸性时，应按酸度数量来确定石灰等的施用量。

土壤动物区系及其分布受土壤酸碱度的影响，一般依其对土壤酸碱度的适应范围可分为嗜酸性种类和嗜碱性种类。如金针虫在 pH 为 4.0～5.2 的土壤中数量最多，在 pH 为 2.7 的强酸性土壤也能生存。而麦红吸浆虫，通常分布在 pH 为 7～11 的碱性土壤中，当 pH<6.0 时便难以生存。蚯蚓和大多数土壤昆虫喜欢生活在微碱性土壤之中。

土壤酸碱度对土壤养分有效性也有重要影响。在 pH 为 6～7 的微酸条件下，土壤养分有效性最好，最有利于植物生长。在酸性土壤中容易引起钾、钙、镁、磷等元素的短缺，而在强碱性土壤中容易引起铁、硼、铜、锰和锌的短缺。土壤酸碱度还通过影响微生物的活动而影响植物的生长。酸性土壤一般不利于细菌活动，根瘤菌、褐色固氮菌、氨化细菌和硝化细菌等大多数生长在中性土壤中，它们在酸性土壤中多不能生存。许多豆科植物的根瘤也会因土壤酸性增加而死亡。pH 为 3.5～8.5 是大多数维管束植物的生长范围，但最适合植物生长的 pH 值则远较此范围窄。

（2）土壤有机质　土壤有机质（organic matter）是土壤的重要组成部分，土壤的许多属性都间接或直接与土壤有机质有关。土壤有机质可粗略地分为两类：非腐殖质和腐殖质（humus）。前者是原来的动植物组织和部分分解的组织，后者则是微生物分解有机质时重新合成的具有相对稳定性的多聚体化合物，主要是胡敏酸和富里酸，约占土壤有机质的85%～90%。腐殖质是植物营养的重要碳源和氮源，土壤中99%以上的氮素是以腐殖质的形式存在的。腐殖质也是植物所需各种矿质营养的重要来源，并能与各种微量元素形成络合物，增加微量元素的有效性。

土壤有机质含量是土壤肥力（soil fertility）的一个重要标志。但一般土壤表层内有机质含量只有3%～5%。森林土壤和草原土壤含有机质的量比较高，因为在植被下能保持物质循环的平衡，一经开垦并连续耕作后，有机质逐渐被分解，如得不到足够量的补充，会因养分循环中断而失去平衡，致使有机质含量迅速降低。因此，施加有机肥是恢复和提高农田土壤肥力的一项重要措施。

土壤有机质能改善土壤的物理结构和化学性质，有利于土壤团粒结构的形成，从而促进植物的生长和养分的吸收。土壤腐殖质还是异养微生物的重要养料和能源，因此能活化土壤微生物，而土壤微生物的旺盛活动对于植物营养是十分重要的因素。土壤有机质含量越多，土壤动物的种类和数量也越多。在富含腐殖质的草原黑钙土中，土壤动物的种类和数量极为丰富，而在有机质含量很少的荒漠地区，土壤动物的种类和数量则非常有限。

（3）土壤矿质元素　动植物在生长发育过程中，需要不断地从土壤中吸取大量的无机元素，包括大量元素（氮、磷、钾、钙、硫和镁等）和微量元素（锰、锌、铜、钼、硼和氯等）。植物所需的无机元素来自矿物质和有机质的矿化分解，动物所需的元素则来自植物。在土壤中将近98%的养分呈束缚态，存在于矿质或结合于有机碎屑、腐殖质或较难溶解的无机物中，它们构成了养分的储备源，通过分化和矿化作用慢慢地变为可用态供给植物生长需要。土壤中含有植物必需的各种元素，比例适当能使植物生长发育良好，比例不适当则限制植物的生长发育，因此可通过合理施肥改善土壤的营养状况来达到植物增产的目的。

土壤中的无机元素对动物的分布和数量有一定影响。如当土壤中钴离子的质量分数为$(2\sim3)\times10^{-6}$以下时，牛羊等反刍动物就会生病。同一种蜗牛，生活在含钙高的地方，其壳重占体重的35%；而在含钙低的地方，其壳重只占体重的20%。由于石灰质土壤对蜗牛壳的形成很重要，所以石灰岩地区蜗牛数量往往较其他地区多。哺乳动物也喜欢在母岩为石灰岩的土壤地区活动。含氯化钠丰富的土壤和地区往往能够吸引大量的草食有蹄动物，因为这些动物出于生理需要必须摄入大量的盐。土壤含盐量对飞蝗影响也很大，含盐量低于0.5%的地区是飞蝗常年发生的场所；而含盐量在0.7%~1.2%的地区，是它们扩散和轮生的地方；在土壤含盐量达1.2%~1.5%的地区就不会出现飞蝗。

2.4.4.5　土壤的生物特性

虽然土壤环境与地上环境有很大不同，但两地生物的基本需求却是相同的，土壤中的生物也和地上生物一样需要生存空间、氧气、食物和水。没有生物的存在和积极活动，土壤就得不到发育。生活在土壤中的细菌、真菌和蚯蚓等生物都能把无机物质转移到生命系统之中。

栖息在土壤中的生物有极大的多样性，细菌、真菌、放线菌、藻类、昆虫、原生动物等，种类繁多，几乎无脊椎动物的每一个门都有不少种类生活在土壤中。在澳大利亚的一个山毛榉森林土壤中，土壤动物学家曾采集到110种甲虫、229种螨和46种软体动物（蜗牛和蛞蝓）。非节肢土壤动物主要是线虫和蚯蚓，每平方米土壤中的线虫数量可达几百万个，它们主要从活植物的根和死的有机物中获取营养。蚯蚓穿行于土壤之中，不断把土壤和新鲜植物吞入体内，再将其与肠分泌物混合，最终排出体外，在土壤表面形成粪丘，或者呈半液体状排放于蚯蚓洞道内，蚯蚓的活动有利于改善其他动物所栖息的土壤环境。

螨类和弹尾目昆虫广泛分布在所有的森林土壤中，它们数量极多，两者加起来大约占土壤动物总数的80%，它们以真菌为食或是在有机物团块的孔隙中寻找猎物。多足纲的千足虫主要是取食土壤表面的落叶，特别是那些已被真菌初步分解过的落叶。它们的主要贡献是对枯枝落叶进行机械破碎，以使其更容易被微生物，尤其是腐生真菌（Saprophytic fungi）所分解。在土壤无脊椎动物中，蜗牛和蛞蝓具有最为多种多样的酶，这些酶不仅能够水解纤维素和植物多糖，甚至能够分解极难消化的木质素。在热带土壤动物区系中，白蚁占有很大优势，它们很快就能把土壤表面的木材、枯草和其他物质清除干净，在建巢和构筑蚁冢时搬运大量的土壤。在食碎屑动物的背后是一系列的捕食动物，小节肢动物是蜘蛛、甲虫、拟蝎、捕食性螨和蜈蚣的主要捕食对象。

2.4.4.6　植物对土壤的适应策略

长期生活在不同类型土壤的植物，会对该种土壤产生一定的适应特性，从而形成不同的植物生态类型。根据植物对土壤酸碱度的反应，可以把植物分为酸性土植物、中性土植物和碱性土植物；根据植物对土壤含盐量的反应，可以分为盐土植物和碱土植物；根据植物对土壤中钙质的反应，可以把植物分为钙质土植物和嫌钙植物；生长在风沙基质中的植物又称为沙生植物。

酸性土植物只能生长在酸性土壤中，也就是说它们适合生长在土壤缺钙、多铁和铝的环境里。在土壤缺钙的情况下，土壤坚实、通气不良、缺水、土温较低、呈酸性和强酸性。这类植物在钙土上不能生长，例如杜鹃、山茶、马尾松等都属于这类植物。钙质土植物只有在石灰性含钙丰富的土壤中才能生长，所以又称喜钙植物。石灰性土壤的特点主要是富含碳酸钙，土壤呈碱性反应。钙对植物的生态作用，不但在于直接影响植物的代谢，还在于对土壤的物理结构、化学性质、营养状况以及土壤微生物产生影响。这类植物如刺柏、西伯利亚落叶松、铁线蕨、野花椒、黄连木等。沙生植物是生长在以沙粒为基质地区的植物，主要分布在荒漠、半荒漠、干草原和草原地带。这类植物有许多旱生植物的特征，如地面低矮、主根长、侧根分布广、叶片缩小退化以减少蒸腾，以利于获取水分，同时具有固沙作用，如白刺、骆驼刺、梭梭等。

盐土植物是一类具有特殊生态适应性的植物。盐土中可溶性盐含量达 1％以上，主要是氯化钠与硫酸钠盐，土壤 pH 为中性，土壤结构未被破坏。我国内陆盐土形成是因气候干旱、地面蒸发大，地下盐水经毛细管上升到地面。海滨盐土主要是受海水浸渍而形成。盐土植物形态上植株矮小，枝干坚硬、叶子不发达、蒸腾表面缩小、气孔下陷，表皮具厚的外皮，常具灰白色绒毛；内部结构上，细胞间隙小，栅栏组织发达，有的具有肉质性叶，有特殊的贮水细胞，能使同化细胞不受高浓度盐分的伤害；生理上，盐土植物具一系列的抗盐特性。根据对过量盐类的适应特点，又可分为聚盐性植物、泌盐性植物和不透盐性植物 3 类。

① 聚盐性植物　这类植物能适应在强盐渍化土壤上生长，能从土壤里吸收大量可溶性盐类，并把这些盐类积聚在体内而不受伤害。这类植物的原生质对盐类的抗性特别强，能容忍 60％甚至更高的 NaCl 溶液，所以聚盐性植物也称为真盐生植物。它们的细胞液浓度也特别高，并有极低的渗透势，特别是根部的渗透势，远远低于盐土溶液的渗透势，所以能吸收高浓度土壤溶液中的水分。

聚盐性植物的种类不同，积累的盐分种类也不一样，例如，盐角草、碱蓬能吸收并积累较多的 NaCl 或 Na_2SO_4，滨藜能吸收并积累较多的硝酸盐。属于聚盐性植物的还有海蓬子、盐穗木、西伯利亚白刺等。

② 泌盐性植物　这类植物的根细胞对于盐类的透过性与聚盐性植物接近，但是它们吸进体内的盐分并不积累在体内，而是通过茎、叶表面上密布的分泌腺（盐腺），把所吸收的过多盐分排出体外，这种作用称为泌盐作用。排出在叶、茎表面上的 NaCl 和 Na_2SO_4 等结晶，逐渐被风吹或雨露淋洗掉。

泌盐植物虽能在含盐多的土壤上生长，但它们在非盐渍化的土壤上生长得更好，所以常把这类植物看作是耐盐植物。柽柳、大米草、白骨壤、桐花树等滨海红树林植物，以及常见于盐碱滩上的药用植物补血草等，都属于这类泌盐性植物。

③ 不透盐性植物　这类植物的根细胞对盐类的透过性非常小，所以它们虽然生长在盐土中，但在一定盐分浓度的土壤溶液里，几乎不吸收或很少吸收土壤中的盐类。这些植物细胞的渗透势也很低，但是不同于聚盐性植物，不透盐性植物细胞的低渗透势不是由于体内高浓度的盐类引起，而是由于体内含有较多的可溶性有机物质（如有机酸、糖类、氨基酸等）所引起，细胞的低渗透势同样提高了根系从盐碱土中吸收水分的能力，所以常把这类植物看做是抗盐植物。蒿属、盐地紫菀、碱菀、盐地风毛菊、獐茅等都属于这一类。

[课后复习]

1. **概念和术语**：环境、环境因子、基因型适应、表现型适应、适应组合、生态因子、生境、密度制约因子、非密度制约因子、生态幅、限制因子、内稳态、光补偿点、光饱和点、阳生植物、阴生植物、光周期现象、长日照植物、短日照植物、中日照植物、日中性植物、长日照动物、短日照动物、生物学零度、物候节律、温周期现象、土壤结构、土壤质地、土壤有机质、盐土植物

2. **原理和定律**：生态因子作用特征、利比希最小因子定律、谢尔福德耐受性定律、有效积温法则、伯格曼规律、阿伦规律

[课后思考]

1. 环境、生态环境、生境有何区别和联系？
2. 何谓生物内稳态？其保持机制有哪几种？举例说明。
3. 光因子的生态作用有哪些特点？简述动植物的适应机制。
4. 研究有效积温有何实际意义？举例说明。
5. 极端温度对生物有何影响？生物的适应表现在哪些方面？举例说明。
6. 物种的地理分布是由什么因素决定的？
7. 水生动物是如何适应高盐度或低盐度的环境的？
8. 土壤的基本理化性质有哪些？它们对生物有哪些影响？
9. 盐生植物分哪几种类型？举例说明各种类型的适应机制。

[推荐阅读文献]

[1] 孙儒泳，李庆芬，牛翠娟等. 基础生态学. 北京：高等教育出版社，2002.
[2] 杨持. 生态学. 第 2 版. 北京：高等教育出版社，2008.
[3] 李振基，陈小麟，郑海雷. 生态学. 第 3 版. 北京：科学出版社，2007.
[4] Odum E P，Barrett C W. 基础生态学. 陆健健，王伟等译. 第 5 版. 北京：高等教育出版社，2008.
[5] Ricklefs Robert E. 生态学. 孙儒泳，尚玉昌等译. 第 5 版. 北京：高等教育出版社，2004.

3 种群生态学

■ ■ ■ ■ ■ ■ ■

【学习要点】

　　1. 掌握种群的概念、特征、空间分布格局和阿利规律；

　　2. 熟悉生命表的构建方法和种群增长的数学模型；

　　3. 了解种群的平衡和数量调节的相关学说；

　　4. 掌握种群繁殖的相关概念和繁殖策略；

　　5. 理解种内关系、种间关系的相互作用类型以及种间协同进化的机制；

　　6. 掌握高斯假说与竞争排斥原理。

【核心概念】

　　种群：在同一时期内占有一定空间的同种生物个体的集合。种群间的边界可以是任意的。种群可以根据组成种群的生物是单体生物还是构件生物进行分类。在单体生物种群中，每一受精卵发育成一单个个体。在构件生物种群中，受精卵发育成一个结构单位，这一结构单位再形成更多的构件和分支结构，然后这些结构可能分裂，形成许多无性系分株。

　　种群空间格局：又称为内分布型（internal distribution pattern），指组成种群的个体在其生活空间中的位置状态或布局。种群的内分布型大致可分为随机型、均匀型和成群型3类。

　　阿利规律：对于一个集群动物的种群来说，都有一个最适合的种群密度，如果种群密度过密或过疏，对种群的生存与发展都是不利的，都可能对种群产生抑制性的影响。

　　种群密度：单位空间内的种群数量，通常以单位面积或体积的个体数目或种群生物量表示。绝对密度指单位面积或空间的实有个体数，相对密度是表示个体数量多少的相对指标。

　　生命表：是按照种群的年龄阶段（以时间为单位或以发育阶段为单位）系统地观察并记录种群的一个世代或几个世代之中各年龄阶段的种群初始值，再分别记录或计算出各个阶段的年龄特征生育力和年龄特征死亡率、生命期望值，按一定格式而编制成的统计表。

　　种群的内禀增长率：是指在食物、空间和同种其他动物的数量处于最优，实验中完全排除了其他物种时，在任一特定的温度、湿度、食物的质量等组合下所获得的最大增长率。

　　种群指数增长：在空间与资源有限的环境条件下，种群增长的一种形式。

种群在 t 时间的变化率＝种群瞬时增长率×种群密度

$$\mathrm{d}N/\mathrm{d}t = rN$$

　　种群逻辑斯蒂增长：在空间与资源有限的环境条件下，种群增长的一种形式。

种群在 t 时间的变化率＝种群瞬时增长率×种群密度×密度制约因子

$$dN/dt = rN(1 - N/K)$$

r、K-对策理论：r-对策的特征是种群的发育速率快，成熟个体体型较小，具有数量多而个体小的幼子，高的繁殖能量分配和短的世代周期；K-对策的特征是种群的发育速率慢，大型的成体，具数量少但个体大的幼子，低的繁殖能量分配和长的世代周期。

种群平衡：种群的数量波动，可以是周期性的，也可以是不规则的，但在较长时期内，种群数量能够维持在大致相同的水平上。

繁殖成效：个体现时的繁殖输出与未来繁殖输出的总和。繁殖成效是衡量个体在生产子代方面对未来世代生存与发展的贡献。

竞争：同种的不同个体或不同种群之间，为了利用有限的共同资源而发生的相互干扰或抑制的现象。

生态位：在自然生态系统中一个种群在时间、空间上的位置及其与相关种群之间的功能关系。

协同进化：是两个或两个以上有密切生态关系的不可杂交的物种（如植物和食草动物，大的生物体和它们的微生物共生体，或者寄生物和它们的宿主）的联合进化。通过相互选择压力，相互关系中的一个物种的进化部分地依赖于另一个物种的进化。

3.1　种群的概念和基本特征

种群（population）是在同一时期内占有一定空间的同种生物个体的集合。该定义表示种群是由同种个体组成的，占有一定的领域，是同种个体通过种内关系组成的一个统一体或系统。种群内部的个体可以自由交配、繁衍后代，从而与其他地区的种群在形态和生态特征上彼此存在一定的差异。种群是物种存在的基本形式，或者说物种是以种群形式出现的而不是以个体的形式出现的。种群是生态系统中组成生物群落的基本单位，任何一个种群在自然界都不能孤立存在，而是与其他物种的种群一起形成群落，共同执行生态系统的能量转化、物质循环和保持稳态机制的功能。

种群由一定数量的同种个体所组成，但这种组成并不是简单的相加，种群作为更高一级的生命系统具有新质的产生。种群的主要特征表现在以下 3 方面。

（1）空间分布特征　种群内部的个体与个体之间的紧密或松散的排布方式，可能是均匀分布、随机分布或是成群分布。一般而言，在小范围称为分布格局（distribution pattern），而在大的地理范围称为地理分布（geographical distribution）。分布区受非生物因素（气候、水文、地质等）和生物因素（种间竞争、捕食、寄生等）的影响。

（2）数量特征（密度或大小）　种群的数量越多、密度越高，种群就越大，种群的生态学作用也可能就越大。种群的数量大小受 4 个种群基本参数，即出生率、死亡率、迁入率和迁出率的影响，这些参数又受种群的年龄结构、性别比率、分布格局和遗传组成的影响。

（3）遗传特征　种群具有一定的遗传组成，是一个基因库。通过研究不同种群的基因库有什么不同，种群的基因频率是如何从一个世代传递到另一世代，种群在进化过程中如何改变基因频率以适应环境的不断改变，可以揭示物种的分化机制。

种群可以由单体生物（unitary organism）或构件生物（modular organism）组成。在由单体生物组成的种群中，每一个体都是由一个受精卵直接发育而来，个体的形态和发育都可以预测，哺乳类、鸟类、两栖类和昆虫都是单体生物的例子。大多数动物和一些低等植物属于单体生物。相反，由构件生物组成的种群，受精卵首先发育成一个结构单位或构件，然后发育成更多的构件，形成分支结构，发育的形式和时间是不可预测的。大多数植物、海绵、水螅和珊瑚等是构件生物。

3.2　种群的空间格局

3.2.1　种群的地理分布

种群的地理分布是指种群所在的地理范围。种群的地理分布范围决定于生态上适宜的栖息地。气候是决定植物分布的主要因素，在陆地环境中，温度和湿度是最重要的变量。例如，糖槭是美国东北部和加拿大南部的一个普遍种，其分布受北方冬季低温的限制，不受限于南方夏季的高温，但受限于西部夏季的干旱，它们不能耐受夏季月平均温度高于 24℃ 或冬季低于 −18℃ 的气候条件。

长距离迁移的障碍常限制种群的地理分布范围。如果人为打破这种障碍，有些种群就可以在一个新区域生存并扩散。例如，有人于 1890 年和 1891 年在纽约附近释放了 160 只欧掠鸟，在 60 年内，欧掠鸟种群的分布范围已超过了 $300 \times 10^4 km^2$，从东海岸一直延伸到西海岸。森林经营者为了得到木材和薪材而把快速生长的桉树和松树移植到了世界各地。有些物种是被人类的运输工具带来带去的，它们隐藏在运送的货物之中或附着在船身上，这些移居种在新到达的陆地和水域中常能生活得很好，得到广泛散布，在新栖息地的数量也比原来的自然种群多。

在种群的地理分布范围内，个体数量并不是在所有区域都相等。一般说来，个体只能生活在适宜的栖息地中，例如槭树不能生长在沼泽、荒漠、新沙丘、新火烧地以及超出其生态忍受范围的其他各种栖息地。因此，槭树的地理分布区是由已占地区和未占地区拼接而成的。

一个种群的地理分布范围应当包括种群成员在整个生命周期内曾经占有过的所有地区。所以，鲑鱼的分布区不仅应当包括作为其产卵地的河流，而且应当包括广阔的海洋地区，因为它们是在海洋中生长和成熟，并从那里开始进行回归出生地的长途洄游的。

3.2.2　种群的内分布

组成种群的个体在其生活空间中的位置状态或布局，称为种群空间格局（spatial pattern）或内分布型（internal distribution pattern）。种群的空间分布格局大致可分为 3 类：①均匀型（uniform）；②随机型（random）；③成群型（clumped）（图 3.1）。

均匀分布的主要原因，是由于种群内个体间的竞争。例如，森林中植物竞争阳光（树冠）和土壤中营养物（根际），沙漠中植物竞争水分。分泌有毒物质于土壤中以阻止同种植物籽苗的生长是形成均匀分布的另一原因。

随机分布中每一个体在种群领域中各个点上出现的机会是相等的，并且某一个体的存在不影响其他个体的分布。随机分布比较少见，因为在环境资源分布均匀、种群内个体间没有彼此吸引或排斥的情况下，才易产生随机分布。例如，森林地被层中的一些蜘蛛，面粉中的黄粉虫。

成群分布是最常见的内分布型。成群分布形成的原因是：①环境资源分布不均匀，富饶与贫乏相嵌；②植物传播种子方式使其以母株为扩散中心；③动物的社会行为使其结合

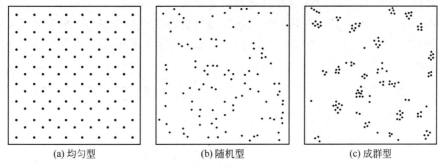

图 3.1 种群的空间格局

成群。

空间分布格局的检验方法很多，在数理统计上，一群离散的随机变量应当符合泊松（poisson）分布。泊松分布的特点是平均数（m）等于方差（s^2）。因此，可以用一定面积的样方对种群数量进行若干次取样调查，将取样调查结果进行统计分析，计算平均数和方差，然后根据平均数（m）与方差（s^2）的比值，就能检测出该种群的分布格局形式。

均匀分布时，$s^2/m<1$

随机分布时，$s^2/m=1$

成群分布时，$s^2/m>1$

其中

$$m=\frac{\sum x_i}{N} \qquad s^2=\frac{\sum(x_i-m)^2}{N-1}$$

式中，x 为第 i 个样本中含有的生物个体数，$i=1,2,\cdots,N$；N 为样本总数。

3.2.3 集群和阿利规律

自然种群在空间分布上往往形成或大或小的群，它是种群利用空间的一种形式。例如，许多海洋鱼类在产卵、觅食、越冬洄游时表现出明显的集群现象。生物产生集群的原因可能是以下几方面：①对栖息地的食物、光照、温度、水等生态因子的共同需要。如一只死鹿，作为食物和隐蔽地，招揽来许多食腐动物而形成群体。②对昼夜天气或季节气候的共同反应。如过夜、迁徙、冬眠等形成群体。③繁殖的结果。由于亲代对某环境有共同的反应，将后代（卵或仔）产于同一环境，后代由此一起形成群体。如鳗鲡，产卵于同一海区，幼仔一起聚为洄游性集群，从海区游回江河。家族式的集群也是由类似原因所引起的，但是家族当中的个体之间具有一定的亲缘关系。④被动运送的结果。例如强风、急流可以把一些蚊子、小鱼运送到某一风速或流速较为缓慢的地方，形成群体。⑤由于个体之间社会吸引力（social attraction）相互吸引的结果。集群生活的动物，尤其是永久性集群动物，通常具有一种强烈的集群欲望，这种欲望正是由于个体之间的相互吸引力所引起的。

种群的密度是种群生存的一个重要参数，它与种群中个体的生长、繁殖等特征有密切关系。外界环境条件对种群的数量（密度）有影响，而种群本身也具有调节其密度的机制，以响应外界环境的变化。很多研究表明，种群密度的增加，倘若是在一定水平内，常常能提高成活率、降低死亡率，其种群增长状况优于密度过低时的增长状况。但是，种群密度过高时，由于食物和空间等资源缺乏，排泄物的毒害以及心理和生理反应，则会产生不利的影响，导致出生率下降、死亡率上升，产生所谓的拥挤效应（overcrowding effect）。相反，种群密度过低，雌雄个体相遇机会太少，也会导致种群的出生率下降，并因此产生一系列生态后果。因此，种群密度过低（undercrowding）和过密（overcrowding）对种群的生存与发展都是不利的，每一种生物种群都有自己的最适密度（optimum density），这就叫阿利规律（Allee's law）。阿利规律对于濒临灭绝的珍稀动物的保护有指导意义。阿利规律对指导城市的最适大小等人类社会问题也很有意义。图3.2概括了种群的集群与存活率或者其他生理效应的相互关系。

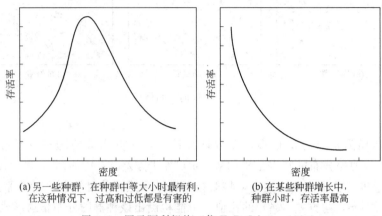

(a) 另一些种群，在种群中等大小时最有利，在这种情况下，过高和过低都是有害的

(b) 在某些种群增长中，种群小时，存活率最高

图3.2　图示阿利规律（仿 E. P. Odum，1983）

3.3　种群的动态

3.3.1　种群密度

一个种群全体数目的多少，叫种群大小（size）。而单位空间内的种群大小叫种群密度（population density），通常以单位面积或单位体积的个体数目或种群生物量表示。例如，每公顷200株树，每立方米水体500万硅藻。种群密度可分为粗密度和生态密度。粗密度（crude density）是指单位空间内的生物个体数（或生物量）；生态密度（ecological density）则是指单位栖息空间（种群实际占有的有用面积或空间）的个体数量（或生物量）。生态密度常大于粗密度。由于在很多情况下，种群密度很难用个体逐一计算，常采用相对密度来表示种群数量的丰富程度。所以，种群密度又可分为绝对密度和相对密度。前者是指单位面积或单位空间的实有个体数，后者是表示个体数量多少的相对指标。

实际上种群密度每时每刻都在变化，考虑时间的变化关系，用相对多度来表示某一时间范围内种群的个体数目。比如鸟类的相对多度就是指每一小时内看到的或听见的鸟的数目；哺乳动物的相对多度就是指10km路线上左边500m处所碰到的大型哺乳动物的数目。一般用5级表示。

第5级　个体极多；

第4级　个体多；

第3级　个体中等；

第2级　个体不多；

第1级　个体很少或稀少。

在统计植被的种群密度时，常常用盖度来精确地表示多度的数值，盖度指的是植物地上器官在地上的投影面积与一定土地面积之比（用%表示）。

在多数情况下，种群密度的高低取决于环境中可利用的物质和能量的多少、种群对物质和能量利用效率的高低、生物种群营养级的高低及种群本身的生物学特性（如同化能力的高低）等。

3.3.2 种群统计

3.3.2.1 出生率和死亡率

出生率和死亡率是影响种群动态的两个因素。出生率（natality）指种群增加的固有能力，它泛指任何生物产生新个体的能力，包括分裂、出芽（低等植物、微生物）、结籽、孵化、产仔等多种方式。

最大出生率（maximum natality，有时还称绝对或生理出生率）是在理想条件下（即无任何生态限制因子，繁殖只受生理因素所限制）产生的新个体在理论上的最大数量，对某个特定种群，它是一个常数。生态出生率（ecological natality）或实际出生率（realized natality）表示种群在某个现实或特定的环境条件下的增长。种群的实际出生率不是一个常数，它随种群的大小、年龄结构和物理环境条件的变化而变化。出生率通常以比率来表示，即将新产生个体数除以时间（绝对出生率或总出生率），或以单位时间每个个体的新生个体数表示（特定出生率）。假定一个池中有一个50个原生动物个体的种群，在1h内通过分裂增加到150个，则绝对出生率就是100个/h，特定出生率是每个个体（原来50个）产生2个/h。

死亡率（mortality）描述种群个体死亡的速率。像出生率一样，死亡率可以用给定时间内死亡个体数（单位时间死亡个体数）表示，也可以用特定死亡率，即单位时间内死亡个体数占初始种群个体数的比例来表示。最低死亡率（minimum mortality）是种群在最适环境条件下，种群中的个体都是因年老而死亡，即动物都活到了生理寿命后才死亡的情况。种群的生理寿命（physiological logevity）是指种群处于最适条件下的平均寿命，而不是某个特殊个体可能具有的最长寿命。生态死亡率（ecological mortality）或实际死亡率（realized mortality），是在某特定条件下丧失的个体数，它同生态出生率一样，不是常数，而是随着种群状况和环境条件的变化而变化。

3.3.2.2 种群的年龄结构和性比

种群的年龄结构（age structure）是指不同年龄组的个体在种群内的比例和配置情况。研究种群的年龄结构和性比对深入分析种群动态和进行预测预报具有重要的价值。种群的年龄结构通常用年龄锥体图表示。年龄锥体图是以不同宽度的横柱从上到下配置而成的图（图3.3）。横柱的高低位置表示不同年龄组，宽度表示各年龄组的个体数或百分比。按锥体形状，年龄锥体可划分为3种基本类型。

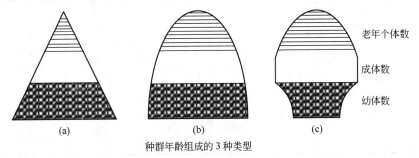

种群年龄组成的3种类型

图3.3　年龄锥体的3种基本类型

（a）增长型种群；（b）稳定型种群；（c）衰退型种群（引自 Kormondy，1976）

① 增长型种群　锥体呈典型金字塔形，基部宽，顶部狭。表示种群有大量幼体，老年

个体较少，种群的出生率大于死亡率，是迅速增长的种群。

② 稳定型种群　锥体形状和老、中、幼比例介于增长型和衰退型种群之间。出生率与死亡率大致平衡，种群稳定。

③ 衰退型种群　锥体基部比较狭，而顶部比较宽。种群中幼体比例减少而老年个体比例增大，种群的死亡率大于出生率。

性比（sex ratio）是指种群中雄性与雌性个体数的比例。大多数动物种群的性比接近 $1:1$。有些种群以具有生殖能力的雌性个体为主，如轮虫、枝角类等常是可进行孤雌生殖的动物种群。还有一种情况是雄多于雌，常见于营社会生活的昆虫种群。同一种群中性比有可能随环境条件的改变而变化，如盐生钩虾（*Gammarus salinus*）在 5℃ 下后代中雄性为雌性的 5 倍，而在 23℃ 下后代中雌性为雄性的 13 倍。种群的性比会随着其个体发育阶段的变化而发生改变。例如，一些啮齿类出生时，性比为 1，但 3 周后的性比则为 1.4。因此，性比又常根据不同发育阶段，即配子、出生和性成熟 3 个时期，相应再分为初级性比（primary sex ratio）、次级性比（secondary sex ratio）和三级性比（tertiary sex ratio）。

3.3.2.3　生命表的编制

生命表（life table）是记载某一种群或一定数量的同一时间出生的个体，经过一段时间以后由于个体死亡而逐渐减少的统计表。生命表是描述种群数量减少过程的有用工具。简单的生命表只根据各年龄组的存活或死亡数据编制，综合生命表则包括出生数据，从而能估计种群的增长率。

Conell 从 $1959 \sim 1968$ 年 10 年间对某岛上固着在岩石上的所有藤壶（*Balanus glandula*）进行逐年的存活观察，其结果见表 3.1 中的 x 和 n_x 栏，到第 9 年全部死亡。生命表有若干栏，每栏均有惯用的符号，其含义：x 为按年龄的分段；n_x 为 x 期开始时的存活数；l_x 为 x 期开始时的存活率；d_x 为从 x 到 $x+1$ 期的死亡数；q_x 为从 x 到 $x+1$ 期的死亡率；e_x 为 x 期开始时的生命期望或平均余年，e_0 为种群的平均寿命，$e_x = T_x / n_x$。T_x 和 L_x 栏一般可不列入表中，列入是为了计算 e_x 更方便。L_x 是从 x 到 $x+1$ 期的平均存活数，即 $L_x = (n_x + n_{x+1})/2$。T_x 则是进入 x 龄期的全部个体在进入 x 期以后的存活个体总年数，即 $T_x = \sum L_x$。例如，$T_0 = L_0 + L_1 + L_2 + L_3 + \cdots$，$T_1 = L_1 + L_2 + L_3 + \cdots$。

表 3.1　藤壶的生命表

年龄 x	存活数 n_x	存活率 l_x	死亡数 d_x	死亡率 q_x	生命期望 e_x	L_x	T_x
0	142.0	1.000	80.0	0.563	1.58	102	224
1	62.0	0.437	28.0	0.452	1.97	48	122
2	34.0	0.239	14.0	0.412	2.18	27	74
3	20.0	0.141	4.5	0.225	2.35	17.75	47
4	15.5	0.109	4.5	0.290	1.89	13.25	29.25
5	11.0	0.077	4.5	0.409	1.45	8.75	16
6	6.5	0.046	4.5	0.692	1.12	4.25	7.25
7	2.0	0.014	0	0.000	1.50	2	3
8	2.0	0.014	2.0	1.000	0.50	1	1
9	0	0	—	—	0	0	0

从这个生命表可获得 3 方面的信息。

① 存活曲线（surviorship curve）　以 $\lg n_x$ 栏对 x 栏作图可得存活曲线。存活曲线直观地表达了该同生群（cohort）的存活过程。Deevey（1947）曾将存活曲线分为 3 个类型

（图 3.4）。

Ⅰ型　曲线凸型，表示在接近生理寿命前只有少数个体死亡。

Ⅱ型　曲线呈对角线，各年龄死亡率相等。

Ⅲ型　曲线凹型，幼年期死亡率很高。

藤壶的存活曲线接近Ⅰ型。

② 死亡率曲线　以 q_x 栏对 x 栏作图。藤壶在第一年死亡率很高，以后逐渐降低，接近老死时死亡率迅速上升。

③ 生命期望　e_x 表示该年龄期开始时的平均能存活的年限。

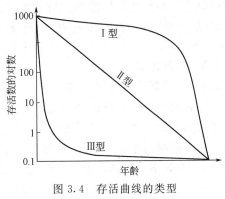

图 3.4　存活曲线的类型
（引自 Krebs, 1985）

3.3.2.4　动态生命表

动态生命表（dynamic life table）又称为特定年龄生命表，就是根据一群同一时期出生的生物，直接观察种群的个体死亡过程，或连续追踪该群生物全部死亡的过程而编制的。表 3.1 的藤壶生命表就属于动态生命表。

这种方法虽然很精确，但一般适合于家养或实验室种群和世代不重叠的生物，如昆虫、草本植物等。人类或自然可迁移的种群因为自出生后便不断迁移，很难追踪到底，所以是很困难的。

3.3.2.5　静态生命表

静态生命表（static life table）又称为特定时间生命表，是根据某一特定时间，对种群作一个年龄分布（结构）的调查，并掌握该种群各年龄组的死亡数（率），再经过统计学处理而编制的。

编制静态生命表，等于假定了种群所经历的环境是年复一年地没有改变，但实际上，对于动物或人类的死亡或出生，有的年份好，有的年份差，因此，有的学者对静态生命表持有怀疑态度，至少用这两类编制方法做出来的生命表所描述的死亡过程是有差别的。其适用于世代重叠的生物，如人类、树木等，仅反映了种群在某一时刻的剖面。

3.3.2.6　综合生命表

综合生命表与简单生命表不同之处在于除 l_x 栏外，增加了 m_x 栏。m_x 栏描述了各年龄的出生率。表 3.2 为猕猴的综合生命表。

表 3.2　猕猴的综合生命表

x/a	l_x	$\lg(1000l_x)$	k_x	m_x	$l_x m_x$	$x l_x m_x$
0	0.99	3.00	0.00	0	0	0
1	0.99	3.00	0.07	0	0	0
2	0.97	2.99	0.275	0	0	0
3	0.89	2.95	0.07	0	0	0
4	0.87	2.94	0.00	0.154	0.134	0.536
5	0.87	2.94	0.04	0.401	0.349	0.745
6	0.86	2.93	0.00	0.440	0.378	2.268
7	0.86	2.93	0.00	0.464	0.399	2.793
8	0.83	2.92	0.07	0.434	0.360	2.880
9	0.81	2.91	0.00	0.462	0.374	2.366
10	0.81	2.91	0.00	0.320	0.259	2.590
11	0.81	2.91	0.00	0.462	0.374	4.114
12	0.81	2.91	0.00	0	0	0
13	0.81	2.91	0.00	0.578	0.468	6.084

注：引自江海声等，1989。

综合生命表同时包括了存活率和出生率两方面数据，将两者相乘，并累加起来（$R_0 = \sum l_x m_x$ 值），即得净生殖率（net reproductive rate）。R_0 还代表该种群（在生命表所包括特定时间中的）世代净增值率。猕猴生命表的 $R_0 = 3.096$，表示猕猴数经一世代后平均增长到原来的 3.096 倍。该生命表中 k_x 是表示年龄组死亡率的指标，它由 l_x 栏导出，即 $k_x = \lg l_x - \lg l_{x+1}$。

3.3.3 种群增长

3.3.3.1 种群的内禀增长率

在自然界中，种群的数量是不断变化的，种群的增长率与出生率、死亡率有直接联系。当条件有利时，种群数量增加，增长率是正值；当条件不利时，种群数量下降，增长率是负值。种群的瞬时增长率(r)=瞬时出生率(b)-瞬时死亡率(d)。种群在无限制的环境条件下（食物、空间不受限制，理化环境处于最佳状态，没有天敌等）的瞬时增长率称为内禀增长率（innate rate of increase，r_m），即种群的最大增长。内禀增长率也称为生物潜能（biotic potential）或生殖潜能（reproductive potential），是物种固有的，由遗传特性所决定。通常人们通过在实验室提供最有利的条件来近似地测定种群的内禀增长率。例如，林昌善等（1964）曾对杂拟谷盗的实验种群测定过 r_m 值，$r_m = 0.07426$，即该种群以平均每日每雌增加 0.074 个雌体的速率增长。

种群增长率 r 可按下式计算：
$$r = \ln R_0 / T$$

式中，T 为世代时间，指种群中子代从母体出生到子代再产子的平均时间；R_0 为世代净增殖率，即 $R_0 = $ 第 $t+1$ 世代的雌性幼体出生数/第 t 世代的雌体幼体出生数。

从 $r = \ln R_0 / T$ 来看，r 值的大小，随 R_0 增大而增大，随 T 值的增大而变小。在计划生育中要使 r 值变小，可以通过两种方式来实现：①降低 R_0 值，即使世代增殖率降低，即限制每对夫妇的子女数；②使 T 值增大，即可以通过推迟首次生育时间和晚婚来达到。

3.3.3.2 种群的指数增长率

有些生物可以连续进行繁殖，没有特定的繁殖期，在这种情况下，种群的数量变化可以用微分方程表示：
$$\frac{\mathrm{d}N}{\mathrm{d}t} = (b - d)N$$

式中，$\mathrm{d}N/\mathrm{d}t$ 表示种群的瞬时数量变化；b 和 d 分别为每个个体的瞬时出生率和死亡率。

在这里，出生率和死亡率可以综合为一个值 r，即
$$r = b - d$$

其中 r 值就被定义为瞬时增长率，因此种群的瞬时数量变化就是
$$\frac{\mathrm{d}N}{\mathrm{d}t} = rN$$

显然，若 $r > 0$，种群数量就会增长；

若 $r < 0$，种群数量就会下降；

若 $r = 0$，种群数量不变。

这一方程可以有几种用法。首先，如果方程两边都除以 N，就可以计算出每个个体的增长率，即
$$\frac{1}{N} \times \frac{\mathrm{d}N}{\mathrm{d}t} = r$$

换句话说，当种群呈指数增长（exponential growth）时，r 就是每个个体的增长率。应当注意的是，对这一方程来说，每个个体的增长率是独立于种群数量的。

其次，对 $dN/dt=rN$ 式积分后可得

$$N_t = N_0 e^{rt}$$

式中，N_t 是 t 时刻的种群个体数量；N_0 是种群起始个体数量；e 是自然对数的底（e = 2.718）。

利用这一方程式就可以计算未来任一时刻种群的个体数量。例如，图 3.5 是 4 个不同 r 值的种群增长曲线，其中有 2 个 r 值大于 0，1 个等于 0，1 个小于 0。

应当指出的是，种群的数量变化是连续的，因此增长曲线是平滑的，如果 r 值较大，增长曲线就呈 J 字形。

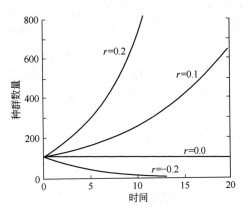

图 3.5 当种群的起始数量为 100 时，4 个不同 r 值的种群增长曲线（引自尚玉昌，2003）

$N_t = N_0 e^{rt}$ 这个表达式非常类似于周限增长时的表达式 $N_t = \lambda^t N_0$，所不同的只是用 e^r 取代了 λ，也就是说

$$\lambda = e^r$$

解此式可知 r 是 λ 的一个函数，可表示为

$$r = \ln\lambda$$

3.3.3.3 种群在无限环境中的指数式增长

在讨论现实的有限环境中的种群增长之前，先研究一个假设的理想的无限环境（排除不利的气候条件，提供充足和理想的食物，排除天敌与疾病的袭击等）中的增长模式。

（1）离散世代生物种群的指数增长 离散世代生物是指世代不重叠生物，假定有一种一年只有一个繁殖季，寿命只有一年的动物，那么其世代是不重叠的。例如，栖居于草原季节性小水坑中的水生昆虫，每年雌虫产一次卵，卵孵化长成幼虫，蛹在泥中度过干旱季节，到第二年，蛹才变为成虫、交配、产卵。因此，世代是不重叠的，种群增长是不连续的。假定这些水坑是彼此隔离的，即种群没有迁入和迁出。

① 模型的假设和概念结构 在这个最简单的单种种群增长模型的概念结构里，包含有下列 4 个假设：Ⅰ种群增长是无界的，即假设种群在无限的环境中增长，没有受资源、空间等条件的限制；Ⅱ世代不相重叠，增长是不连续的，或称离散的；Ⅲ种群没有迁入和迁出；Ⅳ没有年龄结构。

② 数学模型 最简单的单种种群增长的数学模型，通常是把世代 $t+1$ 的种群 N_{t+1} 与世代 t 的种群 N_t 联系起来的差分方程：

$$N_{t+1} = \lambda N_t$$
$$N_t = N_0 \lambda^t$$

式中，N 为种群大小；t 为时间；λ 为种群的周限增长率。

例如，开始时有 10 个雌体，到第二年成为 200 个，那就是说，$N_0 = 10$，$N_1 = 200$，即一年增长 20 倍。今以 λ 代表种群两个世代的比率：

$$\lambda = N_1/N_0 = 20$$

如果种群在无限环境中以这个速率年复一年地增长，即

$$N_0 = 10$$

$$N_1 = N_0\lambda = 10 \times 20 = 200 (= 10 \times 20^1)$$
$$N_1 = N_1\lambda = 200 \times 20 = 4000 (= 10 \times 20^2)$$
$$N_1 = N_2\lambda = 4000 \times 20 = 80000 (= 10 \times 20^3)$$
$$\cdots\cdots$$
$$N_{t+1} = \lambda N_t \text{ 或 } N_t = N_0\lambda$$

λ 在此是表示种群以每年（或其他时间单位）为前一年 20 倍的速率而增长的增长率，称为周限增长率（finite rate of increase）。这种增长形式称为几何级数式增长或指数式增长。

③ 模型的参数 λ　周限增长率 λ 是种群增长模型中有用的量。如果 $N_{t+1}/N_t = 1$，表示种群数量在 t 时和 $t+1$ 时相等，种群稳定。从理论上讲，λ 可以有下面 4 种情况，它在种群增长中的含义是：

$\lambda > 1$　种群上升；

$\lambda = 1$　种群稳定；

$0 < \lambda < 1$　种群下降；

$\lambda = 0$　雌体没有繁殖，种群在一代中灭亡。

（2）重叠世代生物种群的指数增长　上面讨论的是世代不相重叠，以差分方程把世代 $t+1$ 的种群与世代 t 的种群联系起来进行描述的情况。如果世代之间有重叠，种群数量以连续的方式改变，通常用微分方程来描述。

① 模型的假设　种群以连续方式增长，其他各点同上一模型。

② 数学模型　对于在无限环境中瞬时增长率保持恒定的种群，种群增长仍旧表现为指数式增长过程，即

$$\frac{dN}{dt} = rN$$

其积分式为：

$$N_t = N_0 e^{rt}$$

式中，N_t、N_0、t 的定义如前；e 为自然对数的底；r 是种群的瞬时增长率。

以 b 和 d 表示种群的瞬时出生率和瞬时死亡率，那么瞬时增长率 r 就等于 $(b-d)$，即 $r = b - d$（假定没有迁入和迁出）。

③ 模型的行为　例如，初始种群 $N_0 = 100$，r 为 0.5，则一年后的种群数量为 $100e^{0.5} = 165$，两年后为 $100e^{1.0} = 272$，三年后为 $100e^{1.5} = 448$。

以种群大小 N_t 对时间 t 作图（图 3.6）说明种群增长曲线呈 J 字形，但如以 $\lg N_t$ 对 t 作图，则变为直线。

种群的瞬时增长率 r 是描述种群在无限环境中呈几何级数式增长的瞬时增长能力的。因此，内禀增长能力 r_m 就是一种种群的瞬时增长率。

3.3.3.4　种群在有限环境中的逻辑斯蒂（Logistic）增长

自然条件下种群通常在有限的环境资源下增长。因此，种群的增长除了取决于种群本身的特性外，大多数情况下，还取决于环境中空间、物质、能量等资源的可利用程度以及生物对这些资源的利用效率。

种群在有限的资源条件下，随着种群内个体数量的增多，环境阻力渐大。当种群的个体数目接近环境所能支持的最大值即环境负荷量（carrying capacity）K 时，种群内个体数量将不再继续增加，而是保持在该水平。这种有限资源条件下的种群增长曲线呈 S 形，称之为 Logistic 增长曲线，如图 3.7。即

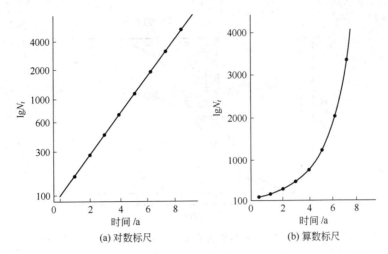

图 3.6　种群增长曲线（引自 Krebs，1978）

$N_0 = 100$，$r = 0.5$

$$\frac{\mathrm{d}N}{\mathrm{d}t} = rN\left(\frac{K-N}{K}\right)$$

式中，K 为环境容量；N 为种群数量；r 为瞬时增长率。

从式中可以看出，当 N 为 $0 \to K$ 时，$(K-N)/K$ 由 $1 \to 0$；当 $N = K$ 时，增长为 0。所以 $(K-N)/K$ 可以看作是环境阻力的量度，当种群数量增长到环境容量的附近时，种群停止增长。即随着种群数量由极小逐渐增加到 K 值，由 rN 代表的种群最大增长率的可实现程度逐渐变小。逻辑斯蒂方程简明扼要地表达了 S 形增长的过程，同时还有明显的现实性。

当 $K - N > 0$，种群数量增长；

当 $K - N = 0$，种群处于稳定的平衡状态；

当 $K - N < 0$，种群数量减少。

上述方程积分为：

$$N = \frac{K}{1 + \mathrm{e}^{a-n}}\left(其中\ a = \frac{r}{K}\right)$$

逻辑斯蒂曲线图形如图 3.7，Logistic 曲线常被划分为 5 个时期。

① 开始期（initial phase），也可称潜伏期。此期内种群个体数少，密度增长缓慢。

② 加速期（accelerating phase），随个体数增加，密度增长逐渐加快。

③ 转折期（inflecting phase），个体数达到饱和密度一半时（即 $K/2$），密度增长最快。

④ 减速期（decelerating phase），个体数超过 $K/2$ 后，密度增长逐渐变慢。

⑤ 饱和期（asymptotic phase），种群密度达到环境容量，即达到饱和。

3.3.4　种群的数量变动

自然种群的研究表明，种群数量具有两个重要的特征。第一是波动性，在每一段时间之间（年、季节）种群数量都有所不同；其次是稳定性，尽管种群数量存在波动，但大部分的种群不会无限制地增长或无限制地下降而发生灭绝，因此种群数量在某种程度上维持在特定的水平上。种群数量在相当长时间内维持在一个水平上的情形称为种群平衡。所谓平衡，指的是在一年中的出生数和死亡数大致相等，种群数量基本稳定。这种平衡是相对的。

种群的数量很少持续保持在某一水平，通常是在一定的最小和最大密度范围之间波动。当种群长久处于不利的环境条件下，或受到人类过度捕杀或栖息地受到严重破坏时，种群数

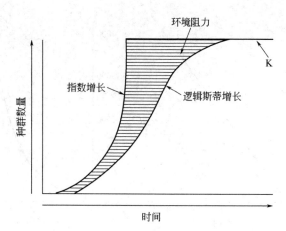

图 3.7　种群增长的两种模式示意图（引自丁鸿富等，1987）

量就可能下降，甚至灭亡。种群数量波动幅度取决于生物种类及其具体环境条件。如果环境条件经常改变，那么数量波动就比较明显。

依据是否为周期性变化，种群数量的波动分为不规则波动和周期性波动（图 3.8）。

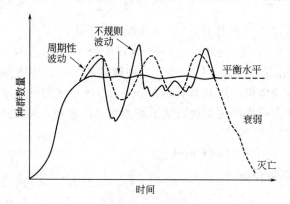

图 3.8　种群的数量动态（引自卢升高等，2004）

3.3.4.1　季节波动

季节波动（seasonal variation）是指种群数量在一年的不同季节的数量变化。这是由于环境因子季节性变化的影响，而使生活在该环境中的生物产生与之相适应的季节性消长的生活史节律，属于周期性的波动。如一年中只有一次繁殖季节的种群，该季节的种群数量最多，以后由于自然死亡或被其他动物捕食，其数量就逐渐下降，直至翌年的繁殖季节。在许多热带地区，虽无冬夏之分，但有雨季和旱季之别。种群的繁殖常集中于雨季，种群数量的消长也随季节而变动。温带湖泊和海洋浮游植物（主要是硅酸藻）每年在春秋两季有一个增长高峰，而在冬夏季种群数量下降。

3.3.4.2　年际波动

年际波动（annual variation）是指种群在不同年份之间的数量变动。年际波动可能是不规则的，不规则的年际波动通常与环境条件有关，特别是气候因子的影响较大。例如，根据营巢统计结果，英国某些地区的苍鹭，数量大致稳定，年波动不大，但在有严寒冬季的年份，苍鹭数量就会下降，若连年冬季严寒，其数量就下降得更多，但在恢复正常后，其种群就能恢复到多年的平均水平。这说明气候因素对苍鹭种群数量变化起着决定性作用。

一些年际波动表现为规则的、具有周期性波动现象。这种数量波动的特点可能与种群自身的遗传特性有关。例如北方的啮齿动物，如旅鼠和北极狐，种群数量以 3～4 年为一个周期的波动；美洲兔和加拿大猞猁以 9～10 年为一个周期呈现数量波动。

3.3.4.3 种群的衰落和灭亡

当种群长久处于不利条件下（人类过度捕猎或栖息地被破坏），其数量会出现持久性下降，即种群衰落，甚至灭亡。个体大、出生率低、生长慢、成熟晚的生物，最易出现这种情况。种群衰落和灭亡的速率在近代大大加快了，究其原因，不仅是人类的过度捕杀，更严重的是野生生物的栖息地被破坏，剥夺了物种生存的条件。种群的持续生存，不仅需要有保护良好的栖息环境，而且要有足够的数量达到最低种群密度，过低的数量因近亲繁殖而使种群的生育力和生活力衰退。

3.3.4.4 种群的暴发

具有不规则或周期性波动的生物都可能出现种群的暴发。最闻名的暴发见于害虫和害鼠，还有近些年经常发生的赤潮。赤潮是指水中一些浮游生物（如腰鞭毛虫、裸甲藻、棱角藻及夜光藻等）暴发性增殖引起水色异常的现象，主要发生在近海，又称红潮。它是由于有机污染，即水中氮、磷等营养物过多形成富营养化所致。其危害主要有：①藻类死体的分解，大量消耗水中溶解氧，使鱼、贝等窒息而死；②有些赤潮生物产生毒素，杀害鱼、贝，甚至距离海岸 64km 的人，也会受到由风带来毒素的危害，造成呼吸和皮肤的不适。

3.3.4.5 生物入侵

借助气流、风暴和海流等自然因素或人为作用，一些植物种子、昆虫、微小生物及多种动物被带入新的生态系统，在适宜气候、丰富食物营养供应和缺乏天敌抑制的条件下，得以迅速增殖，在新的生境下得以一代代繁衍，形成对本地种的生存威胁。这种由于人类有意识或无意识地把某种生物带入适宜其栖息和繁衍的地区，造成其种群不断扩大，分布区逐步稳定地扩展的过程称生物入侵（biological invasion）。入侵的成功与否与多方面的因素有关：物种自身的生态生理特点，入侵地的气候，食物和隐蔽场所的状况，侵入当时造成的后果引起人们关注程度的大小等。

3.4 种群的调节

3.4.1 种群调节与调节因素

种群调节（population regulation）是指种群变动过程中趋向恢复到其平均密度的机制。由于生态因子的作用，使种群在生物群落中，与其他生物成比例地维持在某一特定密度水平上的现象叫种群的自然平衡，这个密度水平叫做平衡密度。能使种群回到原来平衡密度的因素称为调节因素。根据种群密度与种群大小的关系，通常将影响种群调节的因素分为密度制约（density dependent）和非密度制约（density independent）两类。也可将影响种群调节的因素分为外源性（exogenous）因素和内源性（endogenous）因素两大类。

密度制约因素的作用与种群密度相关，主要由生物因子所引起。例如，随着密度的上升，死亡率增高，或生殖率下降，或迁出率升高。密度制约因素主要是生物性因素，如捕食、竞争以及动物社会行为等。

非密度制约因素是指那些影响作用与种群本身密度大小无关的因素，主要由气候因子所引起，如温度、降雨、食物数量、污染物等。如食物来源对种群数量的影响，当食物来源不足时，吃该食物的种群数量就会减少；反之，就增多。

实际上，这两类因素的作用是相互联系、难以分开的，至于哪一些因素相对较为重要，生态学家们提出了许多不同的学说来探讨种群的动态机制。

3.4.2 外源性因子调节学说

3.4.2.1 非密度制约的气候学派

气候学派强调非生物环境因素是种群动态的决定因素，认为气候因子是种群数量变动的主要动因。如以色列学者 F. S. Bidenheimer 认为昆虫的早期死亡有 85%～90% 是由于不良天气条件引起的。气候学派多以昆虫为研究对象，认为生物种群主要是受对种群增长有利的气候的时间短暂所限制。因此，种群从来没有足够的时间增殖到环境容纳量所允许的数量水平，不会产生食物竞争。

3.4.2.2 密度制约的生物学派

生物学派主张捕食、寄生、竞争等生物过程对种群调节起决定作用。他们认为没有一个自然种群能无限制增长，因此必然有许多限制种群增长的因素。从长期来说，种群有一个平衡密度，即种群具有相对稳定性。例如，澳大利亚生物学家 A. J. Nicholson 批评气候学派混淆了两个过程：消灭和调节。他举例说明：假设一个昆虫种群每个世代增加 100 倍，而气候变化消灭了 98%；那么这个种群仍然要每个世代增加 1 倍。但如果存在一种昆虫的寄生虫，其作用随昆虫密度的变化而消灭了另外的 1%，这样种群数量便得以调节并能保持稳定。在这种情况下，寄生虫消灭的虽少却是种群的调节因子。由此他认为只有密度制约因子才能调节种群的密度。

3.4.2.3 折中学派

20 世纪 50 年代气候学派和生物学派发生激烈论战，但也有的学者提出折中的观点。如 A. Milne 既承认密度制约因子对种群调节的决定作用，也承认非密度制约因子具有决定作用。他把种群数量动态分成 3 个区，极高数量、普通数量和极低数量。在对物种最有利的典型环境中，种群数量最高，密度制约因子决定种群的数量；在环境条件极为恶劣的条件下，非密度制约因子左右种群数量变动。这派学者认为，气候学派和生物学派的争论反映了他们工作地区环境条件的不同。

3.4.3 内源性因子调节学说

内源性因子调节学说又称为自动调节学说，持这种学说的学者将研究焦点放在动物种群内部，强调种内成员的异质性，特别是各个体之间的相互关系在行为、生理和遗传特性上的反映。他们认为种群有一平衡密度，且由种群内部的因素起决定性的调节作用。这些调节因子包括行为、内分泌和遗传因素，因而又可称为行为调节、内分泌调节和遗传调节学说。

3.4.3.1 行为调节学说

由英国生态学家温·爱德华（Wyune Edwards，1962）提出。主要内容是：种群中的个体（或群体）通常选择一定大小的有利地段作为自己的领域，以保证存活和繁殖。但是在栖息地中，这种有利的地段是有限的。随着种群密度的增加，有利的地段都被占满，剩余的社会等级比较低的从属个体只好生活在其他不利的地段中，或者往其他地方迁移。那部分生活在不利地段中的个体由于缺乏食物以及保护条件，易受捕食、疾病、不良气候条件所侵害，死亡率较高，出生率较低。这种高死亡率和低出生率以及迁出，也就限制了种群的增长，使种群维持在稳定的数量水平上。

3.4.3.2 内分泌调节学说

该学说由美国学者 Christian（1950）提出。他认为当种群数量上升时，种群内部个体经受的社群压力增加，加强了对动物神经内分泌系统的刺激，影响脑下垂体的功能，引起生长激素和促性腺激素分泌减少，而促肾上腺皮质激素分泌增加，结果导致出生率下降，死亡率上升，从而抑制了种群的增长。这样，种群增长因上述生理反馈机制而得到抑制或停止，从而又降低了社群压力。该学说主要用来解释哺乳动物的种群调节。

3.4.3.3　遗传调节学说

英国遗传学家 E. B. Ford 认为，当种群密度增高时，自然选择压力松弛下来，结果是种群内变异性增加，许多遗传型较差的个体存活下来，当条件回到正常的时候，这些低质的个体由于自然选择的压力增加而被淘汰，于是降低了种群内部的变异性。他指出，种群密度的增加必然为种群密度的减少铺平道路。

D. Chitty 提出一种解释种群数量变动的遗传调节模式。他认为，种群中的遗传双态现象或遗传多态现象有调节种群的意义。例如，在啮齿类动物中有一组基因型是高进攻性的，繁殖力较强，而另一组基因型繁殖力较低，较适应于密集条件。当种群数量初上升时，自然选择有利于第一组，第一组逐步代替第二组，种群数量加速上升。当种群数量达到高峰时，由于社群压力增加，相互干涉增加，自然选择不利于高繁殖力的，而有利于适应密集的基因型，于是种群数量又趋下降。这样，种群就可进行自我调节。可见，D. Chitty 的学说是建立在种群内行为以及生理和遗传变化基础之上的。

3.5　种群的繁殖

3.5.1　繁殖成效

有机体在生活史中的各种生命活动都要消耗资源，只有对有限能量和资源协调利用，才能促进自身的有效生存和繁殖。个体现时的繁殖输出与未来繁殖输出的总和称为繁殖成效（reproductive effort）。繁殖成效衡量个体在生产子代方面对未来世代生存与发展的贡献。应该说，繁殖成效是物种固有的遗传特性，但在变化的环境中也具有一定的生态可塑性。

3.5.1.1　繁殖价值

所谓繁殖价值（reproductive value）是指在相同时间内特定年龄个体相对于新生个体的潜在繁殖贡献。包括现时繁殖或称当年繁殖价值（present reproductive value）和剩余繁殖价值（residual reproductive value）两部分。前者表示当年生育力（M）。后者表示余生中繁殖的期望值（RRV）。这样，繁殖价值（RV）就可以通过以下公式表达：

$$RV = M + RRV$$

3.5.1.2　亲本投资

有机体在生产子代以及抚育和管护时所消耗的能量、时间和资源量称亲本投资（parental investment）。一般来说，雌雄个体之间的投资比例，大多数物种极为悬殊。以鸟类为例，雄鸟一次受精所排出的精子虽然有亿万个之多，但是总质量不超过它体重的 5%，并且绝大部分没有投在子体身上。而雌鸟要为受精卵贮备营养，产蛋后还要孵育。一只鸟蛋大约是母体体重的 15%～20%，许多种鸟的一窝蛋总质量就可超过雌鸟本身的体重，但整个生和育的过程所耗费的物质和能量要比形成鸟蛋多数百倍。有些鸟类由雌雄双亲孵育子代，这样便在一定程度上增加了雄性亲本的投资比重。哺乳动物双亲投资的差别更大。也有少数动物由雄性亲本单独承担抚育任务。

3.5.1.3　繁殖成本

繁殖和生存是权衡有机体适应性的两个基本成分。虽然可以预期一个生物的适应性将直接与它生产的子代数量成比例的增加，但实际上，繁殖要使生长和存活付出成本。生活史中的各个生命环节（例如，维持生命、生长和繁殖，乃至各种竞争），都要分享有限资源。如果增加某一生命环节的能量分配，就必然要以减少其他环节能量分配为代价，这就是 Cody（1996）所称谓的"分配原则"（principle of allocation）。有机体在繁殖后代时对能量或资源的所有消费称为繁殖成本（reproductive costs），成功的生活史是能量协调使用的结果。

3.5.2 繁殖格局

对一些生物来说，它繁殖新世代之际就是自己生命结束之时。但对大多数生物来说，子代出生并不意味着亲代的死亡，因为个体的生命在繁殖阶段结束以后，还要经历一个衰老的过程。因此，只有把生物繁殖格局（reproductive patterns）的多样性进行科学归类，才能对繁殖格局与生活史其他环节的相互联系，乃至生物生态学特征的相似性及差异等，有一个系统的了解。

3.5.2.1 一次繁殖和多次繁殖

在生活史中，只繁殖一次即死亡的生物称为一次繁殖生物（semelparity），而一生中能够繁殖多次的生物称为多次繁殖生物（iteroparity）。一次繁殖生物无论生活史长短，在个体发育中，每个阶段只循序出现一次，没有重复过程。所有一年生植物和二年生植物、绝大多数昆虫种类以及多年生植物中的竹类、某些具有顶生花序的棕榈科植物都属于一次繁殖类型。多次繁殖生物在性成熟以前的各个阶段只出现一次，但在繁殖阶段却要多次重复繁殖过程，个体发育的各个阶段，特别是衰老阶段也都较长。大多数多年生草本植物、全部乔木和灌木树种、高等动物（如哺乳类、鸟类、爬行类、两栖类以及鱼类的绝大多数种类），都属于多次繁殖类型。

3.5.2.2 生活年限与繁殖

生物学上习惯用年表达生物在整个生活史所经历的时间，把植物划分为一年生植物、二年生植物和多年生植物；把动物按类群分别划分为短命型、中等寿命型和长寿型，用以表征各组存活时间的相对长短。有机体的生活年限（life span）或寿命（life time）既具有遗传性，也具有较大的生态可塑性。通常称前者为生理寿命，后者为实际寿命或生态寿命。繁殖需要营养代价，在个体较小时就开始繁殖的有机体，其死亡的危险性较大。相比之下，如果是在生长空间已被占据且生态条件又是有利的生境，对于一次繁殖生物来说，由于延迟繁殖可使个体增大，从而增大了竞争力和存活力，要比提前繁殖的个体留下更多的子代，自然选择有利于延迟繁殖个体。在资源有限且竞争苛刻的环境下，多次繁殖的生物因个体大，亲体可以100%存活，而一次繁殖生物因个体小，仅有很少能存活繁殖，自然选择将有利于多次繁殖个体。

3.5.3 繁殖策略

MacArthur 和 Wilson（1976）按生物栖息的环境和进化的策略把生物分为 r-对策者和 K-对策者两大类。r-对策者（r-strategistis）适应于不可预测的多变环境（如干旱地区和寒带），具有能够将种群增长最大化的各种生物学特性，即高生育力、快速发育、早熟、成年个体小、寿命短且单次生殖多而小的后代。一旦环境条件好转，就能以其高增长率（r），迅速恢复种群，使物种得以生存。K-对策者（K-strategistis）适应于可预测的稳定的环境。在稳定的环境（如热带雨林）中，由于种群数量经常保持在环境容纳量（K）水平上，因而竞争较为激烈。K-对策者具有成年个体大、发育慢、生殖迟、产仔（卵）少而大，但多次生殖、寿命长、存活率高的生物学特性，以高竞争能力在高密度条件下得以生存（表3.3）。

表 3.3　r-对策和 K-对策生物的特征

特　征	r- 选择	K- 选择
出生率	高	低
发育	快	慢
体型	体型小	体型大
生育投资	提早生育,单次生殖	缓慢发育,多次生殖
寿命	短,通常不到 1 年	长,通常大于 1 年
竞争能力	弱	强
死亡率	高,灾难性的,非密度制约	低,有规律性,密度制约
种群大小	大,不稳定,种群大小波动大	小,稳定,种群大小在 K 值附近
存活曲线	属Ⅲ型,幼体存活率低	属Ⅰ或Ⅱ型,幼体存活率高
适应气候	多变,难以预测,不确定	稳定,可预测,较确定
导致	高生育力	高存活率

因此,可以说在生存竞争中,K-对策者是以"质"取胜,而 r-对策者则是以"量"取胜;K-对策者将大部分能量用于提高存活率,而 r-对策者则是将大部分能量用于繁殖。在大分类单元中,大部分昆虫和一年生植物可以看作是 r-对策者,而大部分脊椎动物和乔木可以看作是 K-对策者。在同一分类单元中,同样可作生态对策比较,如哺乳动物中的啮齿类大部分是 r-对策者,而象、虎、熊猫则是 K-对策者。

r-对策者和 K-对策者具有不同的生物学特征,因此它们的种群增长曲线也有差别(图 3.9)。图中 45°角的对角虚线,表示 $N_{t+1}/N_t=1$,种群数量处于平衡状态;曲线位于对角线上方表示种群增长,即 $N_{t+1}>N_t$;而位于虚线下面时表示个体数量在下降,即 $N_{t+1}<N_t$。K-对策者曲线与虚线有两个交点(X 和 S)。X 为不稳定的平衡点,可称为灭绝点;S 是稳定点,可视为最大环境容纳量 K;S 处的两个收敛箭头表示个体数量高于或低于 S 点时,都要趋向于 S,X 处的两个发散箭头表示个体数量高于 S 时还可回升到 S,但低于 X 时,则必然走向灭亡。这就是

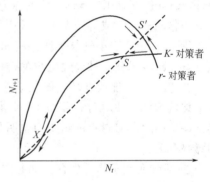

图 3.9　两种繁殖策略者繁衍数量的波动性与稳定性(引自 Southwood, 1974)

说,在阈限内(X 与 S 之间),当系统受到不是过强的扰动时可以恢复到 S,但如果扰动过强,数量下降到最低阈值时,就不可能再恢复,从而不可避免地继续下降,直到消失。r-对策者曲线只有一个平衡点(S'),没有灭绝点,它们在个体数量极少时,也能迅速回升到 S',并且曲线并不是倾向于在 S' 处维持稳定,而是容易围绕 S' 波动。这就是说,在不同情况下,它们的个体数量既可以冲过 S' 很远,又可在数量很少时迅速增长。因此,我们必须认识到,在物种资源面临威胁时,对 K-对策者的保护要比 r-对策者更困难、更紧迫、更重要。

3.6　种内关系和种间关系

3.6.1　种内关系

生物在自然界长期发育与进化的过程中,出现了以食物、资源和空间关系为主的种内与种间关系。我们把存在于各个生物种群内部的个体与个体之间的关系称为种内关系(intraspecific relationship），包括密度效应、动植物性行为（植物的性别系统和动物的婚配制度）、领域性和社会等级等。大量的事实表明，生物的种内与种间关系包括许多作用类型，是认识生物群落结构与功能的重要特性。

3.6.1.1 集群

集群（aggregation 或 society、colony）现象普遍存在于自然种群当中。同一种生物的不同个体，或多或少都会在一定的时期内生活在一起，从而保证种群的生存和正常繁殖，因此集群是一种重要的适应性特征。在一个种群当中，一些个体可能生活在一起而形成群体，但是另一部分个体却可能是孤独生活的。例如，尽管大部分狮子以家族方式进行集群生活，但是另一些个体则是孤独生活着。

根据集群后群体持续时间的长短，可以把集群分为临时性（temporary）和永久性（permanent）两种类型。永久性集群存在于社会动物当中。所谓社会动物是指具有分工协作等社会性特征的集群动物。社会动物主要包括一些昆虫（如蜜蜂、蚂蚁、白蚁等）和高等动物（如包括人类在内的灵长类等）。社会昆虫由于分工专化的结果，同一物种群体的不同个体具有不同的形态。

动物群体的形成可能是完全由环境因素所决定的，也可能是由社会吸引力（social attraction）所引起，根据这两种不同的形成原因，动物群体可分为两大类，前者称为集会（aggregation 或 collection），后者称为社会（society）。

动物的集群（成群分布）生活往往具有重要的生态学意义。

① 有利于改变小气候条件。例如，皇企鹅在冰天雪地的繁殖基地的集群能改变群内的温度，并减少风速。社会性昆虫的群体甚至能使周围的温湿度条件相对稳定。

② 集群甚至能改变环境的化学性质。阿利（Allee，1931）的研究证明，鱼类在集群条件下比营个体生活时对有毒物质的抵御能力更强。另外，在有集群鱼类生活过的水体中放入单独的个体，其对毒物的耐受力也明显提高。这可能与集群分泌黏液和其他物质以分解或中和毒物有关。

③ 集群有利于物种生存。如共同防御天敌，保护幼体等。

3.6.1.2 密度效应

在种内关系方面，动物种群和植物种群的表现有很大区别，动物种群的种内关系主要表现为等级制、领域性、集群和分散等行为上；而植物种群则不同，除了有集群生长的特征外，更主要的是个体之间的密度效应（density effect），反映在个体产量和死亡率上。在一定时间内，当种群的个体数目增加时，就必然会出现邻接个体之间的相互影响，称为密度效应或邻接效应（the effect of neighbours）。种群的密度效应是由矛盾着的两种相互作用决定的，即出生和死亡、迁入和迁出。凡影响出生率、死亡率和迁移的理化因子、生物因子都起着调节作用，种群的密度效应实际上是种群适应这些因素综合作用的表现。如 3.4.1 所述，影响因素可分为密度制约和非密度制约两类。如可将气候因素、大气 CO_2 浓度等随机性因素看成是非密度制约因素，捕食、寄生、食物、竞争等看成是密度制约因素。现以图 3.10 说明生物种群密度效应的类型。

图 3.10(a) 表明，当某一因素以百分比（如死亡率）表示的不利效应随种群密度的增大而加大或减小时，这种因素就是密度制约因素；反之，如不随种群密度的变化而变化则是非密度制约因素。应当指出的是，当某一因素的不利效应以数量（死亡数）来表示时，其不利效应随种群密度增大而增大，不能肯定一定是密度制约因素，特别是当这种变化随种群密度变化而呈直线关系时，它就是非密度制约因素 [图 3.10(b)]。

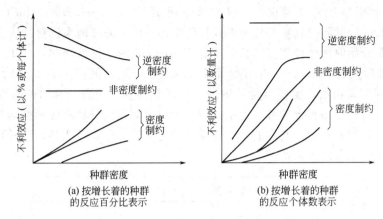

图 3.10   生物种群密度效应的反应类型（引自 Solomon，1973）

3.6.1.3   种内竞争

生物为了利用有限的共同资源，相互之间所产生的不利或有害的影响，这种现象称为竞争（competition）。某一种生物的资源是指对该生物有益的任何客观实体，包括栖息地、食物、配偶，以及光、温度及水等各种生态因子。

竞争的主要方式有两类：资源利用性竞争（exploitation competition）和相互干涉性竞争（interference competition）。在资源利用性竞争中，生物之间并没有直接的行为干涉，而是双方各自消耗利用共同资源，由于共同资源可获得量减少从而间接影响竞争对方的存活、生长和生殖，因此资源利用性竞争也称为间接竞争（indirect competition）。相互干涉性竞争又称为直接竞争（direct competition），直接竞争中，竞争者相互之间直接发生作用。例如动物之间为争夺食物、配偶、栖息地所发生的争斗。

3.6.1.4   他感作用

他感作用（allelopathy）也称作异株克生，通常指一种植物通过向体外分泌代谢过程中的化学物质，对其他植物产生直接或间接的影响。这种作用是生存斗争的一种特殊形式，种间、种内关系都有此现象。如北美的黑胡桃（*Juglans nigra*），抑制离树干 25m 范围内植物的生长，彻底杀死许多植物，其根抽提物含有化学物质苯醌，可杀死紫花苜蓿和番茄类植物。

他感作用具有重要的生态学意义：①对农林业生产和管理具有重要意义。如农业的歇地现象就是由于他感作用使某些作物不宜连作造成的。②他感作用对植物群落的种类组成有重要影响，是造成种类成分对群落的选择性以及某种植物的出现引起另一类消退的主要原因之一。③他感作用是引起植物群落演替的重要内在因素之一。

3.6.2   种间关系

3.6.2.1   种间竞争

种间竞争是指具有相似要求的物种，为了争夺空间和资源而产生的一种直接或间接抑制对方的现象。在种间竞争中，常常是一方取得优势，而另一方受抑制甚至被消灭。种间竞争的能力取决于种的生态习性、生活型和生态幅度等。具有相似生态习性的植物种群，在资源的需求和获取资源的手段上竞争都十分激烈，尤其是密度大的种群更是如此。植物的生长速率、个体大小、抗逆性及营养器官的数目等都会影响到竞争的能力。

（1）高斯假说   前苏联生态学家 G. F. Gause（1934）首先用实验方法观察两个物种之间的竞争现象，他用草履虫为材料，研究两个物种之间直接竞争的结果。他选择两种在分类上和生态习性上很接近的草履虫——双小核草履虫（*Paramecium aurelia*）和大草履虫（*P. caudatum*）进行试验。取两个种相等数目的个体，用一种杆菌为饲料，放在基本上恒定的环境里培养。开始时两个种都有增长，随后 *P. aurelia* 的个体数增加，而 *P. caudatum* 的个体下降，16d 后只有 *P. aurelia* 生存，而 *P. caudatum* 趋于灭亡（图 3.11）。这两种草履虫之间没有分泌有害物质，主要就是其中的一种增长得快，而另一种增长得慢，因竞争食物，增长快的种排挤了增长慢的种。这就是当两个物种利用同一种资源和空间时产生的种间竞争现象。两个物种越相似，它们的生态位重叠就越多，竞争就越激烈。这种种间竞争情况后来被英国生态学家称之为高斯假说。

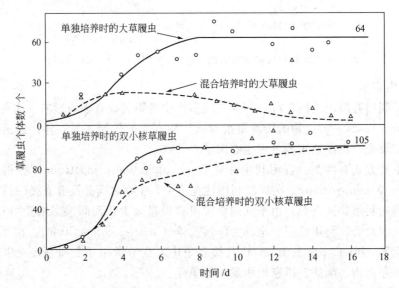

图 3.11　两种草履虫单独和混合培养时的种群动态（引自李博等，1993）

Park（1942，1954）用赤拟谷盗（*Tribolium castoneum*）和杂拟谷盗（*T. confusum*）混养所做的实验以及 G. D. Tilman 等（1981）用两种淡水硅藻和针杆藻（*Synedraulna*）所做的实验都得出了同样的结果。

（2）生态位理论　生态位（niche）是指在自然生态系统中一个种群在时间、空间上的位置及其与相关种群之间的功能关系。1917 年，格林内尔首次提出"生态位"一词，他认为，生态位是描述一种生物在环境中的地位并代表最基本的分布单位，即生物栖息场所的空间单位，指的是空间生态位。生物的生态位既有理论上的基础生态位和现实中的实际生态位之分，又有空间和功能的双重含义。

高斯（1934）的竞争排斥原理认为："生态学上接近的两个物种是不能在同一地区生活的，如果在同一地区生活，往往在栖息地、食性或活动时间方面有所分离"。或者说：生物群落中两种生物不能占据相同的生态位。生态位理论虽然已在种间关系、种的多样性、种群进化、群落结构、群落演替以及环境梯度分析中得到广泛应用，但许多学者对生态位的概念长期争论不休。因此，关于生态位的定义也是多样化的。

有的学者认为大致可把生态位定义归为 3 类：格林尼尔（Grinnell，1917）的"生境生态位"（habitat niche），他认为生态位定义为物种的最小分布单元，其中的结构和条件能够维持物种的生存；埃尔顿（Elton，1927）的"功能生态位"（role niche or functional niche），他认为生态位应是有机体在生物群落中的功能作用和位置，特别强调与其他种的营养关系，他指的生态位主要是营养生态位；哈奇森（Hutchinson，1957）的"超体积生态位"（hypervolume niche），他认为生态位是一个允许物种生存的超体积，即是 n 维资源中的超体积，是对"生境生态位"的数学描述。他认为在生物群落中，若无任何竞争者和捕食者存在时，该物种所占据的全部空间的最大值，称为该物种的基础生态位（fundamental niche），实际上很少有一个物种能全部占据基础生态位。当有竞争者时，必然使该物种只占据基础生态位的一部分。这一部分实有的生态位空间，称之为实际生态位（realized niche）。生态系统中未被占据的位置叫空闲生态位。竞争种类越多，某物种占有的实际生态位可能越小。

生态位的概念不仅包括生物占有的空间，还包括它在群落中的功能作用以及温度、湿度、pH、土壤和其他生存条件的环境变化梯度中的位置，因此生态位的含义又可分为：空间生态位，指一种生物所占的物理空间；营养生态位，指生物在群落中的功能；多维生态位，指生物在环境梯度上的位置。

在不同的地理区域，占据相同的或相似的生态位的生物，通常称为生态等值。不同的生物物种在生态系统中的营养与功能关系上占据不同的地位，由于环境条件的影响，它们的生态位也会出现重叠与分化。不同生物在某一生态位维度上的分布，可以用资源利用曲线（resource utilization curve）来表示，该曲线常呈正态曲线（图 3.12），它表示物种具有的喜好位置及其散布在喜好位置周围的变异度。图中，d 为两个物种在资源谱上喜好位置之间的距离，称为平均分离度；w 为每一物种在喜好位置周围的变异度。图（a）中 $d>w$，表示各物种的生态位狭窄，相互重叠少，物种之间的种间竞争小；图（b）中 $d<w$，表示各物种的生态位宽，相互重叠多，物种之间的种间竞争大。比较两个或多个物种的资源利用曲线，就能全面分析生态位的重叠和分离情形，探讨竞争与进化的关系。

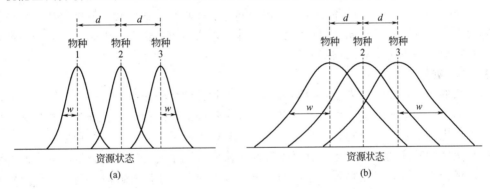

图 3.12　3 个共存物种的资源利用曲线

3.6.2.2　捕食

生物种群之间除竞争食物和空间等资源外，还有一种直接的对抗关系，即一种生物吃掉另一种生物的捕食作用（predation）。生态学中常用捕食者（predator）与猎物或被食者（prey）的概念来描述。

这种捕食者与猎物的关系，往往在对猎物种群的数量和质量的调节上具有重要的生态学意义。在自然环境中，有许多因素影响着捕食者与猎物的关系，而且经常是多种捕食者和多种猎物交叉着发生联系。多食性的捕食者可以选择多种不同的食物，给自身带来更多的生存机会，也具有阻止被食者种群数量进一步下降的重要作用。相反，就被食者而言，当它的密度上升较高时，可能会引来更多的捕食者，从而阻止其数量继续上升。

3.6.2.3　种间寄生

寄生（parasitism）是一个物种从另一个物种的体液、组织或已消化物质获取营养并对宿主造成危害的行为。具有寄生能力的物种为寄生物，被寄生的物种为寄主或宿主。一般寄生物比寄主小。寄生在自然界中非常广泛，几乎所有的生物体中都有寄生物存在，甚至一些细菌等也有病毒或噬菌体寄生在体内（超寄生）。

寄生的形式因寄生物与寄主的关系而有所不同。营寄生的有花植物可明显地分为全寄生和半寄生两类。全寄生植物的叶绿素完全退化，无光合能力，因此营养完全来源于宿主植物，如大花草、白粉藤属，它们仅保留花，身体的所有其他器官都转变为丝状的细胞束，这种丝状体贯穿到寄主细胞的间隙中，吸取寄主植物的营养；半寄生植物能进行光合作用，但根系发育不良或完全没有根，所以水和无机盐类营养需从寄主植物体中获取，在没有宿主时则停止生长，如槲寄生和小米草。

3.6.2.4　种间共生

（1）偏利共生　偏利共生（commensalism）是指相互作用的两个物种，对一方有益，而对另一方既无利也无害。附生植物，如树冠上的苔藓和地衣，在一般情况下，对附着的植物不会造成伤害，因此，它们之间的关系属于偏利作用。动物中鲫鱼用吸盘将其与鲨鱼或鲸鱼连接起来，虽从中得到剩食和保护，但对宿主并不构成妨碍；许多动物以其他动物的栖息地作为隐蔽处，某些鸟类栖息于其他鸟的弃巢中，小型动物分享大动物居所以及植物为动物提供隐蔽场所等都是偏利作用的表现。

（2）互利共生　互利共生（mutualism）是两个物种长期共同生活在一起，彼此相互依赖，双方获利且达到了彼此离开后不能独立生存程度的一种共生现象。共生性互利共生发生在以一种紧密的物理关系生活在一起的生物体之间。菌根、根瘤（固氮菌和豆科植物等根系的共生）是共生性互利共生的典型例子。非共生性互利共生包含不生活在一起的种类。如清洁鱼（cleaner fish）不与"顾客"鱼（"customer" fish）生活在一起，但可以从"顾客"鱼身上移走寄生物和死亡的皮肤并以此为食。另外，动物与植物也有共生关系，如中美洲伪蚁属的一种蚂蚁与圆棘金合欢之间的共生关系。

3.6.3　协同进化

从种间的相互作用关系来看，协同进化是一个物种的性状作为对另一个物种性状的反应而进化，而后一个物种的这一性状本身又是对前一物种的反应而进化。因此，物种间的协同进化，可产生在捕食者与猎物物种之间、寄生者与宿主物种之间、竞争物种之间。

（1）竞争物种间的协同进化　竞争物种间的协同进化主要是通过生态位的分离而达到共存的。从理论上来说，可用物种生态位的分离过程来说明：①刚开始时，两个物种对资源谱的利用曲线完全分开，这样就有一些种间资源没有被利用，哪个物种能开发利用中间资源带，就对哪个物种有利。②在两个物种不断利用中间资源的过程中，若资源利用重叠太多，表示两个物种所利用的资源几乎相同，即生态位基本重叠，竞争就会十分激烈。③最后竞争的结果，将使两个物种均能充分利用资源而又达到共存。

（2）捕食者与猎物的协同进化　捕食者-猎物系统（predator-prey system）的形成是二者长期协同进化的结果。捕食者在进化过程中发展了锐齿、利爪、尖喙、毒牙等工具，运用诱饵追击、集体围猎等方式，以更有力地捕食猎物；而猎物相应地发展了保护色、拟态、警戒色、假死、集体抵御等方式以逃避捕食者，二者形成了复杂的协同进化关系。在二者的关系中，自然选择对捕食者在于提高发现、捕获和取食猎物的效率；而对猎物在于提高逃避被捕食的效率。这两种选择是对立的，显然猎物趋于中断这种关系，而捕食者则趋向于维持这种关系。

（3）植物和食草动物的协同进化　植物和食草动物之间的协同进化，是彼此相互适应对方的过程。通过偶发的突变和重组，被子植物产生了一系列与其基本代谢没有直接关系，但对正常生长并非不利的化合物。偶尔某些化合物具有防卫食草动物的优越性，通过自然选择巩固下来，随辐射进化而扩展为一科或一群相近科的特征。另一方面，食草动物在进化过程中也发展了解毒和免疫的功能。由于没有其他食草动物的竞争，就有更多的机会来发展多样性；反过来，食草动物多样性又促进了植物多样性。

（4）寄主-寄生物间的协同进化　寄主为了不让寄生物寄生，常设置一些障碍物，如不让寄生物产卵，或包围寄生物的卵，不让该卵孵化或孵化后立即杀死等防御反应；而寄生物要突破寄主障碍得以生存和发展。寄生物与其寄主间紧密的关联，经常会提高彼此相反的进化选择压力，在这种压力下，寄主对寄生物反应的进化变化会提高寄生物的进化变化，这是一种协同进化。如大豆（*Glycine clandestine*）与其真菌寄生物锈菌（*Phakospora pachyrhizi*）之间的协同进化，就发展成了寄生物的毒性基因与寄主的抗性基因间的对等关系，称之为基因对基因（gene for gene）协同进化。

［课后复习］

1. **概念和术语**：种群、单体生物、构件生物、种群空间格局、阿利规律、种群密度、粗密度、生态密度、盖度、出生率、最大出生率、生态出生率、死亡率、最低死亡率、生态死亡率、年龄结构、性比、生命表、动态生命表、静态生命表、内禀增长率、种群平衡、生物入侵、种群调节、r-对策者、K-对策者、繁殖成效、繁殖价值、亲本投资、一次繁殖生物、多次繁殖生物、种内关系、集群、密度效应、竞争、资源利用性竞争、相互干涉性竞争、他感作用、种间竞争、生态位、生态等值、寄生、偏利共生、互利共生、协同进化

2. **原理和定律**：拥挤效应、阿利规律、种群指数增长、种群逻辑斯蒂增长、外源性因子调节学说、内源性因子调节学说、繁殖成本的分配原理、密度效应、高斯假说、竞争排斥原理

［课后思考］

1. 与个体特征相比较，种群有哪些重要的群体特征？
2. 种群空间格局有哪几种类型？
3. 生物产生集群的原因有哪些？集群的生态学意义是什么？
4. 如何编制和分析生命表？
5. 指数增长模型和逻辑斯蒂增长模型有何异同？
6. 种群调节的几种学说，各自所强调的种群调节机制是什么？
7. 什么是r-选择和K-选择？比较r-对策者和K-对策者的主要特征。
8. 种内关系和种间关系分别有哪些基本类型？
9. 什么是他感作用？研究他感作用有什么意义？
10. 什么是高斯假说与竞争排斥原理？
11. 什么是生态位？用生态位的原理分析竞争与进化的关系。
12. 论述协同进化的意义和过程。

［推荐阅读文献］

[1] 戈峰. 现代生态学. 第2版. 北京：科学出版社，2008.
[2] Odum Eugene P 等. 生态学基础. 陆健健等译. 北京：高等教育出版社，2009.
[3] 林文雄. 生态学. 北京：科学出版社，2007.
[4] Ricklefs R E. 生态学. 孙濡泳等译. 第5版. 北京：高等教育出版社，2004.
[5] 杨持. 生态学. 第2版. 北京：高等教育出版社，2008.

4 群落生态学

【学习要点】

1. 掌握生物群落的概念、基本特征和种类组成特点；

2. 熟悉群落的数量特征和测定方法；

3. 了解群落的结构特征和影响群落结构的因素，理解干扰对群落结构影响的意义；

4. 掌握群落演替的基本类型和控制群落演替的几种主要因素；

5. 了解群落的分类与排序方法。

【核心概念】

生物群落：是指在特定的时间、空间或生境下，具有一定的生物种类组成、外貌结构（包括形态结构和营养结构），各种生物之间、生物与环境之间彼此影响、相互作用，并具特定功能的生物集合体。

物种多样性：是指地球上动物、植物、微生物等生物种类的丰富程度。物种多样性具有两种含义：其一是种的数目或丰富度，它是指一个群落或生境中物种数目的多少；其二是种的均匀度，它是指一个群落或生境中全部物种个体数目的分配状况，它反映的是各物种个体数目分配的均匀程度。

群落交错区：又称生态交错区或生态过渡带，是两个或多个群落之间（或生态地带之间）的过渡区域。

生活型：是生物对外界环境适应的外部表现形式，同一生活型的物种不但形态相似，在适应特点上也是相似的。

层片：是群落结构的基本单元之一。层片是由相同生活型或相同生态要求的种所组成的功能群落，群落的不同层片由属于不同生活型的不同种的个体组成。

空间异质性：指生态学过程和格局在空间分布上的不均匀性及其复杂性。

群落演替：是指某一地段上一种生物群落被另一种生物群落所取代的过程。

群丛：是植物群落分类的基本单位，相当于植物分类中的种。凡是层片结构相同，各层片的优势种或共优种相同的植物群落联合为群丛。

4.1 生物群落的概念和特征

4.1.1 生物群落的概念

生物群落（community）是指在特定的时间、空间或生境下，具有一定的生物种类组成、外貌结构（包括形态结构和营养结构），各种生物之间、生物与环境之间彼此影响、相互作用，并具特定功能的生物集合体。也可以说，一个生态系统中具有生命的部分即生物群落，它包括植物、动物、微生物等各个物种的种群。

生态学家很早就注意到，组成群落的物种并不是杂乱无章的，而是具有一定的规律的。早在 1807 年，近代植物地理学创始人、德国地理学家 A. Humboldt 首先注意到自然界植物的分布是遵循一定的规律而集合成群落的。1890 年，植物生态学创始人、丹麦植物学家 E. Warming 在其经典著作《植物生态学》中指出，形成群落的种对环境有大致相同的要求，或一个种依赖于另一个种而生存，有时甚至后者供给前者最适之所需，似乎在这些种之间有一种共生现象占优势。另一方面，动物学家也注意到不同动物种群的群聚现象。1877 年，德国生物学家 K. Mobius 在研究牡蛎种群时，注意到牡蛎只出现在一定的盐度、温度、光照等条件下，而且总与一定组成的其他动物（鱼类、甲壳类、棘皮动物）生长在一起，形成比较稳定的有机整体。Mobius 称这一有机整体为生物群落。1911 年，群落生态学先驱 V. E. Shelford 对生物群落定义为"具一致的种类组成且外貌一致的生物聚集体"。1957 年，美国著名生态学家 E. P. Odum 在他的《生态学基础》一书中对这一定义作了补充，认为：群落是在一定时间内居住于一定生境中的不同种群所组成的生物系统；它由植物、动物、微生物等各种生物有机体组成，是一个具有一定成分和外貌比较一致的集合体；一个群落中的不同种群是有序协调地生活在一起的。

4.1.2 生物群落的基本特征

一个生物群落具有下列基本特征。

（1）具有一定的种类组成　每个群落都是由一定的植物、动物或微生物种群组成的。因此，物种组成是区别不同群落的首要特征。一个群落中物种的多少及每一物种的个体数量，是度量群落多样性的基础。

（2）不同物种之间的相互作用　组成群落的生物种群之间、生物与环境之间始终存在着相互作用、相互适应，从而形成有规律的集合体。物种能够组合在一起构成群落有两个条件：第一，必须共同适应它们所处的无机环境；第二，它们内部的相互关系必须协调、平衡。

（3）具有形成群落内部环境的功能　生物群落对其居住环境产生重大影响，并形成群落环境。如森林中的环境与周围裸地就有很大的不同，包括光照、温度、湿度与土壤等都经过了生物群落的改造。即使生物散布非常稀疏的荒漠群落，对土壤等环境条件也有明显的改造作用。

（4）具有一定的外貌和结构　生物群落是生态系统的一个结构单位，它本身除具有一定的物种组成外，还具有外貌和一系列的结构特点，包括形态结构、生态结构与营养结构。如生活型组成、种的分布格局、成层性、季相、捕食者和被捕食者的关系等，但其结构常常是松散的，不像一个有机体结构那样清晰，故有人称之为松散结构。

（5）具有一定的动态特征　群落的组成部分是具有生命特征的种群，群落不是静止的存在，物种不断地消失和被取代，群落的面貌也不断地发生着变化。由于环境因素的影响，使群落时刻发生着动态的变化，其运动形式包括季节动态、年际动态、演替与演化。

（6）具有一定的分布范围　由于其组成群落的物种不同，其所适应的环境因子也不同，所以特定的群落分布在特定地段或特定生境上，不同群落的生境和分布范围不同。从各种角度看，如全球尺度或者区域的尺度，不同生物群落都是按照一定的规律分布。

（7）具有特定的群落边界特征　在自然条件下，有些群落具有明显的边界，可以清楚地加以区分；有的则不具有明显边界，而呈连续变化。前者见于环境梯度变化较陡，或者环境梯度突然变化的情况，而后者见于环境梯度连续变化的情形。在多数情况下，不同群落之间存在着过渡带，被称为群落交错区（ecotone），并导致明显的边缘效应。

4.1.3　生物群落的性质

在生态学界，对于群落的性质问题，一直存在着两派决然对立的观点，通常被称为机体论学派和个体论学派。

（1）机体论学派　机体论学派（organismic school）的代表人物是美国生态学家Clements（1916，1928），他将植物群落比拟为一个生物有机体，是一个自然单位。他认为任何一个植物群落都要经历一个从先锋阶段（pioneer stage）到相对稳定的顶极阶段（climax stage）的演替过程。如果时间充足的话，森林区的一片沼泽最终会演替为森林植被。这个演替的过程类似于一个有机体的生活史。因此，群落像一个有机体一样，有诞生、生长、成熟和死亡的不同发育阶段。

此外，Braun-Blanquet（1928，1932）和Nichols（1917）以及Warming（1909）将植物群落比拟为一个种，把植物群落的分类看作和有机体的分类相似。因此，植物群落是植被分类的基本单位，正像物种是有机体分类的基本单位一样。

（2）个体论学派　个体论学派（individualistic school）的代表人物之一是H. A. Gleason（1926），他认为将群落与有机体相比拟是欠妥的，因为群落的存在依赖于特定的生境与不同物种的组合，但是环境条件在空间与时间上都是不断变化的，故每一个群落都不具有明显的边界。环境的连续变化使人们无法划分出一个个独立的群落实体，群落只是科学家为了研究方便而抽象出来的一个概念。前苏联的R. G. Ramensky和美国的R. H. Whittaker均持类似观点。他们用梯度分析与排序等定量方法研究植被，证明群落并不是一个个分离的有明显边界的实体，多数情况下是在空间和时间上连续的一个系列。

个体论学派认为植物群落与生物有机体之间存在很大的差异。首先，生物有机体的死亡必然引起器官死亡，而组成群落的种群不会因植物群落的衰亡而消失；第二，植物群落的发育过程不像有机体发生在同一体内，它表现在物种的更替与种群数量的消长方面；第三，与生物有机体不同，植物群落不可能在不同生境条件下繁殖并保持其一致性。

4.1.4　生物群落的种类组成

4.1.4.1　群落的种类组成分析

群落的种类组成是决定群落性质最重要的因素，也是鉴别不同群落类型的基本特征。群落学研究一般都从分析物种组成开始，以了解群落是由哪些物种构成的，它们在群落中的地位与作用如何。为了登记群落的种类组成，通常要对群落进行取样调查。调查采用样方法，样方的大小因群落而不同，取样面积以不小于群落的最小取样面积为宜。群落的最小取样面积是指能够表现出该类型群落中植物种类的最小面积。群落种类越丰富，最小取样面积越大。如我国云南西双版纳的热带雨林为 $2500m^2$，北方针叶林为 $400m^2$，落叶阔叶林为 $100m^2$，草原灌丛为 $25\sim100m^2$，草原为 $1\sim4m^2$。

构成群落的各个物种对群落的贡献是有差别的，通常根据各个物种在群落中的作用来划分群落成员型。

（1）优势种与建群种　对群落的结构和群落环境的形成起主要作用的种称为优势种（dominant species），它们通常是那些个体数量多、盖度大、生物量高、生命力强的种，即优势度较大的种。群落不同的层次可以有各自的优势种，其中，优势层的优势种称为建群种（constructive species）。比如森林群落中，乔木层、灌木层、草本层常有各层的优势种，而乔木层的优势种即为建群种。建群种对群落环境的形成起主要的作用。在热带、亚热带森林群落中，各层的优势种往往有多个。

（2）亚优势种　亚优势种（subdominant species）指个体数量与作用都次于优势种，但在决定群落性质和控制群落环境方面仍起着一定作用的植物种。在复层群落中，它通常居于较低的亚层，如南亚热带雨林中的红鳞蒲桃和大针茅草原中的小半灌木冷蒿在有些情况下成为亚优势种。

（3）伴生种　伴生种（companion species）为群落的常见物种，它与优势种相伴存在，但不起主要作用，如马尾松林中的乌饭树、米饭花等。

（4）偶见种或罕见种　偶见种（rare species）是那些在群落中出现频率很低的物种，多半数量稀少，如常绿阔叶林区域分布的钟萼木或南亚热带雨林中分布的观光木，这些物种随着生境的缩小濒临灭绝，应加强保护。偶见种也可能偶然地由人们带入或随着某种条件的改变而侵入群落中，也可能是衰退的残遗种，如某些阔叶林中的马尾松。有些偶见种的出现具有生态指示意义，有的还可以作为地方性特征种来看待。

4.1.4.2　种类组成的数量特征

有了所研究群落的完整的生物名录，只能说明群落中有哪些物种，想进一步说明群落特征，还必须研究不同种的数量关系。对种类组成进行数量分析，是近代群落分析技术的基础。

（1）种的个体数量指标

① 多度（abundance）　是表示植物群落中的物种个体数目多少的一种估测指标。多度反映的是植物群落中物种间的个体数量对比关系，一般采用目测估计法，即按预先确定的多度等级来估计单位面积上个体的多少，等级的划分和表示方法见表 4.1。我国一般采用德鲁捷的 7 级制多度。

表 4.1　几种常见的多度等级（引自李博，2000）

德鲁捷 （Drude）		克列门茨 （Clements）		布朗-布朗奎 （Braun-Blanguet）	
Soc(Sociales)	极多	D(Dominant)	优势	5	非常多
Cop³(Copiosae)	很多	A(Abundant)	丰盛	4	多
Cop²	多	F(Frequent)	常见	3	较多
Cop¹	尚多	O(Occasional)	偶见	2	较多
Sp(Sparsal)	尚少	R(Rare)	稀少	1	少
Sol(Solitariae)	少	Vr(Very rare)	很少	+	很少
Un(Unicum)	个别				

注：Cop³、Cop²、Cop¹ 表示多度级别。

② 密度（density）　指单位面积或单位空间内物种的个体数，样地内某一物种的个体数占全部物种个体数之和的百分比称作相对密度（relative density）。对乔木、灌木和丛生草本一般以植株或株丛计数，根茎植物以地上枝条计数。某一物种的密度占群落中密度最高物

种密度的百分比称为密度比（density ratio）。

③ 盖度（coverage） 指植物地上部分垂直投影，即投影盖度。后来又出现了"基盖度"的概念，即植物基部的覆盖面积。对于草原群落，常以离地面1in（2.54cm）高度的断面积计算；对森林群落，则以树木胸高（1.3m处）断面积计算。乔木的基盖度特称为显著度。盖度可分为种盖度、层盖度、总盖度（群落盖度）。林业上常用郁闭度来表示林木层的盖度。通常，种盖度或层盖度之和大于总盖度。群落中某一物种的盖度占盖度最大物种的盖度的百分比，即为盖度比（cover ratio）。群落中某一物种的盖度或显著度占所有物种盖度或显著度之和的百分比，即为相对盖度或相对显著度。

④ 频度（frequency） 即某个物种在调查范围内出现的频率，指包括该物种个体的样方占全部样方数的百分比。群落中某一物种的频度占所有物种频度之和的百分比，即为相对频度。

⑤ 高度（height）或长度（length） 常作为测量植物体体长的一个指标。测量时取其自然高度或绝对高度。某种植物高度与最高种类的高度之比为高度比。

⑥ 质量（weight） 是用来衡量种群生物量（biomass）或现存量（standing crop）多少的指标，可分鲜重与干重。在草原植被研究中，这一指标特别重要。单位面积或容积内某一物种的质量占全部物种总质量的百分比称为相对质量。

⑦ 体积（volume） 是生物所占空间大小的度量。在森林植被研究中，这一指标特别重要。草本植物或灌木体积的测定，可用排水法进行。

（2）种的综合特征

① 优势度（dominance） 用以表示一个种在群落中的地位与作用，但其具体定义和计算方法各家意见不一。Braun-Blanquet主张以盖度、所占空间大小或质量来表示优势度，并指出在不同群落中应采用不同指标。苏联学者B. H. Cykaqeb（1938）提出，多度、体积或所占据的空间、利用和影响环境的特性、物候动态均应作为某个种优势度指标。另一些学者认为盖度和密度为优势度的度量指标。也有的认为优势度即"盖度和多度的总和"或"质量、盖度和多度的乘积"等。

② 重要值（important value） 是美国威斯康星地植物学工作者在研究森林群落时提出来的。在种类繁多优势种不甚明显的情况下，需要用数值来表示群落中不同种类的重要性，重要值就是一个比较客观的方法。森林群落计算公式如下：

$$重要值（IV）＝相对密度＋相对频度＋相对优势度（相对基盖度）$$

在用于草原群落时，相对优势度可以用相对盖度代替：

$$重要值（IV）＝相对密度＋相对频度＋相对盖度$$

③ 综合优势比（summed dominance ratio，SDR） 是由日本学者沼田真等（1957）提出的一种综合数量指标。包括两因素、三因素、四因素和五因素4类。常用的为两因素的综合优势比（SDR_2），即在密度比、盖度比、频度比、高度比和质量比这5项指标中取任意2项求其平均值再乘以100%，如$SDR_2＝[（密度比＋盖度比）/2]×100\%$。

4.1.4.3　种的多样性及测定

物种多样性具有两种含义：其一是种的数目或丰富度（species richness），它是指一个群落或生境中物种数目的多少；其二是种的均匀度（species evenness或equitability），它是指一个群落或生境中全部物种个体数目的分配状况，它反映的是各物种个体数目分配的均匀程度。

（1）丰富度指数（richness index） 物种丰富度指数（D）是对一个群落中所有实际物

种数目的量度。其计算式为：

$$D = S/N$$

式中，S 为群落的物种数目；N 为群落所有物种个体数之和。

当研究的对象是抽取样本而不是整个群落时，上式可表示为：

$$D = (S-1)\lg N$$

物种丰富度指数的缺点是没有考虑物种在群落中分布的均匀性，且常常是少数种占优势的情况。因此，此方法统计出的物种数目不能完全反映群落的物种多样性。同时，多样性指数会随取样面积（或数目）的变化而变化。

（2）香农-威纳指数（Shannon-Wiener index）　香农-威纳指数是用来描述种的个体出现的紊乱和不确定性的。不确定性越高，多样性也就越高。计算式为：

$$H = -\sum_{i=1}^{S} P_i \log_2 P_i \qquad P_i = N_i/N$$

式中，H 为物种的多样性指数；S 为物种数目；N_i 为第 i 个种的个体数目；N 为群落中所有种的个体总数。

香农-威纳指数包含两个因素：其一是种类数目；其二是种类中个体分配上的均匀性（evenness）。种类数目越多，多样性越大；同样，种类之间个体分配的均匀性增加，也会使多样性提高。

（3）辛普森指数（index of Simpson's diversity）　辛普森多样性指数是基于在一个无限大小的群落中，随机抽取两个个体，它们属于同一物种的概率是多少这样的假设而推导出来的。用公式表示为：

辛普森多样性指数＝随机取样的两个个体属于不同种的概率

＝1－随机取样的两个个体属于同种的概率

假设种 i 的个体数占群落中总个体的比例为 P_i，那么，随机取种 i 两个个体的联合概率就为 P_i^2，如果我们将群落中全部种的概率合起来，就可得到辛普森指数 D，即

$$D = 1 - \sum_{i=1}^{S} P_i^2$$

式中，S 为物种数目。

由于取样的总体是一个无限总体，P_i 的真值是未知的，所以它的最大必然估计量是：

$$P_i = N_i/N$$

即
$$1 - \sum_{i=1}^{S} P_i^2 = 1 - \sum_{i=1}^{S} (N_i/N)^2$$

于是辛普森指数为：

$$D = 1 - \sum_{i=1}^{S} P_i^2 = 1 - \sum_{i=1}^{S} (N_i/N)^2$$

式中，N_i 为种 i 的个体数；N 为群落中全部物种的个体数。

例如，甲群落中有 A、B 两个物种，A、B 两个种的个体数分别为 99 和 1，而乙群落中也只有 A、B 两个物种，A、B 两个种的个体数均为 50，按辛普森多样性指数计算，甲、乙两群落种的多样性指数分别为：

$$D_1 = 1 - \sum_{i=1}^{2} (N_i/N)^2 = 1 - [(99/100)^2 + (1/100)^2] = 0.0198$$

$$D_2 = 1 - \sum_{i=1}^{2}(N_i/N)^2 = 1 - \{(50/100)^2 + (50/100)^2\} = 0.5000$$

从计算结果可以看出，乙群落的多样性高于甲群落。造成这两个群落多样性差异的主要原因是甲群落中两个物种分布不均匀。从丰富度来看，两个群落是一样的，但均匀度不同。

(4) 物种多样性在空间上的变化规律

① 多样性随纬度的变化。物种多样性有随纬度增高而逐渐降低的趋势。此规律无论在陆地、海洋和淡水环境，都有类似趋势，有充分的数据可以证明这一点。但是也有例外，如企鹅和海豹在极地种类最多，而针叶树和姬蜂在温带物种最丰富。

② 多样性随海拔的变化。无论是低纬度的山地还是高纬度的山地，也无论是海洋气候下的山地还是大陆性气候下的山地，物种多样性随海拔升高而逐渐降低。

③ 在海洋或淡水水体，物种多样性有随深度增加而降低的趋势。这是因为阳光在进入水体后，被大量吸收与散射，水的深度越深，光线越弱，绿色植物无法进行光合作用，因此多样性降低。

4.1.4.4 种间关联与群落相似性

(1) 种间关联 在一个群落中，如果两个种一块出现的次数高于期望值，它们就具有正关联。正关联可能是因一个种依赖于另一个种而存在，或两者受生物的和非生物的环境因子影响而生长在一起。如果两个种共同出现的次数低于期望值，则它们具有负关联。负关联是由于空间排挤、竞争、他感作用，或不同的环境要求而引起的。

种间是否关联，常采用关联系数 (association coefficient) 来表示。计算前要列出 2×2 列关联表，它的一般形式为：

		种 B		
		+	−	
种 A	+	a	b	$a+b$
	−	c	d	$c+d$
		$a+c$	$b+d$	n

表中 a 是两个种均出现的样方数，b 和 c 是仅出现一个种的样方数，d 是两个种均不出现的样方数。如果两物种是正关联的，那么绝大多数样方为 a 和 d 型；如果属负关联，则为 b 和 c 型；如果是没有关联的，则 a、b、c、d 各型出现的概率相等，即完全是随机的。关联系数常用下列公式计算：

$$V = \frac{ad-bc}{\sqrt{(a+b)(c+d)(a+c)(b+d)}}$$

其数值变化范围是 $-1 \sim 1$。然后按统计学的 χ^2-检验法检验所求得关联系数的显著性。即：

$$\chi^2 = n(ad-bc)^2/(a+b)(c+d)(a+c)(b+d)$$

2×2 列关联表的自由度为 1，如果 $\chi^2 > 3.84$，表明关联显著，达 95% 显著性水平；如果 $\chi^2 > 6.64$，表明关联极显著，达 99% 显著性水平。

Whittaker 认为，如果把群落中全部物种间的相互作用搞清，其类型的分布将是钟形的正态曲线，大部分围绕中点（无相互作用），少数物种间关系处于曲线两端（必然的正关联和必然的排斥）。如果真是如此，那么种间相互作用还不足以把全部物种有机结合成"群落"这个整体。从关联分析看，群落的性质更接近于一个连续分布的系列，即个体论学派的观点。

（2）群落相似性　群落的相似性指不同群落之间的相似程度。在群落相似性比较中，可用相似性指数比较两个或其中的两个部分的相似程度。下面介绍两种常用的相似性指数。

① 斯莱逊（Serensen）相似性指数　斯莱逊相似性指数是利用种的定量数据，来比较两个群落或取样的相似程度。计算公式为：

$$S = 2c/a + b$$

式中，S 为相似性指数，S 的变动范围为 $0\sim1$；a 为群落 A 中的种数；b 为群落 B 中的种数；c 为两个群落中共有的种数。

② 百分率相似性指数　百分率相似性指数也是利用种的定量数据的一个指数，将群落中每一种的密度以百分率表示，即

$$（种\ i\ 的个体数/群落中所有种的个体数）\times100\%$$

然后找出每一种最低的百分率，取其总和，按下式求出百分率相似性指数：

$$PS = \sum（每一种最低的百分率）$$

例如，在表 4.2 中，$PS = \sum（每一种最低的百分率）$

$$=0+15.3+8.1+15.3+1.2+0.6+0+0+0+0+2.4=42.9。$$

表 4.2　百分率相似性指数的测定（引自 Smith，1980）

种	群落 1		群落 2	
	数量	%	数量	%
A	83	50.6	0	0
B	25	15.3	55	34.4
C	19	11.6	13	8.1
D	25	15.3	27	16.9
E	2	1.2	11	6.8
F	1	0.6	2	1.3
G	0	0	6	3.7
H	1	0.6	0	0
I	3	1.9	0	0
J	1	0.6	0	0
K	4	2.4	46	28.8
合　计	164		160	

4.2　生物群落的结构

4.2.1　群落的结构要素

群落结构是群落中相互作用的种群在协同进化中形成的，其中生态适应和自然选择起了重要作用。前面介绍的关于群落的物种组成也是群落结构的重要特征，这里重要介绍群落的空间结构及其生态内涵。群落的空间结构取决于两个要素，即群落中各物种的生活型与相同生活型的物种所组成的层片，它们是组成群落的结构单元。

（1）生活型（life form）　是生物对外界环境适应的外部表现形式，同一生活型的物种不但形态相似，在适应特点上也是相似的。目前广泛采用的是丹麦植物学家 Raunkiaer 提出的系统，他是按休眠芽或复苏芽所处的位置高低和保护方式，把高等植物划分为 5 个生活

型，在各类群之下，根据植物体的高度、有无芽鳞保护、落叶或常绿、茎的特点以及旱生形态和肉质性等特征，再细分为若干较小的类型。下面简介 Raunkiaer 的生活型分类系统（图4.1）。

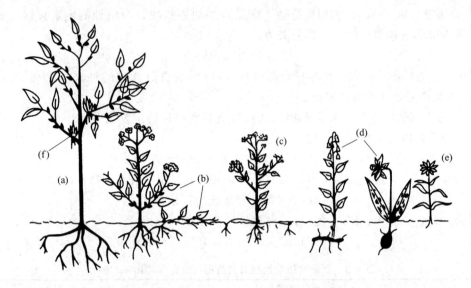

图 4.1　Raunkiaer 的生活型分类显示多年生的芽和根系的位置
(引自 Mackenzie，Ball & Virdee，2000)

(a) 高位芽植物——温暖潮湿的气候；(b) 地上芽植物——凉爽而干燥的气候；(c) 地面芽植物——寒冷而湿润的气候；(d) 隐芽植物——寒冷潮湿的气候；(e) 一年生植物——荒漠和草地植物；(f) 附生植物——温暖而湿润的气候

① 高位芽植物（Phanerophytes）　休眠芽位于距地面 25cm 以上，又可根据高度分为 4 个亚类，即大高位芽植物（高度＞30m）、中高位芽植物（8～30m）、小高位芽植物（2～8m）与矮高位芽植物（25cm～2m）。

② 地上芽植物（Chamaephytes）　更新芽位于土壤表面之上，25cm 之下，多为半灌木或草本植物。

③ 地面芽植物（Hemicryptophytes）　更新芽位于近地面土层内，冬季地上部分全部枯死，多为多年生草本植物。

④ 隐芽植物（Cryptophytes）　更新芽位于较深土层中或水中，多为鳞茎类、块茎类和根茎类等多年生草本植物或水生植物。

⑤ 一年生植物（Therophytes）　只能在适宜的季节生长，以种子形式度过不良季节的植物。

Raunkiaer 生活型被认为是进化过程中对气候条件适应的结果，因此它们的组成可反映某地区的生物、气候和环境的状况。Raunkiaer 从全球任意选择 1000 种种子植物，按照 5 类生活型进行统计，结果高位芽植物（Ph.）占 46%，地上芽植物（Ch.）占 9%，地面芽植物（H.）占 26%，隐芽植物（Cr.）占 6%，一年生植物（Th.）占 13%。中国自然环境复杂多样，在不同气候区域的主要群落类型中生活型组成各有特点（表 4.3）。

从表 4.3 中可知，每一类植物群落都是由几种生活型的植物所组成，但其中有一类生活型占优势。高位芽植物占优势是温暖、潮湿气候地区群落的特征，如热带雨林群落；地面芽植物占优势的群落，反映了该地区具有较长的严寒季节，如温带针叶林、落叶林群落；地上

表 4.3 中国几种群落类型的生活型组成

群落类型(地点)	生活型				
	高位芽植物 (Ph.)/%	地上芽植物 (Ch.)/%	地面芽植物 (H.)/%	隐芽植物 (Cr.)/%	一年生植物 (Th.)/%
热带雨林(海南岛)	96.88(11.1)	0.77	0.42	0.98	0
热带山地雨林(海南岛)	87.63(6.87)	5.99	3.42	2.44	0
南亚热带季风常绿阔叶林(福建和溪)	63.0(19)	12.0	6.0	14.0	
中亚热带常绿阔叶林(浙江)	76.1	1.0	13.1	7.8	2
暖温带落叶阔叶林(秦岭北坡)	52.0	5.0	38.0	3.7	1.3
寒温带暗针叶林(长白山)	25.4	4.4	39.6	26.4	3.2
温带草原(东北)	3.6	2.0	41.1	19.0	33.4

注:括号中的数字为藤本的百分数。

芽植物占优势,反映了该地区环境比较湿冷,如长白山寒温带暗针叶林;一年生植物占优势则是干旱气候的荒漠和草原地区群落的特征,如东北温带草原。

(2)层片(synusia) 也是群落结构的基本单元之一,是由瑞典植物学家 H. Gams (1918)提出的。层片由相同生活型或相同生态要求的种组成的功能群落,群落的不同层片由属于不同生活型的不同种的个体组成。如针阔叶混交林的 5 种基本层片为:第一类是常绿针叶乔木层片,主要成分是松属(*Pinus*)、云杉属(*Picea*)、冷杉属(*Abies*);第二类层片是夏绿阔叶乔木层片,主要成分是槭树属(*Acer*)、椴属(*Tilia*)、桦属(*Betula*)、榆属(*Ulmus*)等;第三类是夏绿灌木层片;第四类是多年生草本植物层片;第五类是苔藓地衣层片。

4.2.2 群落的垂直结构

群落的垂直结构也就是群落的层次性,群落的层次主要是由植物的生长型和生活型所决定的。群落的成层性包括地上成层与地下成层,层(layer)的分化主要决定于植物的生活型,因为生活型决定了该种处于地面以上不同的高度和地面以下不同的深度。换句话说,陆生群落的成层结构是不同高度的植物或不同生活型的植物在空间上垂直排列的结果,水生群落则在水面以下不同深度分层排列。

成层结构是自然选择的结果,它显著提高了植物利用环境资源的能力。如在发育成熟的森林中,阳光是决定森林分层的一个重要因素,森林群落的林冠层吸收了大部分光辐射。上层乔木可以充分利用阳光,而林冠下为那些能有效地利用弱光的下木所占据。随着光照强度渐减,依次发展为林冠层、下木层、灌木层、草本层和地被层等层次。

生物群落中动物的分层现象也很普遍。动物之所以有分层现象,主要与食物有关,因为群落的不同层次提供不同的食物;其次还与不同层次的微气候条件有关。水域中,某些水生动物也有分层现象。比如湖泊和海洋的浮游动物都有垂直迁移现象。影响浮游动物垂直分布的原因主要是阳光、温度、食物和含氧量等。多数浮游动物一般是趋向弱光的。因此,它们白天多分布在较深的水层,而在夜间则上升到表层活动。

4.2.3 群落的水平结构

群落内由于环境因素在不同地点上的不均匀性和生物本身特性的差异,而在水平方向上分化形成许多小群落,这就是群落的水平结构,又称为群落的水平格局(horizontal pattern)。

陆地群落的水平格局主要取决于植物的内在分布型,有许多因素可导致群落中植被在水平方向上出现复杂的斑块状镶嵌性(mosaic)特征。导致水平结构的复杂性主要有 3 方面的原因:①亲代的扩散分布习性;②环境异质性;③种间相互作用的结果。

4.2.4 群落的时间格局

光、温度和湿度等很多环境因子有明显的时间节律（如昼夜节律、季节节律），受这些因子的影响，群落的组成与结构也随时间序列发生有规律的变化。这就是群落的时间格局（temporal pattern）。气候四季分明的温带、亚热带地区，植被的季相是群落时间格局最明显的反映。这种四季季相的更替，既表现为群落外貌的变化，也显示了组成物种的改变。

群落中的动物组成，不仅同样有一年四季的变更，更有明显的昼夜节律。昆虫群落的时间节律是最明显的，由于各种昆虫年生活史、迁移、滞育、世代交替等不同，构成了群落结构的年变化。

4.2.5 群落的交错区和边缘效应

群落交错区（ecotone）又称生态交错区或生态过渡带，是两个或多个群落之间（或生态地带之间）的过渡区域。1987 年 1 月，巴黎国际生态学会议上将其定义为："相邻生态系统之间的过渡带，其特征是由相邻生态系统之间相互作用的空间、时间及强度所决定的"。如森林和草原之间有一森林草原地带，软海底与硬海底的两个海洋群落之间也存在过渡带，两个不同森林类型之间或两个草本群落之间也都存在交错区。此外，像城乡交错带、干湿交替带、水陆交接带、农牧交错带、沙漠边缘带等也都属于生态过渡带。群落交错区的形状与大小各不相同，群落的边缘有的是持久性的，有的在不断变化。

群落交错区是一个交叉地带或种群竞争的紧张地带。在这里，群落中种的数目及一些种群密度比相邻群落大。群落交错区种的数目及一些种的密度增大的趋势被称为边缘效应（edge effect）。如我国大兴安岭森林边缘，具有呈狭带状分布的林缘草甸，每平方米的植物种数达 30 种以上，明显高于其内侧的森林群落与外侧的草原群落。美国伊利诺斯州森林内部的鸟仅 14 种，但在林缘地带达 22 种。发育较好的群落交错区往往包含两个重叠群落的所有共有种及交错区内特有的种。这种仅发生于交错区或原产于交错区的最丰富的物种，称为边缘种（edge species）。

群落交错区形成的原因很多，如生物圈内生态系统的不均一，地形、地质结构与地带性差异，气候等自然因素变化引起的自然演替，植被分割或景观分割等。而人类活动对自然环境大规模地改变，如城市的发展、工矿的建设、土地的开发等所造成的隔离，森林草原遭受破坏，湿地消失和土地沙化等，都是形成交错区的原因。因此，有人提出要重点研究生态系统边界对生物多样性、能流、物质流及信息流的影响，研究生态交错带对全球性气候、土地利用、污染物的反应及敏感性，以及在变化的环境中怎样管理生态交错带等，联合国环境问题科学委员会（SCOPE）甚至制定了一项专门研究生态交错带的研究计划。

4.2.6 影响群落的结构因素

4.2.6.1 生物因素与群落结构

群落结构总体上是对环境条件的生态适应，但在其形成过程中，生物因素起着重要作用，其中作用最大的是竞争与捕食。

（1）竞争对生物群落结构的影响　竞争引起种间生态位的分化，使群落中物种多样性增加。例如 MacArthur 在研究北美针叶林中 5 种林莺的分布时，发现它们在树的不同部位取食，这是一种资源分割现象，可以解释为因竞争而产生的共存。可见，物种之间的竞争，对群落的物种组成与分布有很大影响，进而影响群落的结构。

（2）捕食对生物群落结构的影响　具选择性的捕食者对群落结构的影响与泛化捕食者不同。如果捕食者喜食的是群落中的优势种，则捕食可以提高多样性；如捕食者喜食的是竞争上占劣势的种类，则捕食会降低多样性。特化的捕食者，尤其是单食性的，它们多少与群落的其他部分在食物联系上是隔离的，所以很易控制被食物种，因此它们是进行生物防治的可供选择的理想对象。当被食种成为群落中的优势种时，引进这种特化捕食者能获得非常有效的生物防治效果。例如仙人掌（*Opuntia*）被引入澳大利亚后成为一大危害，大量有用土地被仙人掌所覆盖，1925 年引入其特化的捕食蛾（*Cactoblastic cactorum*）后才使危害得到控制。

4.2.6.2　干扰与群落结构

干扰（disturbance，或扰动）现象在自然界中普遍存在，就其字面含义而言，是指平静的中断，正常过程的打扰或妨碍。

生物群落不断经受着各种随机变化的事件的影响，正如 Clements 指出的："即使是最稳定的群丛也不完全处于平衡状态，凡是发生次生演替的地方都受到干扰的影响。"有些学者认为干扰扰乱了顶极群落的稳定性，使演替离开了正常轨道。而近代多数生态学家认为干扰是一种有意义的生态现象，它引起群落的非平衡特性，强调了干扰在群落结构形成和动态中的作用。

（1）干扰与群落缺口　干扰经常使连续的群落中出现缺口（gaps），森林中的缺口可能由大风、雷电、砍伐及火烧等引起；草地群落的干扰包括放牧、动物挖掘、践踏等。干扰造成群落的缺口以后，有的在没有继续干扰的条件下会逐渐恢复，但缺口也可能被周围群落的任何一个种侵入和占有，并发展为优势种。

（2）抽彩式竞争　缺口出现后，一个侵入种能否成为优势种是随机的，这种竞争称为对缺口的抽彩式竞争（competitive lottery）。抽彩式竞争出现的条件为：①群落中具有许多入侵缺口；②有许多对缺口中物理环境适应能力相等的物种；③这些物种中任何一个种在其生活史过程中能阻止后入侵的其他物种再入侵。

对缺口的间竞争结果完全取决于随机因素，即先入侵的物种取胜，至少在其一生中取胜。当缺口的占领者死亡后，缺口再次成为空白，后一种入侵和占有又是随机的。群落由于各种原因不断形成新的缺口，群落整体就有更多的物种可以共存，群落的多样性将明显提高。

（3）中度干扰假说　缺口形成的频率影响物种多样性，T. W. Connell 等提出了中度干扰假说（intermediate disturbance hypothesis），即中等程度的干扰水平能维持较高的多样性。因为：①一次干扰后少数先锋种入侵缺口，如果干扰频繁，先锋种不能发展到演替中期，因而多样性较低；②如果干扰间隔很长，演替过程能发展到顶极期，多样性也不高；③中等干扰程度使多样性维持最高水平，它允许更多的物种入侵和定居。

干扰理论对应用领域有重要价值。如要保护自然界生物的多样性，就不要简单地排除干扰，因为中度干扰能增加多样性。同样，群落中不断地出现新层、新的演替、斑块状的镶嵌等，都可能是维持和产生生态多样性的有力手段。这样的思想应在自然保育、农业、林业和野生动物管理等方面起重要作用。

4.2.6.3　空间异质性与群落结构

群落的环境不是均匀一致的，空间异质性（spacial heterogeneity）指生态学过程和格局在空间分布上的不均匀性及其复杂性。空间异质性程度越高，意味着有更加多样的小生境，能允许更多的物种共存。

（1）非生物环境的空间异质性　Harman 研究了淡水软体动物与空间异质性的相关性，他以水体底质的类型数作为空间异质性的指标，得到了正的相关关系：底质类型越多，淡水软体动物种数越多。植物群落研究中大量资料说明，在土壤和地形变化频繁的地段，群落含有更多的植物种，而平坦同质土壤的群落多样性低。

（2）生物空间异质性　MacArthur等曾研究鸟类多样性与植物物种多样性和取食高度多样性之间的关系。取食高度多样性是对植物垂直分布中分层和均匀性的测度。层次多、各层次具更茂密的枝叶表示取食高度多样性高。结果发现，鸟类多样性与植物种数的相关，不如与取食高度多样性相关紧密。因此，根据森林层次和各层枝叶茂盛度来预测鸟类多样性是有可能的，对于鸟类生活，植被的分层结构比物种组成更为重要。

在草地和灌丛群落中，垂直结构对鸟类多样性就不如森林群落重要，而水平结构，即镶嵌性或斑块性（patchiness）就可能起决定作用。

4.2.6.4　岛屿与群落结构

岛屿是相对独立的一个区域，与其周围环境相对隔离。生物学家常把岛屿作为研究进化论和生态学问题的天然实验室或微宇宙。

（1）岛屿的种数-面积关系　岛屿中的物种数目与岛屿的面积有密切关系。许多研究证实，岛屿面积越大，物种数越多。这种关系可用种数-面积方程（species-area curve）来描述：

$$S = cA^z$$

或取对数

$$\lg S = \lg c + z \lg A$$

式中，S 为物种数；A 为面积；z、c 两个为常数，z 表示回归方程中的斜率，理论值为 0.263，通常为 $0.18 \sim 0.35$，c 为表示单位面积物种数的常数（图 4.2）。

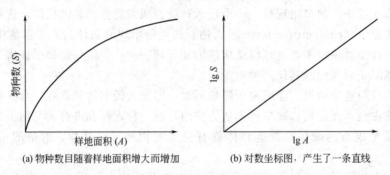

(a) 物种数目随着样地面积增大而增加　　(b) 对数坐标图，产生了一条直线

图 4.2　岛屿的种数-面积关系

（引自 Mackenzie，Ball & Virdee，2000）

岛屿面积越大种数越多，称为岛屿效应。通常认为这是由于面积越大，生境多样性越高，可以有更多的物种生活（图 4.3）。

（2）MacArthur 的平衡说　岛屿上的物种数取决于物种迁入和灭亡的平衡，并且这是

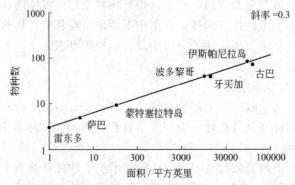

图 4.3　西印度海洋群岛上两栖类和爬行类动物的数量表明随着岛屿面积增大物种数目增大

（1 平方英里约合 2.6 平方公里）（引自 Mackenzie，Ball & Virdee，2000）

一种动态平衡，不断地有物种灭亡，也不断地由同种或别种的迁入来替代补偿灭亡的物种。平衡说可用图 4.4 说明。

以迁入率曲线为例，当岛上无留居种时，任何迁入个体都是新的，因而迁入率高。随着留居种数加大，种的迁入率就下降。当种源库（即大陆上的种）所有种在岛上都有时，迁入率为零。灭亡率则相反，留居种数越多，灭亡率也越高。当迁入物种的数目增加时，到达岛屿的迁入来的物种的数目会随着时间的推移而减少。相反，当物种之间的竞争变强时，灭绝的速率会增加。当灭绝和迁入的速率达到相等时，物种的数目就处于平衡稳定状态。迁入率多大还取决于岛的远近和大小，近而大的岛，其迁入率高，远而小的岛，迁入率低。同样，灭亡率也受岛的大小的影响。将迁入率曲线和灭亡率曲线叠在一起，其交叉点上的种数（S^*），即为该岛上预测的物种数。从图 4.4 中可以看出：岛屿面积越大且距离大陆越近的岛屿，其留居物种的数目最多；而岛屿面积越小且距离大陆越远的岛屿，其留居物种的数目最少。因此，根据平衡说，可预测下列 4 点：①岛屿上的物种数不随时间而变化；②这是一种动态平衡，即灭亡种不断地被新迁入的种所替代；③大岛比小岛能"供养"更多的种；④随岛屿距大陆的距离由近到远，平衡点的物种数不断降低。

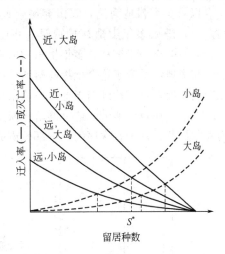

图 4.4　MacArthur 的岛屿生物地理平衡说——大小和远近岛上的物种迁入率和死亡率（S^* 为平衡种数）之间的关系

（引自孙儒泳，李博等，1993）

（3）岛屿生态与自然保护区　自然保护区可以看作是受周围生境的"海洋"所包围的岛屿，因此岛屿生态理论对自然保护区的设计具有指导意义。

一般说来，保护区面积越大，越能支持和"供养"更多的物种数；面积小，支持的种数也少。但有两点要补充说明：①建立保护区意味着出现了边缘生境（如森林开发为农田后建立的森林保护区），适应于边缘生境的种类受到额外的支持；②对于某些种类而言，在小保护区可能比生活在大保护区更好。

在同样保护面积时，一个大保护区好还是若干小保护区好，这取决于：①若每一小保护区支持的都是相同的区系，那么大保护区能支持更多种；②从传播流行病而言，隔离的小保护区有更好地防止传播流行作用；③如果在一相当异质的区域中建立保护区，多个小保护区能提高空间异质性，有利于保护物种多样性；④在保护密度低、增长率慢的大型动物时，为了保护其遗传特性，较大的保护区是必需的，保护区过小，种群数量过低，可能由于近亲交配使遗传特征退化，也易于因遗传漂变而丢失优良特征。

在各个小保护区之间的"通道"或走廊，对于保护是很有作用的，因为：①能减少被保护物种灭亡的风险；②细长的保护区有利于物种的迁入。但在设计和建立保护区时，最重要的是深入了解和掌握被保护对象的生态学特征。

4.3　生物群落的演替

生物群落的动态（dynamics）一直是经典生态学与现代生态学研究的重要内容。生物群落的动态包括生物群落的内部动态（季节变化与年际变化）、生物群落的演替和地球上生物群落的进化。

4.3.1 演替的概念

以农田弃耕地为例，农田弃耕闲置后，开始的一二年内出现大量的一年生和二年生的田间杂草，随后多年生植物开始侵入并逐渐定居下来，田间杂草的生长和繁殖开始受到抑制。随着时间的进一步推移，多年生植物取得优势地位，一个具备特定结构和功能的植物群落形成了。相应地，适应于这个植物群落的动物区系和微生物区系也逐渐确定下来。整个生物群落仍在向前发展，当它达到与当地的环境条件特别是气候和土壤条件都比较适应的时候，即成为稳定的群落。在草原地带，这个群落将恢复到原生草原群落；如果在森林地带，它将进一步发展为森林群落。这种有次序的、按部就班的物种之间的替代过程，就是演替（如图 4.5）。

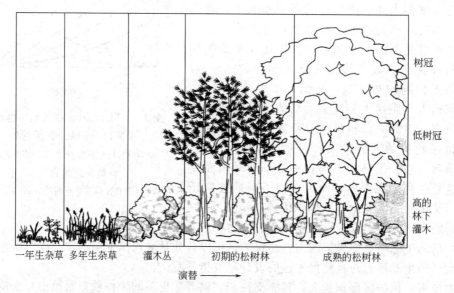

图 4.5　美国卡罗莱纳州一块弃置耕地上发生的次生演替

(引自 Billings，1938；转引自 Bush，2007)

所谓群落演替（community succession），是指某一地段上一种生物群落被另一种生物群落所取代的过程。

4.3.2 演替的类型

生物群落的演替类型，不同学者所依据的原则不同。因此，划分的演替类型也不同，主要有以下几类。

（1）按照演替延续的时间进程可分为快速演替、长期演替和世纪演替（L. G. Ramensky，1938）

① 快速演替　即在时间不长的几年内发生的演替，如地鼠类的洞穴、草原撂荒地上的演替，在这种情况下很快可以恢复成原有的植被。但是要以撂荒地面积不大和种子传播来源就近为条件，否则草原撂荒地的恢复过程就可能延续达几十年。

② 长期演替　延续的时间较长，几十年或有时几百年。云杉林被采伐后的恢复演替可作为长期演替的实例。

③ 世纪演替　延续时间相当长久，一般以地质年代计算。常伴随气候的历史变迁或地貌的大规模改造而发生。

（2）按演替的起始条件可分为原生演替和次生演替（F. E. Clement，1916；J. E. Weaver，

1938)

① 原生演替（primary succession） 这种演替是在从未有过任何生物的裸地上开始的演替。如在裸露的岩石上、在河流的三角洲或者在冰川上开始的演替。图 4.6 所示是印度尼西亚的喀拉喀托群岛 1883～1995 年间森林的原生演替过程。

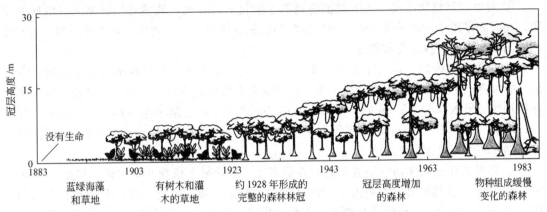

图 4.6 印度尼西亚的喀拉喀托群岛 1883～1995 年间森林的原生演替发展简图
（引自 Bush，2007）

② 次生演替（secondary succession） 这种演替是在原有生物群落被破坏后的次生裸地（如森林砍伐迹地、弃耕地）上开始的演替。在这种情况下，演替过程不是从一无所有开始的，原来群落中的一些生物和有机质仍被保留下来，附近的有机体也很容易侵入。因此，次生演替比原生演替更为迅速。

（3）按照演替的基质性质可分为水生演替和旱生演替（C. F. Cooper，1913）

① 水生演替（hydrosere succession） 开始于水生环境中，但一般都发展到陆地群落。例如，淡水或池塘中水生群落向中生群落的转变过程。

② 旱生演替（xerosere succession） 从干旱缺水的基质上开始。如裸露的岩石表面上生物群落的形成过程。

（4）按照控制演替的主导因素可分为内因性演替和外因性演替（V. N. Sukachev，1942）

① 内因性演替（endogenic succession） 是由于群落中生物的生命活动结果导致的演替。群落中生物的生命活动结果首先使它的生境发生改变，然后被改变了的生境又反过来作用于群落本身，如此相互促进，使演替不断向前发展。

② 外因性演替（exogenic succession） 是由于外界环境因素的作用所引起的演替，包括气候发生演替、地貌发生演替、土壤发生演替、火成演替、人为发生演替等。

（5）按照群落的代谢特征可分为自养型演替和异养型演替

① 自养型演替（autotrophic succession） 在演替过程中，群落的初级生产量（P）超过群落的总呼吸量（R），即 $P/R>1$，群落中的能量和有机物逐渐增加。例如陆地从裸地→地衣、苔藓→草本→灌木→乔木的演替过程中，光合作用所固定的生物量越来越多。

② 异养型演替（heterotrophic succession） 在演替过程中群落的生产量少于呼吸量，即 $P/R<1$，说明群落中能量或有机物在减少。异养型演替多见于受污染的水体。例如，海湾、湖泊和河流受污染后，由于微生物的强烈分解作用，有机物质随演替而减少。

4.3.3 演替系列

演替系列（sere）是指从生物侵入开始直至顶级群落的整个顺序演变过程，演替系列中的每一个明显的步骤，称为演替阶段或演替时期。

4.3.3.1　原生演替（primary succession）

（1）水生演替系列　根据淡水湖泊中湖底的深浅变化，其水生演替系列（hydrosere）将有以下的演替阶段。

① 自由漂浮植物阶段　此阶段植物是漂浮生长的，其死亡残体将增加湖底有机质的聚积，同时湖岸雨水冲刷而带来的矿物质微粒的沉积也逐渐提高了湖底。这类漂浮的植物有浮萍、满江红以及一些藻类植物等。

② 沉水植物阶段　在水深5～7m处，湖底裸地上最先出现的先锋植物是轮藻属（Chana）的植物。轮藻属植物生物量相对较大，使湖底有机质积累较快，自然也就使湖底的抬升作用加快。当水深至2～4m时，金鱼藻（Cerotophyllum）、眼子菜（Potamogeton）、黑藻（Hydrilla）、茨藻（Najas）等高等水生植物开始大量出现，这些植物生长繁殖能力更强，垫高湖底的作用也就更强了。

③ 浮叶根生植物阶段　随着湖底的日益变浅，浮叶根生植物开始出现，如莲（Nelumbo）、睡莲等。这些植物一方面由于其自身生物量较大，残体对进一步抬升湖底有很大的作用，另一方面由于这些植物叶片漂浮在水面，当它们密集时，就使得水下光照条件很差，不利于沉水植物的生长，迫使沉水植物向较深的湖底转移，这样又起到了抬升湖底的作用。

④ 直立水生植物阶段　浮叶根生植物使湖底变浅，为直立水生植物的出现创造了良好的条件。最终直立水生植物如芦苇、香蒲、泽泻等取代了浮叶根生植物，这些植物的根茎相当茂密，交织在一起，使湖底迅速抬高，而且有的地方甚至可以形成一些浮岛。原来被水淹没的土地开始露出水面与大气接触，生境开始具有陆生植物生境的特点。

⑤ 湿生草本植物阶段　从湖中抬升出来的地面，不仅含有丰富的有机质而且还含有近乎饱和的土壤水分。喜湿生的沼泽植物开始定居在这种生境上，如莎草科和禾本科中的一些湿生性种类。若此地带气候干旱，则这个阶段不会持续太长，很快旱生草类将随着生境中水分的大量丧失而取代湿生草类。

⑥ 木本植物阶段　在湿生草本植物群落中，最先出现的木本植物是灌木。而后随着乔木的侵入，便逐渐形成了森林，其湿生生境也最终改变成中生生境。

由此看来，水生演替系列就是湖泊填平的过程。这个过程是从湖泊的周围向湖泊中央顺序发生的。因此，比较容易观察到，在从湖岸到湖心的不同距离处，分布着演替系列中不同阶段的群落环带。

（2）旱生演替系列　旱生演替系列（xerosere）是从环境条件极端恶劣的裸露岩石表面或砂地上开始的，其系列包括以下几个演替阶段。

① 地衣植物群落阶段　岩石表面无土壤，贫瘠而干燥，光照强，温度变化大。这样的环境条件下最先出现的是地衣，而且是壳状地衣。地衣分泌的有机酸腐蚀了坚硬的岩石表面，再加之物理和化学风化作用，坚硬的岩石表面出现了一些小颗粒，在地衣残体的作用下，细小颗粒有了有机的成分。其后，叶状地衣和枝状地衣继续作用于岩石表层，使岩石表层更加松散，岩石碎粒中有机质也逐渐增多。

② 苔藓植物群落阶段　在地衣群落发展的后期，开始出现了苔藓植物。苔藓植物与地衣相似，能够忍受极端干旱的环境。苔藓植物的残体比地衣大得多，苔藓的生长可以积累更多的腐殖质，同时对岩石表面的改造作用更加强烈。岩石颗粒变得更细小，松软层更厚，为土壤的发育和形成创造了更好的条件。

③ 草本植物群落阶段　群落演替继续向前发展，一些耐旱的植物种类开始侵入，如禾

本科、菊科、蔷薇科等中的一些植物。种子植物对环境的改造作用更加强烈，小气候和土壤条件更有利于植物的生长。若气候允许，该演替系列可以向木本群落方向演替。

④ 灌木植物群落阶段　草本群落发展到一定程度时，一些喜阳的灌木开始出现，它们常与高草混生，形成"高草灌木群落"。其后灌木数量大量增加，成为以灌木为优势的群落。

⑤ 乔木植物群落阶段　灌木群落发展到一定时期，为乔木的生存提供了良好的环境，喜阳的树木开始增多。随着时间的推移，逐渐就形成了森林。最后形成与当地大气候相适应的乔木群落，形成了地带性植被即顶极群落。

在旱生演替系列中，地衣和苔藓植物阶段所需时间最长，草本植物群落阶段到灌木阶段所需时间较短，而到了森林阶段，其演替的速率又开始放慢。

4.3.3.2　次生演替

次生演替（secondary succession）指在原有生物群落破坏后的地段上进行的演替。次生演替的最初发生是由外界因素的作用引起的，如火烧、病虫害、严寒、干旱等，以及大规模的人为活动，如森林采伐、草原放牧和耕地撂荒等。以云杉林采伐后，从采伐迹地上开始的群落演替过程为例加以说明。

(1) 采伐迹地阶段　在采伐森林后留下的大面积采伐迹地上，原有的森林气候条件完全改变，如阳光直射地面、温度变化剧烈、风大且易形成霜冻等。不能忍受日灼或霜冻的植物难以生存，原来林下耐阴或阴性植物受到限制甚至消失，而喜光的植物，尤其是禾本科、莎草科等杂草得以滋生，形成杂草群落。

(2) 小叶树种阶段　新的环境适合于一些喜光、耐旱、耐日灼和耐霜冻的阔叶树种的生长，在原有云杉林所形成的优越土壤条件下，在杂草群落中便形成以桦树和山杨为主的群落。同时，郁闭的林冠下耐阴植物也抑制和排挤其他喜光植物，使它们开始衰弱，然后完全死亡。

(3) 云杉定居阶段　由于桦树和山杨等所形成的树冠缓和了林下小气候条件的剧烈变化，又改善了土壤环境，因此，阔叶林下已经能够生长耐阴性的云杉和冷杉幼苗。

(4) 云杉恢复阶段　当云杉的生长超过桦树和白杨，占据了森林上层空间，桦树和白杨因不能适应上层遮阴而开始衰亡，过80～100年，云杉又高居上层，造成严密的遮阴，在林内形成紧密的酸性落叶层，其中混杂着一些留下的桦树和白杨。

新形成的云杉林与采伐前的云杉林，只是在外貌和主要树种上相同，但树木的配置和密度都发生了很大改变。

4.3.4　演替顶极学说

演替顶极学说（climax theory）是英美学派提出来的。演替顶极（climax）是指每一个演替系列都由先锋阶段开始，经过不同的演替阶段，到达中生状态的最终演替阶段。近几十年来，有关演替顶极的学说不断修正、补充和发展，形成3种代表性理论。

(1) 单元顶极理论（monoclimax hypothesis）　是由 H. C. Cowles 和 F. E. Clements (1916) 最先提出来的。Clements 认为，在同一气候区内，演替可以从千差万别的环境上开始，演替初期的条件也可各不相同，所经历的过程也可不一样，而演替最终是趋向于改变极端的环境向更适合于植物生长的中生方向发展，只要给予足够的时间，将达到一个在该气候条件下中生型、相对稳定的群落，即气候顶极（climatic climax）。

事实上，在自然界中总有一些群落达到了相对稳定的平衡状态，但却不是气候顶极群落，也就是说没有到达演替的最后阶段，也能形成相对稳定的群落。在演替虽然持续但却在即将接近其气候顶极群落之前的阶段形成相对稳定的顶极群落，单元顶极学者称之为亚顶极

(subclimax)，如内蒙古高原典型草原气候区的气候顶极是大针茅草原，但松厚土壤上的羊草草原是在大针茅草原之前出现的一个比较稳定的阶段，便为亚顶极；在一个特定的气候区域内，由于局部气候比较适宜而产生的较优越气候区的顶极，为后顶极或超顶极（postclimax），如草原区域内比较湿润的地方出现森林；同样，由于局部气候较差而产生的顶极，为预顶极（preclimax），如草原区内局部出现荒漠植被片段；在演替的过程中由一种强烈而频繁的干扰因素所引起的相对稳定的群落，为干扰顶极或偏途顶极（disclimax），由于非洲大象的干扰而形成的草原或自然群落、被人为改变形成的农田等都属于该类型。

（2）多元顶极理论（polyclimax theory）　是由英国学者 A. G. Tansley（1954）提出的。这个学说认为，如果一个群落在某种生境中基本稳定，能自行繁殖并结束它的演替过程，就可看作顶极群落。在一个气候区域内，群落演替的最终结果，不一定都汇集于一个共同的气候顶极终点。除了气候顶极之外，还可有土壤顶极（edaphic climax）、地形顶极（topographic climax）、火烧顶极（fire climax）、动物顶极（zootic climax）；同时还存在一些复合型的顶极，如地形-土壤顶极（topo edaphic climax）和火烧-动物顶极（fire-zootic climax）等。

不论是单元顶极论还是多元顶极论，都承认顶极群落是经过单向变化而达到稳定状态的群落；而顶极群落在时间上的变化和空间上的分布，都是和生境相适应的。两者的不同点在于：①单元顶极论认为，只有气候才是演替的决定因素，其他因素都是第二位的，但可以阻止群落向气候顶极发展；多元顶极论则认为，除气候以外的其他因素，也可以决定顶极的形成。②单元顶极论认为，在一个气候区域内，所有群落都有趋同性的发展，最终形成气候顶级；而多元顶极论不认为所有群落最后都会趋于一个顶级。

（3）顶极-格局假说（climax-pattern hypothesis）　由 R. H. Whittaker 于 1953 年提出，实际是多元顶极的一个变型，也称种群格局顶极理论（population pattern climax theory）。该假说认为，在任何一个区域内，环境因子都是连续不断地变化的。随着环境梯度的变化，各种类型的顶极群落，如气候顶极、土壤顶极、地形顶极、火烧顶极等，不是截然呈离散状态，而是连续变化的，因而形成连续的顶极类型（continuous climax type），构成一个顶极群落连续变化的格局。在这个格局中，分布最广泛且通常位于格局中心的顶极群落，叫做优势顶极（prevailing climax），它是最能反映该地区气候特征的顶极群落，相当于单元顶极论的气候顶极。

4.3.5　控制演替的主要因素

生物群落的演替是群落内部关系（包括种内和种间关系）与外界环境中各种生态因子综合作用的结果。自然界中生物群落的演替原因和机制很复杂，要清楚地了解演替发生的原因以及有效地预测演替的方向和速率，还有很多工作要做。下面列出的是部分原因。

4.3.5.1　植物繁殖体的迁移、散布和动物的活动性

植物繁殖体的迁移和散布普遍而经常地发生着。因此，任何一块地段，都有可能接受这些扩散来的繁殖体。当植物繁殖体到达一个新环境时，植物的定居过程就开始了。植物的定居包括发芽、生长和繁殖 3 个方面。植物繁殖体的迁移和散布是群落演替的先决条件。

对于动物来说，植物群落成为它们取食、营巢、繁殖的场所。当植物群落环境变得不适宜它们生存的时候，它们便迁移出去另找新的合适生境；与此同时，又会有一些动物从别的群落迁来找新栖居地。因此，每当植物群落的性质发生变化的时候，居住在其中的动物区系也在作适当的调整，使得整个生物群落内部的动物和植物又以新的联系方式统一起来。如图4.7 所示，鸟类种群随着植物群落演替阶段而发生变化，尤其是优势植物生活型发生变化的

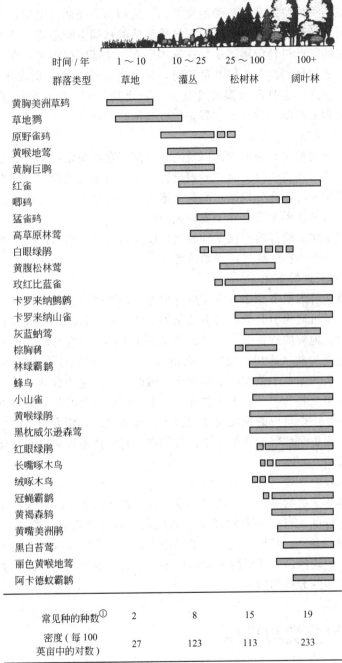

图 4.7　美国乔治亚州的皮埃蒙特山麓高原地区的鸟类和演替植被类型的关系

（引自 Odum，1997；转引自 Odum & Barrett，2009）

时候。

4.3.5.2　群落内部环境的变化

群落内部环境的变化是由群落本身的生命活动造成的，与外界环境条件的改变没有直接的关系；有些情况下，是群落内物种生命活动的结果，为自己创造了不良的居住环境，使原来的群落解体,为其他植物的生存提供了有利条件,从而引起演替。

由于群落中植物种群特别是优势种的发育而导致群落内光照、温度、水分及土壤养分状况的改变,也可为演替创造条件。如在云杉林采伐后的林间空旷地段,首先出现的是喜光草本植物。但当喜光的阔叶树种定居下来并在草本层上形成郁闭树冠时,喜光草本便被耐阴草本所取代。以后当云杉伸到群落上层并郁闭时,原来发育很好的喜光阔叶树种已不能更新。这样,随着群落内光照由强到弱及温度变化由不稳定到稳定,依次发生了喜光草本植物阶段、阔叶树种阶段和云杉阶段的更替过程,也就是演替的过程。

4.3.5.3 种内和种间关系的改变

组成一个群落的物种在其种群内部以及物种之间都存在特定的相互关系。这种关系随着外部环境条件和群落内环境的改变而不断地进行调整。当密度增加时,种群内部的关系紧张化,竞争能力强的物种得以充分发展,而竞争能力弱的物种则逐步缩小自己的地盘,甚至被排挤到群落之外。这种情形常见于尚未发育成熟的群落。

处于成熟、稳定状态的群落在接受外界条件刺激的情况下也可能发生种间数量关系重新调整的现象,进而使群落特性或多或少地改变。

4.3.5.4 外界环境条件的变化

虽然决定群落演替的根本原因存在于群落内部,但群落之外的环境条件,诸如气候、地貌、土壤和火等,常可成为引起演替的重要条件。气候决定着群落的外貌分布,也影响到群落的结构和生产力。地貌的改变会使水分、热量等生态因子重新分配,反过来又影响到群落本身。大规模的地壳运动(冰川、地震、火山活动等)可使地球表面的生物部分或完全毁灭,从而使演替从头开始;小范围的地形变化也可改造一个生物群落。土壤的理化特性对于植物、土壤动物和微生物的生活有密切的关系,土壤性质的改变势必导致群落内部物种关系的重新调整。火也是一个重要的诱发演替的因子,火烧可以造成大面积的次生裸地,演替从裸地上重新开始;火也是群落发育的一个刺激因素,它可使耐火的物种旺盛地发育,而使不耐火的物种受到抑制。

4.3.5.5 人类的活动

人类对生物群落演替的影响远远超过其他所有的自然因子,因为人类生产活动通常是有意识、有目的地进行的,可以对自然环境中的生态关系起着促进、抑制、改造和重建的作用。放火烧山、砍伐森林、开垦土地等,都可使生物群落改变面貌。人类还可以经营、抚育森林,管理草原,治理沙漠,使群落演替按照不同于自然的方向进行。人类还可以建立人工群落,人为控制演替的方向和速率。

4.4 群落的分类与排序

对生物群落的认识及其分类方法,存在两条途径。早期的植物生态学家认为群落是自然单位,它们和有机体一样具有明确的边界,而与其他群落是间断的、可分的,因此,可以像物种那样进行分类。这一途径被称为群丛单位理论(association unit theory)。

另外一种观点认为群落是连续的,没有明确的边界,它是不同种群的组合,而种群是独立的。大多数群落之间是模糊不清和过渡的,不连续的间断情况仅仅发生在不连续生境上,如地形、母质、土壤条件的突然改变,或人为的砍伐、火烧等的干扰。在通常的情况下,生境与群落都是连续的。认为应采取生境梯度分析的方法,即排序(ordination)来研究连续群落变化，而不采取分类的方法。

实践证明，生物群落的存在既有连续性的一面，又有间断性的一面。虽然排序适于揭示群落的连续性，分类适于揭示群落的间断性，但是如果排序的结果构成若干点集的话，也可达到分类的目的，同时如果分类允许重叠的话，也可以反映群落的连续性。因此两种方法都同样能反映群落的连续性或间断性，只不过是各自有所侧重，如果能将二者结合使用，也许效果更好。

4.4.1　群落分类

生物群落分类是生态学研究领域中争论最多的问题之一。由于不同国家或不同地区的研究对象、研究方法和对群落实体的看法不同，其分类原则和分类系统有很大差别，甚至成为不同学派的重要特色。

4.4.1.1　植物群落分类的单位

到目前为止，世界上没有一个完整的植物群落分类系统，各学派都拥有自己的系统，它们在分类原则上不同，因此导致在植物群落分类单位的理解和侧重点上有所差异。这里主要介绍我国的植物群落分类单位以及分类系统。

我国生态学家在《中国植被》（1980）一书中，参照国外一些植物学派的分类原则和方法，采用了"群落生态"原则，即以群落本身的综合特征作为分类依据，群落的种类组成、外貌和结构、地理分布、动态演替、生态环境等特征在不同的分类等级中均作了相应的反映。所采用的主要分类单位分3级：植被型（高级单位）、群系（中级单位）和群丛（基本单位）。每一等级之上和之下又各设一个辅助单位和补充单位。高级单位的分类依据侧重于外貌、结构和生态地理特征，中级和中级以下的单位则侧重于种类组成。其系统如下。

植被型组，如草地；
植被型，如温带草原；
植被亚型，如典型草原；
群系组，如根茎禾草草原；
群系，如羊草草原；
亚群系，如羊草＋丛生禾草草原；
群丛组，如羊草＋大针茅草原；
群丛，如羊草＋大针茅＋柴胡草原；
亚群丛。

（1）植被型（vegetation type）　凡建群种生活型（一级或二级）相同或相似，同时对水热条件的生态关系一致的植物群落联合为植被型。如寒温性针叶林、夏绿阔叶林、温带草原、热带荒漠等。

（2）植被型组（vegetation type group）　建群种生活型相近而且群落外貌相似的植被型联合为植被型组。如针叶林、阔叶林、草地、荒漠等。

（3）植被亚型（vegetation subtype）　在植被型内根据优势层片或指示层片的差异可划分植被亚型。例如，温带草原可分为3个亚型：草甸草原（半湿润）、典型草原（半干旱）和荒漠草原（干旱）。

（4）群系（formation）　凡是建群种或共建种相同的植物群落联合为群系。例如，凡是以大针茅为建群种的任何群落都可归为大针茅群系。

（5）群系组（formation group）　将建群种亲缘关系近似（同属或相近属）、生活型（三级和四级）近似或生境相近的群系可联合为群系组。例如落叶栎林、丛生禾草草原、根茎禾草草原等。

（6）亚群系（subformation） 在生态幅度比较宽的群系内，根据次优势层片及其反映的生境条件的差异而划分亚群系。

（7）群丛（association） 是植物群落分类的基本单位，犹如植物分类中的种。凡是层片结构相同，各层片的优势种或共优种相同的植物群落联合为群丛。

（8）群丛组（association gruop） 凡是层片结构相似，而且优势层片与次优势层片的优势种或共优种相同的植物群丛联合为群丛组。

（9）亚群丛（subassociation） 用来反映群丛内部发育上的分化和生态条件的差异。

根据上述系统，中国植被分为 11 个植被型组、29 个植被型、550 多个群系，至少几千个群丛。

4.4.1.2 植物群落的命名

植物群落的命名，就是给表征每个群落分类单位的群落定以名称，精确的名称是非常重要和有意义的。

群丛的命名方法 凡是已确定的群丛应正式命名。我国习惯于采用联名法，即将各个层中的建群种或优势种和生态指示种的学名按顺序排列。在前面冠以 Ass.（association 的缩写），不同层之间的优势种以 "-" 相联，例如 Ass. *Larix gmelini-Rhododendron dahurica-Pyrola incarnata* 即表示兴安落叶松-杜鹃-红花鹿蹄草群丛。从名称可知，该群丛乔木层、灌木层和草本层的优势种分别是兴安落叶松、杜鹃和红花鹿蹄草。

有时某一层具共优种，这时用 "＋" 相连。例如 Ass. *Larix gmelini-Rhododendron dahurica-Pyrola incarnata*＋*Carex* sp.。

当最上层的植物不是群落的建群种，而是伴生种或景观植物，这时用 "＜" 来表示层间关系［或用 "‖" 或 "（）"］。例如 Ass. *Caragana microphylla*＜（或 ‖）*Stipa grandis-Cleistogenes squarrosa* 或 Ass.（*Caragana microphylla*）-*Stipa grandis-Cleistogenes squarrasa*。

在对草本植物群落命名时，习惯上用 "＋" 来连接各亚层的优势种，而不用 "-"。例如 Ass. *Caragana microphylla*＜*Stipa grandis*＋*Cleistogenes squarrasa*＋*Artemisia frigida*。

4.4.1.3 法瑞学派和英美学派的群落分类简介

法瑞学派的分类系统原则建立在群落植物区系的亲缘关系的基础上，并考虑到植物群落其他方面的特征。代表人物是 Braun-Blanquet，他于 1928 年提出了一个植物区系-结构分类系统（floristic-structural classification），被称为群落分类中的归并法。这是一个影响比较大而且在西欧等许多国家被广泛承认和采用的系统。该系统的特点是以植物区系为基础，从基本分类单位到最高级单位，都是以群落的种类组成为依据。

该学派的分类过程是通过排列群丛表（association table）来实现。首先在野外做大量的样方，样方数据一般只取多度、盖度和群集度；然后通过排表，找出特征种、区别种，从而达到分类的目的（表 4.4）。

英美学派是根据群落动态发生演替原则的概念来进行群落分类的，其代表人物是 Clements 和 Tansley。有人将该系统称为动态分类系统（dynamic classification）。他们对演替的顶级群落和未达到顶级的演替系列群落，在分类时处理的方法是不同的，采用两个平行的分类系统（顶级群落和演替群落），因而称该系统为双轨制分类系统（表 4.5）。

表 4.4 Braun-Blanquet 分类系统的等级和命名

分类等级	字尾	例子
群丛门 division	-ea	Querco-Fagea
群丛纲 class	-etea	Querco-Fagetea
群丛目 order	-etalia	Fagetalia
群丛属 alliance	-ion	Fagion
亚群丛属 suballiance	-enion(-esion)	Galio-Fagenion
群丛 association	-etum	Fagetum
亚群丛 subassociation	-etosum	Allietosum
群丛变型 variant	—	Athyrium-var
亚群丛变型 subvariant	—	Bromus-subvar
群丛相 facies	—	Mercurialis-facies

表 4.5 英美学派的分类系统

顶极群落(climax)系统	演替系列(series)系统
群系型(formation type)	
群系(formation)	
群丛(association)	演替系列群丛(associes)
单优种群丛(consociation)	演替系列单优种群丛(consocies)
群丛相(faciation)	演替系列群丛相(facies)
组合(society)	演替系列组合(socies)
集团(clan)	集群(colony)
季相(aspect)	季相(aspect)
层(layer)	层(layer)

4.4.2 群落排序

所谓排序,就是把一个地区内所调查的群落样地,按照相似度(similarity)来排定各样地的位序,从而分析各样地之间以及与生境之间的相互关系。排序方法可分为两类。

一类是群落排序,用植物群落本身属性(如种的出现与否、种的频度、盖度等),排定群落样地的位序,称为间接排序(indirect ordination),又称间接梯度分析(indirect gradiant analysis)或者组成分析(compositional analysis)。

另一类排序是利用环境因素的排序,称为直接排序(direct ordination),又称为直接梯度分析(direct gradiant analysis)或者梯度分析(gradiant analysis),即以群落生境或其中某一生态因子的变化,排定样地生境的位序。

排序基本上是一个几何问题,即把实体作为点在以属性为坐标轴的 P 维空间中(P 个属性),按其相似关系把它们排列出来。简单地说,要按属性去排序实体,这叫正分析(normal analysis)或 Q 分析(Q analysis)。排序也可有逆分析(inverse analysis)或叫 R 分析(R analysis),即按实体去排序属性。

为了简化数据,排序时首先要降低空间的维数,即减少坐标轴的数目。如果可以用一个轴(即一维)的坐标来描述实体,则实体点就排在一条直线上;用两个轴(二维)的坐标描述实体,点就排在平面上,都是很直观的。如果用三个轴(三维)的坐标,也可勉强表现在平面的图形上,一旦超过三维就无法表示成直观的图形。因此,排序总是力图用二、三维的图形去表示实体,以便于直观地了解实体点的排列。

通过排序可以显示出实体在属性空间中位置的相对关系和变化的趋势。如果它们构成分离的若干点集,也可达到分类的目的;结合其他生态学知识,还可以用来研究演替过程,找出演替的客观数量指标。如果我们既用物种组成的数据,又用环境因素的数据去排序同一实体集合,从两者的变化趋势容易揭示出植物种与环境因素的关系。特别是,可以同时用这两类不同性质的属性(种类组成及环境)一起去排序实体,更能找出两者的关系。

[课后复习]

1. **概念和术语:** 优势种与建群种、多度、密度、盖度、频度、优势度、重要值、综合优势比、物种丰富度、香农-威纳指数、辛普森指数、均匀度指数、群落相似性、生活型、层片、群落的水平格局、镶嵌性、群落的时间格局、群落交错区、边缘效应、边缘种、干扰、空间异质性、群落演替、原生演替、次生演替、演替顶极、优势顶极、植被型、群系、群丛、间接排序、直接排序

2. 原理和定律： 生物群落的基本特征、机体论学派与个体论学派、抽彩式竞争、中度干扰假说、MacArthur 平衡说、单元顶极理论、多元顶极论、顶极-格局假说、群丛单位理论、植物区系-结构分类系统、双轨制分类系统

[课后思考]

1. 简述群落交错区与边缘效应在理论和实践上的意义。

2. 群落结构的时空格局及其生态意义是什么？

3. 影响群落结构的主要因素有哪些？

4. 群落的数量特征主要有哪些指标？

5. 简述群落演替都有哪些类型？

6. 什么是演替顶级？单元演替顶级理论与多元演替顶级理论有什么异同点？

7. 岛屿生态学理论对于自然保护区设计有何意义？

8. 个体论与机体论学派的理论依据各是什么？

9. 群落成员型分为哪几类？在群落中分别具有什么作用？

10. 试分析空间异质性对群落结构的影响。

11. 试述水生演替系列、陆生演替系列以及次生演替系列的演替过程。

[推荐阅读文献]

[1] 孙儒泳，李庆芬，牛翠娟等. 基础生态学. 北京：高等教育出版社，2002.

[2] 杨持. 生态学. 第 2 版. 北京：高等教育出版社，2008.

[3] Bush Mark B. 生态学——关于变化中的地球. 刘雪华译. 北京：清华大学出版社，2007.

[4] Ricklefs Robert E. 生态学. 孙儒泳，尚玉昌等译. 第 5 版. 北京：高等教育出版社，2004.

[5] 宋永昌. 植被生态学. 上海：华东师范大学出版社，2001.

5 生态系统生态学

【学习要点】
1. 掌握生态系统的概念、组成和结构；
2. 掌握生态系统中能量流动的基本概念、途径和特点；
3. 熟悉物质循环的基本概念和各类物质循环的过程及特点；
4. 了解物种流动和信息流动的特点；
5. 理解生态平衡的特征和调节机制。

【核心概念】
生态系统：就是在一定空间中共同栖居着的所有生物（即生物群落）与其环境之间由于不断地进行物质循环和能量流动过程而形成的统一整体。

初级生产：即绿色植物通过光合作用吸收和固定太阳能，将无机物合成、转化成复杂的有机物的过程，也称为第一性生产。

次级生产：即消费者和分解者利用初级生产所制造的物质和贮存的能量进行新陈代谢，经过同化作用转化成自身物质和能量的过程，也称为第二性生产。

分解作用：指将动植物和微生物的残株、尸体等复杂有机物分解为简单无机物的逐步降解过程。

能量流动：指能量从太阳到生产者到消费者再到还原者的流动过程，生态系统中的能量流动是借助于食物链和食物网来实现的。

物质循环：是指物质从大气、水域或土壤中，通过生产者吸收进入食物链，然后转移到消费者体内，最后被还原者分解转化回到环境中的过程。水、C、N、O、P、S、矿质元素等的生物地球化学循环是物质循环的重要组成部分。

物种流：物种的种群在生态系统内或系统之间时空变化的状态。

生态平衡：是指能量和物质在生态系统中输入和输出达到一种平衡的状态。能保持平衡的系统是稳定的系统。

5.1 生态系统概述

5.1.1 生态系统的概念和特征

5.1.1.1 生态系统的概念

生态系统一词是英国植物生态学家 A. G. Tansley 于 1936 年首先提出来的。后来前苏联地植物学家 V. N. Sucachev 又从地植物学的研究出发，提出了生物地理群落的概念。生物地理群落（biogeocoenosis）简单说来就是由生物群落本身及其地理环境所组成的一个生态功能单位，1965 年在丹麦哥本哈根会议上决定生态系统和生物地理群落是同义词，此后生态系统一词便得到了广泛的应用。

生态系统（ecosystem）就是在一定空间中共同栖居着的所有生物（即生物群落）与其环境之间由于不断地进行物质循环和能量流动过程而形成的统一整体。生态系统主要在于强调一定地域中各种生物相互之间、它们与环境之间功能上的统一性。生态系统主要是功能上的单位，而不是生物学中分类学的单位。

5.1.1.2 生态系统的特征

（1）以生物为主体，具有整体性特征　生态系统通常与一定空间范围相联系，以生物为主体，生物多样性与生命支持系统的物理状况有关。一般而言，一个具有复杂垂直结构的环境能维持多个物种。一个森林生态系统比草原生态系统包含了更多的物种。各要素稳定的网络式联系，保证了系统的整体性。

（2）复杂、有序的层级结构　由自然界中生物的多样性和相互关系的复杂性，决定了生态系统是一个极为复杂的、多要素、多变量构成的层级系统。较高的层级系统以大尺度、大基粒、低频率和缓慢速率为特征，它们被更大的系统、更缓慢的作用所控制。

（3）开放的、远离平衡态的热力学系统　任何一个自然生态系统都是开放的，有输入和输出，而输入的变化总会引起输出的变化。生态系统变得更大、更复杂时，就需要更多的可用能量去维持，经历着从混沌到有序、到新的混沌、再到新的有序的发展过程。

（4）具有明确的功能　生态系统不是生物分类学单元，而是个功能单元。例如能量的流动，绿色植物通过光合作用把太阳能转变为化学能贮藏在植物体内，然后再转给其他动物，这样营养物质就从一个取食类群转移到另一个取食类群，最后由分解者重新释放到环境中。又如在生态系统内部生物与生物之间、生物与环境之间不断进行着复杂而有规律的物质交换。生态系统就是在进行多种生态过程中完成了维护人类生存的"任务"，为人类提供了必不可少的粮食、药物和工农业原料等，并提供人类生存的环境条件。

（5）受环境深刻的影响　环境的变化和波动形成了环境压力，最初是通过敏感物种的种群表现。自然选择可以发生在多个水平上。当压力增加到可在生态系统水平上检出时，整个系统的"健康"就出现危险的苗头。生态系统对气候变化和其他因素的变化表现出长期的适应性。

（6）环境的演变与生物进化相联系　自生命在地球上出现以来，生物有机体不仅适应了物理环境条件，而且以多种不同的方式对环境进行朝着有利于生命的方向改造。许多科学家也证实，微生物在营养物质循环中，尤其是氮的循环以及大气层和海洋的内部平衡中起着重要的作用。

（7）具有自维持、自调控功能　生态系统自动调控机能主要表现在 3 方面：第一是同种生物的种群密度的调控，这是在有限空间内比较普遍存在的种群变化规律。其次是异种生物种群之间的数量调控，多发生于植物与动物、动物与动物之间，常有食物链联系。第三是生物与环境之间的相互适应的调控。生态系统对干扰具有抵抗和恢复的能力。生态系统调控功能主要靠反馈的作用，通过正、负反馈相互作用和转化，保证系统达到一定的稳态。

（8）具有一定的负荷力　生态系统负荷力是涉及用户数量和每个使用者强度的二维概念。这二者之间保持互补关系，当每一个体使用强度增加时，一定资源所能维持的个体数目减少。在实践中，可将有益生物种群保持在一个环境条件所允许的最大种群数量，此时种群繁殖速率最快。对环境保护工作而言，在人类生存和生态系统不受损害的前提下，一个生态系统所能容纳的污染物可维持的最大承载量，即环境容量。

（9）具有动态的、生命的特征 生态系统具有发生、形成和发展的过程。生态系统可分为幼期、成长期和成熟期，表现出鲜明的历史性特点，生态系统具有自身特有的整体演化规律。换言之，任何一个自然生态系统都是经过长期发展形成的。生态系统这一特性为预测未来提供了重要的科学依据。

（10）具有健康、可持续发展特性 自然生态系统在数十亿年发展中支持着全球的生命系统，为人类提供了经济发展的物质基础和良好的生存环境。然而长期以来人类活动给生态系统健康造成极大的威胁。可持续发展观要求人们转变思想，对生态系统加强管理，保持生态系统健康和可持续发展特性在时间、空间上的全面发展。

5.1.2 生态系统的组成

地球表面各种不同的生态系统，不论是陆地还是水域，大的或小的，一个发育完整的生态系统的基本成分都可概括为生物成分（生命系统）和非生物成分（环境系统）两大部分，包括生产者、消费者、分解者和非生物环境4种基本成分（表5.1，图5.1）。对于一个生态系统来说，非生物环境和生物成分缺一不可。没有非生物成分形成的环境，生物就没有生存的环境和空间；如果仅有非生物环境而没有生物成分，也谈不上生态系统。

表 5.1 生态系统的基本组成

生 态 系 统						
非生物成分（环境系统）				生物成分（生命系统）		
基质和媒质	气候	能量来源	代谢物质	生产者	消费者	还原者
岩　石 土　壤 水　体 大　气	光　照 温　度 湿　度 大气压 风 …	太阳能 化学能 潮汐能 风能 核能 …	有机质 无机盐 矿质元素 H_2O, CO_2 …	绿色植物 光合细菌 化能细菌	食草动物 食肉动物 杂食动物 腐食动物 寄生生物	细菌 放线菌 真菌 黏菌 原生生物

5.1.2.1 非生物环境

非生物环境也即非生物成分，通常包括能量因子和物质因子以及与物质和能量运动相联系的气候状况等，其中能量因子包括太阳辐射能（热能）、化学能、潮汐能、风能、核能与机械能等；物质因子包括岩石、土壤、水体、大气等基质和介质，光照、温度、湿度、大气压、风等气候要素，以及各种生物生命活动的代谢物质，如 CO_2、H_2O、O_2、N_2 等空气成分和 N、P、K、Ca、Mg、Fe、Zn、Se 等矿质元素及无机盐类等。此外，也包括一些联结生命系统和环境系统的有机物质，如蛋白质、糖类、脂类、腐殖质等。

5.1.2.2 生物成分

生物成分是生态系统中有生命的部分。根据生物在生态系统中的作用和地位，可将其划分为生产者、消费者和分解者3大功能群（图5.1）。

（1）生产者（producer） 是指利用太阳能或其他形式的能量将简单的无机物制造成有机物的各类自养生物，包括所有的绿色植物、光合细菌和化能合成细菌等。它们是生态系统中最基础的成分。

绿色植物通过光合作用制造初级产品——碳水化合物。碳水化合物可进一步合成脂肪和蛋白质，用来建造自身。这些有机物也成为地球上包括人类在内的其他一切异养生物的食物资源。除光合作用外，植物在生态系统中至少还有两个主要作用：一是环境的强大改造者，

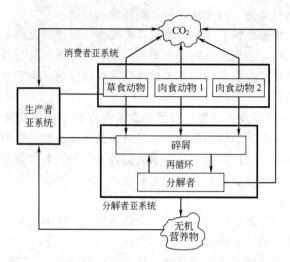

图 5.1　生态系统组成结构的一般性模型（引自孙儒泳，2002）
（3 个粗线大方块表示 3 个亚系统；连线和箭头表示系统各成分间物质传递的
主要途径和方向；无机物质以不规则块表示）

如缩小温差、蒸发水分、增加土壤肥力等。因此，植物在一定程度上决定了生活在生态系统中的生物物种和类群。二是有力地促进物质循环。在生物圈中，生命所需的碳、氧、氮、氢、钙等许多元素主要存在于大气和土壤等介质中。人或动物没有能力从土壤中释放和吸收矿物分子和离子，植物则是生态系统中所有有机体所利用的一切必要的矿质营养的源泉。植物借助光合作用和呼吸作用，促进了氧、碳、氮等元素的生物地球化学循环。

（2）消费者（consumer）　是指不能利用太阳能将无机物质制造成有机物质，而只能直接或间接地依赖于生产者所制造的有机物质维持生命的各类异养生物，主要是各类动物。根据动物食性的不同，通常又可将其分为以下几类。

① 食草动物（herbivore），又称初级消费者（primary consumer）或一级消费者，它是指直接以植物为营养的动物，又称植食动物，如牛、马、羊、鹿、象、兔、啮齿类动物和食植物的昆虫等。

② 食肉动物（carnivore），指以食草动物或其他动物为食的动物，根据营养级别又可分为一级、二级和三级食肉动物等。一级食肉动物（primary carnivore），又称二级消费者（secondary consumer），指直接以食草动物为食的捕食性动物；二级食肉动物（secondary carnivore），又称三级消费者（tertiary consumer），是指直接以一级食肉动物为食的动物；在有些情况下，有的二级食肉动物还可捕食其他二级食肉动物，这种以二级肉食动物为食的食肉动物即为三级食肉动物（tertiary carnivore）。在通常情况下没有更高一级动物可以捕食它们，故这类动物又统称为顶级食肉动物（top carnivores）（图 5.2）。

③ 杂食动物（omnivore），指既吃植物，又吃动物的动物，如熊、狐狸以及人类饲养的猫、狗等动物，人类也属于杂食性消费者，且是最高级的消费者。

④ 腐食动物（saprotrophus），是指以腐烂的动植物残体为食的动物，如蛆和秃鹫等。

⑤ 寄生动物（zooparasite），是指寄生于其他动植物体上，靠吸取宿主营养为生的一类特殊消费者，如蚊子、蛔虫、跳蚤等。

消费者在生态系统中，不仅对初级生产物起着加工、再生产的作用，而且许多消费者对其他生物种群数量起着重要的调控作用。

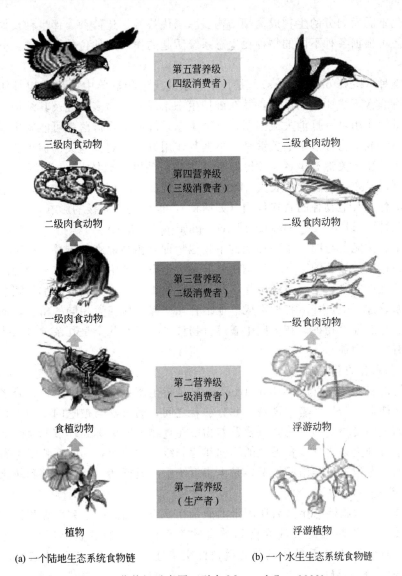

图 5.2 营养级示意图（引自 Mannuel C.，1999）

（3）分解者（decomposer） 都是异养生物，是细菌、真菌、放线菌及土壤原生动物和一些小型无脊椎动物。其作用是把动植物残体的复杂有机物分解为生产者能重新利用的简单化合物，并释放出能量，其作用正与生产者相反，因此，这些异养生物又称为还原者（re-dactor）。分解者在生态系统中的作用是极为重要的，如果没有它们，动植物尸体将会堆积成灾，物质不能循环，生态系统将毁灭。分解作用不是一类生物所能完成的，往往有一系列复杂的过程，各个阶段由不同的生物去完成。

5.1.3 生态系统的结构

生态系统结构（ecosystem structure）是指生态系统中生物的和非生物的诸要素在时间、空间和功能上分化与配置而形成的各种有序系统。生态系统结构通常可从物种结构、营养结构、时空结构和层级结构等方面来认识。

5.1.3.1 生态系统的物种结构

生态系统的物种结构（species structure）是指根据各生物物种在生态系统中所起的作

用和地位分化不同而划分的生物成员型结构。除了优势种、建群种、伴生种及偶见种等群落成员型外，还可根据各种不同的物种在生态系统所起的作用与地位的不同，区分出关键种和冗余种等。

（1）关键种（keystone-species） 是指生态系统或生物群落中的那些相对其多度而言对其他物种具有非常不成比例的影响，并在维护生态系统的生物多样性及其结构、功能及稳定性方面起关键性作用，一旦消失或削弱，整个生态系统或生物群落就可能发生根本性变化的物种。生态系统或生物群落中的关键种，根据其作用方式可划分为关键捕食者、关键被捕食者、关键植食动物、关键竞争者、关键互惠共生种、关键病原体/寄生物等类型。关键种的丢失和消除可以导致一些物质的丧失，或者一些物种被另一种物种所替代。群落的改变既可能是由于关键种对其他物种的直接作用（如捕食），也可能是间接的影响。

（2）冗余种（redundancy species 或 ecological redundancy） 是指生态系统或生物群落中的某些在生态功能上与同一生态功能群中其他物种有相当程度的重叠，在生态需求性上相对过剩而生态作用不显著的物种。生态功能群是指生态系统中一些具有相同功能的物种所形成的集合。从理论上说，生态系统中除了一些主要的物种以外，其他的都是冗余种。在维持和调节生态系统过程中，许多物种常成群地结合在一起，扮演着相同的角色，形成各种生态功能群和许多生态等价物种。在这些生态等价物种中必然有几个是冗余种（除非某一个生态功能群中只有一个物种）。

5.1.3.2 生态系统的营养结构

生态系统的营养结构（nutrition structure）是指生态系统中各种生物成分之间或生态系统中各生态功能群——生产者、消费者和分解者之间，通过吃与被吃的食物关系以营养为纽带依次连接而成的食物链网结构，以及营养物质在食物链网中不同环节的组配结构。它反映了生态系统中各种生物成分取食习性的不同和营养级位的分化，同时反映了生态系统中各营养级位生物的生态位分化与组配情况，是生态系统中物质循环、能量流动和转化、信息传递的主要途径。

（1）食物链和食物网 生产者所固定的能量和物质，通过一系列取食和被食的关系而在生态系统中传递，各种生物按其取食和被食的关系而排列的链状顺序称为食物链（food chain）[图5.3(a)]。生态系统中的食物链彼此交错连接，形成一个网状结构，这就是食物网（food web）[图5.3(b)]。

一般地说，具有复杂食物网的生态系统，一种生物的消失不致引起整个生态系统的失调，但食物网简单的系统，尤其是在生态系统功能上起关键作用的种，一旦消失或受严重破坏，就可能引起这个系统的剧烈波动。例如，如果构成苔原生态系统食物链基础的地衣，因大气中二氧化硫含量超标而死亡，就会导致生产力毁灭性的破坏，整个系统遭灾。

根据能流发端、生物食性及取食方式的不同，可将生态系统中的食物链分为以下几种类型，其中捕食食物链和碎屑食物链是两条最基本的食物链。

① 捕食食物链（predator food chain） 又称放牧食物链（grazing food chain），是指以活的绿色植物为营养源，经食草动物到食肉动物构成的食物链。其构成方式是：植物→食植动物→食肉动物，如青草→野兔→狐狸→狼；藻类→甲壳类→小鱼→大鱼等。这类食物链中，后一成员与前一成员间为捕食关系，捕食者的能力有从小到大、自弱到强的趋势。

② 碎屑食物链（detritus food chain），也叫腐食食物链（saprophytic food chain）或分解链（decompose chain），是指植物的枯枝落叶和死的动物尸体或动物的排泄物经食腐屑生物（detrivores）（细菌、真菌、放线菌等）分解、腐烂成碎屑后，再被小型动物和其他食肉

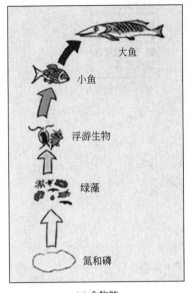

(a) 食物链

(b) 食物网

图 5.3　食物链和食物网

动物依次所食的食物链。其构成方式是：动植物碎食物（枯枝落叶）→碎食消费者（细菌、真菌等）→原生动物→小型动物（蚯蚓、线虫类、节肢动物）→大型食肉动物。

③ 寄生食物链（parasitic food chain）是以活的动物、植物有机体为营养源，以寄生方式形成的食物链。例如，黄鼠→跳蚤→鼠疫细菌，鸟类→跳蚤→细菌→病毒等。寄生食物链往往从较大的生物开始到较小生物，生物的个体数量也有由少到多的趋势。

④ 混合食物链（mixed food chain）是指各链节中，既有活食性生物成员，又有腐食性生物成员的食物链。例如在人工设计的农业生态系统中，用稻草养牛、牛粪养蚯蚓、蚯蚓养鸡、鸡粪加工后作为添加料喂猪、猪粪投塘养鱼，便构成一条活食者与食腐屑者相间的混合食物链。

⑤ 特殊食物链。世界上约有 500 种能捕食动物的植物，如瓶子草、猪笼草、捕蛇草等，它们能捕捉小甲虫、蛾、蜂等，甚至青蛙。被诱捕的动物被植物分泌物所分解，产生氨基酸供植物吸收，这是一种特殊的食物链。

（2）营养级和生态金字塔　食物链和食物网是物种和物种之间的营养关系，这种关系错综复杂。对此，生态学家提出了营养级（trophic level）的概念。一个营养级是指处于食物链某一环节上的所有生物种的总和。例如，作为生产者的绿色植物和所有自养生物都位于食物链的起点，共同构成第一营养级。所有以生产者（主要是绿色植物）为食的动物都属于第二营养级，即植食动物营养级。第三营养级包括所有以植食动物为食的肉食动物。生态系统中的营养级一般只有四、五级，很少有超过六级。

能量通过营养级逐级减少，如果把通过各营养级的能流量，由低到高画成图，就成为一个金字塔形，称为能量锥体或金字塔（pyramid of energy）[图 5.4(a)]。同样，如果以生物量或个体数目来表示，就能得到生物量锥体（pyramid of biomass）[图 5.4(b)] 和数量锥体（pyramid of numbers）[图 5.4(c)]。3 类锥体合称为生态锥体（ecological pyramid）。

一般说来，能量锥体最能保持金字塔形，而生物量锥体有时有倒置的情况。例如，海洋生态系统中，生产者（浮游植物）的个体很小，生活史很短，根据某一时刻调查的生物量，

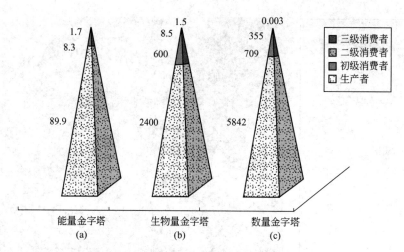

图 5.4　3 种生态金字塔（仿郝道猛，1978）
明尼苏达湖的能量金字塔（占总能量的百分比）；北海大叶藻群落生物量金字塔（×20000t）；
英亩草地上的数量金字塔（个体数×1000）

常低于浮游动物的生物量。这是由于浮游植物个体小、代谢快、生命短，某一时刻的现存量反而要比浮游动物少，但一年中总能流量还是较浮游动物多。数量锥体倒置的情况就更多一些，如果消费者个体小而生产者个体大，就易形成锥体倒置，如昆虫和树木，昆虫的个体数量就多于树木。同样，对于寄生者来说，寄生者的数量也往往多于宿主，这样就会使锥体的这些环节倒置过来。

5.1.3.3　生态系统的时空结构

生态系统的时空结构（space-time structure），也称形态结构，是指生态系统中各组成要素或其亚系统在时间和空间上的分化与配置所形成的结构。无论是自然生态系统还是人工生态系统，都具有在水平空间上或简单或复杂的镶嵌性、在垂直空间上的成层性和在时间上的动态发展与演替等特征。

生态系统的垂直结构（vertical structure）是指生态系统中各组成要素或各种不同等级的亚系统在空间上的垂直分异和成层现象。如森林生态系统从上到下依次为乔木层、灌木层、草本层和地被层等层次。图 5.5 和图 5.6 就清晰显示了湖泊和森林的垂直分层现象。

生态系统的水平结构（horizontal structure）是指生态系统内的各组成要素或其亚系统在水平空间上的分化或镶嵌现象。在不同的环境条件下，受地形、水温、土壤、气候等环境因子的综合影响，生态系统内各种生物和非生物组成要素的分布并非是均匀的，体现在景观类型的变化上形成了所谓的带状分布、同心圆式分布和镶嵌分布等多种空间分布格局。

生态系统的时间结构（time structure）是生态系统中的物种组成、外貌、结构和功能等随着时间的推移和环境因子（如光照强度、日长、温度、水分、湿度等）的变化而呈现的各种时间格局（time pattern）。生态系统在短时间尺度上的格局变化，反映了生态系统中的动植物等对环境因子周期性变化的适应，同时也往往反映了生态系统中环境质量的高低。

5.1.3.4　生态系统的层次结构

按照各系统的组成特点、时空结构、尺度大小、功能特性、内在联系以及能量变化范围等多方面特点，可将地球表层的生态系统分解为如下若干个不同的层级，即生物圈（bio-sphere）/全球（global）、洲际大陆（continent）/大洋（ocean）、国家（national）/地区（re-gion）、流域（valley）/景观（landscape）、生态系统（ecosystem）/群落（community）、种群

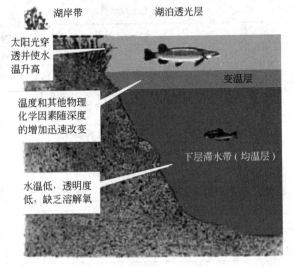

图 5.5　湖泊的垂直分层现象（仿 Manuel C.，1999）

图 5.6　森林的垂直成层现象

(population)/个体（organism）、器官（organ）/组织（tissue）、细胞（cell）/亚细胞（sub-cell）、基因（gene）/生物大分子（molecular）等多个不同的层级（图 5.7）。其中个体以下的为微观层级，个体至景观和流域水平的为中观层级，区域以上的为宏观层级。生物圈是地球上最大的和最复杂的多层级生态系统，或称全球生态系统。

5.1.4　生态效率

生态效率（ecological efficiencies）是指各种能流参数中的任何一个参数在营养级之间或营养级内部的比值，常以百分数表示。

5.1.4.1　常用的几个能量参数

① 摄取量（I）　表示一个生物（生产者、消费者、腐食者）所摄取的能量。对植物来说，I 代表被光合作用所吸收的日光能。对动物来说，I 代表动物吃进的食物能。

② 同化量（A）　表示在动物消化道内被吸收的能量，即消费者吸收所采食的食物能。

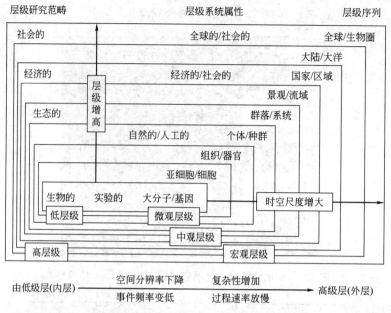

图 5.7 地球表层生态系统的层级结构与行为过程 (引自孙叶根, 2003)

对分解者是指细胞外产物的吸收。对植物来说是指在光合作用中所固定的日光能, 常以总初级生产量 (GP) 表示。

③ 呼吸量 (R) 指生物在呼吸等新陈代谢和各种活动中所消耗的全部能量。

④ 生产量 (P) 指生物呼吸消耗后所净剩的同化能量值。它以有机物质的形式累积在生物体内或生态系统中。对于植物来说, 它是指净初级生产量 (NP)。对动物来说, 它是同化量扣除维持消耗后的能量, 即 $P=A-R$。

利用以上这些参数可以计算生态系统中能流的各种生态效率, 营养级位内的生态效率用以度量一个物种利用食物能的效率, 即同化能量的有效程度; 营养级位之间的生态效率则用以度量营养级位之间的转化效率和能量通道的大小。

5.1.4.2 营养级之内的生态效率

① 同化效率 指被植物吸收的日光能中被光合作用所固定的能量比例, 或被动物摄食的能量中被同化了的能量比例。

$$同化效率 = \frac{被植物固定的能量}{吸收的日光能} = \frac{被动物吸收的能量}{动物的摄食量}$$

即 $A_e = \dfrac{A_n}{I_n}$, 式中 n 为营养级数。

一般肉食动物的同化效率比植食动物要高些, 因为肉食动物的食物在化学组成上更接近其本身的组织。

② 生长效率 包括组织生长效率和生态生长效率。

$$组织生长效率 = \frac{n\,营养级的净生产量}{n\,营养级的同化能量}, \quad 即\ TG_e = \frac{NP_n}{A_n}$$

$$生态生长效率 = \frac{n\,营养级的净生产量}{n\,营养级的摄入量}, \quad 即\ EG_e = \frac{NP_n}{I_n}$$

通常植物的生长效率大于动物, 大型动物的生长效率小于小型动物, 年老动物的生长效率小于幼年动物, 变温动物的生长效率大于恒温动物。通常生物的组织生长效率高于其生态生长效率。

5.1.4.3 营养级位之间的生态效率

① 消费效率（或利用效率）

$$消费效率 = \frac{(n+1)营养级的摄入量}{n\,营养级的净生产量}，即\ C_e = \frac{I_{n+1}}{NP_n}$$

或

$$利用效率 = \frac{(n+1)营养级的同化量}{n\,营养级的净生产量}，即\ U_e = \frac{A_{n+1}}{NP}$$

消费效率可用来量度一个营养级位对前一营养级位的相对采食压力。此值一般在25％～35％，这说明每一营养级位的净生产量有 65％～75％ 进入腐屑食物链。利用效率的高低，说明前一营养级位的净生产量被后一营养级位同化了多少，即被转化利用了多少。

② 林德曼效率（1/10 定律） 这是美国生态学家 R. L. Lindman，1942 年在经典能流研究中心提出的，它相当于同化效率、生长效率和消费效率的乘积。但也有学者把营养级间的同化能量之比值视为林德曼效率，即

$$林德曼效率 = \frac{I_{n+1}}{I_n} = \frac{A_n}{I_n} \times \frac{P_n}{A_n} \times \frac{I_{n+1}}{p_n} = \frac{(n+1)营养级摄取的食物}{n\,营养级摄取的食物}$$

或

$$林德曼效率 = \frac{(n+1)营养级的同化量}{n\,营养级的同化量}，即\ L_e = \frac{A_{n+1}}{A_n}$$

根据林德曼测量结果，这个比值大约为 1/10，曾被认为是一项重要的生态学定律。但这仅是湖泊生态系统的一个近似值，在其他不同的生态系统中，高则可达 30％，低则可能只有 1％或更低。对自然水域生态系统的研究表明，在从初级生产量到次级生产量的转化过程中，林德曼效率大约为 15％～20％。

5.2 生态系统中的能量流动

5.2.1 生态系统中的初级生产

生态系统的物质生产由初级生产和次级生产两大部分组成。

5.2.1.1 初级生产的基本概念

初级生产（primary production）是指绿色植物的生产，即植物通过光合作用，吸收和固定光能，把无机物转化为有机物的生产过程，也称为第一性生产。其过程可用下列化学方程式概述：

$$6CO_2 + 12H_2O \xrightarrow[\text{叶绿素}]{\text{光能}} C_6H_{12}O_6 + 6O_2 + 6H_2O$$

式中，CO_2 和 H_2O 是原料；糖类（$C_6H_{12}O_6$）是光合作用的主要产物，如蔗糖、淀粉和纤维素等。

在初级生产过程中，植物固定的能量有一部分被植物自己的呼吸消耗掉，剩下的可用于植物生长和生殖，这部分生产量称为净初级生产量（net primary production）。而包括呼吸消耗在内的全部生产量，称为总初级生产量（gross primary production）。总初级生产量（GP）、呼吸所消耗的能量（R）和净初级生产量（NP）3 者之间的关系是：

$$GP = NP + R$$

$$NP = GP - R$$

净初级生产量是可提供生态系统中其他生物（主要是各种动物和人）利用的能量。生产

量通常用每年每平方米所生产的有机物质干重［g/(m²·a)］或每年每平方米所固定的能量值［J/(m²·a)］表示。所以初级生产量也可称为初级生产力，它们的计算单位是完全一样的，但在强调率的概念时，应当使用生产力。生产量和生物量是两个不同的概念，生产量含有速率的概念，是指单位时间单位面积上的有机物质生产量，而生物量是指在某一定时刻调查时单位面积上积存的有机物质（干重），单位是 g/m² 或 J/m²。

对生态系统中某一营养级来说，总生物量不仅因生物呼吸而消耗，也由于受更高营养级动物的取食和生物的死亡而减少，所以

$$dB/dt = NP - R - H - D$$

式中，dB/dt 代表某一时期内生物量的变化；H 代表被较高营养级动物所取食的生物量；D 代表因死亡而损失的生物量。

5.2.1.2 全球的初级生产量

全球陆地净初级生产总量的估计值为年产 115×10^9 t 干物质，全球海洋净初级生产总量为年产 55×10^9 t 干物质。海洋面积约占地球表面的 2/3，但其净初级生产量只占全球净初级生产总量的 1/3。海洋中珊瑚礁和海藻床是高生产量的，年产干物质超过 $2000 g/m^2$；河口湾由于有河流的辅助能量输入、上涌流区域也能从海底带来额外营养物质，它们的净生产量比较高；但是这几类生态系统所占面积不大。占海洋面积最大的大洋区，其净生产量相当低，平均仅 $125 g/(m^2 \cdot a)$，被称为海洋荒漠，这是海洋净初级生产量只占全球的 1/3 左右的原因。在海洋中，由河口湾向大陆架到大洋区，单位面积净初级生产量和生物量有明显的降低趋势。在陆地上，热带雨林是生产量最高的，平均 $2200 g/(m^2 \cdot a)$，由热带雨林向温带常绿林、落叶林、北方针叶林、稀树草原、温带草原、寒漠和荒漠依次减少（图 5.8）。

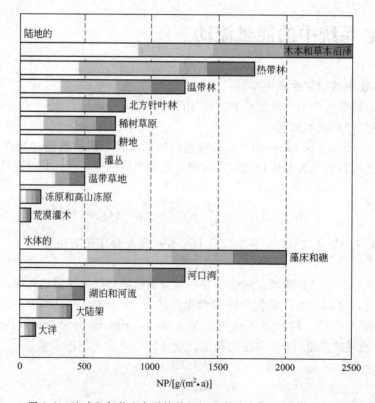

图 5.8　地球上各种生态系统的初级生产量（仿 Ricklefs，2001）

5.2.1.3　初级生产的生产效率

对初级生产的生产效率的估计，可以一个最适条件下的光合效率为例（表 5.2），如在热带一个无云的白天，或温带仲夏的一天，太阳辐射的最大输入量可达 $2.9×10^7 J/(m^2 \cdot d)$。扣除 55% 属紫外和红外辐射的能量，再减去一部分被反射的能量，真正能为光合作用所利用的就只占辐射能的 40.5%，再除去非活性吸收（不足以引起光合作用机理中电子的传递）和不稳定的中间产物，能形成糖的约为 $2.7×10^6 J/(m^2 \cdot d)$，相当于 $120g/(m^2 \cdot d)$ 的有机物质，这是最大光合效率的估计值，约占总辐射能的 9%。但实际测定的最大光合效率的值只有 $54g/(m^2 \cdot d)$，接近理论值的 $1/2$，大多数生态系统的净初级生产量的实测值都远远较此为低。由此可见，净初级生产力不是受光合作用固有的转化光能的能力所限制，而是受其他生态因素所限制。

表 5.2　最适条件下初级生产的效率估计（引自 McNaughton & Wolf，1979）

能量/[$J/(m^2 \cdot d)$]		能量/[$J/(m^2 \cdot d)$]		百分率/%	百分率/%
输　入		损　失		输　入	损　失
日光能	$2.9×10^7$			100	
可见光	$1.3×10^7$	可见光以外	$1.6×10^7$	45	55
被吸收	$9.9×10^6$	反射	$1.3×10^6$	40.5	45
光化中间产物	$8.0×10^6$	非活性吸收	$3.4×10^6$	28.4	12.1
碳水化合物	$2.7×10^6$	不稳定中间产物	$5.4×10^6$	$9.1(=P_g)$	19.3
净生产量	$2.0×10^6$	呼吸消耗	$6.7×10^5$	$6.8(=P_n)$	$2.3(=R)$
约为	$120g/(m^2 \cdot d)$			（实测最大值为 3%）	

从 20 世纪 40 年代以来，对各种生态系统的初级生产效率所作的大量研究表明，在自然条件下，总初级生产效率很难超过 3%，虽然人类精心管理的农业生态系统中曾经有过 $6\%～8\%$ 的记录，一般说来，在富饶肥沃的地区总初级生产效率可以达到 $1\%～2\%$；而在贫瘠荒凉的地区大约只有 0.1%；就全球平均来说，大概是 $0.2\%～0.5\%$。

5.2.1.4　初级生产量的测定方法

（1）收获量测定法　用于陆地生态系统。定期收割植被，烘干至恒重，然后以每年每平方米的干物质质量来表示。取样测定干物质的热量，并将生物量换算为 $J/(m^2 \cdot a)$。为了使结果更精确，要在整个生长季中多次取样，并测定各个物种所占的比重。在应用时，有时只测定植物的地上部分，有时还测地下根的部分。

（2）氧气测定法　多用于水生生态系统，即黑白瓶法。用 3 个玻璃瓶，其中一个用黑胶布包上，再包以铅箔。从待测的水体深度取水，保留一瓶（初始瓶）以测定水中原来溶氧量。将另一对黑白瓶沉入取水样深度，经过 24h 或其他适宜时间，取出进行溶氧测定。根据初始瓶、黑瓶、白瓶溶氧量，即可求得净初级生产量、呼吸量、总初级生产量。

昼夜氧曲线法是黑白瓶方法的变形。每隔 $2～3h$ 测定一次水体的溶氧量和水温，作成昼夜氧曲线。白天由于水中自养生物的光合作用，溶氧量逐渐上升；夜间由于全部好氧生物的呼吸，溶氧量逐渐减少。这样，就能根据溶氧的昼夜变化，来分析水体中群落的代谢情况。因为水中溶氧量还随温度而改变，因此必须对实际观察的昼夜氧曲线进行校正。

（3）CO_2 测定法　用塑料帐将群落的一部分罩住，测定进入和抽出空气中 CO_2 含量。如黑白瓶方法比较水中溶氧量那样，本方法也要用暗罩和透明罩，也可用夜间无光条件下的 CO_2 增加量来估计呼吸量。测定空气中的 CO_2 含量的仪器是红外气体分析仪，或用经典的 KOH 吸收法。

（4）放射性标记物测定法　把放射性^{14}C以碳酸盐（$^{14}CO_3^{2-}$）的形式，放入含有自然水体浮游植物的样瓶中，沉入水中经过短时间培养，滤出浮游植物，干燥后在计数器中测定放射活性，然后通过计算，确定光合作用固定的碳量。因为浮游植物在黑暗中也能吸收^{14}C，因此还要用"暗呼吸"作校正。

（5）叶绿素测定法　通过薄膜将自然水进行过滤，然后用丙酮提取，将丙酮提出物在分光光度计中测量光吸收，再通过计算，化为每平方米含叶绿素多少克。叶绿素测定法最初应用于海洋和其他水体，较用^{14}C和氧测定法简便，花的时间也较少。

（6）遥感和地理信息系统（GIS）技术的应用　通过遥感和GIS技术可获得大尺度生物量和生产力的分布以及变动规律。通过建立遥感信息与实测数据之间的数学模型，可实现由可见光、近红外多谱段颜色等资料直接推算群落的叶面积和NPP净初级生产量，然后利用GIS的分析平台，将估算的NPP的分布格局以最直观的图形方式表示出来。其中耦合的遥感空间数据、GIS分析技术和动态的NPP模型是一个重要的、赋予挑战性的领域，将大大增强人类对生态系统中植被生产力在区域和全球大尺度上的估算和预测能力。

5.2.2　生态系统中的次级生产

5.2.2.1　次级生产的基本概念

次级生产（secondary production）是消费者和分解者利用初级生产所制造的物质和贮存的能量进行新陈代谢，经过同化作用转化成自身物质和能量的过程，也称为第二性生产。牛羊等取食牧草，为一级消费者。由于二、三级消费者的取食都是有机物，其能量流动及其加工过程与一级消费者基本相同，属于同一类型——动物性生产，统称为次级生产。

从理论上讲，绿色植物的净初级生产量都是植食动物所构成的次级生产量，但实际上植食动物只能利用净初级生产量中的一部分。造成这一情况的原因是很多的，或因不可食用，或因种群密度过低而不易采食；即使已摄食的，还有一些不被消化的部分；再除去呼吸代谢要消耗一大部分能量。因此，各级消费者所利用的能量仅仅是被食者生产量中的一部分。

次级生产的一般生产过程概括于图5.9中。

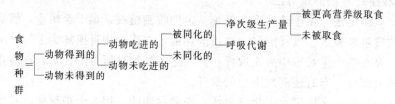

图5.9　次级生产的一般生产过程

次级生产可以概括为下式：

$$C=A+Fu$$

式中，C为摄入的能量；A为同化的能量；Fu为排泄物、分泌物、粪便和未同化食物中的能量。

A又可进一步分解为：

$$A=PS+R$$

式中，PS为次级生产的能量；R为呼吸中丢失的能量。

所以

$$C=PS+Fu+R$$

那么，次级生产量可表示为：

$$PS=C-Fu-R$$

5.2.2.2　次级生产量的测定

各种生态系统中的食草动物利用或消费植物净初级生产量的效率是不同的，一般说来，无脊椎动物有高的生长效率，约 $30\%\sim40\%$（呼吸丢失能量较少，因而能将更多的同化能量转变为生长能量）；外温性脊椎动物居中，约 10%；内温性脊椎动物很低，仅 $1\%\sim2\%$。它们为维持恒定体温而消耗很多已同化的能量。因此，动物的生长效率与呼吸消耗呈明显的负相关。

①　按同化量和呼吸量估计生产量，即 $P=A-R$；按摄食量扣除粪尿量估计同化量，即 $A=C-Fu$。

测定动物摄食量可在实验室内或野外进行，按 24h 的饲养投放食物量减去剩余量求得。摄食食物的热量用热量计测定。在测定摄食量的实验中，同时可测定粪尿量。用呼吸仪测定耗氧量或 CO_2 排放量，转为热值，即呼吸能量。上述测定通常是在个体水平上进行，因此，要与种群数量、性比、年龄结构等特征结合起来，才能估计出动物种群的净生产量。

②　测定次级生产量的另一途径

$$P=P_g+P_r$$

式中，P_r 代表生殖后代的生产量；P_g 是个体增重的部分。

图 5.10 说明了利用种群个体生长和出生的资料来计算动物的净生产量。在这个假想的种群中，净生产量等于种群中个体的生长和出生之和：

净生产量＝生长＋出生＝20＋10＋10＋10＋10＋30－10－10＝70（生物量单位）

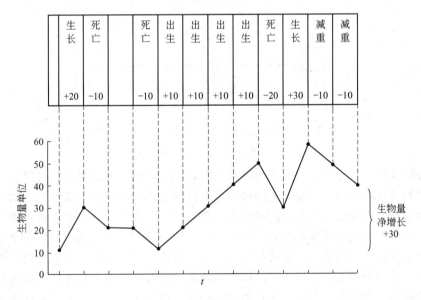

图 5.10　在一个特定时间内生物量的净变化是生长、生殖（增加）和
死亡、迁出（减少）的结果（据 Krebs，1985 改绘）

此外，我们也可以用另一种方式来计算净生产量，即净生产量＝生物量变化＋死亡损失＝30＋40＝70（生物量单位）。因为死亡和迁出是净生产量的一部分，所以不应该将其忽略不计。

5.2.3　生态系统中的物质分解

5.2.3.1　物质的分解过程及意义

（1）物质分解作用的概念　分解作用（decomposition，D）是指动植物和微生物的残株、尸体等复杂有机物分解为简单无机物的逐步降解过程。这个过程正好与光合作用时无机营养元素的固定是相反的过程。有机物质的分解作用可表示成：

$$C_6H_{12}O_6+6O_2 \xrightarrow{\text{酶}} 6CO_2+6H_2O+\text{能量}$$

（2）有机物质的分解过程　生态系统中的分解作用是一个极为复杂的过程，包括降解、碎化和淋溶等，然后通过生物摄食和排出，并有一系列酶参与到各个分解的环节中。在分解动物尸体和植物残体中起决定作用的是异养微生物。

降解（degradation，K）是指在酶的作用下，有机物质通过生物化学过程，分解为单分子的物质或无机物等的过程。

碎化（break down，C）是指颗粒体的粉碎，是一种物理过程。主要的改变是动物生命活动的结果，当然，也包括了非生物因素，如风化、结冰、解冻和干湿作用等。

淋溶（leaching，L）是指水将资源中的可溶性成分解脱出来。有机体一旦死亡，那些可溶的或水解的物质就很快地溶解出来。这个过程并不一定要有微生物参与。

分解过程（D）实际上是这3个分解过程的乘积，即

$$D=KCL$$

分解作用的模型体现了上述3个过程在一定时间中将资源从一种状态（R_1）转化为另一种状态（R_2）。控制该过程的驱动变量是有机物质的性质（Q）、生物分解者（O）和分解过程中的环境条件（P）。其整个过程可概括为图5.11。

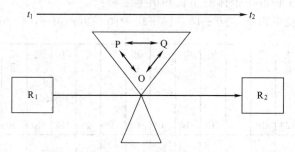

图5.11　分解过程中资源状态（$R_1 \rightarrow R_2$）随时间
（$t_1 \rightarrow t_2$）的变化（引自卢升高，2004）

物质分解作用中，伴随着分化和再循环过程，物质将以不同的速率和过程被分解。分解的早期显示其多途径的分化，物质经降解碎化和淋溶转化为无机物、碳水化合物和多酚化合物、分解者组织，以及未改变性质的降解颗粒等。这一阶段的产物为生产者提供可利用的营养元素。长期分解作用的结果是形成相同的产物——腐殖质（humus）。腐殖质是一种分子结构十分复杂的高分子化合物，它可长期存在于土壤中，成为土壤中最重要的活性成分。

（3）分解作用的意义　在建立全球生态系统生产和分解的动态平衡中，物质分解发挥着极其重要的作用，主要有：①通过死亡物质的分解，使有机物中的营养元素释放出来，参与物质的再循环（recycling），同时给生产者提供营养元素；②维持大气中CO_2浓度；③稳定和提高土壤有机质的含量，为碎屑食物链以后各级生物提供食物；④改善土壤物理性状，改造地球表面惰性物质，降低污染物危害程度；⑤其他功能，如在有机质分解过程中产生具有调控作用的环境激素（environmental hormone），对其他生物的生长产生重大影响，这些物质可能是抑制性的或刺激性的。

5.2.3.2　生物分解者

（1）微生物　微生物中的细菌和真菌是有机物质的主要分解者。在细菌体内和真菌菌丝体内具有各种完成多种特殊的化学反应所必需的酶系统。这些酶被分泌到死的物质资源内进

行分解活动，一些分解产物作为食物而被细菌或真菌所吸收，另外一些继续保留在环境中。

（2）食碎屑动物　陆地生态系统的分解者主要是些食碎屑（detritivore）的无脊椎动物。按机体大小可分为微型、中型和大型动物 3 大动物区系。①微型动物区系（microfauna），体宽在 $100\mu m$ 以下，包括原生动物、线虫、轮虫、体型极小的弹尾目昆虫和螨类。它们都不能碎裂枯枝落叶，属黏附类型。②中型动物区系（mesofauna），体宽 $100\mu m\sim2mm$，包括原尾虫、螨类、线蚓类、双翅目幼虫和一些小型鞘翅目昆虫，它们大部分能侵蚀新落下的枯叶，但对落叶层总的降解作用并不显著。③大型动物区系（macrofauna），体宽 $2\sim20mm$，包括各种取食落叶层的节肢动物，如千足虫、等足目和端足目动物、蛞蝓和蜗牛以及较大的蚯蚓。这些动物参与扯碎植物残叶、土壤的翻动和再分配的过程，对分解和土壤结构有明显作用。

水域生态系统的分解成员与陆地不同，但其过程也分搜集、刮取、粉碎、取食或捕食等几个环节，其作用也相似。水域生态系统的分解者动物按其功能可分为粉碎者、搜集者、底者、滤食者、植食者、肉食者 6 类。

总之，一个分解者系统具有复杂的食物链系统，可概括如图 5.12。

5.2.3.3　影响分解作用的环境因素

影响土壤微生物活动的因素都是影响有机物质分解的因素。①土壤温度，土壤微生物活动的最适温度一般在 $25\sim35℃$。高于 $45℃$ 或低于 $0℃$ 时，一般微生物活动受到抑制。②土壤湿度和通气状况，过多的水分影响土壤的通气状况，从而改变有机物质转化过程和产物。③pH 状况，各种微生物都有各自最适宜活动的 pH 值和可以适应的范围。pH 值过高或过低对微生物活动都有抑制作用。

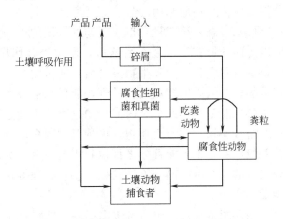

图 5.12　分解者亚系统中生物功能的整体性模型
（引自蔡晓明，2000）

土壤有机物的积累主要决定于气候等理化环境。有机物分解速率也随纬度而变化。一般而言，低纬度温度较高、湿度大的地区，有机物分解速率也快；而温度较低和干燥的地区，其分解速率低，因而土壤中易积累有机物质。在同一气候带内局部地方有机物质的积累也有区别，它可能决定于该地的土壤类型和待分解资源的特点。

5.2.3.4　资源质量与分解作用的关系

待分解资源的物理和化学性质影响着分解的速率。有机物质中各种化学成分的分解速率有明显的差异。一般淀粉、糖类和半纤维素等分解较快，纤维素和木质素等则难以分解。研究表明：植物有机物质中各种化学成分的分解速率，一年后糖类分解几乎达 100%，半纤维素为 90%，木质素为 50%，而酚只分解 10%。

有机物质中的碳氮比（C/N）对其分解速率影响很大。待分解有机物的 C/N，常可作为生物降解性能的测度指标，最适 C/N 大约是（$25\sim30$）：1。另外，其他营养元素（如 P、S）的缺乏也会影响有机物质的分解速率。

5.2.4　生态系统中的能量流动

5.2.4.1　能量在生态系统中的分配和消耗

植物通过光合作用所同化的第一性生产量成为进入生态系统中可利用的基本能源。这些能量遵循热力学基本定律在生态系统内各成分之间不停地流动或转移，使得生态系统的各种功能能得以正常进行。能量流动从初级生产在植物体内分配与消耗开始。

生产者体内所贮存的能量在生态系统中可作如下分配：一部分为昆虫、鸟类和其他草食动物所利用，而进入草食动物体内；一部分以残落物的形式贮存起来，作为穴居土壤动物和分解者的食物来源；另一部分则以活体形式贮存于生产者体内。

初级净生产作为第二性生产的原材料被草食动物采食后，一部分以未被消化吸收的残渣排泄出体外，进入环境成为小型消费者的食物。消化后的同化量大部分用来维持生命活动，其中呼吸消耗一部分，另一部分贮存于体内，增长身体和繁殖后代，成为第二性生产量。肉食动物以草食动物为食，草食动物转移到肉食动物的能量也只占 10%～20%。

综上所述，食物在生态系统各成分间的消耗、转移和分配过程，就是能量的流通过程。

5.2.4.2　能量在生态系统中流动的特点

（1）生态系统能量传递遵循热力学定律　热力学第一定律指出，自然界能量可以由一种形式转化为另一种形式；在转化过程中按严格的当量比例进行。能量既不能消灭，也不能凭空创造。热力学第二定律指出，生态系统的能量从一种形式转化为另一种形式时，总有一部分能量转化为不能利用的热能而耗散。

（2）生态系统能量是单向流动　能流的单一方向性主要表现在 3 个方面：①太阳的辐射能以光能的形式输入生态系统后，通过光合作用被植物固定，此后不能再以光能的形式返回；②自养生物被异养生物摄食后，能量就由自养生物流到异养生物体内，不能再返回给自养生物；③从总的能流途径而言，能量只能一次性流经生态系统，是不可逆的。

（3）能量在生态系统内流动的过程是不断递减的过程　从太阳辐射能到被生产者固定，再经植食动物，到肉食动物，再到大型肉食动物，能量是逐级递减的过程。这是因为：①各营养级消费者不可能百分之百地利用前一营养级的生物量；②各营养级的同化作用也不是百分之百的，总有一部分不被同化；③生物在维持生命过程中进行新陈代谢总是要消耗一部分能量。

（4）能量在流动中质量逐渐提高　能量在生态系统中流动，一部分能量以热能耗散，另一部分的去向是把较多的低质量能转化成另一种较少的高质量能。从太阳能输入生态系统后的能量流动过程中，能量的质量是逐步提高的（图 5.13）。

5.2.4.3　生态系统中能量流动的途径和过程

生态系统中的能量流动是借助于食物链和食物网来实现的，食物链和食物网便是生态系统能流的渠道。对于不同的生态系统，以及系统内不同生物组织水平，其能量流动规律是有所差异的。

（1）个体水平的能流过程　个体水平上的能量流动是研究食物链水平乃至生态系统水平上能量流动的基础，目前主要局限于对动物个体能流的研究。G. O. Batzli（1975）提出了一个旨在定性表述植物或动物个体能流的模式（图 5.14），图中的虚线表示有机体边界。在植物或动物的个体能流中，太阳辐射能或食物作为能源分别被动物或植物通过取食或吸收使能量进入有机体，其间伴随着辐射能的损耗及植物蒸腾耗热和动物体表水分蒸发的能量损耗。进入有机体的能量构成总生产，并通过以下几条途径转移：①呼吸代谢并产生乙醇、乳酸或 CO_2；②含氮化合物作为废物被排泄掉；③有机体可以完成移动负荷做功；④结合在还原碳中的能量进一步形成各种含能产品，构成净生产。当含能产品的积累率大于其消耗率，即净生产为正时，在宏观上表现为有机体的生长。有机体净生产除一部分形成产量（含能产品）外，其余能量通过以下几种途径转移：一是用于繁殖后代（幼仔）；二是个体的某些部分死

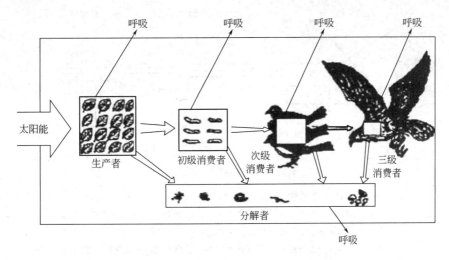

图 5.13　生态系统的能量流动图（引自孙儒泳，2003）
（图中最大的方框代表整个生态系统，每一部分的方框大小代表生物所固定的能量。从图中
可以看出，生态系统内各部分通过呼吸作用把能量输出系统以外，不能被生态系统重新
利用；同时，生态系统中各部分所固定的能量是逐级递减的）

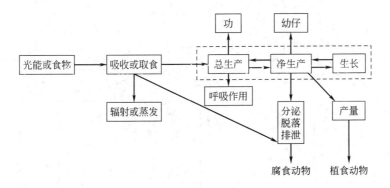

图 5.14　通过个体的能量流动模式

亡脱落；三是形成一些分泌物（植物的树胶、黏胶、挥发性物质）和信息激素。

（2）食物链水平的能量流动　图 5.15 描述了能量在一条食物链上的流动过程。在太阳能被植物吸收固定并沿食物链流动的过程中，食物链上存留的能量随营养级的升高不断损失。当能量从一个营养级传递到相邻的下一个营养级时，其耗损是多方面的：①由于不可食或不得食而不能被利用的；②可以利用但因消费者密度低或食物选择限制而未能利用的；③利用（消费）了而未被同化的；④同化后部分被呼吸消耗掉的以及变为生产量后又因多种原因被减少了的。

（3）生态系统水平的能量流动　个体水平、食物量水平的能流是整个生态系统能流的基础单元。生态系统的食物网较复杂，所以进入生态系统的太阳能和其他形式的能量可沿多条食物链流动，并逐渐递减。图 5.16 是一个简化的生态系统能流图。由图所示将生态系统的能量分为 4 个库，即植物能量库、动物能量库、微生物能量库及死有机物能量库。进入生态系统的能量在这 4 个库之间被逐级利用，其间有一部分太阳能被反射、散射而离开了生态系统，有一部分经呼吸作用以热能的形式离开了系统，还有一部分以产品的形式输出。

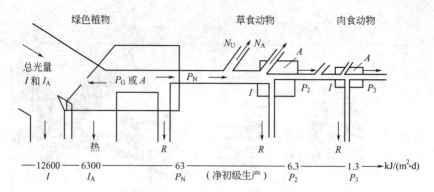

图 5.15　食物链水平上的能流模式图（仿 Odum，1971）

I—输入的辐射能；I_A—植物吸收的光能；P_G—包括呼吸消耗在内的总初级
生产量；P_N—除去呼吸消耗的净初级生产量；A—总同化量；P_2、P_3—消费者
生产量；N_U—未被利用的能量（作为贮存或输出）；N_A—未被同化的能量
（作为排泄和分泌）；R—呼吸耗能

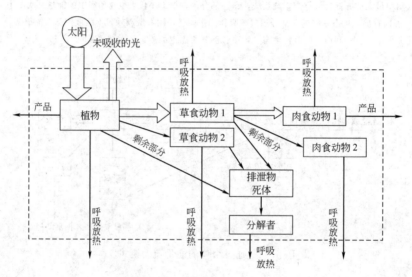

图 5.16　生态系统能流简图（引自丁圣彦，2004）

虚线框表示系统的边界

5.3　生态系统中的物质循环

5.3.1　物质循环的一般特点

生态系统从大气、水体和土壤等环境中获得营养物质，通过绿色植物吸收，进入生态系统，被其他生物重复利用，最后再归入环境中，称为物质循环（cycle of material），又称生物地球化学循环（biogeo-chemical cycle）（图 5.17）。能量流动和物质循环是生态系统中的两个基本过程，正是这两个过程使生态系统各个营养级之间和各种成分（非生物和生物）之间组成一个完整的功能单位。

5.3.1.1　物质循环的模式

生态系统中的物质循环可以用库（pool）和流通（flow）两个概念加以概括。库是由存

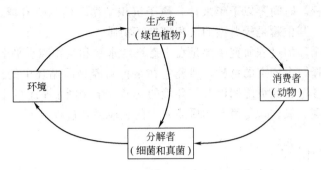

图 5.17　生态系统的物质循环图

在于生态系统某些生物或非生物成分中一定数量的某种化合物所构成的。对于某一种元素而言，存在一个或多个主要的蓄库。在库里，该元素的数量远远超过正常结合在生命系统中的数量，并且通常只能缓慢地将该元素从蓄库中放出。物质在生态系统中的循环实际上是在库与库之间流通。在一个具体的水生生态系统中，磷在水体中的含量是一个库，在浮游生物体内的磷含量是第二个库，而在底泥中的磷含量又是一个库，磷在库与库之间的转移（浮游生物对水中磷吸收以及死亡后残体下沉到水底，底泥中的磷又缓慢释放到水中）就构成了该生态系统中的磷循环。在单位时间、单位体积内的转移量就称为流通量。

流通量常用单位时间、单位面积内通过的营养物质的绝对值表示。为了表示一个特定的流通过程对有关库的相对重要性，用周转率（turnover rate）和周转时间（turnover time）来表示。

周转率就是出入一个库的流通率除以该库中的营养物质的总量。

$$周转率 = \frac{流通率}{库中营养物质总量}$$

周转时间就是库中的营养物质总量除以流通率，周转时间表达了移动库中全部营养物质所需要的时间。

$$周转时间 = \frac{库中营养物质总量}{流通率}$$

物质循环的速率在空间和时间上有很大的变化，影响物质循环速率最重要的因素有：①循环元素的性质，即循环速率由循环元素的化学特性和被生物有机体利用的方式不同所致；②生物的生长速率，这一因素影响着生物对物质的吸收速率，以及物质在食物和食物链中的运动速率；③有机物分解的速率，适宜的环境有利于分解者的生存，并使有机体很快分解，迅速将生物体内的物质释放出来，重新进入循环。

5.3.1.2　物质循环的类型

生物地球化学循环可分为 3 大类型，即水循环（water cycle）、气体型循环（gaseous cycle）和沉积型循环（sedimentary cycle）。生态系统中所有的物质循环都是在水循环的推动下完成的。

在气体型循环中，物质的主要贮存库是大气和海洋，循环与大气和海洋密切相联，具有明显全球性，循环性能最为完善。凡属于气体型循环的物质，其分子或某些化合物常以气体的形式参与循环过程。属于这一类的物质有氧、二氧化碳、氮、氯、溴、氟等。

主要蓄库与岩石、土壤和水相联系的是沉积型循环，如磷、硫循环。沉积型循环速率比较慢，参与沉积型循环的物质，其分子或化合物主要是通过岩石的风化和沉积物的溶解转变为可被生物利用的营养物质，而海底沉积物转化为岩石圈成分则是一个相当长的、缓慢的、单向的物质转移过程，时间要以千年来计。属于沉积型循环的物质有磷、钙、钾、钠、镁、锰、铁、铜、硅等，其中磷是较典型的沉积型循环物质。

生物地球化学循环的过程研究主要是在生态系统水平和生物圈水平上进行的。在局部的生态系统中，可选择一个特定的物种，研究它在某种营养物质循环中的作用，如在生产者、消费者和分解者等各个营养级之间以及与环境的交换。生物圈水平上的生物地球化学循环研究，主要研究水、碳、氧、磷、氮等物质或元素的全球循环过程。

5.3.2 水循环

5.3.2.1 全球水循环

水既是一切生命有机体的重要组成成分，又是生物体内各种生命过程的介质，还是生物体内许多生物化学反应的底物。陆地、大气和海洋的水，形成了一个水循环系统。水域中，水受到太阳辐射作用而蒸发进入大气中，水汽随气压变化而流动，并聚集为云、雨、雪、雾等形态，其中一部分降至地表。到达地表的水，一部分直接形成地表径流进入江河，汇入海洋；一部分渗入土壤内部，其中少部分可为植物吸收利用，大部分通过地下径流进入海洋。植物吸收的水分中，大部分用于蒸腾，只有很小一部分通过光合作用形成同化产物，并进入生态系统，然后经过生物呼吸与排泄返回环境（图 5.18）。

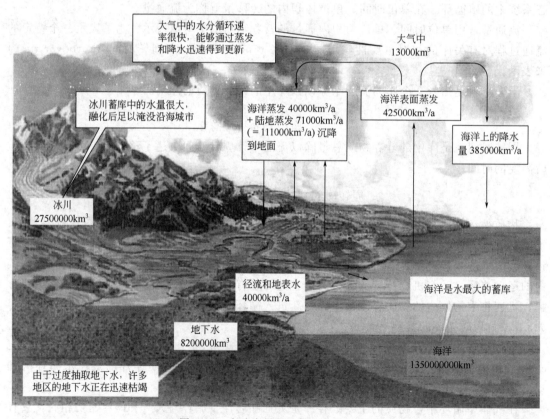

图 5.18　全球水循环（仿 Manuel C.）

水通过各个贮存库的循环周期的长短因贮存库的大小不同而有显著差异。冰川水的周转期为 8600a；地下水的周转期为 5000a；江河水只有 11.4d；植物体内水分的周转期最短，夏天为 2～3d。

生物圈中水的循环平衡是靠世界范围的蒸发与降水来调节的。由于地球表面的差异和距太阳远近的不同，水的分布不仅存在着地域上的差异，还存在着季节上的差异。一个区域的水分平衡受降水量、径流量、蒸发量和植被截留量以及自然蓄水的影响。降水量、蒸发量的大小又受地形、太阳辐射和大气环流的影响。地面的蒸发和植物的蒸腾与农作制度有关。土地裸露不仅使土壤蒸发量增大，并由于缺少植被的截留，使地面径流量增大。

5.3.2.2 生态系统中的水循环

生态系统中的水循环包括截取、渗透、蒸发、蒸腾和地表径流。植物在水循环中起着重要作用，植物通过根吸收土壤中的水分。与其他物质不同的是进入植物体的水分，只有 $1\%\sim3\%$ 参与植物体的建造并进入食物链，由其他营养级所利用，其余 $97\%\sim98\%$ 通过叶面蒸腾返回大气中，参与水分的再循环。不同的植被类型，蒸腾作用是不同的，而以森林植被的蒸腾最大，它在水的生物地球化学循环中的作用最为重要。

5.3.3 气体型循环

5.3.3.1 碳循环

碳是一切生命中最基本的成分，有机体干重 45% 以上是碳。据估计，全球碳贮存量约为 26×10^{15} t，但绝大部分以碳酸盐的形式禁锢在岩石圈中，其次是贮存在化石燃料中。碳的主要循环形式是从大气的二氧化碳蓄库开始，经过生产者的光合作用，把碳固定，生成糖类，然后经过消费者和分解者，在呼吸和残体腐败分解后，再回到大气蓄库中。碳被固定后始终与能流密切结合在一起，生态系统的生产力的高低也是以单位面积中的碳来衡量的。

除大气外，碳的另一个贮存库是海洋，它的含碳量是大气的 50 倍。在水体中，水生植物将大气中扩散到水上层的二氧化碳固定转化为糖类，通过食物链经消化合成，再消化再合成，各种水生动植物呼吸作用又释放二氧化碳到大气中。动植物残体埋入水底，其中的碳暂时离开循环。但是经过地质年代，又可以石灰岩或珊瑚礁的形式再露于地表；岩石圈中的碳也可以借助于岩石的风化和溶解、火山爆发等重返大气圈。有部分则转化为化石燃料，燃烧过程使大气中的二氧化碳含量增加（图 5.19）。

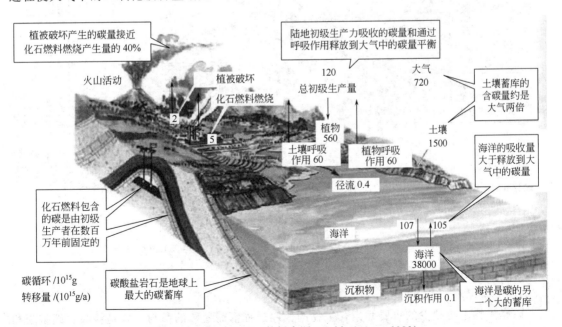

图 5.19　全球碳循环（数据来源：Schlesinger，1991）

自然生态系统中，植物通过光合作用从大气中摄取碳的速率与通过呼吸和分解作用而把碳释放到大气中的速率大体相同。大气中的二氧化碳含量有着明显的日变化和季节变化。碳循环的速率很快，最快的在几分钟或几小时就能够返回大气，一般会在几周或几个月返回大气。

5.3.3.2　氮循环

氮是生命代谢元素。大气中氮的含量为 79%，总量约 3.85×10^{15} t，但它是一种很不活泼的气体，不能为大多数生物直接利用。氮只有通过固氮菌的生物固氮、闪电等的大气固氮以及工业固氮 3 条途径，转为硝酸盐或氨的形态，才能为生物吸收利用。

在生态系统中，植物从土壤中吸收硝酸盐、铵盐等含氮化合物，与体内的含氮化合物结合生成各种氨基酸，氨基酸彼此联结构成蛋白质分子，再与其他化合物一起建造了植物有机体，于是氮素进入生态系统的生产者有机体，进一步为动物取食，转变为含氮的动物蛋白质。动植物排泄物或残体等含氮的有机物经微生物分解为 CO_2、H_2O 和 NH_3 返回环境，NH_3 可被植物再次利用，进入新的循环。氮在生态系统的循环过程中，常因有机物的燃烧而挥发损失；或因土壤通气不良，硝态氮经反硝化作用变为游离氮而挥发损失；或因灌溉、水蚀、风蚀、雨水淋洗而流失等。损失的氮或进入大气，或进入水体，变为多数植物不能直接利用的氮素。因此，必须通过上述各种固氮途径来补充，从而保持生态系统中氮素的循环平衡（图 5.20）。

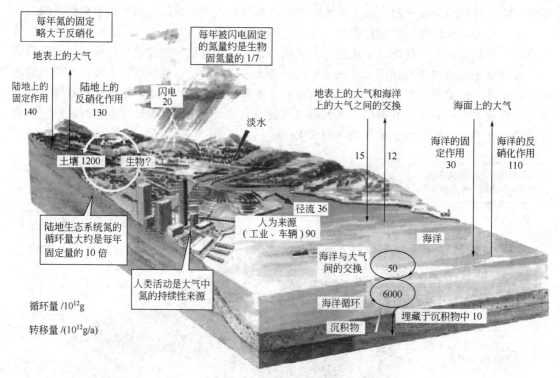

图 5.20　全球氮循环（仿 Mannuel C.，数据来源：Schlesinger，1991）

5.3.4　沉积型循环

5.3.4.1　磷循环

磷是生物不可缺少的重要元素，生物的代谢过程都需要磷的参与。磷是核酸、细胞膜和骨骼的主要成分，高能磷酸键在二磷酸腺苷（ADP）和三磷酸腺苷（ATP）之间可逆地转移，它是细胞内一切生化作用的能量。

　　磷溶于水而不挥发，是典型的沉积型循环物质。磷以地壳作为主要贮存库。岩石土壤风化释放的磷酸盐和农田中施用的磷肥，被植物吸收进入体内。含磷有机物沿两条循环支路循环：一是沿食物链传递，并以粪便、残体的形式归还土壤；另一种是以枯枝落叶、秸秆归还土壤。各种磷的有机化合物经土壤微生物的分解，转变为可溶性的磷酸盐，可再次供给植物吸收利用，这是磷的生物小循环。在这一循环过程中，一部分磷脱离生物小循环进入地质大循环，其支路有两条：一是动植物遗体在陆地表面的磷矿化；另一种是磷受水的冲蚀进入江河，流入海洋。另外，海洋中的磷又以捕鱼的方式被人类或海鸟带回陆地的量也不可忽视。进入海洋的磷酸盐一部分经过海洋的沉降和成岩作用，变成岩石，然后经地质变化、造山运动，才能成为可供开采的磷矿石。因此，磷是一种"不完全"的缓慢循环的因素（图5.21）。

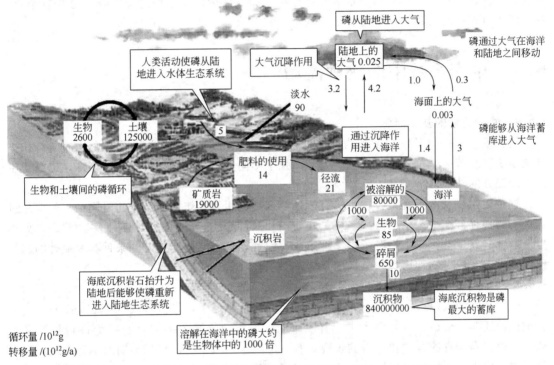

图 5.21　磷循环（仿 Mannuel C.，数据来源：Schlesinger，1991）

5.3.4.2　硫循环

　　硫是蛋白质和氨基酸的基本成分，在地壳中硫的含量只有 0.052%，但其分布很广。在自然界，硫主要以元素硫、亚硫酸盐和硫酸盐 3 种形式存在。硫循环兼有气体型循环和沉积型循环的双重特征，SO_2 和 H_2S 是硫循环中的重要组成部分，属气体型循环；被束缚在有机或无机沉积物中的硫酸盐，属于沉积型循环。

　　岩石圈中的有机、无机沉积物中的硫，通过风化和分解作用而释放，以盐溶液的形式进入陆地和水体。溶解态的硫被植物吸收利用，转化为氨基酸的成分，并通过食物链被动物利用，最后随着动物排泄物和动植物残体的腐烂、分解，硫又被释放出来，回到土壤或水体中被植物重新利用。另外一部分硫以气态形式参与循环，硫主要以 SO_2 或 H_2S 的形式进入大气。硫进入大气的途径有：化石燃料的燃烧、火山爆发、海面散发和在分解过程中释放气体等。煤和石油中的硫燃烧时被氧化成 SO_2 进入大气。SO_2 可溶于水，随降水到达地面成为硫酸盐。氧化态的硫在化学和微生物作用下，转变成还原态的硫，反之，也可以实现相反转化。部分硫可沉积于海底，再次进入岩石圈。

5.3.5　有毒物质循环

有毒物质种类繁多，包括有机的和无机的两类。无机有毒物质主要指重金属、氟化物和氰化物等；有机有毒物质主要有酚类、有机氯农药等。大多数有毒物质，尤其是人工合成的大分子有机化合物和不可分解的重金属元素，在生物体内具有浓缩现象，在代谢过程中不能被排除，而被生物体同化，长期停留在生物体内，造成有机体中毒、死亡。

一般情况下，毒性物质进入环境，常常被空气和水稀释到无害的程度，以致无法用仪器检测。即使是这样，对食物链上有机体的毒害依然存在。因为小剂量毒物在生物体内经过长期的积累和浓集，也可以达到中毒致死的水平。同时，有毒物质在循环中经过空气流动及水的搬运以及在食物链上的流动，常常使有毒物质的毒性增加，进而造成中毒的过程复杂化。在自然界也存在着对毒性物质分解，减轻毒性的作用。

5.4　生态系统中的物种流动

5.4.1　物种流动的基本概念

物种流（species flow）是指物种的种群在生态系统内或系统之间时空变化的状态。物种流是生态系统一个重要过程，它扩大和加强了不同生态系统之间的交流和联系，提高了生态系统服务的功能。

物种流主要有3层含义：①生物有机体与环境之间相互作用所产生的时间、空间变化过程；②物种种群在生态系统内或系统之间格局和数量的动态，反映了物种关系的状态，如寄生、捕食、共生等；③生物群落中物种组成、配置，营养结构变化，外来种和本地种的相互作用，生态系统对物种增加和空缺的反应等。

5.4.2　物种流动的特点

（1）迁移和入侵　物种的空间变动可概括为无规律的生物入侵（biological invasion）和有规律的迁移（migration）两大类。有规律迁移多指动物靠主动和自身行为进行扩散和移动，一般都是固有的习性和行为的表现，有一定的途径和路线，跨越不同的生态系统。而生物入侵是指生物由原发地侵入到一个新的生态系统的过程，入侵成功与否决定于多方面的因素。

（2）有序性（order）　物种种群的个体移动有季节的先后，有年幼、成熟个体的先后等。

（3）连续性（continuous movement）　个体在生态系统内运动常是连续不断的，有时加速，有时减速。

（4）连锁性（chain reaction）　物种向外扩散常是成批的。东亚飞蝗先是少数个体起飞，然后带动大量蝗虫起飞。

5.5　生态系统中的信息流动

信息传递是指信息在生态系统中沿着一定的途径由一个生物传递给另一个生物的过程。

信息传递是生态系统的基本功能之一，在传递过程中伴随着一定的物质和能量的消耗。信息传递往往是双向的，有从输入到输出的信息传递，也有从输出到输入的信息反馈。按照控制论的观点，正是由于这种信息流，才使生态系统产生了自动调节机制。生态系统中包含多种多样的信息，大致可以分为物理信息、化学信息、行为信息和营养信息。

5.5.1　物理信息

物理信息是由物理因素引起的生物之间或生物与非生物之间的相互作用所产生的信息。它以物理过程为传递形式，生态系统中的各种光、声、热、电、磁等都是物理信息。其特点是存在范围广、作用大、直观而易捕获。

物理信息有两种作用：一是起着组分内与组分间及各种行为的调节作用，如鸟类的鸣叫、蝴蝶的飞舞、植物的颜色，某些动物的颜色和形态有吸引异性、种间识别、威吓和警告的作用；二是起着限制生命有机体行为的作用，如光强度、温度、湿度等物理信息都对生态系统中生物的生存产生或大或小的影响。

5.5.2　化学信息

生态系统的各个层次都有生物代谢产生的化学物质参与传递信息、协调各种功能，如生物代谢中分泌的维生素、生长素、抗菌素和性激素等，这种传递信息的化学物质统称为信息素。

化学信息传递主要包括植物间、动物间及动物和植物间的化学信息传递。例如，在植物群落中，一种植物通过某些化学物质的分泌和排泄而影响另一种植物的生长甚至生存。动物通过外分泌腺体向体外释放某种信息素，通过气流的运载，被种内的其他个体嗅到或接触到，接受者能立即产生某些行为反应，产生某种生理改变。植物体内含有的某些激素是抵御害虫的有力武器。某些裸子植物具有昆虫的蜕皮激素及其类似物。如有些金丝桃属植物，能分泌一种引导光敏性和刺激皮肤的化合物——海棠素，使误食的动物变盲或致死，故多数动物避开这种植物，但叶甲却利用这种海棠素作为引诱剂以找到食物。

5.5.3　行为信息

同一物种或不同物种个体相遇时，产生的异常行为或表现传递了某种信息，可统称为行为信息。这些信息行为可能是识别、报警，甚至是挑战的信号。

行为信息在鸟类、猿猴等动物中，领域性行为较为明显。蜜蜂发现蜜源时，就有舞蹈动作的表现，以"告诉"其他蜜蜂去采蜜，而且蜂舞有各种形态和动作，来表示蜜源的远近和方向，其他工蜂则以触觉来感觉舞蹈的步伐，判断出正确的方向和信息。地甫鸟发现天敌后，雄鸟急速起飞，扇动翅膀为雌鸟发出信号。

生态系统中许多植物的异常表现和许多动物的异常行为所包含的行为信息常常预示着灾变或反映着环境的变化。

5.5.4　营养信息

营养信息是由外界营养物质数量的变化而导致生理代谢发生变化的一类信息。在生态系统中，食物链（网）就是一个生物的营养信息系统，各种生物通过营养信息关系联系成一个互相依存和相互制约的整体。营养信息通过食物链传递或生物体营养状况及生物种群繁殖等表现出来。

营养信息直接或间接地影响着生物的生长、发育、繁殖及迁徙，具有一定的调控作用。动物和植物不能直接对营养信息进行反应，通常需要借助于其他的信号手段。例如，当生产者的数量减少时，动物就会离开原生活地，去其他食物充足的地方生活，以此来减轻同种群的食物竞争压力。在草原牧区，草原的载畜量必须根据牧草的生长量而定，使牲畜数量与牧草产量相适应。如果不顾牧草提供的营养信息，超载过牧，就必定会因牧草饲料不足而使牲畜生长不良和引起草原退化。

5.6 生态系统的平衡与调节

5.6.1 生态平衡的概念

从生态学角度看，平衡是指某个主体与其环境的综合协调。从这一意义上说，生命系统的各个层次都涉及生态平衡的问题。如种群和群落的稳定不只受自身调节机制的制约，同时也与其他种群或群落及许多其他因素有关。这是对生态平衡的广义理解。狭义的生态平衡就是指生态系统的平衡，简称生态平衡。具体来说，在一定时间内，生态系统中生物各种群之间，通过能流、物流、信息流的传递，达到互相适应、协调和统一的状态，处于动态的平衡之中，这种动态的平衡称为生态平衡（图5.22）。

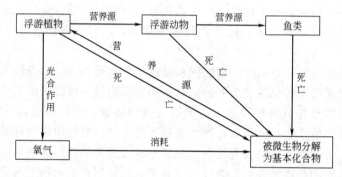

图 5.22　水里微生物-浮游动植物-鱼类之间建立的平衡

生态系统通过发展、变化、调节，达到一种相对稳定的状态，包括结构上的稳定、功能上的稳定和能量上输入、输出的稳定。生态平衡是动态的，因为能量流动和物质循环总在不间断地进行，生物个体也在不断地进行更新。在自然条件下，生态系统总是朝着种类多样化、结构复杂化和功能完善化的方向发展，直到使生态系统达到成熟的最稳定状态为止。

自然生态系统的平衡并不一定总是适应人们的需要。自然界的顶极群落是很稳定的生态系统，可以说是达到了生态平衡，但它的净生产量却不能满足人们的生产、生活的目的。从人类对食物和纤维等的大量需求来看，基本上不能依靠这种自然界原有的生态平衡的系统，而需要建立各种各样的农业生态系统、人工林生态系统。与自然生态系统相比较，农业生态系统是很不稳定的，它的平衡和稳定需靠人类来维持。但自然界原有生态平衡的系统也是人类所必需的。

5.6.2 生态系统平衡的基本特征

生态系统不同发育期在结构和功能上是有区别的。在生态学中，把一个生态系统从幼年期到成熟期的发展过程称为生态系统发育。在没有人为干扰的情况下，生态系统发育的结果是结构更加多样复杂、各种组分间的关系协调稳定、各种功能更加畅通。E. P. Odum 曾比较了生态系统发育过程中在结构和功能等方面发生的一系列变化。这些指标作为生态系统平衡与否的度量指标。

5.6.2.1 生态能量学特征

幼年期生态系统的能量学特征具有"幼年性格"。如群落的初级生产超过其呼吸，能量的贮存大于消耗，总生产量（P）/群落呼吸量（R）>1。而成熟稳定的生态系统，群落呼吸消耗增加，P/R 常接近于 1。在生态学研究中，P/R 比值常作为判断生态系统发育状况的功能性指标。在发展早期，如果 R 大于 P，被称为异养演替（heterotrophic succession）；相反，如果早期的 P 大于 R，也就称为自养演替（autotrophic succession）。但是从理论上讲，上述两种演替中，P/R 比值都随着演替发展而接近于 1。换言之，在成熟的生态系统中，固定的能量与消耗能量趋向平衡。

5.6.2.2　食物网特征

幼年期和成熟期的生态系统，能流渠道的复杂程度也有差别。幼年期生态系统中食物链大多结构简单，常呈直链状并以放牧食物链为主。成熟期生态系统中食物网结构十分复杂，在陆地森林生态系统中，大部分通过腐食食物链传递。成熟系统复杂的营养结构，使它对于物理环境的干扰具有较大的抵抗能力，这也是处于平衡的动态系统自我调节能力的表现。

5.6.2.3　营养物质循环特征

物质循环功能上的特征差异是，成熟期生态系统的营养物质循环更趋于"闭环式"，即系统内部自我循环能力强。这是系统自身结构复杂化的必然结果，功能表现是由环境输入的物质量与还原过程向环境输出的最近似平衡。

5.6.2.4　群落结构特征

发育到成熟期的生态系统群落结构多样性增大，包括物种多样性、有机物的多样性和垂直分层导致的小生境多样化等。其中物种多样性-均匀性是基础，它是物种数量增多的结果，同时又为其他物种的迁入创造了条件（有多种多样的小生境）。有机物多样性（或称"生化多样性"）的增加，是群落代谢产物或分泌物增加的结果，它可使系统的各种反馈和相克机制及信息量增多。生物群落多样性可能与群落的生产力呈负相关关系，但多样性却是生态系统进化所需要的。

5.6.2.5　稳态特征

这是生态系统自身的调节能力。成熟期的生态系统，这种能力主要表现为系统内部生物的种内和种间关系复杂，共生关系发达，抵抗干扰能力强，信息量多，熵值低。这是生态系统发育到成熟期，在结构和功能上高度发展和协调的结果。

5.6.2.6　选择性特征

实际上这是生态系统发育过程中种群的生态对策问题。幼年期生态系统的生物群落与其环境之间的协调性较差，环境条件变化剧烈。与之相适应的是，栖息的各类生物种群以具有高生殖潜力的物种为多。相反，当生态系统发育到成熟期后，生态条件比较稳定，因而有利于高竞争力的物种。因此，有的学者提出，量的生产是幼年期生态系统的特征，而质的生产和反馈能力的增强是成熟期生态系统的标志，也是生态系统保持平衡的重要条件。

5.6.3　生态平衡的调节机制

生态系统平衡的调节主要是通过系统的反馈机制、抵抗力和恢复力实现的。

5.6.3.1　反馈机制

由于生态系统具有负反馈的自我调节机制，所以在通常情况下，生态系统会保持自身的生态平衡。反馈可分为正反馈（positive feedback）和负反馈（negative feedback）。正反馈可以使系统更加偏离置位点，它不能维持系统的稳态。生物的生长、种群数量的增加等均属正反馈。要使系统维持稳态，只有通过负反馈机制。种群数量调节中，密度制约作用是负反馈机制的体现。负反馈调节作用的意义就在于通过自身的功能减缓系统内的压力以维持系统的稳定。

5.6.3.2 抵抗力

抵抗力（resistance）是生态系统抵抗外干扰并维持系统结构和功能原状的能力，是维持生态平衡的重要途径之一。抵抗力与系统发育阶段状况有关，其发育越成熟，结构越复杂，抵抗外干扰的能力就越强。例如中国长白山红松针阔混交林生态系统，生物群落垂直层次明显、结构复杂，系统自身贮存了大量的物质和能量，这类生态系统抵抗干旱和虫害的能力要远远超过结构单一的农田生态系统。环境容量、自净作用等都是系统抵抗力的表现形式。

5.6.3.3 恢复力

恢复力（resilience）是指生态系统遭受外干扰破坏后，系统恢复到原状的能力。如污染水域切断污染源后，生物群落的恢复就是系统恢复力的表现。生态系统恢复能力是由生命成分的基本属性决定的，即由生物顽强的生命力和种群世代延续的基本特征所决定。所以，恢复力强的生态系统，生物的生活世代短，结构比较简单。如杂草生态系统遭受破坏后恢复速率要比森林生态系统快得多。生物成分（主要是初级生产者层次）生活世代长，结构越复杂的生态系统，一旦遭到破坏则长期难以恢复。但就抵抗力的比较而言，两者的情况却完全相反，恢复力越强的生态系统其抵抗力一般比较低，反之亦然。

生态系统对外界干扰具有调节能力才使之保持了相对的稳定，但是这种调节能力不是无限的。生态平衡失调就是外干扰大于生态系统自身调节能力的结果和标志。不使生态系统丧失调节能力或未超过其恢复力的外干扰及破坏作用的强度称为"生态平衡阈值"。阈值的大小与生态系统的类型有关，另外还与外干扰因素的性质、方式及作用持续时间等因素密切相关。生态平衡阈值的确定是自然生态系统资源开发利用的重要参量，也是人工生态系统规划与管理的理论依据之一。

[课后复习]

1. **概念和术语**：生态系统、生产者、消费者、分解者、关键种、冗余种、生态系统的营养结构、食物链、捕食食物链、碎屑食物链、寄生食物链、混合食物链、营养级、金字塔、生态锥体、生态效率、摄取量、同化量、呼吸量、生产量、同化效率、生长效率、消费效率、初级生产、次级生产、矿化、降解、碎化、淋溶、物质循环、库、流通量、周转率、周转时间、气体型循环、沉积型循环、物种流、迁移、生物入侵、生态平衡、抵抗力、恢复力

2. **原理和定律**：林德曼效率（1/10定律）、热力学第一定律、反馈机制

[课后思考]

1. 生态系统有哪些基本特征？

2. 生态系统有哪些组成成分？有什么作用和地位？

3. 为什么不能简单地认为消费者只是起消耗作用？消费者的重要积极作用有哪些？

4. 生态系统的结构和功能有哪些？

5. 自然生态系统主要有哪些类型的食物链？它们在生态系统中有什么作用？

6. 分解作用有哪3个过程？分解过程的特点和速率取决于哪些因素？

7. 简述生态系统中生物生产的意义。

8. 生态系统的能量流动有哪些特点？简述生态系统中能量流动的过程。

9. 水在物质循环中有什么独特的生态学意义？其主要途径是什么？碳、氮、硫、磷的全球

循环主要途径是什么？

10. 物种流动的含义和特点是什么？

11. 生态系统中的信息传递主要有哪几种类型？

12. 生态系统平衡的基本特征是什么？生态平衡的调节是如何实现的？

［推荐阅读文献］

［1］ 戈峰. 现代生态学. 第 2 版. 北京：科学出版社，2008.
［2］ 蔡晓明. 生态系统生态学. 北京：科学出版社，2002.
［3］ Chapin F Stuart，Matson Pamela A Mooney Harold A. 陆地生态系统生态学原理. 李博，赵斌，彭容豪等译. 北京：高等教育出版社，2005.
［4］ 林文雄. 生态学. 北京：科学出版社，2007.
［5］ Odum E P，Barrett C W. 基础生态学. 陆健健，王伟等译. 第 5 版. 北京：高等教育出版社，2008.

6 景观生态学

■ ■ ■ ■ ■ ■

【学习要点】

1. 掌握景观生态学中的基本概念和常用术语；

2. 理解斑块、廊道、基质 3 大景观要素的起源、类型和基本结构特征；

3. 了解景观格局的主要内容，熟悉景观中各要素的主要功能；

4. 了解景观生态学在实际工作中的应用。

【核心概念】

景观：在生态学中，景观是一定空间范围内，由不同生态系统所组成的，具有重复性格局的异质性地域单元。

斑块：是指在外貌上与周围地区（基底）有所不同，但相对于周围环境又具有一定的内部均质性的一块非线性地表区域。

廊道：是指线形的景观单元，景观中的廊道通常具有通道与阻隔的双重作用，一方面几乎所有的景观都会由廊道分割，另一方面景观要素又被廊道连接在一起，成为功能的整体。

基质：是面积最大、连通性最好、对景观总体动态支配作用最大的景观类型。

尺度：指研究对象时间和空间的细化水平，任何景观现象和生态过程均具有明显的时间和空间尺度特征。

异质性：指在一个景观区域中，景观元素类型、组合及属性在空间或时间上的变异程度，是景观区别于其他生命层次的最显著特征。

景观连通性：是指景观元素在空间结构上的联系，而景观连接度是景观中各元素在功能上和生态过程上的联系。

覆盖类型：在一个景观中，根据不同的分类标准划分出的某些生境、生态系统或植被类型中的一类。

景观结构：即景观组成单元的类型、多样性及其空间关系。

景观功能：即景观结构与生态学过程的相互作用或景观结构单元之间的相互作用。

景观动态：即指景观在结构和功能方面随时间推移发生的变化。

6.1 景观生态学概述

6.1.1 景观的含义

"景观"是人们在日常生活中经常遇到的概念之一。景观的特征与表象是丰富的，人们对景观的感知和认识也是多样的，因此对于景观的理解也不同，在科学研究中，不同学科对景观也有着不同的解释。由于景观概念的不确定性，经常导致景观与"风景"、"土地"、"环境"等词义的混淆。

6.1.1.1 对景观的一般理解

"景观"一词最早出自希伯来文的《圣经》旧约全书，描述耶路撒冷所罗门王的城堡、宫殿等的美丽景色。后来在 15 世纪中叶西欧艺术家们的风景油画中，景观成为透视中所见地球表面景色的代称。这时，景观的含义同汉语中的"景色"、"景致"、"风景"、"景象"等一致，等同于英语中的"scenery"，都是视觉美学意义上的概念。英语中的景观源于德语，被理解为形象而又富于艺术性的风景概念。这种针对美学风景的景观理解，既是景观最朴素的含义，也是后来科学概念的来源。从这种一般理解中可以看出，景观没有明确的空间界限，主要是突出一种综合直观的视觉感受。

6.1.1.2 地理学中的景观

首先是地理学的发展赋予了景观科学的含义。地理学认为景观与地圈是不可分的，它是地表物质的具体表现形式，景观的总和形成地圈，地圈的具体体现就是景观。

原苏联地理学家给景观下的定义是："景观是景观地区发生学上的独特部分，它无论在地带性或非地带性方面都具有一致性，即整体的自然地理一致性，具有各自的结构和各自的形态。"

Zonneveld（1979）对景观做了进一步解释，他认为景观是"地球表面空间的一部分，是由岩石、水、空气、植物、动物以及人类活动所形成的系统的复合体，并由外貌构成一个可识别的实体"。

目前，地理学中对景观比较一致的理解：景观是由各个在生态上和发生上共轭的、有规律地结合在一起的最简单的地域单元所组成的复杂地域系统，并且是各要素相互作用的自然地理过程总体，这种相互作用决定了景观动态。

6.1.1.3 景观生态学中的景观

在生态学中，景观（landscape）在自然等级系统中属于比生态系统高一级的层次。景观是一个自然生态系统和人类生态系统相叠加的复合生态系统（图 6.1）。任何一种景观，像一片森林、一片沼泽地、一个城市，里面都是有物质、能量及物种在流动的，是"活"的，是有功能和结构的。在一个景观系统中，至少存在着 5 个层次上的生态关系：①景观与外部系统的关系，例如高海拔将南太平洋的暖湿气流转化为雨，在被灌溉、饮用和洗涤利用之后，流到干热的红河谷地，而后蒸腾、蒸发回到大气，经降雨又回到景观之中，从而有了经久不衰的元阳梯田和山上茂密的丛林。②景观内部各元素之间的生态关系，即水平生态过程。这种水平生态过程包括水流、物种流、营养流与景观空间格局的关系，这正是景观生态学的主要研究对象。③生态关系，是指景观元素内部的结构与功能的关系。④存在于生命与环境之间的生态关系。⑤存在于人类与其环境之间的物质、营养及能量的生态关系。

景观具有如下 5 个特征。

图 6.1　景观：自然与人工叠加的复合生态系统

① 景观由不同空间单元镶嵌组成，具有异质性；

② 景观是具有明显形态特征与功能联系的地理实体，其结构与功能具有相关性和地域性；

③ 景观既是生物的栖息地，更是人类的生存环境；

④ 景观是处于生态系统之上、全球环境之下的中间尺度，具有尺度性；

⑤ 景观具有经济、生态和文化的多重价值，表现为综合性。

依据以上特征，将景观定义为：景观是一定空间范围内，由不同生态系统所组成的、具有重复性格局的异质性地域单元。

6.1.2　景观生态学的产生和发展

1939 年德国著名生物地理学家 C. Troll 最早提出景观生态学（landscape ecology）的概念。Troll 将景观生态学定义为研究某一景观中生物群落与主要生物群落之间错综复杂的因果反馈关系的学科。为此，Troll 特别强调景观生态学是将航空摄影测量学、地理学和植被生态学结合在一起的综合性研究。Troll 把景观看作是人类生活环境中的"空间的总体和视觉所触及的一切整体"，把地球陆圈、生物圈和理性圈都看作是这个整体的有机组成部分。前苏联生态学家提出的生物地理群落学（biogeocoenology），其内容与早期欧洲的景观生态学相似。

1984 年，在第一部较为有影响的景观生态学英文教科书中，Naveh 和 D. Lieberman 继承并进一步发展了欧洲早期景观生态学的概念，提出了"景观生态学是基于系统论、控制论和生态系统学之上的跨学科的生态地理科学，是整体人类生态系统科学的一个分支"。欧洲景观生态学的一个重要特点是强调整体论（holism）和生物控制论（biocybernetics）观点，并以人类活动频繁的景观系统为主要研究对象。因此，景观生态学在欧洲一直与土地和景观的规划管理、保护和恢复密切相联系。

20 世纪 80 年代初景观生态学才在北美逐渐兴起。美国生态学家 R. Forman 通过一系列文章介绍了欧洲景观生态学的一些概念，强调景观生态学着重于研究较大尺度上不同生态系统的空间格局和相互关系的学科，提出了"斑块-廊道-基质"（patch-corridor-matrix）模式。与此同时，T. M. Burgess 和 D. M. Sharpe（1981）编著的《人类主导的景观中的森林岛动态》（*Forest Island Dynamics in Man-Dominated Landscaped*）一书，突出了岛屿生物地理学理论在研究景观镶嵌体中的作用。1983 年，在北美伊利诺斯州的 Allerton 公园召开的景观生态学研讨会，提出了景观生态学应强调空间异质性和尺度，而且对景观生态学的研究内容和方法作了较为系统的阐述。Allerton 研讨会成为北美景观生态学发展过程中一个重要里程碑。

景观生态学在我国虽然起步较晚，但近年来的发展很快。不仅已有不少介绍景观生态学概念和方法的文章和书籍出现，而且有关城市景观、农业景观、景观模型等方面的研究论文也陆续发表。然而，总体上看，我国景观生态学尚缺乏系统的、跨尺度的理论和实际研究，博学而笃行的景观生态学人才亟待培养。

6.1.3 景观生态学的研究内容

景观生态学是研究景观单元的类型组成、空间格局及其与生态过程相互作用的综合性学科。强调空间格局、生态过程与尺度之间的相互作用是景观生态学的核心所在。景观生态学的提出填补了生态学组织层次上的空白，成为介于生态系统生态学和全球生态学之间的过渡，对强调生态要素与现象的空间结构和尺度作用具有重要的意义（图 6.2）。

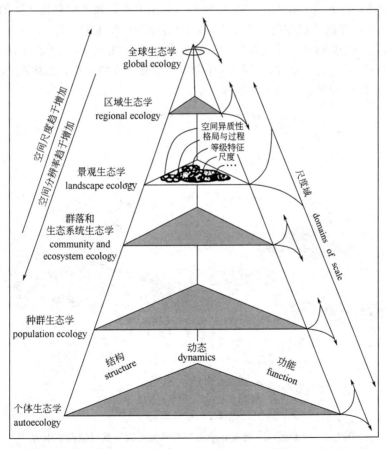

图 6.2　景观生态学与其他生态学学科的关系以及一些突出特点（引自邬建国，1996）

景观生态学与生态系统生态学之间的差异可归纳为以下几点。

① 景观是作为一个异质性系统来定义并进行研究的，空间异质性的发展和维持是景观

生态学的研究重点之一；生态系统生态学是将生态系统作为一个相对同质性系统来定义并加以研究的。

② 景观生态学研究的主要兴趣在于景观镶嵌体的空间格局，而生态系统研究则强调垂直格局，即能量、水分、养分在生态系统垂直断面上的运动与分配。

③ 景观生态系统考虑整个景观中的所有生态系统以及它们之间的相互作用，如能量、养分和物种在景观斑块间的交换。生态系统生态学仅研究分散的岛状系统。一个单元的生态系统在景观水平上可以视为一个相当宽的斑块或是一条狭窄的廊道，或是背景基质。

④ 景观生态学除研究自然系统外，还更多地考虑经营管理状态下的系统，人类活动对景观的影响是其重要的研究课题。

⑤ 只有在景观生态学中，一些活动范围大的动物种群（如鸟类和哺乳动物）才能得到合理的研究。

⑥ 景观生态学重视地貌过程、干扰以及生态系统间的相互关系，着重研究地貌过程和干扰对景观空间格局的形成和发展所起的作用。

景观生态学的研究对象和内容可以概括为 3 个基本方面。

① 景观结构，即景观组成单元的类型、多样性及其空间关系。

② 景观功能，即景观结构与生态学过程的相互作用或景观结构单元之间的相互作用。

③ 景观动态，即指景观在结构和功能方面随时间推移发生的变化。

景观的结构、功能和动态是相互依赖、相互作用的（图 6.3）。这正如其他生态学组织单元（如种群、群落、生态系统）的结构与功能是相辅相成的一样，结构在一定程度上决定功能，而结构的形成和发展又受到功能的影响。

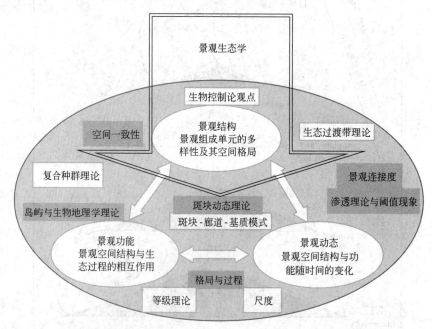

图 6.3 景观结构、功能和动态的相互关系以及景观生态学中的
基本概念和理论（引自邬建国，2000）

目前，景观生态学研究的重点主要集中在下列几个方面。

① 空间异质性或格局的形成和动态及其与生态学过程的相互作用；

② 格局-过程-尺度之间的相互作用；

③ 景观的等级结构和功能特征以及尺度推绎问题；

④ 人类活动与景观结构、功能的相互关系；

⑤ 景观异质性（或多样性）的维持和管理。

综上所述，景观生态学的学科特征可概括如下。

(1) 交叉性　景观生态学是地理学和生态学之间的交叉学科，它将地理学"水平方向"上对自然现象区域分异规律的研究与生态学"垂直方向"上对自然现象功能的研究结合起来，具有整体性或综合性特征。

(2) 层次性　景观生态学认为景观是由相互作用的生态系统（斑块）组成的，景观在自然等级系统中居于生态系统之上；景观生态学研究景观的结构、功能与动态。

(3) 多样性　景观生态学研究的组织水平、对象多样，研究尺度以大尺度为主，研究方法包括建筑、空间统计或地学统计、遥感、地理信息系统等。

(4) 应用性　景观生态学强调应用性，在景观规划、土地利用、自然资源的经营与管理、大的动物种群的保护方面发挥着重要的作用。

6.1.4　景观生态学的重要概念

景观生态学中的许多概念来自于相邻学科，如空间格局、多样性、异质性（不均匀性）等都是群落生态学中描绘种的分布时所经常使用的概念。

(1) 斑块-廊道-基质模式（patch-corridor-matrix）　无论是在景观生态学还是在景观生态规划中，斑块（path)-廊道（corridor)-基质（matrix）模式都是构成并用来描述景观空间格局的一个基本模式。其概念来自于生物地理学（主要是植物地理学）中对不同群落分布形式的描述，并给予更加明确的定义，从而形成的一套专有概念和术语体系。如斑块乃是在景观的空间比例尺上所能见到的最小异质性单元，即一个具体的生态系统；廊道是指不同于两侧基质的狭长地带，可以看作是一个线状或带状斑块，连接度、结点及中断等是反映廊道结构特征的重要指标；基质是景观中范围广阔、相对同质且连通性最强的背景地域，是一种重要的景观元素。它在很大程度上决定着景观的性质，对景观的动态起着主导作用。

斑块-廊道-基质模式的形成，使得对景观结构、功能和动态的表述更为具体、形象，而且，斑块-廊道-基质模式还有利于考虑景观结构与功能之间的相互关系，比较它们在时间上的变化。然而，必须指出，在实际研究中，要确切地区分斑块、廊道和基质往往是很困难的，也是不必要的。广义而言，把所谓基质看作是宏观中占绝对主导地位的斑块也未尝不可；另外，因为景观结构单元的划分总是与观察尺度相联系，所以斑块、廊道和基质的区分往往是相对的。例如，某一尺度上的斑块可能成为较小尺度上的基质，也可能是较大尺度上廊道的一部分。

(2) 景观结构与格局　景观作为一个整体成为一个系统，具有一定的结构和功能，而其结构和功能在外界干扰和其本身自然演替的作用下，呈现出动态的特征。

景观结构（landscape structure）是指景观的组分构成及其空间分布形式。景观结构特征是景观性状最直观的表现方式，也是景观生态学研究的核心内容之一。不同的景观结构是不同动力学发生机制的产物，同时还是不同景观功能得以实现的基础。

在景观生态学中，结构与格局是两个既有区别又有联系的概念。比较传统的理解是，景观结构包括景观的空间特征（如景观元素的大小、形状及空间组合等）和非空间特征（如景观元素的类型、面积比率等）两部分内容，而景观格局（landscape pattern）概念一般是指景观组分的空间分布和组合特征。另外，这两个概念均为尺度相关概念，表现为大结构中包含有小的格局，大格局中同样含有小的结构。不过，现阶段许多景观生态学文献往往不再区分景观格局和景观结构之间的概念差异。

景观生态研究通常需要基于大量空间定位信息，在缺乏系统景观发生和发展历史资料记录的情况下，从现有景观结构出发，通过对不同景观结构与功能之间的对应联系进行分析，成为景观生态学研究的主要思路。因此，景观结构分析是景观生态研究的基础。格局、异质性、尺度效应问题是景观结构研究的几个重点领域。

（3）异质性　异质性（heterogeneity）是景观生态学的重要概念，指在一个景观区域中，景观元素类型、组合及属性在空间或时间上的变异程度，是景观区别于其他生命层次的最显著特征。景观生态学研究主要基于地表的异质性信息，而景观以下层次的生态学研究则大多数需要以相对均质性的单元数据为内容。

景观异质性包括时间异质性和空间异质性，更确切地说，是时空耦合异质性。空间异质性反映一定空间层次景观的多样性信息，而时间异质性则反映不同时间尺度景观空间异质性的差异。正是时空两种异质性的交互作用导致了景观系统的演化发展和动态平衡，系统的结构、功能、性质和地位取决于其时间和空间异质性。所以，景观异质性原理不仅是景观生态学的核心理论，也是景观生态规划的方法论基础和核心。

异质性早已被视为生物系统的主要属性之一，它来源于干扰、环境变异和植被的内源演替。而景观生态学则进一步研究空间异质性的维持和发展；人类和动物都需要两种以上景观元素的事实证明了异质性在生物圈中存在的重要性，这对我们理解物种共存、生态位以及对野生动物和昆虫的管理是极其重要的。地球上多种多样的景观是异质性的结果，异质性是景观元素间产生能量流、物质流的原因。

（4）尺度　尺度（scale）是景观生态学的另一个重要概念，指研究对象时间和空间的细化水平，任何景观现象和生态过程均具有明显的时间和空间尺度特征。景观生态学研究的重要任务之一，就是了解不同时间、空间水平的尺度信息，弄清研究内容随尺度发生变化的规律性。景观特征通常会随着尺度变化出现显著差异，以景观异质性为例，小尺度上观测到的异质性结构，在较大尺度上可能会作为一种细节被忽略。因此，某一尺度上获得的任何研究结果，不能未经转换就向另一种尺度推广。

不同的分析尺度对于景观结构特征以及研究方法的选择均具有重要影响，虽然在大多数情况下，景观生态学是在与人类活动相适应的相对宏观尺度上描述自然和生物环境的结构，但景观以下的生态系统、群落等小尺度资料对于景观生态学分析仍具有重要的支撑作用。不过，最大限度地追求资料的尺度精细水平同样是一种不可取的做法，因为小尺度的资料虽然可以提供更多的细节信息，但却增加了准确把握景观整体规律的难度。所以，在着手进行一项景观生态问题研究时，确定合适的研究尺度以及相适应的研究方法，是取得合理研究成果的必要保证。

景观尺度效应的实质是不同的尺度水平具有不同的约束体系，属于某一尺度的景观生态过程和性质受制于该尺度特殊的约束体系。不同尺度间约束体系的不可替代性，导致大多数景观尺度规律难以外推。不过，不同等级的系统都是由低一级亚系统构成，不同等级之间存在密切的生态学联系，这种联系也许能使尺度规律外推成为可能。在地理信息系统技术应用日益广泛的今天，由于景观的特征信息可以利用各种图件方便地存储和表达，尺度差异可以直观地利用图像信息的分辨率水平来表示。这就为尺度效应分析提供了良好的技术和资料基础。

6.2 景观要素与景观格局

景观要素（landscape element）是指组成景观的最小单元。而普通生态学上的各种生态系统被称作不同的景观单元。景观和景观要素的关系是相对的。实际上我们对生态系统的学习知道生态系统有大小之分，大可达整个生物圈，小可至非常小的水洼地。但景观一般包含有不同生态系统，并强调其组成为异质镶嵌体；而景观要素强调的是均质同一的单元。从这里可以看出，景观要素是景观的基本单元。按照各种景观要素在景观中的地位和形状，可将景观要素分为斑块、廊道、基质3种基本类型，它们是组成景观的基本的结构单元。

6.2.1 斑块

斑块（patch）是指在外貌上与周围地区（基质）有所不同，但相对于周围环境又具有一定的内部均质性的一块非线形地表区域。具体地讲，斑块包括植物群落、湖泊、草原、农田、居民区等。因而其大小、类型、形状、边界以及内部均质程度都会显现出很大的不同。

斑块性（patchiness）是所有生态学系统的基本属性之一。许多空间格局和生态学过程由相应的斑块性和斑块动态（patch dynamics）来决定。

6.2.1.1 斑块的起源

根据起源的不同，将斑块分为4种类型：干扰斑块、残存斑块、环境资源斑块和引入斑块。除环境资源斑块外，其余3种斑块都由于干扰所致。故首先介绍干扰理论。

（1）干扰 干扰（disturbance）是使生态系统、群落或种群的结构遭到破坏和使资源、基质的有效性或使物理环境发生变化的任何相对离散的事件。自然界中的干扰是普遍发生的，如火灾、火山爆发、洪水、泥石流、病虫害等。干扰的影响是显而易见的，从一定意义上说，干扰是破坏因素，但从总的生物学意义来说，干扰也是一个建设因素，干扰是维持和促进景观多样性和群落中物种多样性的必要前提。

中等程度的干扰能维持高多样性，这是 Connell 等提出的中度干扰学说（intermediate disturbance hypothesis）。其理由是：①干扰导致先锋种侵入，如干扰频繁，先锋种不能发展到演替中期，使生物多样性较低；②如果干扰间隔时间很长，演替可能发展到顶级，多样性也不高；③中等程度的干扰允许较多的物种入侵和定居，使多样性维持最高水平。

（2）斑块形状 由于环境与人类活动的干扰影响，斑块的形状可谓是千姿百态，通常可归纳为圆形、多边形、长条形、环形与半岛形5大类。不同形状的斑块具有明显不同的生态效应。如相同面积的圆形斑块比长条形斑块有更多的内部面积和较少的边缘，而半岛形斑块有利于物种迁移。

6.2.1.2 斑块的类型（图6.4）

（1）干扰斑块（disturbance patch） 由局部性干扰，如泥石流、风暴、雪崩、病虫害的爆发以及人类活动干扰所形成的小面积斑块。干扰斑块通常具有高的周转率、持续时间短的特征。在某些特殊的周期性干扰的情形下，干扰斑块也可以长期存在。

（2）残存斑块（remnant patch） 由大范围干扰活动，如大范围的森林砍伐、农业活动、森林火灾等造成的局部范围内幸存或残存的自然与半自然生态系统片段。

（3）环境资源斑块（environmental resource patch） 即由于环境条件（如气候、地形、土壤、水分、养分等）在空间上分布不均匀而形成的斑块，如沙漠上的绿洲、河流下游地区的湿地。环境资源斑块通常是比较稳定的。

(a) 人工砍伐后形成的干扰斑块

(b) 火烧迹地是一种残存斑块

(c) 沙漠中的绿洲是一种环境资源斑块

(d) 人类耕种的农田是一种引入斑块

图 6.4　景观斑块示例

（4）引入斑块（introduced patch）　由人类引入新的植物或人类活动所形成的斑块，如农田、人工林、果园、高尔夫球场以及城市与人类居住点。引入斑块通常由人管理，而且往往对其他斑块与基质有较大的影响。

6.2.1.3　斑块的大小

斑块的大小，有的是客观决定的，有的是主观决定的。主观决定斑块的大小，如进行森林采伐时，对伐区大小及形状的确定；自然保护区大小、城市森林面积大小、城市广场绿地大小等的确定都属这一类。从生物学角度看，斑块大小一方面影响到能量和营养的分配，另一方面影响到物种数量。当前自然保护区建设和生物多样性保护问题，都必须充分考虑好斑块的大小和斑块的密度。从园林景观上看，斑块大小应由景观的结构来决定。

斑块的大小有十分重要的生态学意义。斑块大小不同，其生物量在空间分布上亦往往不同。一个大斑块若分割成两个小斑块时，边缘生境增加，往往使边缘种或常见种丰富度亦增加，但是小斑块内部生境减少，会减小内部种的种群和丰富度。大斑块中的种群比小斑块中的大，因此物种绝灭概率较小；而面积小、质量差的生境斑块中的物种绝灭概率较高。同时，大面积自然植被斑块可保护水体和溪流网络，斑块越大，其生境多样性亦越大，含有更多的物种，能维持大多数内部种的存活，为大多数脊椎动物提供核心生境和避难所，并允许自然干扰体系正常进行。一般而言，斑块越小，越易受到外围环境或基质中各种干扰的影响，而这些干扰影响的程度不仅与斑块的面积有关，同时也与斑块的形状及其边界特征有关。

6.2.1.4　岛屿生物地理学理论和种面积关系

1967 年 Robert MacArthur 和 E. O. Wilson 提出岛屿生物地理学的定量模型。岛屿生物地理学平衡理论的基本思想是物种的数目代表了物种迁入和灭绝之间的平衡。

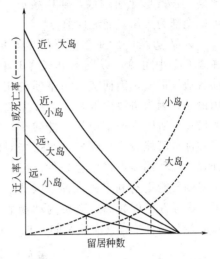

图 6.5　MacArther 岛屿地理平衡理论模型
（引自孙濡泳等，2002）

生物向岛屿迁入的速率开始时很高，凡能适应散布条件的种类很快到达新生岛屿；随着迁入种数的增加，迁入率下降。另一方面，每个物种都需要一定的生境条件，岛屿上的资源数量有限，生态位相同的物种必然发生互斥性竞争，导致失败者灭绝；再者，适生于岛屿某种生境的种类不可能维持较大的规模，而较小的种群灭绝的机会较多，因此岛屿上物种灭绝的速率随物种的增加而增加。还可以从图 6.5 中看到隔离得越厉害，迁入率越低；面积越大，灭绝率越低。迁入率与死亡率相等时的种数即为岛屿的留居总数。

得到如下结论：①到达平衡点时，岛屿上的物种数不再随时间变化；②这是一种动态平衡，即死亡种不断地被新迁入种代替；③相同距离条件下，大岛的平衡点的种数比小岛多；④相同面积条件下，近岛平衡点的种数比远岛多。

景观中斑块面积的大小、形状以及数目，对生物多样性和各种生态学过程都有影响。例如，物种数量（S）与生境面积（A）之间的关系常表达为：

$$S = cA^z$$

式中，c 和 z 为常数。

应用上述关系式时，须注意 2 个重要前提：①所研究生境中物种迁移（immigration）与灭绝（extinction）过程之间达到生态平衡态；②除面积之外，所研究生境的其他环境因素都相似。考虑到景观斑块的不同特征，种与面积的一般关系可表达为：

物种丰富度（或种数）＝f（生境多样性、干扰、斑块面积、演替阶段、
基质特征、斑块隔离程度）

6.2.1.5　斑块的形状与生态学效应

（1）斑块形状指数（shape coefficient）

$$D = \frac{L}{2\sqrt{2\pi A}}$$

式中，D 是形状系数；L 是斑块周边长度；A 是斑块面积。

D 值说明某一斑块周边长度 L 与面积同该斑块相等的圆的圆周长之比。比值为 1，说明该斑块为圆形。D 值越大，说明该斑块周边越发达。

（2）斑块的大小、形状效应　　最优的景观应该含有几个大型自然植被斑块，基质中分散着一些小型自然植被斑块。大型自然斑块为许多大型脊椎动物提供核心栖息地和避难所，保护水源和相互沟通的水系网络；另一方面，小型自然植被斑块可以作为物种迁移和再定居的中转站，可以保护分散的稀有种或小生境，提高基质异质性。

关于斑块形状的生态作用，可以通过圆形和长条形斑块分析得出，如图 6.6。小斑块都是边缘，大斑块虽然有较大的边缘，但更多的是内部。相同面积时，圆形斑块的内部与边缘

比高，长条形比值较低，到狭条形，甚至可以全部为边缘，而无内部。

内部-边缘比是一个重要的生态指标。在表 6.1 中可见，以圆形和长条形相比，前者边线最短，因而斑块与基质的相互作用最小；因为斑块内部最大直线距离以圆形最短，所以它内部障碍可能较少，生境异质性也可能较小；圆形斑块可能对内部种和边缘种都能提供生存条件，而长条形斑块则可能更有利于边缘种，因此，前者生物多样性可能较高。斑块内动物的寻食效应是与物种多样性有联系的。长条形斑块可起走廊的作用，便于动物移动。

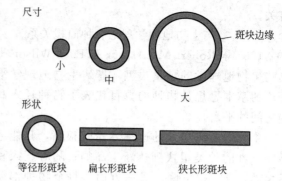

图 6.6　斑块的大小、形状及其对斑块内部-边缘面积比率的影响（引自 Forman 等，1986）

表 6.1　内部-边缘比的生态意义比较

指　　标	圆形	长条形	指　　标	圆形	长条形
内部-边缘比	高	低	生境异质性	小	大
边缘长度	小	大	作为动物走廊的价值	小	大
与基质的相互作用	小	大	物种多样性	大	小
斑块内部障碍物	少	多	动物寻食效应	大	小

6.2.1.6　边缘效应

边缘效应（edge effect）指斑块边缘部分由于受外围影响而表现出与斑块中心部分不同的生态学特征的现象。斑块中心部分在气候条件（如光、温度、湿度、风速）、物种组成以及生物地球化学循环方面都可能与其边缘部分不同。许多研究表明，斑块周界部分常常具有较高的物种丰富度和初级生产力。需要较稳定的环境条件才能很好生活的物种，往往集中分布在斑块中心部分，故称为内部种（interior species）。而另一些物种适应多变的环境条件，主要分布在斑块边缘部分，则称边缘种（edge species）。斑块边缘常常是风蚀或水土流失的起始或程度严重之处。然而，有许多物种的分布是介于这二者之间的。当斑块的面积很小时，内部与边缘的分异不复存在，因此整个斑块便会全部为边缘种或对生境不敏感的物种占据。显然，边缘效应是与斑块的大小以及相邻斑块和基质特征密切相关的。

总之，斑块的大小、形状等结构特征对生态系统的生产力、养分循环和水土流失等过程都有重要影响，斑块的数量和格局与景观的多样性即异质性有密切关系。

6.2.2　廊道

廊道（corridor）是指线性的景观单元，景观中的廊道通常具有通道与阻隔的双重作用，一方面几乎所有的景观都会由廊道分割，另一方面景观要素又被廊道连接在一起，成为功能的整体。

6.2.2.1　廊道的作用与起源

（1）廊道的作用　一般廊道都具有双重性：一方面将景观隔离；另一方面它又将景观另外某些不同部分连接起来。这两方面的性质是矛盾的，却集中于一体。不过，区别点在于起作用的对象不同而已。例如一条铁路可将相距甚远的甲、乙两地连接起来，但如果你要垂直地穿越它，它就成了一个障碍物。

廊道起着运输、保护资源和观赏的作用。如塔克拉玛干沙漠中的胡杨林构成环境资源廊道。城市中的道路主要担负运输及人行功能。廊道的隔离性也就是起保护作用。颐和园昆明湖两侧的长廊，杭州西湖的苏堤都是廊道美学作用的体现。

（2）廊道的起源　廊道的起源和形成与斑块的形成相似。环境资源在景观中呈带状分布，如河流是河道廊道形成的环境基础。人类活动干扰是道路廊道、林带廊道形成的原因。除河流廊道外，其他类型的廊道均在不同程度上与人类活动相关。

6.2.2.2　廊道的类型

在景观中，廊道可以分为以下 5 种基本类型（图 6.7）。

（1）残余廊道（remnant corridor）　当大部分原始植被被清除，只保留一条带状的本地植被时，就形成了残余廊道。残余廊道包括溪流、急坡、铁路和地产边界沿线未被伐除的植被。

（2）干扰廊道（disturbance corridor）　贯穿景观基质中的线状干扰会产生干扰廊道。干扰廊道打断了自然的、相对均质的景观，但也为当地的一些"机会型"动植物提供了重要的干扰生境，或者容纳一些次生演替早期阶段的物种。穿越森林景观的高压线就是一个干扰景观的例子。干扰廊道可能成为某些物种迁移到屏障，但又为另外一些物种提供了扩散的通道。

（3）种植廊道（planted corridor）　种植廊道是由人类出于经济或生态原因考虑而种植的带状植被。例如，在没有树木的大平原地区种植防护林，用来降低风速。种植廊道也为食虫鸟类和肉食昆虫提供了理想的栖息场所，并为小型哺乳动物提供了扩散通道。

（4）资源廊道（resource corridor）　资源廊道是景观中长距离延伸到狭窄自然植被带，如沿溪流分布的林带，这些条带不仅可以改善水质，而且可以降低溪流水位的变幅，并能在农业景观镶嵌体中保持自然的生物多样性。

（5）再生廊道（regenerated corridor）　源自景观基质中植被的再生。再生廊道的一个很好的实例是沿篱笆自然次生演替成长起来的树篱，鸟类是这种再生廊道中的常见居民，飞行物种通过协助种子的传播，可以改善这类廊道的植物物种组成。

6.2.2.3　廊道的结构特征与生态功能

廊道的结构特征主要表现在廊道的曲度，即廊道曲折程度、廊道宽度、廊道连通性以及廊道的内环境。廊道在景观生态过程具有十分重要的作用，不同廊道的生态作用差异较大，如森林廊道是景观内物质、能量流动、动植物迁移扩散的通道；道路廊道则是景观中不同要素物质、能量交流的障碍，或是景观的影响源；河道廊道不仅是物质流动与物种扩散过程的通道，还往往是一些重要物种的栖息地。

6.2.3　基质

基质（matrix）是景观中面积最大、连通性最好，在景观中起控制作用的景观要素。控制景观动态是基质的最根本特征。基质在景观功能上起着重要的作用，能影响能流、物流、信息流和物种流，如广阔的草原、沙漠，连片分布的森林、农田等。一般地说，斑块和廊道被基质所包围，基质是与斑块和廊道相对应而存在的景观类型。例如，大兴安岭落叶林是大兴安岭森林景观中的基质，其他的即为斑块和廊道。

6.2.3.1　基质的判定标准

（1）相对面积　当景观中某一要素所占的面积比其他要素大得多时，这种要素类型就可能是基质，它控制着景观中主要的流。相对面积的大小决定着基质对整个景观的控制程度。可以用相对面积作为衡量基质的第一标准，通常基质的面积超过现存的任何其他景观要素类型的总面积；或者说，如果某种景观要素占景观面积的 50% 以上，那它就很可能是基质，如果最大的景观成分在景观中所占面积不及 50%，那么在确定基质时附加特征很重要。

（2）连通性（connectivity）　树篱景观中树篱所占面积一般不到总面积的 10%，然而由于它的连通性好，人们往往觉得树篱网络就是基质。连通性高的景观有以下作用。

(a) 开发后连接原始植被的残余廊道

(b) 穿越草原的道路是一种干扰廊道

(c) 人工种植的树木廊道

(d) 蜿蜒于草原的溪流是一种资源廊道

(e) 允许其随时间自然发展的树篱，是一种再生廊道

图 6.7　几种景观廊道示例

　　① 可以起到分隔其他要素的作用，例如一个林带可将两边农田隔离开，在林中设防火林带可将两边森林隔开，这种障碍物可起物理、化学和生物的障碍作用；

　　② 当以细长条带相交形式连接时，景观要素可起一组廊道的作用，便于物种迁移和基因转换；

③ 可环绕其他景观要素而形成孤立的岛屿。

由于以上效应，当一个景观要素完全连通并将其他要素包围时，则可将它视为基质。

（3）动态控制　以树篱和农田来说，树篱中的乔木的果实、种子可被动物或风等媒介传到农田中去，起到物种源的作用，从而使农田在失去人的管理之后，不久就变为森林群落。这就表现出树篱对景观动态的控制作用。又如，在森林地区，和原始森林相比，采伐迹地和火烧迹地是不稳定的，它们内部的乔木树种的更新和恢复，要靠周围森林供给种源并给予其他方面的有利影响。所以森林应为基质，而采伐迹地和火烧迹地应为斑块。

动态控制是判别基质的第 3 条标准，也是最难估计的。具体判断时，首先根据相对面积；依据相对面积难以判别时，使用连通性标准；如果根据上述两个标准还不能确定，则要进行野外调查，以确定哪一种景观要素对景观动态的控制作用更大。

6.2.3.2　景观基质的孔隙度

孔隙度（porosity）是景观中所含斑块密度的量度，与斑块大小无关，即包括在基质内的单位面积的闭合边界（不接触所研究空间或景观的周界）的数目，与研究对象的尺度和分辨率有关。具有闭合边界的斑块数量越多，基质的孔隙度越高。不管本底中有多少个"孔"，但如基质能相互连通，则称连接完全，否则称之为连接不完全。所以孔隙度可能与连通度无关（图 6.8）。

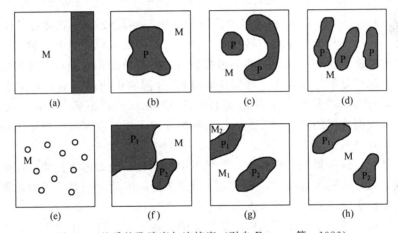

图 6.8　基质的孔隙度与连接度（引自 Forman 等，1986）

M—基质；P—斑块

（a）孔隙度为 0；（b）孔隙度为 1；（c）孔隙度为 2；（d）孔隙度为 3；（e）孔隙度为 11；
（f）孔隙度为 2，连接完全；（g）孔隙度为 2，连接不完全；（h）孔隙度为 2，连接完全

孔隙度可指示现有景观中物种的隔离程度和潜在基因变异的可能性，是边缘效应总量的一个指标，对野生动物管理有重要的指导意义，对物流、能流和物种流也有重要影响。低孔隙度可能会抑制斑块间的物种交换，孔隙度小表明景观中有一些偏僻的地区，这对一些动物是至关重要的。高孔隙度对穿越基质的动物可能产生或大或小的影响，这最终取决于斑块和基质间流的性质。如果斑块不适宜生存，或者有捕食者或猎人在斑块内等待动物通过，那么动物在基质内的迁移就会缓慢下来，而且会遇到危险；相反，如果斑块特别容易接近，则能促进动物以跳跃形式穿越景观。景观的孔隙度与动物的觅食也密切相关，因为适宜的斑块密度对动物获得足够食物和供养巢穴中的幼仔是很重要的。

相似斑块间的相互作用程度取决于二者之间的距离远近。对某些类型的流来说，斑块的面积也相当重要。

6.2.4　景观结构

根据 Forman 意见，景观结构可分为 4 大类：①分散的斑块景观；②网状景观；③交错

景观；④棋盘状景观（图 6.9）。

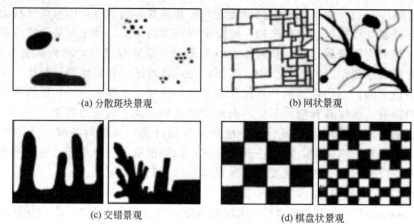

(a) 分散斑块景观　　　　　　　(b) 网状景观

(c) 交错景观　　　　　　　(d) 棋盘状景观

图 6.9　景观结构 4 种类型
（引自 Forman，1991）
（每种中仅包含两种要素，以黑和白表示，枝状例子中包含了网状和分散斑块两种特征）

（1）分散的斑块景观　在这种景观中，以一种生态系统或一种景观要素作为优势的基质，而以另外一种或多种类型斑块分散在其内。具有绿洲的荒漠、具有片林的农区或牧场可作为这种类型的实例。这种景观类型的关键特征有：①基质的相对面积；②斑块大小；③斑块间的距离；④斑块分散性（集聚、规则或随机）。分散的斑块景观对景观的很多特征均有影响。例如，相对面积对基质中某些物质的源区（source）和汇区（sink）功能影响就很大。因此，来自周围地区的热将使湿润的绿洲斑块变得干燥，农区的大量居民将使分散片林中的薪炭材资源日益减少。

（2）网状景观　这种景观的特点是，在景观中相互交叉的廊道占优势。例如，牧场中的树篱网或林网，森林中的集运材道，溪流系统等。关键的空间特征是：①廊道宽度；②连通性；③网的回路；④网格大小；⑤节点大小；⑥节点分布。

这种景观结构对各种基本变量的影响是明显的。在一些地区，粮食生产、土壤的干化和侵蚀都取决于防风林带的宽度和连通性。动物的活动性，无疑受到连通性和回路的影响。洪水和水质决定于溪流走廊和河岸带系统。很多海滨鱼类、营养水平和三角洲的形成，均取决于能够抑制侵蚀的河岸带植被和坡地上水土保持林带。

（3）交错景观　在交错景观里，占优势的有两种景观要素，彼此犬牙交错，但共同具有一个边界。这种景观的实例有：在山区农田和林地的交错分布，沿道路建设的居民区与非建筑区的交互分布。主要空间特征有：①每一要素类型的相对面积；②半岛的多度和方向；③半岛的长度和方向。

半岛的方向显然影响到风的穿入和作物产量，而宽度与生物多样性有关。在这种景观中总的边缘长度可能相当大，这样对边缘种和要求两种生态系统的动物有利。这种景观相邻两个生态系统的相互作用强烈，例如，农田中的家畜可能会妨碍森林中的天然更新，而森林中的草食动物也会妨碍农田中的农作物。

（4）棋盘状景观　这种景观由相互交错的棋盘状格子组成。人为管理的伐区格局和农田轮作可作为其代表。其显著的特征有：①景观粒度的大小（可直接按照组成斑块的平均面积或平均直径的测定）；②棋盘格子的规整性；③总的边界长度（或边缘数量）。

景观的粒度大小决定了内部种的多度和生物多样性，因为细粒景观包括的边缘种多。棋盘格子的规整性控制着很多客体（如作物授粉者、病害的媒介物和人）的移动和定居。伐区的更新和树木的风倒都与棋盘格子的特点有关。但是，棋盘景观的高度切割性质可减少干旱地区大气尘埃污染和大火的蔓延。

6.2.5 景观格局

景观空间格局（landscape pattern）一般指大小和形状不一的景观斑块在空间上的配置。景观格局是景观异质性的具体体现，同时又是包括干扰在内的各种生态过程在不同尺度上作用的结果。

景观作为一个整体具有其组成部分所没有的特性。因此，不能把景观单纯地描述为耕地、房屋、河流和牧场的总和。景观镶嵌格局在所有尺度上都存在。并且都是由斑块、廊道和基质构成，即所谓斑块-廊道-基质模式。

景观格局分析的目的是从看似无序的景观斑块镶嵌中，发现潜在的有意义的规律性。如果想更加深入地理解景观格局，最好的方式是把它与一些运动过程和变化联系起来。因为，我们今天看到的格局是过去的景观流形成的。同样，景观格局也影响着各种景观流。通过景观格局的分析，我们希望能确定产生和控制空间格局的因子和机制，比较不同的空间格局及其效应，探讨空间格局的尺度性质等。

6.2.5.1 景观格局类型

Forman 和 Godron（1986）将景观格局分为以下几类。

① 均匀分布格局，指某一特定类型景观要素间的距离相对一致。

② 聚集型分布格局，例如在许多热带农业区，农田多聚集在村庄附近或道路的一端。在丘陵地区，农田往往成片分布，村庄聚集在较大的山谷内。

③ 线状格局，例如房屋沿公路零散分布或耕地沿河分布的格局形式。

④ 平行格局，如侵蚀活跃地区的平行河流廊道，以及山地景观中沿山脊分布的森林带。

⑤ 特定组合或空间连接，大多分布在不同类型要素之间。例如稻田和酸果蔓沼泽总是与河流或渠道并存；道路和高尔夫球场往往与城市或乡村呈正相关空间连接。

考察怎样识别景观中特定构型之前，首先应该确定它的镶嵌度（patchiness）。孔隙度是指某种特定类型的斑块密度。镶嵌度是所有类型斑块密度的一种量度。斑块面积较小的城郊景观比斑块面积大的草原景观具有更高的镶嵌度。

在由若干斑块类型组成的镶嵌体中，一般会有3个或更多的景观要素类型相交于某一地点。这些地点可视为掩蔽点或聚集点，分布有多种资源，对野生动物特别重要。除景观要素间的相互作用集中外，聚集点往往位于两个景观要素构成的半岛尖端，是动物迁移和其他物种穿越景观的关键点（漏斗效应）。3种景观要素极为接近的线状廊道称为聚集线，如草原和农田间的防护林、人工针叶林和阔叶林带的伐木道等。

6.2.5.2 景观对比度

景观对比度（contrast）是指邻近景观单元之间的相异程度。如果相邻景观要素间差异甚大，过渡带窄而清晰，就可认为是高对比度的景观，反之，则为低对比度景观。

低对比度往往出现在大面积自然条件相对均一的地带，如热带雨林、温带草原、沙漠等，一般是自然形成的。人为活动会引起景观对比度的增加，如森林砍伐、城乡建设、铺路筑桥等。但有些人类活动也会造成景观对比度的降低，如在三角洲地区和平原地区，人为的农业活动影响，地貌单一，景观的对比度相对较低。

高对比度可由自然机制造成，一个常见的例子是由水热条件不同引起的山地植被带的垂直分布。再就是在土壤条件对优势植物或动物种的分布起控制作用的地区，例如在西伯利亚和斯堪的纳维亚地区，泥炭地和森林间的明显界线都是自然形成的。

景观的对比度也存在季节上的差异，尤其在季节分明的地区。

景观对比度高低只是描述景观外貌特征的一个指标，其高低大小无绝对的优劣之分。有些动物在选择栖息地时，往往对景观对比度的高低有一定的喜好，因此在涉及物种多样性时，应注意对个别物种生境的保护，在了解受保护物种的行为特点之前，不要轻易地人为改变其景观的对比度。

6.3.5.3　景观连通性和连接度

景观连通性（connectedness）是指景观元素在空间结构上的联系，而景观连接度（connectivity）是景观中各元素在功能上和生态过程上的联系。

景观连通性可从下述几个方面得到反映：斑块的大小、形状、同类型斑块之间的距离、廊道存在与否、不同类型树篱之间相交的频率和由树篱组成的网络单元的大小。

可以认为景观连接度是研究同类斑块之间或异质斑块之间在功能和生态过程上的有机联系，这种联系可能是生物群体之间的物种交换，也可以是景观元素间物质、能量的交换和迁移。景观连接度的影响因素有多个方面，不仅和景观的空间结构有密切的关系，而且与研究的生态过程和研究对象相关。主要表现在以下几个方面：①组成景观的元素和空间分布格局。功能和结构具有密不可分的联系，不同的结构将决定不同的功能，因而研究景观连接度必须研究景观元素的空间分布格局，斑块的大小、形状、同类斑块之间的距离、宽度、形状、长度都将影响景观连接度的水平（图6.10）。②研究的生态过程。不同的生态过程，运动变化的机理不同。景观中物种迁移、能量流动均有各自的规律，同一类型的景观结构，由于研究的生态过程不同，其机理不同，斑块之间的景观连接度水平将有较大差异。③研究的对象和目的。对于生物群体而言，不同的生物种，同一景观结构，其景观连接度将会不同。如陆生生物与水生生物之间，陆地生物和水禽之间，由于各自适应的环境条件不同，在同一种景观元素中将会有不同的适应能力，因而具有的景观连接度将有较大的差异。

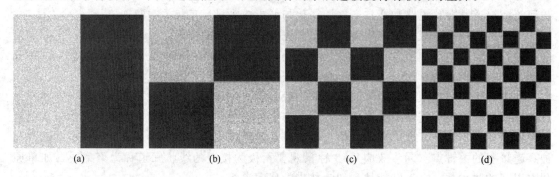

图6.10　具有相同面积但不同结构景观连通性的差异（引自 Farina，1998）
从（a）到（d）依次降低

具有较高的连通性不一定有较高的连接度；连通性较差的景观，景观连接度也不一定较小。Mcdonnell 和 Stiles（1983）以鸟类说明了连通性和连接度的这种关系，尽管不同鸟类栖息地在景观中不存在廊道连通，但鸟类可以飞越较长距离，到达其他同类斑块，对于鸟类来说，只要斑块之间的距离限定在其可以飞越的距离之内，仍具有较好的景观连接度。又如连通性较好的道路网，在物质和能量的传输交换上，将起到积极的作用，对于物质传输和能量交换，具有较高的连接度，但对于物种栖息地之间的物种迁徙、交换起到阻挡作用，具有较差的景观连接度。

　　许多研究表明，景观连接度对于破碎景观（如人类活动强烈的农业景观地区）中动物栖息地和物种保护具有重要意义。在不同景观类型区，应针对不同被保护对象，通过景观连接度分析，选择廊道建立的数目、宽度、物质组成和空间的排列方式，或通过景观连接度分析、研究物种"暂栖地"的建立，对于物种在景观中的迁徙、繁殖和栖息起到重要作用。

6.3.5.4　景观粒度

　　景观粒度（landscape grain）上有粗粒（coarse grain）和细粒（fine grain）景观之分。粗粒和细粒是相对而言的，依据观察尺度的不同，对粗粒和细粒景观也就有不同的定义。如在大兴安岭林区，尤其是人工林集中的地方，可以认为是细粒景观，而在武夷山的山顶，分布着草甸、苔藓、矮曲林等自然植被，就可以认为是粗粒景观。又如三江平原，集中分布大面积的湿地、水田，也可以认为是细粒景观，而在城乡交接带，则是城市用地与各种类型的农业用地交错分布，就称得上粗粒景观了。这时观察的尺度在几公顷到上百公顷之间。

　　景观镶嵌体的粒度可以用现存所有斑块的平均直径来量度。粗粒结构景观多样性高，但局部地点的多样性却低，当然边界附近例外。这样的景观结构可以为保护水源或内部特有物种提供大型自然斑块，却不利于多生境物种的生存，因为需要移动很长的距离才能实现从一种生境到另一生境的转移。相比之下，细粒景观有利于多生境物种的生存，但不利于要求大斑块的内部特有种生存。细粒景观整体单调（景观的每一部分都大致相同），但局部多样性高（相邻点的异质性高）。

6.3　景观的功能

6.3.1　斑块的功能

　　斑块的类型、大小、形状和动态都能对植物多样性产生影响。一般认为要阻止生物多样性丧失，只有建立大面积的自然保护区，Leigh 等（1993）在巴拿马运河由于泄洪产生的岛屿状森林群落研究中发现，6 个岛屿内的植物多样性明显低于连续的森林斑块。

6.3.2　廊道的功能

　　几乎所有的景观都为廊道所分割，同时又被廊道联系在一起。廊道的功能主要体现在 4 个方面：①某些物种的栖息地，某些物种以廊道作为栖息地，而很少出现在基质中；②物种迁移通道，如河流是许多鱼类和其他水生动物的迁移通道，树篱可以为鸟类传布植物种子和中小型动物穿越斑块提供通道；③分隔地区的屏障和过滤器，如抵挡自然灾害或外来物种的入侵，与梯田平行的植被对水土流失的控制作用等；④影响周围基质的环境和生物源，如农田林网的防风、改善气候等方面的作用。

　　廊道的功能不仅体现在物种上，也体现在能量和矿物质的流动上。如经过廊道的影响，土壤或水域中的养分含量会有明显的差异。

6.3.3　基质的功能

　　基质的功能主要通过其连接起作用。在没有屏障存在时，意味着基质连接度较高。这时，热量、尘埃和风播种子、花粉可以以相对均匀的层流形式在基质上空运动，动物、害虫、火可迅速蔓延。因此，在基质连接度较高的地方，物种具有较高的迁移速率，遗传变异和种群差别相对较小。基质异质性的变化可能造成生境斑块的"岛屿化"效应，进而影响斑块间物种的迁移，引起植物种群波动和多样性变化。

6.3.4 网络的功能

在许多景观中，网络分布广泛，而且相互重叠，类型繁多，在景观生态学及其应用中有重要意义。

节点是网络中廊道的交接区，是流动物体的源和汇，如水坑是干旱区动物迁移路径的节点。廊道或道路常与节点相连，网络实际上是由一系列相互连接的廊道所构成的。节点通常可以起到中继点的作用，通过中继点，可能扩大或加速物流；可以降低流中的"噪声"或"不相关性"；可以提供临时贮存地。如不同大小的湖泊可以提供水鸟的食物、淘汰弱鸟和让鸟类聚集越冬。

6.4 景观生态学的研究方法

6.4.1 遥感技术

遥感（remote sensing）是指通过任何不接触被观测物体的手段来获取信息的过程和方法，包括航空照片、卫星影像、热红外图像（thermal imagery）等。近年来，卫星遥感数据已成为研究区域景观单元分布状况的重要资料来源。大量的研究工作，如景观变化、景观结构、景观破碎化等，都是首先基于对卫星遥感数据资料的分析处理。没有遥感技术，很难想象如何才能有效地研究大尺度和跨尺度上的景观现象。

遥感可以为景观生态学提供哪些有用的信息呢？最常用的包括：植被类型及其分布，植被类型内部斑块（包括个体植物）的空间分布，土地利用类型及其面积，生物量分布，土壤类型及其水分特征，群落蒸发蒸腾，叶面积指数以及叶绿素含量等。例如，最常用的卫星遥感资料来源之一，美国 1972 年发射的陆地卫星的 TM（lansat thematic mapper）影像，包括 7 个波段，每个波段的信息反映了不同的生态学特点。不同波段的信息还可以以某种形式组合起来，更好地反映某些地面生态学特征。例如，最常见的植被（绿度）指数之一的 NDVI，是红光和近红外两个波段所测值之间的差再被其和"标准化"：

$$NDVI = \frac{\lambda_{IR} - \lambda_R}{\lambda_{IR} + \lambda_R}$$

式中，NDVI 为标准化植被差异指数；λ_{IR} 为地面表层在近红外的反射量（对于 TM 来说，λ_{IR} 和 λ_R 分别对应于第 4 和第 3 波谱段）。

近些年来，多种植被指数已广泛地应用在生物量估测、资源调查、植被动态监测、景观结构和功能以及全球变化的研究中。

简而言之，遥感资料在景观生态学中的应用可以归纳为 3 类：①植被和土地利用分类；②生态系统和景观特征的定量化（如植被的结构特征、生境特征以及生物量，或干扰的范围、严重程度及频率）；③景观动态以及生态系统管理方面的研究（如土地利用在空间和时间上的变化，植被动态等）。

6.4.2 数量方法

景观格局指数包括两个部分，即景观单元特征指数和景观异质性指数。景观单元特征指数是指用于描述斑块面积、斑块周长和斑块数等特征的指标；景观异质性指数包括多样性指数、镶嵌度指数、距离指数和景观破碎化指数 4 类。

6.4.2.1 景观单元特征指数

（1）斑块面积 从图形上直接量算，整个景观和单一类型的最大和最小斑块面积分别具有不同的生态意义。

① 斑块平均面积　整个景观的斑块平均面积＝斑块总面积/斑块总数

单一景观类型的斑块平均面积＝类型的斑块总面积/类型的斑块总数量

用于描述景观粒度，在一定意义上解释景观破碎化的程度。

② 斑块面积的统计分布　研究斑块面积大小符合哪种数理统计分布规律，不同的统计分布规律揭示出不同的生态特征。

③ 斑块面积的方差　通过方差分析，解释斑块面积分布的均匀性程度。

④ 景观相似性指数　类型面积/景观总面积。度量单一类型与景观整体的相似性程度。

⑤ 最大斑块指数　景观＝最大斑块面积/景观总面积；类型＝类型的最大斑块面积/类型总面积。显示最大斑块对整个类型或者景观的影响程度。

（2）斑块周长

① 斑块周长　是景观斑块的重要参数之一，反映了各种扩散过程（能流、物流和物种流）的可能性。

② 边界密度　整个景观＝景观总周长/景观总面积；类型＝类型周长/类型面积。解释了景观或类型被边界的分割程度，是景观破碎化程度的直接反映。

③ 内缘比例　斑块周长/斑块面积。显示斑块边缘效应强度。

6.4.2.2　景观异质性指数

景观异质性指数可用来描述斑块镶嵌体或整个景观的结构特征（表6.2）。这里只介绍较常用的几个：相对丰富度指数（relative richness index）、多样性指数（diversity index）、优势度指数（dominance index）、均匀度指数（evenness index）、聚集度指数（contagion index）和空间自相关指数（spatial autocorrelation index）。其中，丰富度指数、多样性指数、均匀度指数和优势度指数已经在种群和群落生态学中广泛采用。下面只对几个常用的景观指数作详细介绍。

① 景观相对丰富度指数

$$R = \frac{N}{N_{\max}}$$

式中，N 为景观中斑块类型数目；$N_{\max}$ 为景观中可能出现的斑块类型总数的最大值。

表 6.2　景观镶嵌体的一些可测量特征

特　征	描　述
斑块大小分布（patch size distribution）	某种斑块类型的大小分布特征（如对数正态分布、均匀分布等）
边界形态（boundary form）	边界的宽度、长度、连续性和曲折性（如分维数）
周长与面积比（Perimeter：area ratio）	斑块的边界长度与其面积的比值；反映斑块的形状
斑块的取向（patch orientation）	斑块相对于具有方向性的过程（如流水、生物运动等）的空间位置
基质（matrix 或 context）	与斑块直接联系在一起的下垫面或景观中的主要组成类型
对比度（contrast）	通过某一边界时相邻斑块之间的差别程度
连接度（connectivity）	斑块间通过廊道网络而连接在一起的程度
丰富度（richness）	某一地区内斑块类型的数目
均匀度（evenness）	景观镶嵌体中不同斑块类型在其数目或面积方面的均匀程度
斑块类型分布（patch type distribution）	斑块类型在空间上的分布格局
可预测性（predictability）	有时亦称为空间自相关性，即某一生态学特征在其邻近空间上表现出的相关程度

注：引自 Wiens 等，1993。

② 景观多样性指数

$$H = -\sum_{k=1}^{n}(P_k \ln P_k)$$

式中，P_k 为斑块类型 k 在景观中出现的概率，通常以该类型占有的栅格细胞数（或像元数）占景观栅格细胞总数的比例来估算；n 为景观中斑块类型的总数。

上式称为 Shannon-Wiener 指数，有时亦称为 Shannon-Weaver 指数。多样性指数的大小取决于两个方面的信息：一是斑块类型的多少（即丰富度），二是各类型在空间上分布的均匀程度。对于给定的 n，当各类斑块的比例相同时（即 $P_k = 1/n$），H 达到最大值（$H_{\max} = \ln n$）。通常，随着 H 的增加，景观结构组成成分的复杂性也趋于增加。

③ 景观聚集度指数

$$C = C_{\max} + \sum_{i=1}^{n}\sum_{j=1}^{n} P_{ij} \ln P_{ij}$$

式中，$C_{\max}$ 为聚集度指数的最大值（$2\ln n$）；n 为景观中斑块类型总数；P_{ij} 为斑块类型 i 与 j 相邻的概率。

聚集度指数反映景观中不同斑块类型的非随机性或聚集程度。与多样性和均匀度指数不同，聚集度指数明确考虑斑块类型之间的相邻关系，因此能够反映景观组分的空间配置特征。例如，聚集度取值小时，景观多由许多小斑块组成，具有较大的随机特征；而当其值较大时，景观则表现出斑块聚集而形成少数大斑块的趋势。

6.5　景观生态学的应用

景观生态学的发展从一开始就与土地规划、管理和恢复、森林管理、农业生产实践、自然保护等实际问题密切联系。自 20 世纪 80 年代以来，随着景观生态学概念、理论和方法的不断扩展和完善，其应用也越来越广泛。其中最突出的包括在自然保护、土地利用规划、保育生物学、景观规划、自然资源管理等方面的应用。传统的生态学思想强调生态学系统的平衡态、稳定性、均质性、确定性以及可预测性。这一自然均衡范式在自然保护和资源管理的应用中长期以来占有重要的地位。但是，生态学系统并非处在"均衡"状态，时间上和空间上的斑块性或异质性才是它们的普遍特征，不断增加的人为干扰使这些特征愈为突出。因此，强调多尺度空间格局和生态学过程相互作用以及等级结构和功能的景观生态学观点，为解决实际中环境和生态学问题提供了一个更合理、更有效的概念构架。

6.5.1　生态系统管理

景观生态学观点在生态系统管理中也受到广泛重视。生态系统管理的目的是保护异质景观中的物种和自然生态系统，维持正常的生态学和进化过程，合理利用自然资源，从而保证生态系统的持续性（sustainability）。生态系统管理的中心思想为以下几点。

① 管理的注意力应放在粗尺度的景观层次上，不能放在单个生态系统类型上；

② 不仅考虑商业性产品，而且结合考虑多种生态系统商品、服务和价值；

③ 生态系统的价值不仅包括自然价值，而且也包括经济的、社会的和文化的价值；

④ 对公有商品做出决策时，必须有公众的参与；

⑤ 采用适应性管理（adaptive management）；

⑥ 由于景观不同部分之间的不可分割的联系，管理要考虑系统内外多方面的影响。

6.5.2　土地利用规划

景观生态学与景观和城市规划及设计有密切关系。景观生态学的目的之一是理解空间结构如何影响生态学过程。现代景观和城市规划与设计强调人类与自然的协调性，自然保护思想在这些领域中日趋重要。因此，景观生态学可以为土地规划和设计提供一个必要的理论基础，并可以帮助评估和预测规划和设计可能带来的生态学后果。而规划和设计的景观可以用来检验景观生态学中的理论和假说。这种关系似乎像物理学与工程学之间的那种相辅相成的关系。此外，景观生态学还为规划和设计提供了一系列方法、工具和资料。例如，景观生态学中的格局分析和空间模型方法与遥感技术结合，可以大大促进景观和城市规划与设计的科学性和可行性。

6.5.3　城市景观生态建设

城市是典型的人工景观，在空间结构上它属于紧密汇聚型，斑块组成大集中、小分散；在功能上城市景观表现为高能流、高容量、信息流的辐射传播以及文化上的多样性；在景观变化的速率上，城市景观变化快速。对于城市而言，其景观生态建设应注意将自然引入城市，使文化融入建筑，实现多元汇聚、便捷沟通、高密高流、绿在其中。

城市绿地是城市景观的重要组成部分，应用景观生态学的理论和方法对城市绿地景观格局进行分析评价，进而做出景观生态规划，是研究城市绿地问题的一条新途径。它不仅完善和补充了城市绿地规划理论和方法，而且为营造合理的城市绿地空间分布格局、创造优美的城市生活提供了科学依据。

6.5.4　自然保护区规划

景观生态学的兴起给自然保护区的设计带来了新思想、新理论和新方法。景观生态学强调系统的等级结构、空间异质性、时空尺度效应、干扰作用、人类对景观的影响及景观管理，许多理论和学说可直接应用于自然保护区的类型划分、区划、研究和管理之中（图6.11）。

6.5.4.1　自然保护区选址原则

自然保护区的选址必须充分考虑：①保护对象的典型性或代表性；②保护重点的稀有性；③保护生态系统的脆弱性；④生物多样性或生态过程的多样性；⑤一定面积以确保重点保护对象的繁衍；⑥保护区内植被的天然性；⑦美学感染力；⑧潜在的保护价值等。

6.5.4.2　保护区的大小与形状

保护区面积越大，其保护生物多样性和生态系统的作用越大。但是考虑到人口众多和土地资源贫乏的经济发展现状，兼顾长远利益与眼前利益，自然保护区只能限于一定的面积，因此保护区面积的适宜性是很重要的。保护区的面积应根据保护对象和目的而定，应以物种-面积关系、生态系统的物种多样性与稳定性以及岛屿生物地理学为理论基础来确定保护区的面积。考虑到保护区的边缘效应，狭长形的保护区不如圆形的好，所以保护区的最佳形状是圆形。

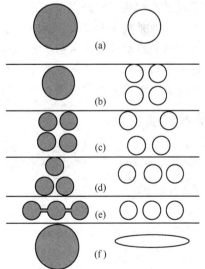

图 6.11　自然保护区规划与
设计的原则（引自 sharon，2002）
(a) 大保护区比小保护区好；(b) 完整比零散好；
(c) 靠近比疏远好；(d) 等距离排列比一字
排开好；(e) 以廊道相连比没有廊道相连好；
(f) 形状的周长/面积比越小越好

6.5.4.3 自然保护区网与生境走廊建设

自然保护区的规划建设仅考虑单个保护区是不可取的，应该在更大范围内采用节点-网络-模块-廊道模式来考虑与设计自然保护区网。人类活动所导致的生境破碎化是生物多样性面临的最大威胁，通过生境走廊的保护与建设可将保护区之间或与其他隔离生境相连。生境走廊作为适应于生物移动的通道，把不同地方的保护区连成了大范围的保护区网。

① 廊道的数目　廊道数目的规划，除考虑相邻斑块的利用类型，还要考虑经济的可行性和社会的可接受性。因为廊道有利于物种的空间运动和本来是孤立的斑块内物种的生存和延续，从这个意义上讲，多一条廊道，斑块内物种就增加了一个迁移或临时的避难所，减少被截流和分割的危险。

② 廊道构成　相邻斑块利用类型不同，廊道构成也不同。连接保护区的廊道最好由乡土植物种类组成，并与作为保护对象的残遗斑块相近似。

③ 廊道宽度　根据规划的目的和区域的具体情况，来确定适宜的廊道宽度。

④ 廊道形状　目前，生态学家对斑块内的物种如何在景观中迁移，是沿直线的、曲线的、还是沿自由路径，知之甚少，此项研究需对特定物种进行长期的定位观测，对廊道形状的规划有待进一步的深入研究。

［课后复习］

1. **概念和术语**：景观、景观生态学、斑块、廊道、基质、尺度、异质性、景观要素、镶嵌体、连通性、孔隙度、对比度、连接度、景观结构、景观格局、景观功能、景观动态

2. **原理和定律**：斑块-廊道-基质模式、中度干扰假说、岛屿生物地理学理论、边缘效应

［课后思考］

1. 景观生态学的研究和内容是什么？其相互关系如何？

2. 如何区分景观中的斑块、廊道和基质？

3. 基质的判定标准是什么？研究基质孔隙度有什么意义？

4. 景观中的斑块、廊道和基质分别具有哪些主要功能？

5. 简述目前景观生态学有哪些主要的应用方面？

［推荐阅读文献］

[1]　傅伯杰，陈利顶，马克明等. 景观生态学原理及应用. 北京：科学出版社，2001.
[2]　徐化成. 景观生态学. 北京：中国林业出版社，1996.
[3]　肖笃宁，李秀珍，高峻等. 景观生态学. 北京：科学出版社，2003.
[4]　邬建国. 景观生态学——格局、过程、尺度与等级. 北京：高等教育出版社，2000.

7 地球上的主要生态系统类型

【学习要点】

1. 熟悉海洋生态系统的主要常见类型；
2. 了解河口生态系统和红树林生态系统的生境特征；
3. 熟悉淡水生态系统的主要常见类型，理解湿地和湖泊生态系统的主要功能；
4. 掌握陆地生态系统的地带性分布特征，熟悉各类森林生态系统的主要特点和分布；
5. 熟悉草地生态系统的主要类型及其特征；
6. 掌握农业生态系统和城市生态系统的概念、组成和基本结构；
7. 了解农业生态系统和城市生态系统的基本功能和特征。

【核心概念】

河口生态系统：是河口水层区与底栖带所有生物与其环境进行物质交换和能量传递所形成的统一整体。

红树林生态系统：是热带、亚热带海滩以红树林为主的生物群落所形成的独特的海陆边缘生态系统。

湿地生态系统：是分布于陆生生态系统和水生生态系统之间具有独特水文、土壤、植被与生物特征的生态系统，是自然界最富生物多样性的生态景观和人类最重要的生存环境之一。

河流生态系统：是指那些水流湍急和流动较大的江河、溪涧和水渠等，属流水型生态系统，是陆地和海洋联系的纽带，在生物圈的物质循环中起着主要作用。

森林生态系统：森林群落与其环境在功能流的作用下形成一定结构、功能和自行调控的自然综合体。

草地生态系统：草原是内陆干旱到半湿润气候条件的产物，以多年生草本植物占优势，辽阔无林，在原始状态下常有各种善于奔驰或营洞穴生活的草食动物栖居。

荒漠生态系统：是一类特殊的生态系统，位于极端干旱、降雨稀少、植被稀疏的亚热带和温带地区。依据温度不同，可分为热荒漠和冷荒漠。热荒漠主要分布在亚热带和大陆性气候特别强烈的地区。冷荒漠主要分布在极地或高山严寒地带。

苔原生态系统：也叫冻原，是由极地平原和高山苔原的生物群落与其生存环境所组合成的综合体。主要分布在欧亚大陆北部和北美洲北部的永久冻土带。主要特征是低温、生物种类贫乏、生长期短、降水量少。

农业生态系统：利用农业生物种群和非生物环境之间以及农业生物种群之间的相互关系，通过合理的生态结构和高效的生态机能，进行能量转化和物质循环，并按人类社会需要进行物质生产的综合体。农业生态系统是人工驯化的生态系统，既有人类的干预，同时又受自然规律的支配。

城市生态系统：城市空间范围内的居民与自然环境系统和人工建造的社会环境系统相互作用而形成的统一体，属人工生态系统。它是以人为主体的、人工化环境的、人类自我驯化的、开放性的生态系统。

地球上的生态系统，依据能量和物质的运动状况、生物、非生物成分，可分为多种类型。

按照生态系统非生物成分和特征划分为：陆地生态系统和水域生态系统。陆地生态系统又分为：荒漠生态系统、草原生态系统、稀树干草原生态系统、农业生态系统、城市生态系统和森林生态系统。水域生态系统又分为：淡水生态系统（流动水生态系统、静水生态系统）、海洋生态系统。图 7.1 形象地说明了地球上各种生态系统类型的分布情况。

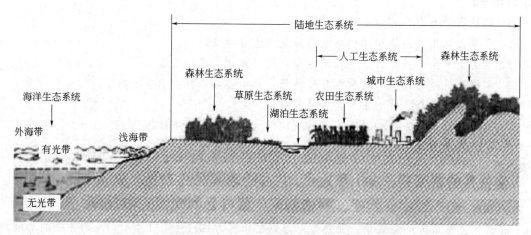

图 7.1　地球上生态系统类型示意图（仿祝廷成等，1983）

按照生态系统的生物成分划分为：植物生态系统、动物生态系统、微生物生态系统、人类生态系统。按照生态系统结构和外界物质与能量交换状况划分为：开放生态系统、封闭生态系统、隔离生态系统。由于划分方法的不同，生态系统的类型较多，这里介绍几种主要的自然生态系统类型。

7.1　海洋生态系统

7.1.1　海洋环境特征

海洋在地球上是广阔连续的水域。海洋总面积 $3.6 \times 10^8 km^2$，覆盖 71% 的地球表面，平均水深 2750m，占地球总水量的 97%。海洋的中心部分叫洋，具有很深的浩瀚水域、独自的潮汐和洋流系统、比较稳定的盐度（约 3.5% 左右）。世界上四大洋的平均深度 4028m。海洋的边缘部分叫海，没有独自的潮汐和洋流系统，如澳大利亚东北面的珊瑚海为世界上最大的海。两端连接海洋的狭窄水道称为海峡，如马六甲海峡连接太平洋和印度洋。海洋底部可分为大陆架、大陆坡和洋底。大陆架是各洲大陆在海水以下的延续部分，一般坡度较缓；

再向海洋延伸会逐渐陡斜，这部分海底称为大陆坡；最后是深度达几千米的洋底。洋底约占海洋总面积的80％，地形起伏不平，形成海岭、海盆、海沟和海渊等。

　　所有海洋都是相连的（图7.2），很多海洋生物能自由运动，但海水深度、盐度和温度则是主要障碍。两极和赤道的气温差会引起强风，与地球转动结合在一起，产生表层海水的洋流。因温度和盐分变化造成密度差异还会引起深层海水的流动。水的循环流动有助于氧的溶解和营养物质的交换，风持续地把表层水吹走后，由较冷的深层海水补充，同时积累于深层的营养物质也被带到海水表层，这称为海水的上涌过程，它能形成巨大的生产能力，例如由秘鲁海流引起的上涌产生世界上最富饶的渔场之一。

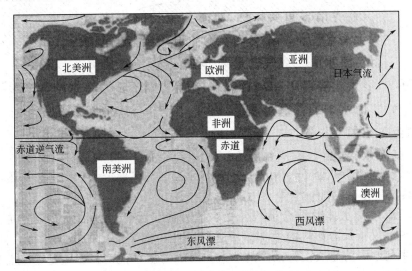

图7.2　世界大洋海流分布（引自杨持，2008）

　　海水的运动还包括由太阳和月亮的引力作用产生的潮汐。在近海岸带，海洋生物繁多，潮汐显得特别重要，使海洋生物群落形成明显的周期性。

　　海洋中含有较多的盐分，大约2.7％是氯化钠，其余的是镁、钙、钾盐。大洋的盐度随季节变化非常小，而在海湾和河口的半咸淡水，盐度的季节变化非常明显。

　　海洋生境的另一特点是溶解的营养物质浓度低。虽然含盐较多，但硝酸盐、磷酸盐和其他营养盐类含量稀少，而且这些生物必需的盐类存留时间短，随不同地区和季节而明显变化。仅少数有剧烈海水上涌流动的地方，营养物质非常丰富。

　　海洋地带分布如图7.3。浅海区介于海滨低潮带以下的潮下带至深度200m左右大陆架边缘之间。因水深平均130m，光线可达海底生物群落。来自大河的淡水，使该区的盐度比大洋或深海更容易发生变化。还从陆地输入了大量营养物质，且与纬度和洋流一道决定了海水温度和营养物质状态。水温变化大，在温带地区有季节性。底质多松软，由沙和泥沉积而成。从近海向外海方向，盐度、温度和光照的变化程度逐渐减弱。

　　远洋区是水深200m以上、大陆架以外远离陆地的深海水域及与之相连的海底，占地球水域的85％～90％。该区含盐量基本上稳定。在表层，波浪是主导因素，溶解氧含量高，阳光充足。深海环境稳定，温度变化小，溶解氧少，光线微弱，水的压力大，没有绿色植物的光合作用。

　　河口区是陆地江河淡水和海水交汇的混合区域，为淡水和海洋栖息地之间的过渡区或群落交错区。河口区水浅，水温变化大，盐度变化具有周期性和季节性，溶解氧含量较大，透明度低，底质为松软的泥沙沉积而成。

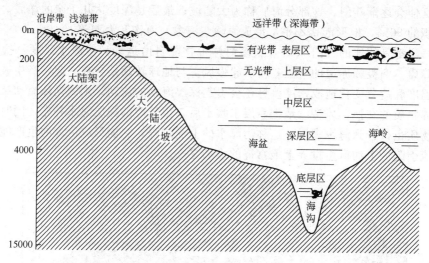

图 7.3 典型海洋地带分布（仿祝廷成，1983）

7.1.2 河口生态系统

7.1.2.1 河口环境特征

河口生态系统（estuary ecosystem）是河口水层区与底栖带所有生物与其环境进行物质交换和能量传递所形成的统一整体。

河口是河流与受水体的结合地段，受水体可能是海洋、湖泊，甚至是更大的河流，但河口生态在此仅指入海河口的生态。入海河口是一个半封闭的沿岸水体，同海洋自由连通，在其中河水与海水交混。潮汐的涨落和河水的洪枯使河口水流处于经常的动荡中，而河口特性影响着河流终段和近海水域，所以河口区的范围很大。河口包括以河流特性为主的进口段，以海洋特性为主的口外海滨段，和两种特性相互影响的河口段。河口水体中水动力、盐度、泥沙含量等特点给河口生物带来特殊的负荷。而人类在河口区的频繁活动，包括交通、贸易、水产等都在影响着河口生态；河水中汇集了大量陆源污染物，更直接威胁着河口生物的生存和繁殖。研究河口生态的一个目的便是为了更好地开发河口生物资源。

7.1.2.2 河口有机物质的循环

河口有来自陆地淡水或由海水带来的大量碎屑，细菌和其他异养性的微生物将它们分解成为溶解的或颗粒的有机物质，然后这些物质可被植物利用。滤食性动物过滤微生物或植物，肉食性动物又吞食这些滤食性动物，这就构成了河口有机物质的循环。

7.1.2.3 河口生物的分布

河口生物一般都能忍受温度的剧烈变化。但是在盐度适应方面存在较大的差异，这影响它们在河口区的分布。河口生物可划分为：①贫盐性种类，适应在 5.0 的盐度以下生活，因此仅见于河口内段，接近正常淡水环境。②低盐度种类，适应在 15.0～32.0 的盐度下生活。如盐沼红树林、浅水海草群落、偏顶蛤、蓝蛤、火腿许水蚤等软体动物和甲壳动物。③广盐性海洋种，适应在 26.0～34.0 的盐度下生活，适应幅度较大，可分布在河口，也可见于外海。④狭盐性海洋种，适应在 33.0～34.5 的盐度范围生活。随着外海高盐水的入侵，偶见于河口区或季节性地分布到河口。

7.1.2.4 河口生物对水温变化的适应

河口水温随纬度而异。适于在低温生活的种类，在高温季节种群数量最低，甚至以休眠或包囊形式度过不利条件。反之，适应高温生活的种类在低温季节常产休眠卵，以度过不良环境。因此，河口一些生物类群表现出季节性更替现象。

7.1.2.5 河口生物对渗透压调节的适应

由于河口是淡水和海水交汇区域，一些上溯入河川营生殖洄游的鱼类，如鲑、鳟、银鱼、刀鲚等，一些下降入海营生殖洄游的动物，如中华绒螯蟹、日本鳗鲡等，以及在河口区营生殖洄游和索饵洄游的动物，如梭鲻鱼类、鲈鱼、江豚、白海豚，它们进入河口区后，不论将这儿作为通道还是活动区域，都需要作短暂的停留，调节个体渗透压，以适应河口、下海或入河的环境。

7.1.2.6 河口群落和生产力

河口生物群落的主要特点是种的多样性低，单个种群或数个种群的丰度大。虽然河口拥有大量营养盐类，但由于透明度低、浮游植物光合作用的效能受影响，致使河口营养物质未能充分利用，所以浮游植物高产量区常出现在河口外区。河口含有大量有机碎屑，为食碎屑的动物或滤食动物提供了丰富的食源。在河口，种间竞争不强烈，但滤食性或草食性动物大量发展，因此形成相当高的次级产量。

7.1.2.7 河口污染

由于河流承受城市工业排放的污染，污染严重时河口生物常受损害，例如氮的排放可形成河口高度富营养水，促使一些鞭毛虫类和硅藻过度繁殖造成河口赤潮现象，直接危害河口贝类、鱼类等。一些重金属离子和农药也常在河口养殖对象体内富集。

7.1.3 红树林生态系统

红树林生态系统（mangroves ecosystem）是热带海岸潮间带的一种常绿阔叶林生态系统，在暖流影响下亦分布到亚热带地区。我国红树林分布在海南、广东、广西、福建、香港和台湾等地。红树林主要生长在隐蔽海岸，因风浪较微弱、水体运动缓慢、泥沙淤积多而适于生存。

7.1.3.1 红树林生境特征

（1）地质地貌 红树林生态系统形成的地质条件为以花岗岩或玄武岩粉粒（silt）、黏粒（clay）为主，富含有机质、含盐量 0.2%～2.5%、pH 为 4～8 的淤积物；地貌条件为平坦而广阔、风浪较微弱、水体运动缓慢的河口海湾、三角洲地区海岸及沿河口延伸至内陆数千米的河岸。土壤颗粒精细无结构，含高水分、高盐分，缺氧，含丰富的植物残体和有机质。

（2）温度 红树林分布中心地区海水温度的年平均值为 24～27℃，气温则在 20～30℃ 范围内。

（3）潮汐 红树林植物生长良好的地带有潮间带的每日有间隔的涨潮退潮变化。长期淹水，红树很快死亡；长期干旱，红树将生长不良。

7.1.3.2 红树林的生物组成及其适应性

（1）红树林植物 红树林植物是能忍受海水盐度生长的木本挺水植物。主要种类为红树科的木榄、海莲、红海榄、红树茄，还有海桑科的海桑、杯萼海桑，马鞭草科的白骨壤，紫金牛科的桐花等。

（2）红树林植物的适应性

① 根系（图 7.4） 红树林植物很少有深扎和持久的直根，而是适应潮间带淤泥和缺氧以及风浪，形成各种适应的根系（常见的有表面根、板状根或支柱根、气生根、呼吸根等）。

表面根是蔓布于地表的网状根系，可以相当长时间暴露于大气中，获得充足的氧气。桐

图 7.4 红树林的根系

花树、海漆的表面根发达。

支柱根或板状根是由茎基板状根或树干伸出的拱形根系，能增强植株机械支持作用。秋茄、银叶树等有板状根，红海榄有支柱根。

气生根是从树干或树冠下部分支产生的，悬吊于枝下而不抵达地面，因而区别于支柱根。红树属和白骨壤属的一些种有典型的气生根。

呼吸根是红树林植物从根系中分生出向上伸出地表的根系，富有气道，是适应缺氧环境的通气根系。呼吸根有多种形状，白骨壤为指状呼吸根，木榄为膝状呼吸根，海桑则有笋状呼吸根。

② 胎生 不少红树林植物在成熟果实仍然留在母树上时，种子即在果实内发芽，伸出一个棒状或纺锤状的胚轴悬挂在树上，到一定时候，幼苗下落插入松软的泥滩土壤中，或随水远播。

③ 旱生结构与抗盐适应 由于热带海岸地区云量大、气温高、海水盐度也高，所以，红树林实际处于生理干旱环境中。红树林从多方面对这种生境进行适应。

7.1.3.3 红树林植物群落分布和演替

红树林主要分布在潮间带，其群落结构（或群落演替发育）呈现与环境特征相适应的平行于海岸的带状特征。

（1）低潮泥滩带 指小潮低潮平均水面线至大潮低潮最低水面线之间的地带。大潮时，海水能淹没此带内全部植物，小潮时，海水仍淹没植物树干基部，海水和地质盐度较高。所以，此带内生长的是能适应这种恶劣条件的物种，换言之，此带的生物群落为红树林发育早期群落。

（2）中潮带 指小潮低潮平均水面线至小潮高潮平均水面线之间的地带。该带宽度从几十米至几千米不等，退潮时地面暴露，涨潮时，树干被淹没一半左右，盐度约在 1.0% ~ 2.5%，是典型的红树生境。因此，大部分红树林植物在此带生长繁殖，或者说，此带的生物群落为红树林繁盛群落。

（3）高潮带 指小潮高潮平均水面线至大潮高潮最高水面线之间的地带。这是红树林带和陆岸过渡的地带，土壤经常暴露，表面比较硬实，土壤盐度因受降雨等淡水冲洗而较低，生境条件已非典型。所以，只有部分红树林植物可以在此带生长，或者说，此带的生物群落为红树林衰退群落。

7.2 淡水生态系统

7.2.1 湿地生态系统

湿地生态系统（wetland ecosystem）是分布于陆生生态系统和水生生态系统之间具有独特水文、土壤、植被与生物特征的生态系统，是自然界最富生物多样性的生态景观和人类最重要的生存环境之一。湿地是地球上生产力最高的生态系统。从生态学观点看，湿地是水域和陆地相交错而成的一类独特的生态系统，兼有水体生态系统和陆地生态系统两种特征，与人类的生存、繁衍、发展息息相关，具有非常重要的生态功能，在抵御洪水、减缓径流、蓄洪防旱、降解污染、调节气候、美化环境和维护区域生态平衡等方面有其他系统所不能替代的作用，被誉为"地球之肾"、"生命的摇篮"、"文明的发源地"和"物种的基因库"。因而在世界自然保护大纲中，湿地与森林、海洋一起并列为全球 3 大生态系统。

1971 年湿地公约对湿地的定义是国际公认的一种广义的定义，即"湿地（wetland）是指不论其为天然或人工、长久或暂时性的沼泽地、泥炭地或水域地带，静止或流动的淡水、半咸水、咸水水体，包括低潮时水深不超过 6m 的水域"。这个定义包括海岸地带的珊瑚滩和海草床、滩涂、红树林、河口、河流、淡水沼泽、沼泽森林、湖泊、盐沼及盐湖。这一定义包括了整个江（河）流域，对于保护和管理都有明显的优点，因为土地利用计划是针对整个集水区或流域的，而整个流域从上游到下游是连在一起的，所以上游地区任何土地利用方式的变化都将影响下游地区。因此，提出这一广义的湿地定义，有助于从系统的角度确保对集水区所有水资源的良好管理。

7.2.1.1 湿地环境

湿地广泛分布在世界各地，是地球上生物多样性丰富和生产力较高的生态系统，常被称为"景观之肾"或"自然之肾"。是因为湿地在蓄洪防旱、调节气候、控制土壤侵蚀、促淤造陆、降解环境污染物等方面具有极其重要的作用，在地球水分和化学物质循环过程中所表现出的功能是不可替代的。

据统计，全世界共有湿地 $8558 \times 10^6 \mathrm{km}^2$，占陆地总面积的 6.4%（不包括海滨湿地）；据国家林业局湿地公约履约办公室提供的资料（2000 年 2 月），中国的天然湿地和人工湿地总面积在 $6000 \times 10^4 \mathrm{hm}^2$ 以上。

湿地是一个较独立的生态系统，同时与周围其他生态系统相互联系、相互作用，发生物质和能量交换，有其自身地形或发展和演化规律。从起源来看，湿地可分为 3 种：水体湿地化、陆地湿地化和海岸带湿地化。水体湿地化包括湖泊湿地化、河流湿地化、水库湿地化等；陆地湿地化包括森林湿地化、草甸湿地化、冻土湿地化等；海岸带湿地则包括三角洲湿地、潮间带湿地、海岸泻湖湿地和平原海岸湿地。以下讨论淡水湿地和滨海湿地的几种主要生态系统类型。

淡水湖泊生态系统（水库是一种人工湖泊）很少有孤立的水体，一般与河流相连，受河水补给或补给河水。我国各地湖泊水量差别很大，受纬度和海拔高度等因素影响。我国的湖泊每年从 10 月中旬至 12 月中、下旬，自北向南出现冰情，但北纬 28°以南为不冻湖。我国淡水湖泊一般为重碳酸钙质水，矿化度在 150～500mg/L。

淡水沼泽生态系统地表常年过湿，或有薄层积水，有些还有小河、小湖和泥炭。沼泽在形成和发育过程中产生泥炭，又称草炭。我国沼泽分布广泛，从寒温带到热带乃至青藏高原均有发育，因此沼泽自然环境条件差异很大。

7.2.1.2 湿地生物群落

湿地生物多样性丰富，还是重要动植物物种完成生命过程的重要生境。例如，湖南省东洞庭湖湿地自然保护区，面积 $19 \times 10^4 hm^2$，水生植物生长繁茂，已记录 131 种水生植物，经济鱼类 100 余种，有中华鲟、白鲟、白鳍豚、江豚等珍稀濒危物种，这里也是迁徙水禽极其重要的越冬地，已记录到鸟类 120 类。美国湿地面积不足其陆地面积的 5%，但是联邦政府所列濒危物种的 43% 依赖着湿地。

湖泊湿地以高等湿生植物为主要初级生产者，因而具有较高的生产力，并为消费者鱼类和其他水生动物提供了丰富的饵料和优越的栖息条件。如江西省鄱阳湖有湿地植物种类 38 科、102 种，地面高程由高到低分布着芦苇、苔草群落、水毛茛和蓼子草群落以及水生植物群落；消费者有鱼类 21 科、122 种，其中鲤科鱼占 50%，鸟类 280 种，属国家一级保护动物的有白头鹤、大鸨等 10 种，属二级保护动物的有 40 种。

沼泽生态系统的生产者为沼泽植物，最多的科是莎草科、禾本科，其次为毛茛科、灯芯草科、杜鹃花科等约 90 科，包括乔木、灌木、小灌木、多年生草本植物以及苔藓和地衣；沼泽消费者有涉禽、游禽、两栖、哺乳和鱼类，其中有珍贵的或经济价值高的动物，如黑龙江省扎龙和三江平原芦苇沼泽中的世界濒危物种丹顶鹤，三江平原沼泽中的白鹤、白枕鹤、天鹅。沼泽中的哺乳动物有水獭、麝鼠和两栖类的花背蟾蜍、黑斑蛙等。

7.2.2 河流生态系统

河流生态系统（river ecosystem）是指那些水流湍急和流动较大的江河、溪涧和水渠等，贮水量大约占内陆水体总水量的 5%。

河流属流水型生态系统，是陆地和海洋联系的纽带，在生物圈的物质循环中起着主要作用。与湖泊生态系统相比，河流生态系统主要具有以下几个特点。

① 纵向成带现象。湖泊和水库的水温等变化具有典型的水平分层现象，而在河流中却是纵向流动的。从上游到河口，水温和某些化学成分发生明显的变化，由此而影响着生物群落的结构。鱼类在河流中的纵向分布就属这方面的例子。鱼类分布的明显纵向变化和水温、流速以及 pH 值的变化有关。当然种的这种纵向替换并不是均匀的连续变化，特殊条件和特殊种群可以在整个河流没有明显变化。

② 生物多具有适应急流生境的特殊形态结构。在流水型生态系统中，水流常是主要限制因子。所以，河流中特别是河流上游急流中生物群落的一些生物种类，为适应这种环境条件在自身的形态结构上有相应的适应特征，有的营附着或固着生活，如淡水海绵和一些水生昆虫的幼体，它们的壳和头黏合在一起，有的生物具有吸盘或钩，可使身体紧附在光滑的石头表面；有的体呈流线型以使水流经过时产生最小的摩擦力。从水生昆虫幼体到鱼类均可见到这现象，还有的生物体呈扁平状，使之能在石下和缝隙中得到栖息场所。

③ 相互制约关系复杂。河流生态系统受其他系统的制约较大，它的绝大部分河段受流域内陆地生态系统的制约，流域内陆地生态系统的气候、植被以及人为干扰强度等都对河流生态系统产生较大影响。例如流域内森林一旦破坏，水土流失加剧，就会造成河流含沙量增加、河床升高。河流生态系统的营养物质也主要是靠陆地生态系统的输入。但另一方面，河流在生物圈的物质循环中起着重要的作用，全球水平衡与河流营养的输入有关。另外，它将高等和低等植物制造的有机物质、岩石风化物、土壤形成物和陆地生态系统中转化的物质不断带入海洋，成为海洋（特别是沿海和近海）生态系统的重要营养物质来源，它影响着沿海（特别是河口、海湾）生态系统的形成和进化。因此，河流生态系统的破坏，对于环境的影

响远比湖泊、水库等静水生态系统大。

④ 自净能力更强，受干扰后恢复速率较快。由于河流生态系统流动性大，水的更新速率快，所以系统自身的自净能力较强，一旦污染源被切断，系统的恢复速率比湖泊、水库要迅速。另外，由于有纵向成带现象，污染危害的断面差异较大，这也是系统恢复速率快的原因之一。具体情况还与污染物的种类、河流的水文、形态特征有关。

河流生物群落一般分为两个主要类型：急流生物群落和缓流生物群落。在流水生态系统中河底的质地，如砂土、黏土和砾石等对于生物群落的性质、优势种和种群的密度等影响较大。

急流生物群落是河流的典型生物代表，它们一般都具有流线型的身体，以使在流水中产生最小的摩擦力；或者许多急流动物具有非常扁平的身体，使它们能在石下和缝隙中得到栖息。

7.2.3 湖泊生态系统

湖泊生态系统（lake ecosystem）是由湖泊内生物群落及其生态环境共同组成的动态平衡系统。湖泊内的生物群落同其生存环境之间，以及生物群落内不同种群生物之间不断进行着物质交换和能量流动，并处于互相作用和互相影响的动态平衡之中。

7.2.3.1 湖泊生态系统的特征

（1）界限明显 一般地说，湖泊、池塘的边界明显，远比陆地生态系统易于划定，在能量流、物质流过程中属于半封闭状态，所以，常作为生态系统功能研究之用。

（2）面积较小 世界湖泊主要分布在北半球的温带和北极地区，除了少数湖泊具有很大的面积（如苏必利尔湖、维多利亚湖）或深度（如贝加尔湖、坦葛尼喀湖）之外，大多数都是规模较小的湖泊。

（3）湖泊的分层现象 北温带湖泊存在的热分层现象非常明显。湖泊水的表层为湖上层，底层为湖下层，两层之间形成一个温度急剧变化的层次，为变温层。

（4）水量变化较大 湖泊水位变化的主要原因是进出湖泊水量的变化。我国一年中最高水位常出现在多雨的7～9月，称丰水期；而最低水位出现在少雨的冬季，称枯水期。

7.2.3.2 湖泊生物群落

湖泊生物群落具有成带现象的特征，可以按区域划分为沿岸带、敞水带和深水带生物群落。

（1）沿岸带生物群落 沿岸带与陆地结合，水层较浅，光照条件好，虽然不是湖泊的主要生产区，但水生植物比较丰富，并随着水深的变化，呈现挺水植物带-浮叶植物带-沉水植物带等3个植物带。

（2）敞水带生物群落 敞水带是湖泊的主要生产区。生产者主要是硅藻、绿藻和蓝藻。大多数种类是微小的，它们单位面积的生产量有时超过了有根植物。这些类群中有许多具有突起或其他漂浮的适应性。这一带内的浮游植物种群数量具有明显的季节性变化。

（3）深水带生物群落 深水带基本没有光线，生物主要从沿岸带和湖沼带获取食物。深水带生物群落主要由水和淤泥中的细菌、真菌和无脊椎动物组成，这些生物都有在缺氧环境下生活的能力。

7.3 陆地生态系统

7.3.1 陆地生态系统分布规律

地理位置、气候条件及下垫面的差异决定了地球上生态系统的多样性。地球表面有陆地与水体之分，生态系统以此可以分为陆地生态系统和水域生态系统。

7.3.1.1　陆地生态系统的特点

与水域生态系统不同，陆地生态系统没有水的浮力，温度变化不大，空气温度的变化和极端性要比水环境更为明显，全球气候变化对陆地生态系统具有更明显的影响。此外，人类为了满足其生存的需求，作物收获、放牧等一系列人类活动极大地改变了陆地生态系统。

陆地生态系统的非生物环境具有极大的复杂性和更富于变化的特征，尤其水分、热量等重要生态因素的不均匀分布、组合，为生物的生存和发展提供了多种多样的生存环境；而土壤的发育和与大气的直接接触，又为生物提供了丰富的营养物质，从而使陆生生物的种类极其浩繁，生物群落的类型多样性十分丰富（图 7.5）。

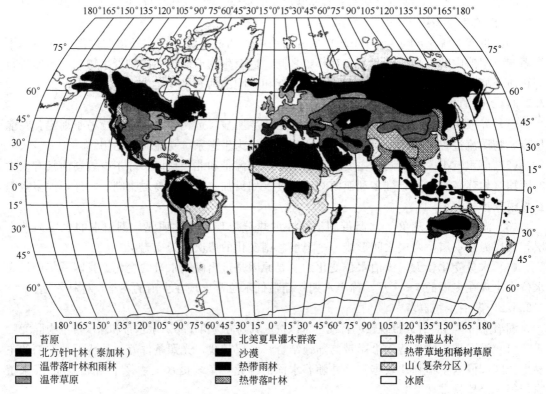

图例		
☐ 苔原	■ 北美夏旱灌木群落	☐ 热带灌丛林
■ 北方针叶林（泰加林）	■ 沙漠	▨ 热带草地和稀树草原
▦ 温带落叶林和雨林	■ 热带雨林	▨ 山（复杂分区）
▩ 温带草原	▦ 热带落叶林	☐ 冰原

图 7.5　世界上的主要生物群区（世界上不同地区的几个生物群区可能因为处于不同的生物地理分布区而彼此孤立，因此，人们认为它们具有生态上的等同性，但是通常在物种分类上是无关的）（引自陆健健，2009）

7.3.1.2　陆地生态系统分布格局

植物是陆地生态系统的初级生产者，陆地生态系统的外貌主要取决于植被类型，世界的植被类型分布与生态系统类型分布和生物群落类型分布相一致。植被成带分布是适应气候条件变化（主要是热量、水分及其配合状况）的结果。地球上的气候沿着纬度、经度和高度这3个方向改变，与之相应植被也沿着这3个方向出现交替分布。前两者构成植被分布的水平地带性，后者构成垂直地带性。

（1）水平地带性分布　地球表面的水热条件等环境要素，沿纬度或经度方向发生递变，从而引起植被也沿纬度或经度方向呈水平更替的现象，称为植被分布的水平地带性，构成地球表面植被分布的基本规律之一。

① 纬度地带性　纬度地带性分布是指由于太阳高度角及其季节变化因纬度而不同,太阳射量也因纬度而异,进而引起热量的纬度差异。这种因纬度变化而引起的热量差异,形成不同的气候带,如热带、亚热带、温带、寒带等。与此相应,植被也形成带状分布,在北半球从低纬度到高纬度依次出现热带雨林、亚热带常绿阔叶林、温带夏绿阔叶林、寒温带针叶林、寒带冻原和极地荒漠。

② 经度地带性　以水分条件为主导因素,引起植被分布由沿海向内陆发生更替,这种分布格式被称为经度地带性。由于海陆分布、大气环流和大地形等综合因素作用的结果,降水量呈现由沿海到内陆逐步减少的规律。因此,在同一热量带,各地因水分条件不同,植被分布也发生明显的变化。例如,我国温带地区,沿海的空气湿润、降水量大,分布夏绿阔叶林;离海较远的地区,降水减少、旱季加长,分布着草原植被;内陆地区,降水量少,气候极端干旱,则分布着荒漠植被。

(2) 垂直地带性分布　地球上生态系统的带状分布规律不仅表现在平地,也出现于山地。通常,海拔高度每升高 100m,气温下降 0.6℃,或每升高 180m,气温下降 1℃左右。降水最初是随高度的增加而增加,到达到一定海拔高度后,降水量又开始降低。由于海拔高度的变化引起自然生态系统有规律地垂直更替,成为垂直地带性。它与纬度地带性和经度地带性合称为"三向地带性",但山地垂直地带性规律是受水平地带性制约的。山地各个垂直带由下而上按一定顺序排列形成的垂直带系列叫做垂直带谱。不同山地由于所处纬度与经度位置不同,具有不同的垂直带谱。通常情况下由低纬到高纬,山地垂直带的数目逐渐减少;相似垂直带分布的海拔高度逐渐降低。位于同一热量气候带内的山地,由于距离海洋远近不同,垂直带谱的结构也不同,而有海洋型与大陆型之别;相同垂直带的海拔高度,大陆型比海洋型分布得高些。此外,山地垂直带谱的基带,其植被或生态系统的类型与该山地所在水平地带性类型一致,见图 7.6。

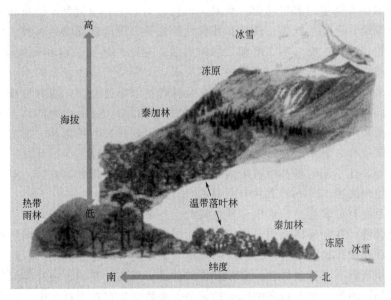

图 7.6　水平地带性分布与垂直地带性分布 (引自杨持,2008)

7.3.2　森林生态系统

森林是以乔木为主体,具有一定面积和密度的植物群落,是陆地生态系统的主干。森林群落与其环境在功能流的作用下形成一定结构、功能和自行调控的自然综合体就是森林生态系统（forest ecosystem）。它是陆地生态系统中面积最大、最重要的自然生态系统。在生产有机物质和维持生物圈物质和能量的动态平衡中具有重要的地位。地球上森林占全球面积和陆地面积的 11％ 和 38％，而森林生产的有机物质占全球和陆地净初级生产量的 47％ 和 71％。地球上适于森林生长发育的环境条件变化范围大，但不同的温度和降雨量条件下的地区会产生不同的森林植物群落，从南往北沿温度和水分变化梯度，森林类型也呈现一个梯度变化，例如，按大陆上的气候特点和森林的外貌，可划分为热带雨林、亚热带常绿阔叶林、温带落叶阔叶林和北方针叶林等主要类型。

据专家估测，历史上森林生态系统的面积曾达到 $76 \times 10^8 \mathrm{hm}^2$，覆盖着世界陆地面积的 2/3，覆盖率为 60％。在人类大规模砍伐之前，世界森林约为 $60 \times 10^8 \mathrm{hm}^2$，占陆地面积的 45.8％。至 1985 年，森林面积下降到 $41.47 \times 10^8 \mathrm{hm}^2$，占陆地面积的 31.7％。至今，森林生态系统仍为地球上分布最广泛的系统。它在地球自然生态系统中占有首要地位，在净化空气、调节气候和保护环境等方面起着重大作用。森林生态系统结构复杂，类型多样，但森林生态系统仍具有一些主要的共同特征。

7.3.2.1 森林生态系统的主要特征

（1）物种繁多、结构复杂　世界上所有森林生态系统保持着最高的物种多样性，是世界上最丰富的生物资源和基因库，热带雨林生态系统就约有 200 万～400 万种生物。我国森林物种调查仍在进行中，新记录的物种不断增加。如西双版纳，面积只占全国的 2‰，据目前所知，仅陆栖脊椎动物就有 500 多种，约占全国同类物种的 25％，又如我国长白山自然保护区植物种类亦很丰富，约占东北植物区系近 3000 种植物的 1/2 以上。

森林生态系统比其他生态系统复杂，具有多层次，有的多至 7～8 个层次。一般可分为乔木层、灌木层、草本层和地面层 4 个基本层次。有明显的层次结构，层与层纵横交织，显示系统复杂性。

森林中还生存着大量的野生动物，有象、野猪、羊、牛、啮齿类、昆虫和线虫等植食动物；有田鼠、蝙蝠、鸟类、蛙类、蜘蛛和捕食性昆虫等一级肉食动物；有狼、狐、鼬和蟾蜍等二级肉食动物；有狮、虎、豹、鹰和鹫等凶禽猛兽。此外还有杂食和寄生动物等。因此，以林木为主体的森林生态系统是个多物种、多层次、营养结构极为复杂的系统。

（2）生态系统类型多样　森林生态系统在全球各地区都有分布，森林植被在气候条件和地形地貌的共同作用和影响下，既有明显的纬向水平分布带，又有山地的垂直分布带，是生态系统中类型最多的。如我国云南省，从南到北依次出现热带北缘雨林、季节雨林带、南亚热带季风常绿阔叶林、思茅松林带、中亚热带和北亚热带半湿性常绿阔叶林、云南松林带和寒温性针叶林等。在不同的森林植被带内有各自的山地森林分布的垂直带。亚热带山地的高黎贡山（腾冲境内海拔 3374m）森林有明显的垂直分布规律。

森林生态系统有许多类型，形成多种独特的生态环境。高大乔木宽大的树冠能保持温度的均匀，变化缓慢；在密集树冠内，树干洞穴、树根隧洞等都是动物栖息场所和理想的避难所。许多鸟类在林中作巢，森林生态系统的环境有利于鸟类的育雏和繁衍后代。

森林生态系统具有丰富多样性，多种多样的种子、果实、花粉、枝叶等都是林区哺乳动物和昆虫的食物，地球上种类繁多的野生动物绝大多数都生存在森林之中。古老、稀有的大熊猫以箭竹为食物，就居住在森林中。

（3）生态系统的稳定性高　森林生态系统经历了漫长的发展历史，系统内部物种丰富、群落结构复杂，各类生物群落与环境相协调。群落中各个成分之间、各成分与环境之间相互依存和制约，保持着系统的稳态，并且具有很高的自行调控能力，能自行调节和维持系统的稳定结构与功能，保持着系统结构复杂、生物量大的属性。森林生态系统内部的能量、物质和物种的流动途径通畅，系统的生产潜力得到充分发挥，对外界的依赖程度很小，保持输入、存留和输出等各个生态过程。森林植物从环境中吸收其所需的营养物质，一部分保存在机体内进行新陈代谢活动，另一部分形成凋谢的枯枝落叶将其所积累的营养元素归还给环境。通过这种循环，森林生态系统内大部分营养元素得到收支平衡。

（4）生产力高、现存量大，对环境影响大　森林具有巨大的林冠，伸张在林地上空，似一顶屏障，使空气流动变小，气候变化也小。森林生态系统是地球上生产力最高、现存量最大的生态系统。据统计，每公顷森林年生产干物质 12.9t，而农田是 6.5t，草原是 6.3t。森林生态系统不仅单位面积的生物量最高，而且生物量约 1.680×10^9t，占陆地生态系统总量（约 1.852×10^9t）的 90% 左右。

森林在全球环境中发挥着重要的作用，是养护生物最重要的基地，可大量吸收二氧化碳，是重要的经济资源，在防风沙、保水土、抗御水旱、风灾方面有重要的生态作用。森林在生态系统服务方面所发挥的作用也是无法替代的。

7.3.2.2 森林生态系统的主要类型

主要森林类型的世界分布见图 7.7。

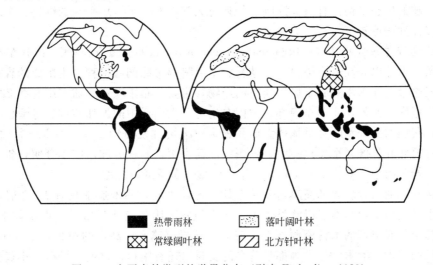

图 7.7　主要森林类型的世界分布（引自 Emberlin，1983）

图例：■ 热带雨林　▦ 常绿阔叶林　▦ 落叶阔叶林　▨ 北方针叶林

（1）热带雨林（tropical rain forest）　分布在赤道及其南北的热带湿润区域。据估算，热带雨林面积近 1.7×10^7km^2，约占地球上现存森林面积的 1/2，是目前地球上面积最大、对人类生存环境影响最大的森林生态系统。热带雨林主要分布在 3 个区域：一是南美洲的亚马逊盆地，二是非洲刚果盆地，三是印度-马来西亚。我国的热带雨林属于印度-马来西亚雨林系统，主要分布在台湾、海南、云南等省，以云南西双版纳和海南岛最为典型，总面积 5×10^4km^2。

热带雨林生态系统的主要气候特征是高温、多雨、高湿，为赤道多雨气候型。年平均气温在 20～28℃，月均温多高于 20℃；降水量 2000～4500mm，多的可达 10000mm，降水分布均匀；相对湿度常达到 90% 以上，常年多雾。这里风化过程强烈，母岩崩解层深厚；土壤脱硅富铝化过程强烈，盐基离子流失，铁铝氧化物（Fe_2O_3、Al_2O_3）相对积聚，呈砖红色，土壤呈强酸性，养分贫瘠。有机物质矿化迅速，森林需要的几乎全部营养成分均贮备在植物的地上部分。

热带雨林的物种组成极为丰富，而且绝大部分是木本植物，群落结构复杂。热带雨林地区是地球上动物种类最丰富的地区，这里的生境对昆虫、两栖类、爬虫类等变温动物特别适宜。

热带雨林生态系统中能流与物质流的速率都很高，但呼吸消耗量也很大。全球热带雨林的净生产量高达 $34 \times 10^9 \, t/a$，是陆地生态系统中生产力最高的类型。

热带雨林中的生物资源十分丰富，有许多树种是珍稀的木材资源。有许多是非常珍贵的热带经济植物、药材和水果资源，如三叶橡胶是世界上最重要的橡胶植物，可可、金鸡纳等是非常珍贵的经济植物，还有众多物种的经济价值有待开发。同时，热带雨林中分布着众多的珍稀动物。

热带雨林是生物多样性最高的区域，其总面积只占全球面积的 7%，但却拥有世界 1/2 以上的物种。据估计，热带雨林区域的昆虫种数高达 300 万种，占全部昆虫种数的 90% 以上；鸟类占世界鸟类总数的 60% 以上。目前，热带雨林的关键问题是资源的破坏十分严重，森林面积日益减少。由于在高温多雨的条件下，热带雨林中的有机物质分解非常迅速，物质循环强烈，而且生物种群大多是 K-对策，一旦植被遭到破坏，很容易引起水土流失，导致环境退化，而且在短时间内不易恢复。因此，热带雨林的保护是当前全世界关心的重大问题，它对全球的生态平衡都有重大影响，例如对大气中 O_2 和 CO_2 平衡的维持、全球气候变化、生物多样性的保护都具有重大意义。

（2）亚热带常绿阔叶林（subtropical evergreen broad-leaved forest） 指分布在亚热带湿润气候条件下并以壳斗科、樟科、山茶科、木兰科等常绿阔叶树种为主组成的森林生态系统，它是亚热带大陆东岸湿润季风气候下的产物，主要分布于欧亚大陆东岸北纬 22°～40° 之间的亚热带地区，此外，非洲东南部、美国东南部、大西洋中的加那利群岛等地也有少量分布。其中，我国的常绿阔叶林是地球上面积最大（人类开发前约 $2.5 \times 10^6 \, km^2$）、发育最好的一片。常绿阔叶林区夏季炎热多雨，冬季寒冷而少雨，春秋温和，四季分明，年平均气温 16～18℃，年降雨量 1000～1500mm，土壤为红壤、黄壤或黄棕壤。

常绿阔叶林的结构较雨林简单，外貌上林冠比较平整，乔木通常只有 1～2 层，高 20m 左右。灌木层较稀疏，草本层以蕨类为主。藤本植物与附生植物虽常见，但不如雨林繁茂。常绿阔叶林中具有丰富的木材资源，生长着大量珍贵、速生、高产的树种，如北美的红杉、桉树，我国的樟木、楠木、杉木等都是著名的良材。还有银杉、珙桐、桫椤、小黄花茶、红椿、蚬木、金钱松、银杏等许多珍稀濒危保护植物。

亚热带常绿阔叶林中动物物种丰富，两栖类、蛇类、昆虫、鸟类等是主要的消费者。我国在亚热带林区受重点保护的珍贵稀有动物较多，如蜂猴、豹、金丝猴、短尾猴、红面猴、白头叶猴、水鹿、华南虎、梅花鹿、大熊猫以及各种珍禽候鸟等。

常绿阔叶林经反复破坏后，退化为由木荷、苦槠、青冈栎等主要树种组成的常绿阔叶林或针叶林。如再严重破坏，则退变为灌丛，进一步破坏，则退化为草地，甚至导致植被消失。

我国常绿阔叶林区是中华民族经济与文化发展的主要基地，平原与低丘全被开垦成以水稻为主的农田，是我国粮食的主要产区。原生的常绿阔叶林仅残存于山地。

（3）温带落叶阔叶林 落叶阔叶林（deciduous forest）又称夏绿阔叶林（summer green broad-leaved forest），分布在西欧、中欧、东亚及北美东部等中纬度湿润地区，在我国常见于东北、华北地区。温带落叶林的气候也是季节性的，冬季寒冷，夏季温暖湿润，年平均气温 8～14℃，年降水量 500～1000mm。土壤肥沃，发育良好，为褐色土与棕色森林土。

落叶阔叶林垂直结构明显，有 1~2 个乔木层，灌木和草本各 1 层，优势树种为落叶乔木，常见的有栎类、山核桃、白蜡以及槭树科、桦木科、杨柳科树种。乔木层种类组成单一，高 15~20m，灌木密集，有阳光透过的地方草本植物、蕨类、地衣和苔藓植物旺盛。

在集约经营的温带森林中，动物多样性水平低，因为往往栽植非天然的针叶树种，尽管这些种类生长快、人类的需求大，但却不能为适应天然落叶林的动物提供食物和栖息地。受干扰少的落叶阔叶林中的消费者有松鼠、鹿、狐狸、狼、獐和鸟类，在我国受重点保护的野生动物有褐马鸡、猕猴、麝、金钱豹、羚羊、大熊猫、白唇鹿、野骆驼等，以及天鹅、鹤等鸟类。

跨越北欧的温带森林正受到来源于工业污染的酸雨的危害。森林作业（如皆伐）使土壤暴露，并造成侵蚀以及水分流失的后果。我国黄河中游地区，由于历史上原生植被遭长期破坏，成为我国水土流失最严重的地区，使黄河中含沙量居世界河流首位。我国西北、华北和东北西部，由于历史上森林遭到破坏，造成了大片的沙漠和戈壁。

（4）北方针叶林（boreal coniferous forest） 分布在约北纬 45°~70°之间的欧亚大陆和北美大陆的北部，延伸至南部高海拔地区。中国的北方针叶林分布于大兴安岭和华北、西北、西南高山的上部。地处的气候条件是，冬季长、寒冷、雨水少，夏季凉爽、雨水较多。年平均气温多在 0℃ 以下，年平均降水量 400~500mm。土壤为灰化土，酸性，腐殖质丰富，因为低温下微生物活动较弱，故积累了深厚的枯枝落叶层。

北方针叶林的树种组成单一，常常是一个针叶树种形成的单纯林，如云杉、冷杉、落叶松、松等属的树种，树高 20m 左右，也可能伴生少量的阔叶树种，如杨、桦木。常有稀疏的耐阴灌木，以及适应冷湿生境的由草本植物和苔藓植物组成的地被物层。很多针叶长成圆锥形是对雪害的一种适应，以避免树冠受雪压。这些树种低的蒸发蒸腾速率和其树叶抗冻的形状能使它们度过冬季时不落叶。

北方针叶林中生长着众多的草食哺乳动物，如驼鹿、鼠、雪兔、松鼠等，还有名贵的皮毛兽，如貂、虎、熊等。一些肉食种类（如狼和欧洲熊）因狩猎而几乎灭绝，仅有少数孤立的种群。针叶林还是很多候鸟（如一些鸣禽和鸫属）重要的巢居地，供养着众多以种子为食的鸟类群落。

北方针叶林组成整齐，便于采伐，作为木材资源对人类是极端重要的。在世界工业木材总产量中（$1.4 \times 10^9 \text{km}^3$），1/2 以上来自针叶林。

7.3.3 草地生态系统

草地生态系统（grassland ecosystem）是以饲用植物和食草动物为主体的生物群落与其生存环境共同构成的开放生态系统。草地与森林一样，是地球上最重要的陆地生态系统类型之一。草地群落以多年生草本植物占优势，辽阔无林，在原始状态下常有各种善于奔驰或营洞穴生活的草食动物栖居。草原是内陆干旱到半湿润气候条件的产物，以旱生多年生禾草占绝对优势，多年生杂类草及半灌木也或多或少起到显著作用。

世界草原总面积约 $2.4 \times 10^7 \text{km}^2$，为陆地总面积的 1/6，大部分地段作为天然放牧场。因此，草原不但是世界陆地生态系统的主要类型，而且是人类重要的放牧畜牧业基地。

草地可分为草原与草甸两大类。前者由耐旱的多年生草本植物组成，在地球表面占据特定的生物气候地带。后者由喜湿润的中生草本植物组成，出现在河漫滩等湿地和林间空地，或为森林破坏后的次生类型，属隐域植被，可出现在不同生物气候地带。这里主要介绍地带性的草原，它是地球上草地的主要类型。

根据草原的组成和地理分布，可分为温带草原与热带草原两类（图 7.8）。前者分布在

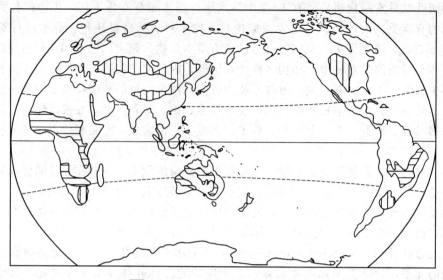

温带草原   热带稀树草原

图 7.8   主要草原类型的世界分布（引自孙儒泳、李博等，1993）

南北两半球的中纬度地带，如欧亚大陆草原（steppe）、北美大陆草原（prairie）和南美草原（pampas）等。这里夏季温和，冬季寒冷，春季或晚夏有一明显的干旱期。由于低温少雨，草群较低，其地上部分高度多不超过 1m，以耐寒的旱生禾草为主，土壤中以钙化过程与生草化过程占优势。后者分布在热带、亚热带，其特点是在高大禾草（常 2～3m）的背景上常散生一些不高的乔木，故被称为稀树草原或萨王纳（savanna）。这里终年温暖，雨量常达1000mm 以上，在高温多雨影响下，土壤强烈淋溶，以砖红壤化过程占优势，比较贫瘠。但一年中存在 1～2 个干旱期，加上频繁的野火，限制了森林的发育。

7.3.3.1   热带草原

在湿季降雨量可达 1200mm，但在长达 4～6 个月或更长的干季则无降雨，加上高温和频繁的野火，限制了森林的发育。一年中大部分时间土壤保持较低的含水量，从而限制了微生物活动和养分的循环，高温多雨时，土壤又强烈淋溶，比较贫瘠，以砖红壤化过程占优势。

植被以热带型干旱草本植物占优势。非洲萨王纳以金合欢属构成上层疏林为特征，树木具有小叶和刺，有些旱季落叶，为放牧、吃草的动物提供遮阳、食物，并养育着许多无脊椎动物物种。树木具有很厚的树皮，起到绝热防火的作用。在北美和欧洲草原，火是阻止灌木物种侵入草原的一个重要因子。

非洲萨王纳生长的草食动物有斑马、野牛、长颈鹿、犀牛等。肉食动物数量大，如狮、豹、鬣狗等。

7.3.3.2   温带草原

为半干旱气候，年降雨量 250～600mm，但可利用水分取决于温度、降雨的季节分布和土壤持水能力。通常，草类物种生活短暂，草原的土壤可获取大量的有机物质，包含的腐殖质可以超过森林土壤的 5～10 倍。这种肥沃的土壤非常适于作物（如玉米、小麦等）的生长，北美和俄罗斯的主要粮食生产带就位于草原地区。

植被为阔叶多年生植物，在生长季早期开花，而较大的阔叶多年生草本则在生长季末开花。

原始的温带草原动物群落由迁徙性的成群食草动物、啮齿类和相应的食肉动物组成，如狼、鼬、猛禽等。温带草原鸟类物种不是很多，也许是因为植被结构的单一和缺乏树木的缘故，生长季短还使两栖类和爬行类没有时间从卵发育成成年个体。

生产力较低的草原已经被利用作为牧场饲养牛羊，大量的放牧导致草原植物群落的破坏和土壤侵蚀。这样下去草类将不能再生，因为表层土壤的丧失和持续放牧，则会出现荒漠化。

7.3.4　荒漠生态系统

荒漠生态系统（desert forest）位于极端干旱、降雨稀少、植被稀疏的亚热带和温带地区，主要分布于北非和西南非洲（撒哈拉和纳米布沙漠）及亚洲的一部分（戈壁沙漠）、澳大利亚、美国西南部、墨西哥北部。我国的荒漠分布于亚洲荒漠东部，包括准噶尔盆地、塔里木盆地、柴达木盆地、河西走廊和内蒙古西北部。

荒漠地区降雨量不足 200mm，有些地区年降雨量甚至少于 50mm，且时间上不确定。通常白天炎热，晚上寒冷。白天温度取决于纬度，依据温度不同，可分为热荒漠和冷荒漠。热荒漠主要分布在亚热带和大陆性气候特别强烈的地区。冷荒漠主要分布在极地或高山严寒地带。温带荒漠干燥的原因是因为其位于雨影区，山体截留了来自海上的水汽。在极端的荒漠地带，无雨期可能持续很多年，仅有的可利用水分存在于地下深处，或来自夜晚的露水。由于植被稀疏和生产力低，有机物质积累量少，导致土壤瘠薄，养分贫乏，保水能力差。

两种类型的荒漠具有不同的植物群落。热荒漠生长着稀疏的有刺半灌木和草本植物，为旱生和短命的植物种类，干旱时期叶片脱落，进入休眠。它们能很快生长和开花，短时期覆盖荒漠地表。地下芽植物以球根和鳞茎的形式存活在地下。而多汁植物，如美洲的仙人掌和非洲的大戟属植物，能自我适应渡过漫长的干旱时期，这些植物表皮厚、气孔凹陷、表面积与体积的比值小，因此减少了水分损失。冷荒漠种类贫乏，多呈垫状和莲座状生长，有较密集的灌木植被，如整个夏天都能保持绿色的北美山艾树。分布范围广的浅根系植物与根系长达 30m 的深根系植物结合起来利用稀少的降雨和地下水。苔藓、地衣、藻类可在土壤中休眠，但也像荒漠中一年生植物一样，能很快地对寒冷和湿润的时期做出反应。

荒漠生态系统的动物成分主要为爬行动物、昆虫、啮齿类的小动物和鸟类等。爬行动物和昆虫能利用其防水的外壳和干燥的分泌物在荒漠条件下生活下去。一些哺乳动物（如几种啮齿类）能通过排泄浓缩的尿液来适应并克服水分的短缺，还找到了不用消耗水分就能降温的方法。它们甚至不必喝水也能活下来。其他动物，如骆驼，必须定期地饮水，但生理上能适应和忍耐长期的脱水，骆驼能忍受的水分消耗达自身总含水量的 30%，并能在 10 分钟内饮完约其体重 20% 的水。

生产力取决于降雨量，几乎呈线性关系，因为降雨是限制生长的主要因子。在美国加利福尼亚州的莫哈韦沙漠，年降雨量 100mm 的地方净生产力为 600kg/hm^2，降雨量增加到 200mm 使净生产力增加到 1000kg/hm^2。在冷荒漠地区，蒸发损失水分较少，200mm 的年降雨量则能维持 1500～2000kg/hm^2 的生产力。沙漠地区具有如此大的生产潜力，以至于土壤只要适宜，灌溉就能将荒漠转变成高产农田。但是，问题在于荒漠灌溉能否持续下去。由于土壤中水分大量蒸发，从而使盐分被留下来，有可能积累到有毒的水平，这一过程被称为盐渍化。使河流改变方向和排干湖泊来满足农业的需要，对其他地方的生态环境可能会产生毁灭性的影响。例如，由于咸海灌溉，其水位下降了 9m，预测还会下降 8～10m。它周围的海岸线和暴露出来的湖底近似于荒漠，繁荣的渔业已经被破坏。

7.3.5 苔原生态系统

苔原也叫冻原，这一词来源于芬兰语，意思是没有树木的丘陵地带，是寒带植被的代表，主要分布在欧亚大陆北部和北美洲北部，形成一个大致连续的地带。

苔原生态系统（tundra ecosystem）是由极地平原和高山苔原的生物群落与其生存环境所组合成的综合体，主要特征是低温、生物种类贫乏、生长期短、降水量少。

7.3.5.1 苔原生态系统基本特点

（1）气候与土壤 苔原的生态环境甚为恶劣，气候特点是寒冷，年平均气温在 0℃ 以下，冬季漫长而严寒，最低温可达—70℃，有 6 个月见不到太阳；夏季短而凉，最热月平均气温为 0～10℃。植物生长季很短，大约 8～10 周；年降水量较低（通常每年少于 250mm）而且主要以降雪的形式出现，但水分蒸发差，故空气湿度较大。

苔原土壤在一定深度都有永冻层，且分布广，它是苔原生态系统最为独特的一个现象。所谓永冻层是指土层下面永久处于冻结状态的岩土层，深度从几米至数百米，甚至达1000m，永冻层的存在有碍地表水的渗透，易引起土壤的沼泽化。较低的生产力和有限的微生物活动导致了该层土层很薄，这层薄土壤在冬季会结冰，夏季会形成积水和沼泽。冻土层上部是冬冻夏融的活动层，其厚度在黏质土为 0.7～1.2m，砂质土为 1.2～1.6m。活动层对生物的活动和土壤的形成具有重要意义。植物的根系得到伸展，吸取营养物质；动物在此挖掘洞穴，有机会得到积累和分解。

（2）主要植被 苔原具有很低的生产力，但是在这个极端的生境中却发现了大量的物种，基本都具有系列的抗寒和抗干旱生理生态学特性，主要呈现以下几个特点。

① 植被种类组成简单，植被种类的数目通常为 100～200 种，没有特殊的科，其具代表性的科为石楠科、杨柳科、莎草科、禾本科、毛茛科、十字花科和蔷薇科等。多是灌木和草本，无乔木。苔藓和地衣很发达，在某些地区可成为优质种。

② 植被群落结构简单，可分为一～二层，最多为三层，即小灌木和矮灌木层、草本层、藓类地衣层。藓类和地衣枝体具有保护灌木和草本植物越冬芽的作用。

③ 许多植物在严寒中营养器官不受损伤，有的植物在雪下生长和开花。北极辣根菜（*Cochlearia arctica*）的花和果实在冬季可被冻结，但春天气温上升，一解冻又继续发育。在低温下，植物生长极慢，如极柳（*Salix palaris*）在一年中枝条仅增长 1～5mm。

④ 苔原中通常全为多年生植物，没有一年生植物，并且多数种类为常绿植物，如矮桧（*Juniperas nana*）、牙疙疸（*Vaccinium vitisidaea*）、岩高兰（*Empetrum nigrum*）等。这些常绿植物在春季可以很快地进行光合作用，而不必花很多时间来形成新叶。为适应大风，许多种植物矮生，紧贴地面匍匐生长，如极柳、网状柳。有些是垫状类型，如高山蓍莎。这些特点都是为了适应强风而防止被风吹走以及保持土壤表层的温度使其有利于生长的缘故。

（3）苔原动物 苔原生态系统中动物的种类也很少，绝大部分是环极地分布的。主要有：驯鹿（*Rangifer arcticus*）、麝牛（*Ovibos moschatus*）（夏天它们以谷地和平原上的禾草、苔属和矮柳为食）、北极兔（*Lepus articus*）、旅鼠（*Lemmus trimucronatus*）、北极熊（*Ursus maritimus*）；植食性鸟类比较少，主要是雷鸟和迁徙性的雁类；几乎没有爬行类和两栖类动物；昆虫种类虽少，但数量很多。

7.3.5.2 苔原生态系统类型

随着从南到北气候条件的差异，苔原分为 4 个亚带。

（1）森林苔原亚带 这里大多数是落叶松属（*Larix*）、西伯利亚云杉（*Picea abovata*）、弯桦（*Betula tortusa*）。灌木层中有矮桦和桧树。地被层中占优势的是真藓和地衣。沼泽占有一半以上的面积。

　　（2）灌木苔原亚带　灌木以矮桦（*Betula nana*）为代表，还有原叶柳（*Salix rotundi-folia*）、极柳等。

　　（3）藓类地衣亚带　这里藓类地衣占优势，是最典型的苔原地带。

　　（4）北极苔原亚带　分布在北冰洋沿岸，植被稀疏，完全没有小灌木群落。北美大陆北部的苔原和欧亚大陆苔原有很多相似之处。地衣苔原在北美有着比较广泛的发育。

7.4　人工生态系统

　　人工生态系统（artificial ecosystem）是指以人类活动为生态环境中心，按照人类理想要求建立的生态系统，如城市生态系统、农业生态系统等。人工生态系统的特点是：①社会性，即受人类社会的强烈干预和影响。②易变性，或称不稳定性，易受各种环境因素的影响，并随人类活动而发生变化，自我调节能力差。③开放性，系统本身不能自给自足，依赖于外系统，并受外部的调控。④目的性，系统运行的目的不是为维持自身的平衡，而是为满足人类的需要。所以人工生态系统是由自然环境（包括生物和非生物因素）、社会环境（包括政治、经济、法律等）和人类（包括生活和生产活动）3部分组成的网络结构。

7.4.1　农业生态系统

　　农业生态系统（agro-ecosystem）是指在人类的积极参与下，利用农业生物种群和非生物环境之间以及农业生物种群之间的相互关系，通过合理的生态结构和高效的生态机能，进行能量转化和物质循环，并按人类社会需要进行物质生产的综合体。农业生态系统是人工驯化的生态系统，既有人类的干预，同时又受自然规律的支配。

7.4.1.1　农业生态系统的组成

　　农业生态系统与自然生态系统一样，其基本组成也包括生物成分和非生物环境成分两大部分。由于受到人类的参与和调控，其生物成分是以人类驯化的农业生物为主，环境也包括了人工改造的环境部分。

　　（1）生物组分　农业生态系统的生物组分包括以绿色植物为主的生产者、以动物为主的消费者和以微生物为主的分解者。然而，农业生态系统中占据主要地位的生物是经过人工驯化的农业生物，包括各种大田作物、果树、蔬菜、家畜、家禽、养殖水产类、林木等，以及与这些农业生物关系密切的生物类群，如杂草、作物害虫、寄生虫、根瘤菌等。更重要的是在农业生态系统的生物组分中还增加了最重要的调解者和主体消费者——人类。由于人类有目的的选择和控制，农业生态系统中其他生物种类和数量一般较少，其生物多样性往往低于同地区的自然生态系统。

　　（2）环境组分　包括自然环境组分和人工环境组分。自然环境组分包括水体、土体、气体、辐射等，是从自然生态系统集成下来的，但已受到人类不同程度的调控和影响。例如，作物群体内的温度、鱼塘水体的透光率、土壤的物理化学性质等都受到了人类各种活动的影响，甚至大气成分也受到工农业生产的影响而有所改变。人工环境组分包括生产、加工、储藏设备和生活设施，例如温室、禽舍、水库、渠道、防护林带、加工厂、仓库和住房等。人工环境组分是自然生态系统中没有的，通常以间接的方式对生物产生影响。

7.4.1.2　农业生态系统的基本结构

　　（1）组分结构　农业生态系统的组分结构（components structure）系指农、林、牧、渔、副（加工）各业之间的量比关系，以及各业内部的物种组成及量比关系。农业生态系统的生物种类和数量受自然条件和社会条件的双重影响。生物种类和数量不但因为农业生物种群结构调整、品种更换而改变，而且还会因农药和兽药的施用等农业措施而变化。遗传育种和新种引入会改变生态系统中生物基因构成。

（2）时空结构　农业生态系统的空间结构（space structure）常分为水平结构和垂直结构。水平结构（horizontal structure）系指一定区域内，各种农业生物类群在水平空间上的组合与分布，亦即由农田、人工草地、人工林、池塘等类型的景观单元所组成的农业景观结构。垂直结构（vertical structure）系指农业生物类群在同一土地单元内，垂直空间上的组合与分布。在垂直方向上，环境因子因地理高程、水体深度、土壤深度和生物群落高度而产生相应的垂直梯度，如温度的高度梯度、光照的水深梯度。农业生物也因适应环境的垂直变化而形成各类层带立体结构。

农业生态系统的时间结构（temporal structure）系指农业生物类群在时间上的分布与发展演替。随着地球自转和公转，环境因子呈现昼夜和季节变化，农业生态系统中农业生物经过长期适应和人工选择，表现出明显的时相差异和季节适应性。如农业生物类群有不同的生长发育阶段、生育类型和季节分布类型，适应不同季节的作物按人类需求可以实行复种、套作或轮作，占据不同的生长季节。

（3）营养结构　农业生态系统的营养结构受到人类的控制。农业生态系统不但具有与自然生态系统类同的输入、输出途径，如通过降雨、固氮的输入，通过地表径流和下渗的输出，而且有人类有意识增加的输入，如灌溉水、化学肥料、畜禽和鱼虾的配合饲料，也有人类强化了的输出，如各类农林牧渔的产品输出。有时，人类为了扩大农业生态系统的生产力和经济效益，常采用食物链"加环"来改造营养结构；为了防止有害物质沿食物链富集而危害人类的健康与生存，而采用食物链"解列"法中断食物链与人类的连接从而减少对人类健康的危害。

7.4.1.3　农业生态系统的基本功能

农业生态系统通过由生物与环境构成的有序结构，可以把环境中的能量、物质、信息和价值资源，转变成人类需要的产品。农业生态系统具有能量转换功能、物质转换功能、信息转换功能和价值转换功能，在这种转换之中形成相应的能量流、物质流、信息流和价值流。

（1）能量流（energy flow）　农业生态系统不但像自然生态系统那样利用太阳能，通过植物、食草动物和肉食动物在生物之间传递，形成能量流，而且为提高生物的生产力还利用大量的辅助能量流。

生态系统接收的除太阳辐射能之外的其他形式的能量统称为辅助能（auxiliary energy），包括自然辅助能和人工辅助能。自然辅助能的形式有风力作用、沿海和河口的潮汐作用、水体的流动作用、降水和蒸发作用。人工辅助能包括生物辅助能和工业辅助能两类。前者是指来自于生物有机物的能量，如劳力、畜力、种子、有机肥、饲料等，也成为有机能；后者是指来源于工业的能量投入，包括以石油、煤、天然气、电等含能物质直接投入到农业生态系统的直接工业辅助能，以及以化肥、农药、机具、农膜、生长调节剂和农用设施等本身不含能量，但在制造过程中消耗了大量能量的物质形式投入的间接工业辅助能。

从农业生态系统的能量输出来看，随着人类从生态系统内取走大量的农畜产品，大量的能量与物质流向系统之外，形成了一股强大的输出能流，这是农业生态系统区别于自然生态系统的一条能流路径，也称为第四条能流路径。

（2）物质流（nutrient cycle）　农业生态系统物质流中的物质不但有天然元素和化合物，

而且有大量人工合成的化合物。即使是天然元素和天然化合物，由于受人为过程影响，其集中和浓缩程度也与自然状态有很大差异。农业生产中大量使用外源物质，如各种杀虫剂、杀菌剂、除草剂、化肥等，使得大气、水体和土壤遭受污染。污染物质进入农业生态系统被植物吸收后，会沿着食物链各个营养级与环节陆续传递，在传递过程中有害物质逐渐积累和被浓缩。

（3）信息流（information flow）　农业生态系统不但保留了自然生态系统的自然信息网，而且还利用了人类社会的信息网，利用电话、电视、广播、报刊、杂志、教育、推广、邮电、计算机网络等方式高效地传送信息。

（4）价值流（value flow）　价值可在农业生态系统中转换成不同的形式，并且可以在不同的组分间转移。以实物形态存在的农业生产资料的价值，在人类劳动的参与下，转变成生产形态的价值，最后以增值了的产品价值形态出现。价格是价值的表现形式，以价格计算的资金流是价值流的外在表现。

7.4.2　城市生态系统

城市生态系统（urban ecosystem）指的是城市空间范围内的居民与自然环境系统和人工建造的社会环境系统相互作用而形成的统一体，属人工生态系统。它是以人为主体的、人工化环境的、人类自我驯化的、开放性的生态系统。它是由社会、经济和自然 3 个亚系统复合而成的由城市居民与其周围环境相互作用而形成的网络结构。

7.4.2.1　城市生态系统的组成

城市生态系统是一个以人为中心的自然、经济与社会复合的人工生态系统，所以城市生态系统的组成首先是人，另外包括自然系统、经济系统和社会系统（图 7.9）。

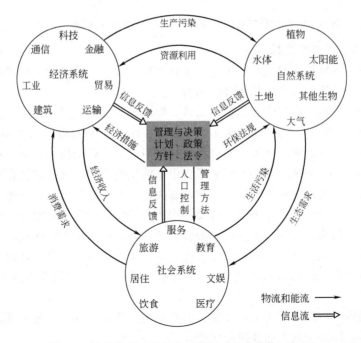

图 7.9　城市生态系统组成示意图（引自曹伟，2004）

自然系统包括城市居民赖以生存的基本物质环境，如太阳、空气、淡水、森林、气候、岩石、土壤、动物、植物、微生物、矿藏、自然景观等。

经济系统涉及生产、流通与消费的各个环节，包括工业、农业、交通、运输、商贸、金融、建筑、通信、医疗、旅游等，还涉及文化、艺术、宗教、法律等上层建筑范畴。

　　社会系统体现的是以人为中心，反映的是居民的人口、劳动、智力结构和城市的政治机构、经济管理、文化娱乐、社会团体和家庭组织结构，而共同反映的是城市的主体，即人的能力、需求、活动状况和城市的职能特点等。

　　目前没有统一的城市生态系统构成划分，不同的研究出发点与方向会有不同的划分方法。从环境科学角度，根据子系统的空间因素及相互作用，可以对城市生态系统的组成作以下划分，见图 7.10。

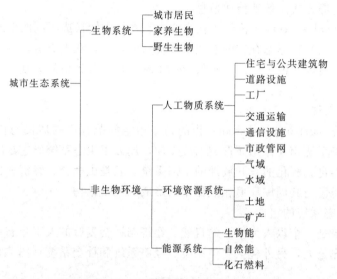

图 7.10　环境科学角度的城市生态系统构成（仿何强等，1994）

7.4.2.2　城市生态系统的结构

　　城市生态系统的结构在很大程度上不同于自然生态系统。因为除了自然系统本身的结构外，还有以人类为主体的社会结构和经济结构。

　　（1）空间结构　城市由各类建筑群、街道、绿地等构成，形成一定的空间结构，即同心圆、辐射（扇形）、镶嵌 3 类结构。城市空间结构往往取决于城市的地理条件、社会制度、经济状况、种族组成等因素。例如，社会经济规则引起了扇形结构的变化，家庭的变化导致了同心圆结构的变化，而种族的不同形成了多中心的镶嵌结构。又如依照自然条件（或依山或傍水）而发展起来的房屋建筑和城市基础设施决定了城市空间结构的外观。

　　（2）社会结构　社会结构是人口、劳动力和智力等的空间配置和组合。城市人口是城市的主体，其数量往往决定着城市的规模和等级。劳动力结构是指不同职业的劳动力所占的比例，它反映出城市的经济特点和主要职能。智力结构是指具有一定专业知识和一定技术水平的那部分劳动力，它反映出城市的文化水平和现代化程度，也是决定城市经济发展的重要条件。

　　（3）经济结构　经济结构由生产系统、消费系统、流通系统几部分组成。各部分的比例因城市不同而异，取决于城市的性质和职能。

　　（4）营养结构　城市生态系统中生产者绿色植物的量很少，主要消费者不再是自然生态系统中的动物而是人，分解者微生物亦少。系统自身的生产者生物量远远低于周边生态系统，相反，消费者密度则高于其他生态系统。因此，城市生态系统不能维持自给自足的状态，需要从外界供给物质和能量，从而形成不同于自然生态系统的倒三角形营养结构。自然生态系统与城市生态系统的营养结构及其关系见图7.11。

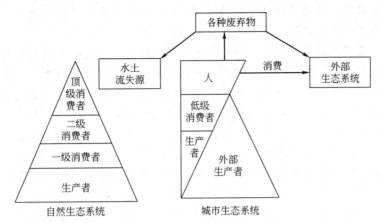

图 7.11　自然生态系统与城市生态系统的营养结构及其关系（引自曹伟，2004）

7.4.2.3　城市生态系统基本功能

城市生态系统的功能是指系统及其内部各子系统或各组分所具有的作用。城市生态系统作为一个开放型的人工生态系统，具有两个功能，即外部功能和内部功能。外部功能是联系其他生态系统，根据系统的内部需求，不断从外系统输入与输出物质和能量，以保证系统内部的能量流动和物质流动的正常运转与平衡；内部功能是维持系统内部的物流和能流的循环和畅通，并将各种流的信息不断反馈，以调节外部功能，同时把系统内部剩余的或不需要的物质与能量输出到其他外部生态系统中。

（1）城市生态系统的生产功能　城市生态系统的生产功能是指城市生态系统能够利用城市内外系统提供的物质和能量等资源，生产出产品的能力。包括生物生产与非生物生产。

① 生物生产　城市生态系统的生物生产功能是指城市生态系统所具有的，包括人类在内的各类生物交换、生长、发育和繁殖的过程。具体表现在生物的初级生产和次级生产两个方面。

生物的初级生产是指植物的光合作用过程。由于城市是以第二产业、第三产业为主，城市生态系统中的农田、森林、草地、果园和苗圃等人工或自然植被所占的城市空间比例并不大。因此，植物生产不占主导地位。虽然如此，城市植被的景观作用功能和环境保护功能对城市生态系统来说仍然十分重要。因此，尽量大面积地保留城市的农田生态系统、森林生态系统、草地生态系统等是非常必要的。

城市生态系统所需要的生物次级生产物质，有相当一部分必须从城市外部输入，表现出明显的依赖性。另一方面，由于城市的生物次级生产者主要是人，故城市生态系统的生物次级生产过程除受非人为因素的影响外，主要受人类行为的影响，具有明显的人为可调性。此外，它还表现出社会性，即城市次级生产是在一定的社会规范和法律的制约下进行的。

② 非生物生产　城市生态系统的非生物生产是人类生态系统特有的生产功能，是指其具有创造物质与精神财富、满足城市人类的物质消费与精神需求的性质。分为物质生产和非物质生产两大类。

物质生产是指满足人们的物质生活所需的各类有形产品及服务，包括各类工业产品、设施产品（如城市基础设施）、服务性产品（服务、金融、医疗、教育、贸易、娱乐等所需要的各项设施）。

非物质生产是指满足人们的精神生活所需的各种文化艺术产品及相关的服务。如城市中具有众多人类优秀的精神产品生产者，包括作家、诗人、雕塑家、画家、演奏家、歌唱家、剧作家等，也有难以计数的精神文化产品出现，如小说、绘画、音乐、戏剧、雕塑等。城市生态系统的非物质生产，实际上是城市文化功能的体现。

（2）城市生态系统的能量流动　城市生态系统的能量流动是以各类能源的消耗与转化为其主要特征的，是能源（能产生能量物质，亦指能量来源）在系统内外的传递、流通和耗散过程。能源是指产生机械能、热能、光能、化学能、生物能等各种能量的自然资源或物质。能源结构是指能源的总生产量和总消费量的构成及比例关系。从总生产量分析能源结构，称为能源的生产结构，即各种一次能源（如煤炭、石油、天然气、水能、核能等）所占比重；从消费量分析能源结构，称为能源的消费结构，即能源的使用途径。一个国家或一个城市的能源结构是反映该国或该城市生产技术发展水平的一个重要标志。城市的能源结构与全国的能源生产结构、消费结构、城市经济结构特征和环境特征等有着密切的关系。如今，天然气和电力消费及一次能源用于发电的比例是反映城市能源供应现代化水平的两个指标。

城市生态系统的能量流动基本过程如图 7.12。原生能源（又称一次能源）是从自然界直接获取的能量形式，主要包括煤、石油、天然气、油页岩、油砂、太阳能、生物能（生物转化了的太阳能）、风能、水力、潮流能、波浪能、海洋温差能、核能（聚、裂变能）和地热能等。原生能源中有少数可以直接利用，如煤、天然气等；但大多数都需要经加工转化后才能利用。

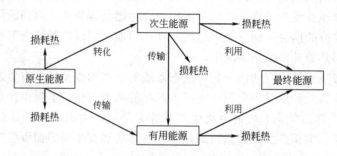

图 7.12　城市生态系统的能量流动基本过程（仿何强，1994）

（3）城市生态系统的物质循环　城市生态系统中物质循环是指各项资源、产品、货物、人口、资金等在城市各个区域、各个系统、各个部分之间以及城市与外部之间的反复作用过程。它的功能是维持城市生存、生产和运行，维持城市生态系统的生产、消费、分解还原过程。城市生态系统物质循环中物质流包括以下几种类型。

① 自然力推动的物质流　城市生态系统物质循环中物质流包括自然力推动的物质流，对城市大气质量和水体质量有重要的影响。城市的人口和工业生产集中，每天的耗氧量大，而城市的植被很少，产氧量很小，造成氧的不平衡，这就需要空气流从外界带入大量氧气。与此相反，城市中产生的二氧化碳远远大于消耗量，这就需要空气流每天把城市中多余的二氧化碳带出界外。

② 人工推动的物质流　一般所讲物质在城市生态系统中循环的过程，实际上主要就是人工推动的物质流。显然它在物质流中是最为复杂的，它不是简单的输入和输出，还要经过生产（有形态和功能的改变）、交换、分配、消费、积累以及排放废弃物等环节和过程。

③ 人口流　城市的人口流是一种特殊的物质流，包括时间上和空间上的变化。城市人口的自然增长和机械增长反映了城市人口在时间上的变化；城市内部人口流动的交通人流和城市与外部之间的人口流动反映了城市人口的空间变化。人口流可以分为常住人口流和流动

人口流两大类。

④ 其他物质流　除了上述物质流类型外，人们还从经济观点角度，提出了城市的价值流、资金流，包括投资、产值、商品流通和货币流通等，以反映城市社会经济的活跃程度，其实质与物质流是相同的。

城市生态系统物质循环具有以下特点：①系统内外物质流量大；②城市生态系统的物质流缺乏生态循环；③物质流受到强烈人为因素的影响；④物质循环过程中产生大量废物。

（4）城市生态系统的信息传递　信息可以传递知识，通过消息、情报、指令、数据、图像、信号等形式，传播知识，把知识变成生产力。信息是科学技术与生产力之间的桥梁和纽带。信息可以节约时间，提高效率。城市的重要功能之一，就是输入分散的、无序的信息，输出经过加工的、集中的、有序的信息。城市有现代化的信息技术以及使用这些技术的人才，并具有完善的新闻传播网络系统，信息流相当大。

7.4.2.4　城市生态系统的特征

（1）人是城市生态系统的主体　同自然生态系统和农村生态系统相比，城市生态系统中的主体是人，次级生产者与消费者都是人。所以，城市生态系统最突出的特点是人口的发展代替或限制了其他生物的发展。由于人类对环境的强烈干扰和带来的人工技术产物（建筑物、道路、公用设施等）完全改变了原有的生态系统结构（或称物理结构），人类的经济、社会活动和人类自身再生产成为影响生态系统的决定性因素。经济再生产过程是城市生态系统的中心环节。城市内部及城市与其外部系统之间物质、能量、信息的交换，主要靠人类活动来协调和维持。

（2）高度人工化　城市生态系统的环境主要部分为人工环境，城市居民为了生产、生活等的需要，在自然环境的基础上，建造了大量的建筑物及交通、通信、供排水、医疗、文教和体育等城市设施。大量的人工设施叠加于自然环境之上，形成了显著的人工化特点，如人工化地形、人工化地面（混凝土、沥青）、人工化水系（给排水系统）、人工化气候（空调房间、恒温室，甚至城市热岛、城市风也是人工干扰的结果）。这样，使得原有自然环境条件都不同程度受到人工环境和人的活动的影响，使得城市生态系统的环境变化显得更加复杂和多样化。

（3）不完全的生态系统　在自然生态系统和农村生态系统中，能量在各营养级中的流动都是遵循"生态学金字塔"规律的。在城市生态系统中却表现出相反的规律。城市生态系统中，由于消费者的数量远远大于生产者的数量，城市生态系统要维持稳定和有序，必须有外部生态系统的物质和能量的输入，如必须从城市外部输入农副产品、日用品等供给消费者——城市居民生活之用；同时，城市居民在生产和生活中排泄的大量废物，也不能靠在城市生态系统内的分解者有机体完全分解，而要输送到其他生态系统（如农田生态系统、水生生态系统等）中分解。因此，城市生态系统是个不完全、不独立的生态系统。如果从开放性和高度输入的性质来看，城市生态系统又是发展程度最高、反自然程度最强的人类生态系统。

（4）城市生态系统的开放性　城市生态系统不能提供本身所需的大量能源和物质，必须从外部输入，经过加工，将外来的能源和物质转变为另一种形态（产品），以提供本城市人们使用。城市规模越大，要求输入的物质种类和数量就越多，城市对外部所提供的能源和物质的接收、消化、转变的能力也越强。城市生态系统在人力、资金、技术、信息方面也对外部系统有不同程度的依赖性，这可以解释当今世界各国流动人口在城市中总是大于除城市之外其他人类聚居地的原因。然而，能源与物质对外部的强烈依赖性在城市生态系统中是占有主导地位的。

(5) 城市生态系统的脆弱性　城市生态系统不是一个自律系统，城市生态系统必须依赖其他生态系统才能存在和发展，从这个意义上讲，城市生态系统是一个十分脆弱的系统。城市生态系统营养关系呈倒金字塔的营养结构，表明城市生态系统是一个不稳定的系统，人类所需要的食物在系统内根本无法满足，需要从系统外输入。生产和生活活动所必需的其他资源和能源，同样也需要从系统外输入。

城市生态系统的自我调节机能脆弱。与自然生态系统相比较，城市生态系统由于物种多样性降低，能量流动和物质循环的方式、途径都发生改变，使系统本身的自我调节能力降低，其稳定性在很大程度上取决于社会经济系统的调控能力和水平，以及人类对这一切的认识，即环境意识、环境伦理和道德责任。随着智能化、信息化的提高，城市生态系统对外界的不利影响可能会越来越弱。

(6) 城市生态系统的复杂性　城市生态系统是一个迅速发展和变化的复合人工系统。在城市这一自然-社会-经济的复合人工系统中，一定生产关系下的生产力起着主导支配作用。随着人们生产力的提高，人们在对能源和物质的处理能力上，不仅有量的扩大，而且可以不时发生质的变化。通过人工对原有能源和物质的合成或分解，可以形成新的能源和物质，形成新的处理能力。与自然生态系统相比，城市生态系统的发展和变化不知要迅速多少倍。城市生态系统中的有机物或无机物都是相互联系、相互依赖的。而且系统中任何一个小的变化都会引起系统整体性能的改变，一些小生态系统的渐进性的变化一旦积聚起来，可以对大系统产生非常重要的影响。有时，一个系统中的变化可以对与它联系很少的系统产生很大的影响。城市生态系统组成要素复杂，所表现出的各种现象和过程，都存在一定的联系和中间环节。

[课后复习]

1. 概念和术语：河口生态系统、红树林生态系统、湿地生态系统、河流生态系统、森林生态系统、草地生态系统、荒漠生态系统、苔原生态系统、红树林植物、低潮带、中潮带、高潮带、湿地的概念、热带雨林、亚热带常绿阔叶林、温带落叶阔叶林、北方针叶林、稀树草原、人工生态系统、农业生态系统、组分结构、空间结构、时间结构、辅助能、城市、城市生态系统、社会结构

2. 原理和定律：纵向成带现象、纬度地带性、经度地带性、垂直地带性

[课后思考]

1. 简述河口生态系统主要生物群落组成及其特征。

2. 红树林生境特征是什么？红树林植物有哪些适应环境的特点？

3. 为什么说湿地是"地球之肾"？

4. 河流生态系统与湖泊生态系统的区别有哪些？

5. 陆地生态系统具有哪些主要分布规律？

6. 举例说明森林生态系统的类型及其特征。

7. 农业生态系统与自然生态系统的不同之处有哪些？

8. 农业生态系统氮素循环的主要输入和输出途径有哪些？如何合理利用？

9. 比较自然生态系统、农业生态系统、城市生态系统的营养结构有何异同。

10. 如何根据城市生态系统的特征看待和解决城市环境问题？

［推荐阅读文献］

［1］　盛连喜. 环境生态学. 北京：高等教育出版社，2009.

［2］　孙儒泳，李庆芬，牛翠娟等. 基础生态学. 北京：高等教育出版社，2002.

［3］　蔡晓明. 生态系统生态学. 北京：科学出版社，2000.

［4］　Odum E P，Barrett C W. 基础生态学. 陆健健，王伟等译. 第 5 版. 北京：高等教育出版社，2008.

［5］　陈阜. 农业生态学. 北京：中国农业大学出版社，2002.

［6］　宋永昌，由文辉，王祥荣. 城市生态学. 上海：华东师范大学出版社，2000.

8 退化生态系统的恢复

【学习要点】

1. 掌握退化生态系统和生态恢复的概念和内涵，理解干扰与生态系统退化之间的相互关系；

2. 掌握生态恢复的主要原则、方法和技术体系，了解典型退化生态系统（森林、草地、淡水生态系统等）生态恢复的措施与方法；

3. 熟悉恢复生态学的主要研究对象、内容、原理和一般程序。

【核心概念】

退化生态系统：是指生态系统在自然或人为干扰下形成的偏离自然状态的系统。

生态恢复：是指帮助研究恢复和管理原生生态系统的完整性的过程。

恢复生态学：是帮助研究生态整合性的恢复和管理过程的科学，生态整合性包括生物多样性、生态过程和结构、区域及历史情况、可持续的社会实践等广泛的范围。

8.1 人类干扰与退化生态系统

8.1.1 退化生态系统及其成因

退化生态系统（degraded ecosystem）是指生态系统在自然或人为干扰下形成的偏离自然状态的系统。与自然系统相比，退化生态系统的种类组成、群落或系统结构改变，生物多样性减少，生物生产力降低，土壤和微环境恶化，生物间相互关系改变。退化生态系统形成的直接原因是人类活动，部分来自自然灾害，有时两者叠加发生作用。

干扰（disturbance）是自然界中很普遍的一种现象。所谓干扰，是平静的中断，正常过程的打扰或妨碍。干扰是生命系统（包括个体、种群、群落和生态系统等各个水平）的结构、动态、景观格局和功能的基本塑造力，它不但影响了生命系统本身，也改变了生命系统所处的环境系统。简言之，干扰是群落外部不连续存在、间断发生的因子的突然作用或连续存在因子超"正常"范围的波动，这种作用或波动能引起有机体、种群或群落发生全部或部分明显的变化，使其结构和功能发生改变或受到损害。按其动因，干扰可以划分为自然干扰和人为干扰。自然干扰是指无人为活动介入的自然环境条件下发生的干扰（如外来种入侵、火灾及水灾），而人为干扰是指由于人类生产、生活和其他社会活动所形成的对自然环境和生态系统的各种影响（表8.1）。

表 8.1　人类对生态系统干扰的方式与效应

人为干扰方式		效　应
传统劳作方式	对森林和对草原植被的砍伐与开垦	植被退化,水土流失加剧,区域环境恶化;生物生境遭破坏,生物多样性丧失
	采集	生物资源被破坏,一些物种灭绝
	采樵	生态系统能量和养分减少,生物生存活动受破坏;草原遭破坏
	狩猎和捕捞	种群生殖和繁衍遭破坏,一些物种灭绝;生物性状和数量发生变化
工农业污染		水质污染,空气污染,酸雨
新干扰形式(旅游、探险活动等)		污染,旅游资源退化

　　引起生态系统结构和功能变化而导致生态系统退化的主要原因是人类干扰活动,部分来自于自然因素（图8.1）。但干扰是退化生态系统的最主要成因。干扰使生态系统发生退化的主要机理首先在于,在干扰的压力下系统的结构和功能发生变化。事实上,干扰不仅仅在群落的物种多样性的发生和维持中起重要作用,而且在生物的进化过程中也是重要的选择压力。在功能的过程中,干扰能减弱生态系统的功能过程,甚至使生态系统的功能丧失。干扰的强度和频度是决定生态系统退化程度的根本原因,过大的干扰强度和频度,会使生态系统退化为不毛之地。

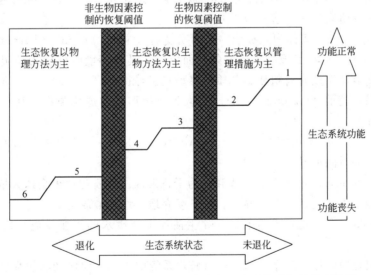

图 8.1　生态系统退化原因及退化状态与生态系统功能的关系模型
（改自 Hobbs & Harris,2001）

　　退化生态系统是一种“病态”的生态系统,在实际工作中必须对其退化程度进行诊断和判定。在生态系统退化诊断的具体过程中,一般遵循以下流程或环节:诊断对象的选定、诊断参照系统的确定、诊断途径的确定、诊断方法的确定、诊断指标（体系）的确定等。具体过程见图8.2。

8.1.2　退化生态系统的类型和特征

　　根据生态系统的层次和尺度,退化生态系统可划分为局部退化生态系统、中尺度的区域退化生态系统和全球退化生态系统。根据退化过程和生态学特征,退化生态系统可以划分为

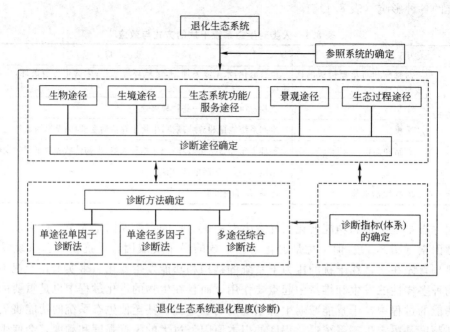

图 8.2　生态系统退化程度诊断（引自杜晓军，2003）

不同的类型：陆域生态系统的退化、水生生态系统的退化和大气生态系统的退化。其中陆域的退化生态系统的研究较多，包括以下几种。

（1）裸地（barren）或称为光板地　又可分为原生裸地（primary barren）和次生裸地（secondary barren），通常因极端的环境条件而形成，具有环境条件较为潮湿、干燥或盐渍化程度较深、缺乏甚至没有有机质、基质性移动较强等特点。

（2）森林采伐迹地（logging slash）　是人为干扰形成的退化类型，其退化的程度随采伐强度和频度而异。

（3）弃耕地（abandoned till，discard cultivated）　是另一人为干扰形成的退化类型，其退化状态随弃耕的时间而异。

（4）沙漠（desert）　可由自然干扰和人为干扰形成。荒漠化使得全球大量的耕地消失。

（5）废弃地　主要包括工业废弃地、采矿废弃地、垃圾堆放场等。

（6）受损水域　主要是指人为干扰（如生活和工业废水的直接排放）使得水域的功能降低。

生态系统退化后，原有的平衡状态被打破，系统的结构、组成和功能都会发生变化。退化生态系统与正常生态系统相比（表 8.2），具有以下几个特征。

① 生物多样性变化。常表现为生态系统的特征种类、优势种类消失，与之共生的种类也逐渐消失。物种多样性的数量可能并未有明显的变化，多样性指数可能并不下降，但多样性的性质发生变化，质量明显降低。

② 层次结构简单化。退化生态系统的种类组成发生变化，优质种群结构异常；在群落层次上常表现为群落结构的矮化、整体景观的破碎化等。

③ 食物网结构变化。由于生态系统结构受损、层次结构简单化，使得系统的食物链缩短、食物网简单化，部分链断裂和解环，单链营养关系增多，中间共生、附生关系减弱甚至消失。

表 8.2 退化生态系统与正常生态系统特征之比较（仿包维楷、陈庆恒，1999）

生态系统特征	退化生态系统	正常生态系统
总生产量/总呼吸量(P/R)	<1	1
生物量/单位能流值	低	高
食物链	直线状、简化	网状、以碎食链为主
矿质营养物质	开放或封闭	封闭
生态联系	单一	复杂
敏感性、脆弱性和稳定性	高	低
抗逆能力	弱	强
信息量	低	高
熵值	高	低
多样性(包括生态系统、物种、基因和生化物质的多样性)	低	高
景观异质性	低	高
层次结构	简单	复杂

④ 物质循环不良变化。退化生态系统的生物循环减弱而地球化学循环增强，同时生物多样性及其组成、结构也发生不良变化，其中最明显的是水循环、氮循环和磷循环的变化。

⑤ 能量流动出现危机和障碍。退化生态系统食物链和食物网的变化及物质循环的不良变化导致能量的转化和传递效率降低，能流规模降低，能流格局发生不良变化，能流损失也随之增多。

⑥ 系统生产力下降。由于光能利用率减弱、竞争、对资源的不充分利用等引起净初级生产力下降，从而也导致次级生产力的降低。

⑦ 生物利用和改造环境能力弱化和功能衰退。主要表现在固定、保护、改良土壤及养分能力弱化，调节气候能力削弱，水分维持能力减弱，防风固沙能力弱化，美化环境等文化环境价值降低等。

⑧ 系统稳定性降低。

8.1.3 全球退化生态系统现状

自 1940 年以来，由于科学技术的进步，人类生产、开发和探险的足迹遍及全球，尤其全球人口已达 60 亿，而且每年仍以 9000 多万人的速率在递增。随着人口急剧增长、社会经济发展和自然资源的高强度开发，对生态系统的干扰已成为一个全球性的问题，也引发了一系列的生态环境问题，对人类的生存和经济的发展造成了严重的威胁。

据统计，由于人类对土地的开发（主要是生境的转换）导致了全球 $50 \times 10^8 hm^2$ 以上土地的退化，使全球 43% 的陆地植被生态系统的服务功能受到了影响。联合国环境署的调查表明：全球有 $20 \times 10^8 hm^2$ 土地退化（占全球有植被分布土地面积的 17%），其中轻度退化的土地（恢复潜力还很大）有 $7.5 \times 10^8 hm^2$，中度退化的（必须经过一定的经济和技术投资才能恢复）有 $9.1 \times 10^8 hm^2$，严重退化的（必须经过改良才能恢复）有 $3.0 \times 10^8 hm^2$，极度退化的（不能进行改良）有 $0.09 \times 10^8 hm^2$。全球荒漠化土地有 $36 \times 10^8 hm^2$ 以上（占全球干旱地面积的 70%，占地球陆地面积的 28%），且仍以每年 $2460 hm^2$ 的速率增长，其中轻微退化的有 $12.23 \times 10^8 hm^2$，中度退化的有 $12.67 \times 10^8 hm^2$，严重退化的有 $10 \times 10^8 hm^2$，

极度退化的有 $0.72\times10^8\,\mathrm{hm^2}$。此外，弃耕地每年还在以 $0.09\times10^8\,\mathrm{hm^2}$ 的速率递增。全球退化的热带雨林面积有 $4.27\times10^8\,\mathrm{hm^2}$，而且还在以每年 $0.154\times10^8\,\mathrm{hm^2}$ 的速率递增。联合国环境署还估计，1978～1991 年间全球土地荒漠化造成的损失达（3000～6000）亿美元，现在每年高达 423 亿美元，而全球每年进行生态恢复而投入的经费达（100～224）亿美元。

8.2 恢复生态学基本理论

8.2.1 生态恢复与恢复生态学

生态恢复（ecological restoration）是避免地球生物圈生态功能崩溃的重要挽救手段。按照国际生态恢复学会（Society for Ecological Restoration）的详细定义，生态恢复是指帮助研究恢复和管理原生生态系统的完整性（ecological integrity）的过程。这种生态整体包括生物多样性的临界变化范围、生态系统结构和过程、区域和历史内容以及可持续的社会实践等。生态恢复与重建的难度和所需的时间与生态系统的退化程度、自我恢复能力以及恢复方向密切相关，一般来说，退化程度较轻的和自我恢复能力较强的生态系统比较容易恢复，其所需的时间也较短。

恢复生态学（restoration ecology）是一门关于退化生态系统恢复的学科，由于恢复生态学具有理论性和实践性，从不同的角度看会有不同的理解，因此关于恢复生态学的定义有很多。国际恢复生态学会的定义为：生态恢复是帮助研究生态整合性的恢复和管理过程的科学，生态整合性包括生物多样性、生态过程和结构、区域及历史情况、可持续的社会实践等广泛的范围。与生态恢复相关的概念还有：重建（rehabilitation）、改良（reclamation）、改进（enhancement）、修补（remedy）、更新（renewal）、再植（revegetation），这些与恢复相关的概念可看作广义的恢复概念。

尽管恢复生态学的许多理论都来源于群落和生态系统生态学，但恢复生态学并不是生态学的一个简单分支，其学科领域不仅超越了生态学的理论框架，而且要求整合生态学、环境科学、经济学、社会学和政治学的方法，以及农学、林学、草地学、湿地学、海洋学的方法。因此，恢复生态学的原理和方法是多学科交叉的主要体现。

8.2.2 恢复生态学研究对象和主要内容

恢复生态学的研究对象是那些在自然灾害和人类活动压力条件下受到损害的自然生态系统的恢复与重建问题，涉及自然资源的持续利用、社会经济的持续发展和生态环境、生物多样性保护等许多研究领域的问题。

恢复生态学主体研究内容致力于回答如下几个问题：为什么要进行生态恢复？什么样的生态系统需要生态恢复？生态恢复的对象和主体是什么？如何进行生态恢复？退化生态系统的恢复与重建的关键技术有哪些？生态恢复的时空尺度是什么？生态恢复的目标是什么？如何判定生态恢复的作用效果？

根据恢复生态学的定义和生态恢复实践的要求，恢复生态学主要包括基础理论和应用技术两大领域的研究工作（表 8.3）。

恢复生态学的研究起点在生态系统层次上，而研究的内容十分综合而且主要是由人工设计控制的。从研究内容来看，恢复生态学的研究内容有物种、种群、群落、生态系统、景观等多个层面的基础理论和应用技术，领域广泛而且相互综合。因此，加强恢复生态学研究，

表 8.3　恢复生态学的主要研究内容（引自 Bakker、Londo，1998）

学科属性	主要研究内容
基础理论研究	生态系统结构以及内在的生态学过程与相互作用机制； 生态系统的稳定性、多样性、抗逆性、生产力、恢复力与可持续性； 先锋与顶极生态系统发生、发展机理与演替规律； 不同干扰条件下生态系统的受损过程及其影响机制； 生态系统退化的景观诊断及其评价指标体系； 生态系统退化过程的动态监测、模拟、预警及预测； 生态系统健康的维育机理、保护对策及持续管理
应用技术研究	退化生态系统的恢复与重建的关键技术体系； 生态系统结构与功能的优化配置与重构及其调控技术； 物种、生态系统与景观多样性的恢复与维持技术； 生态工程设计与实施技术； 环境规划与景观生态规划技术； 典型退化生态系统恢复的优化模式试验示范与推广

不仅能推动传统生态学和现代生态学的深入发展，而且能加强和促进边缘和交叉学科（如生物学、地理学、经济学等）的相互联系、渗透和协同发展。

8.2.3　恢复生态学的理论基础

恢复生态学运用了许多相关学科的理论，但最主要的还是生态学理论。这些理论主要有主导生态因子原理、限制性与耐性定律、能量流动与物质循环原理、种群密度制约与物种相互作用原理、生态位与生物互补原理、边缘效应与干扰原理、生态演替原理、生物多样性原理、食物链与食物网原理、缀块-廊道-基质的景观格局原理、空间异质性原理、时空尺度与等级原理等。其中，干扰与演替是生态恢复与重建的最重要的理论基础。

目前，只有自我设计理论和人为设计理论（self-design versus design theory）是唯一从恢复生态学中产生的理论，并且也在生态恢复实践中得到了广泛的应用（图 8.3）。

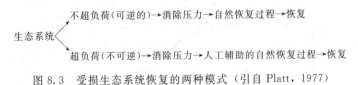

图 8.3　受损生态系统恢复的两种模式（引自 Platt，1977）

（1）自我设计理论（self-design theory）　该理论认为在足够的时间内，随着时间进程，退化生态系统将根据环境条件合理地组织并会最终改变其组分。该理论的实质是强调生态系统的自然恢复过程。

（2）人为设计理论（design theory）　该理论认为通过工程和其他措施可以恢复退化生态系统，但恢复类型可能是多样的（人为恢复演替）。这一理论把物种的生活史作为群落（尤其是植物群落）恢复的重要因子，并认为通过调整物种生活史的方法可以加快群落的恢复。

这两个理论的不同点在于：自我设计理论把恢复放在生态系统层次考虑，从生态系统层次考虑生态恢复的整体性，但是未考虑种子库的情况，其恢复的结果只能是环境决定的群落；而人为设计理论把恢复放在个体或种群的层次上考虑，恢复的可能是多种结果。这两种理论均未考虑人类干扰在整个恢复过程中的重要作用。

8.3 退化生态系统恢复的原理与方法

8.3.1 生态恢复的目标和原则

Hobbs 和 Norton（1996）认为恢复退化生态系统的目标包括：建立合理的内容组成（种类丰富度及多度）、结构（植被和土壤的垂直结构）、格局（生态系统成分的水平安排）、异质性（各组分由多个变量组成）、功能（诸如水、能量、物质流动等基本生态过程的表现）。事实上，进行生态恢复工程的目标无外乎以下 4 个。

① 恢复诸如废弃的矿地这样极度退化的生境。

② 提高退化土地上的生产力。

③ 在被保护的景观内去除干扰以加强保护。

④ 对现有生态系统进行合理利用和保护，维持其服务功能。

虽然恢复生态学强调对受损生态系统进行恢复，但恢复生态学的首要目标仍然是保护自然的生态系统，因为保护在生态系统恢复中具有重要的参考作用；第二个目标是恢复现有的退化生态系统，尤其是与人类关系密切的生态系统；第三个目标是对现有的生态系统进行合理管理，防止退化；第四个目标是保护区域文化多样性并实现可持续发展。

总之，根据不同的社会、经济、文化与生活需要，人们往往会对不同的退化生态系统制定不同水平的恢复目标（图 8.4）。但是无论对什么类型的退化生态系统，应该存在一些基本的恢复目标或要求。这些基本的目标和要求包括以下 6 个方面。

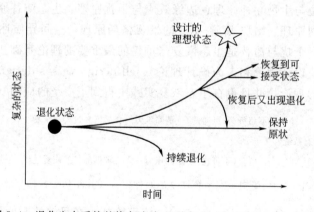

图 8.4 退化生态系统的恢复方向（引自 Hobbs、Mooney，1993）

① 实现生态系统的地表基底稳定性，因为地表基底（地质地貌）是生态系统发育与存在的载体，基底不稳定（如滑坡），就不可能保证生态系统的持续演替与发展。

② 恢复植被和土壤，保证一定的植被覆盖率和土壤肥力。

③ 增加种类组成和生物多样性。

④ 实现生物群落的恢复，提高生态系统的生产力和自我维持能力。

⑤ 减少或控制环境污染。

⑥ 增加视觉和美学享受。

退化生态系统的恢复与重建要求在遵循自然规律的基础上，通过人类的作用，根据技术上适当、经济上可行、社会能够接受的原则，使受害或退化生态系统重新获得健康并有益于人类生存与生活的生态系统重构或再生过程。简言之，生态恢复与重建的原则一般包括自然法则、社会经济技术原则、美学原则 3 个方面（图 8.5）。其中，自然法则是生态恢复与重建的基本原则，社会经济技术原则是生态恢复与重建的后盾和支柱，美学原则则强调生态恢复与重建应该给人以美的享受。

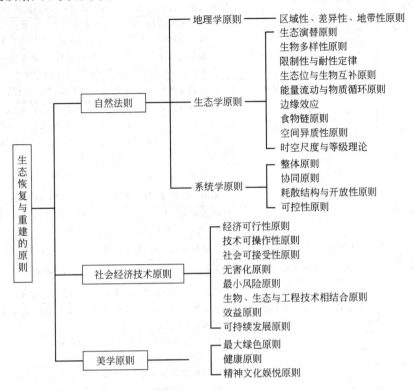

图 8.5 生态恢复的原则（引自任海、彭少麟，2002）

8.3.2 生态恢复的技术方法和程序

生态恢复工程需要应用生态学、景观生态系和生态工程原理，结合其他自然、社会学科的知识和现代生物、信息技术手段，对多时空尺度上具有特定自然或人类效益的生态因子与生物因子多样性、结构和功能过程进行整合、规划、设计和集成，以最大限度地再建特定的自然生态系统、人工生态系统和人类生态系统。由于不同退化生态系统（如森林、草地、农田、湿地、海洋等）存在地域差异性，加上外部干扰类型和强度的不同，因而导致生态系统表现出不同的退化类型、阶段和程度。在不同类型退化生态系统的恢复过程中，其恢复目标、侧重点和技术方法都会有所不同。对于一般的退化生态系统的生态恢复而言，大致需要涉及以下几类基本的恢复技术体系（表 8.4）。

① 非生物或环境要素（包括土壤、水体、大气等）的恢复技术。

② 生物因素（包括物种、种群和群落等）的恢复技术。

③ 生态系统（包括结构和功能）的恢复技术。

退化生态系统恢复的基本过程按其恢复的对象层次可以简单的表示为：基本结构组分和单元的恢复→组分之间相互关系（生态功能）的恢复→整个生态系统的恢复→景观恢复。其中植被恢复是重建任何生物群落和生态系统的基础，其过程通常可以表示为：适应性物种的引入→土壤肥力的缓慢积累、结构的缓慢改善→新的适应性物种的进入→新的环境条件的变化→新的群落建立。

对于一个生态恢复工程或者项目来说，其包括的重要程序有以下几步（图 8.6）。

表 8.4　生态恢复的技术体系（引自任海、彭少麟，2002）

恢复类型	恢复对象	技术体系	技术类型
非生物环境因素	土壤	土壤肥力恢复技术	少耕、免耕技术；绿肥与有机肥施用技术；生物培肥技术（如 EM 技术）；化学改良技术；聚土改土技术；土壤结构熟化技术
		水土流失控制与保持技术	坡面水土保持林、草技术；生物篱笆技术；土石工程技术（小水库、谷坊、鱼鳞坑等）；等高耕作技术；复合农林牧技术
		土壤污染、恢复控制与恢复技术	土壤生物自净技术；施加抑制剂技术；增施有机肥技术；移土客土技术；深翻埋藏技术；废弃物的资源化利用技术
	大气	大气污染控制与恢复技术	新兴能源替代技术；生物吸附技术；烟尘控制技术
		全球变化控制技术	可再生能源技术；温室气候的固定转换技术（如利用细菌、藻类）；无公害产品开发与生产技术；土地优化利用与覆盖技术
	水体	水体污染控制技术	物理处理技术（如加过滤、沉淀剂）；化学处理技术；生物处理技术；氧化塘技术；水体富营养化控制技术
		节水技术	地膜覆盖技术；集水技术；节水灌溉（渗灌、滴灌）
生物因素	物种	物种选育与繁殖技术	基因工程技术；种子库技术；野生生物种的驯化技术
		物种引入与恢复技术	先锋种引入技术；土壤种子库引入技术；乡土种种苗库重建技术；天敌引入技术；林草植被再生技术
	种群	物种保护技术	就地保护技术；迁地保护技术；自然保护区分类管理技术
		种群动态调控技术	种群规模、年龄结构、密度、性比例等调控技术
		种群行为控制技术	种群竞争、他感、捕食、寄生、共生、迁移等行为控制技术
	群落	群落结构优化配置与组建技术	林灌草搭配技术；群落组建技术；生态位优化配置技术；林分改造技术；择伐技术；透光抚育技术
		群落演替控制与恢复技术	原生与次生快速演替技术；封山育林技术；水生与旱生演替技术；内生与外生演替技术
生态系统	结构功能	生态评价与规划技术	土地资源评价与规划；环境评价与规划技术；景观生态评价与规划技术；4S辅助技术（RS、GIS、GPS、ES）
		生态系统组装与集成技术	生态工程设计技术；景观设计技术；生态系统构建与集成技术
景观	结构功能	生态系统间链接技术	生态保护区网络；城市农村规划技术；流域治理技术

① 接受恢复工程或项目，对要恢复的对象进行分类和描述，确定恢复对象的时空范围；

② 评价并鉴定导致生态系统退化的原因及过程，尤其是关键因子；

③ 确定生态恢复所要达到的结构和功能目标，尤其要确定优先恢复目标；

④ 设计恢复方案，选择参照系统并制定易于测量的恢复成功标准；

⑤ 恢复实践过程；

⑥ 对恢复过程进行监测和评估，并根据出现的新情况做出适当的调整；

⑦ 生态恢复的后续监测和评价管理。

8.3.3　生态恢复的时间与评价标准

生态恢复中人们最关心的问题之一，就是被干扰生态系统恢复所需要的时间，亦即被干扰的自然生物体（个体、种群和群落，甚至生态系统）目前的状态及其与原来状态的距离，以及恢复到或者接近其原来状态所需要的时间。生态恢复的时间不仅仅取决于被干扰对象本身的特性（如对干扰的抵抗力和恢复力），而且取决于被干扰的尺度和强度。退化生态系统恢复时间的长短与生态系统的类型、退化程度、恢复的方向和人为正干扰的程度等都有密切的关系。一般来说，退化程度较轻的生态系统恢复时间要短些；湿热地带的恢复要快于干冷地带；土壤环境的恢复要比生物群落的恢复时间长得多；森林的恢复速率要比农田和草地的

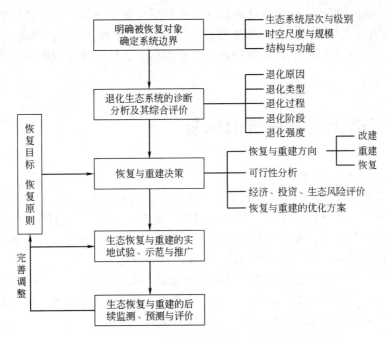

图 8.6 退化生态系统恢复与重建的一般操作程序与内容

恢复速率要慢一些。

相关研究通过计算退化生态系统潜在的直接实用价值后认为，火山爆发后的土壤要恢复成具有生产力的土地需要 3000～12000 年，湿热区耕作转换后其恢复需要 20 年左右，弃耕农田的恢复需要约 40 年，弃牧草地的恢复需要 4～8 年，而改良退化的土地需要 5～100 年左右。此外，还有学者提出，轻度退化的生态系统其恢复需要 3～10 年，中度退化的需要 10～20 年，严重退化的需要 50～100 年，极度退化的则需要 200 多年。关于生态恢复所需要的时间，在今后的研究中还需要进一步试验和求证。

生态恢复需要确定一个参照系统（reference ecosystem）用来作为恢复项目规划和评价的样板。参照系统只是生态系统变化历史轨迹中很多潜在状态中的一个；同样的，一个经过修复的生态系统可以发展成一系列潜在状态中的任何一种。参照系统的选择至少要包括两方面的因素：第一，参照系统通常选择那些生物多样性发育较好的地方；第二，恢复目标是自然生态系统，但基本上所有的参照系统都受到人类干扰，因此需要剔除这些人为干扰的因素。

生态恢复成功与否的判定标准，也是进行生态恢复过程中非常重要的一环。恢复生态学家、资源管理者、政策制定者和公众希望知道恢复成功的标准何在。通常的做法是将恢复后的生态系统与未受干扰的生态系统进行比较，其内容包括关键种的多度及表现、重要生态过程的再建立、非生物特征（如水文过程等）的恢复等。在进行生态恢复效果评价时，需要重点考虑以下问题。

① 新系统是否稳定，并具有可持续性；

② 系统是否具有较高的生产力；

③ 土壤水分和养分条件是否得到改善；

④ 组分之间相互关系是否协调；

⑤ 所建造的群落是否能够抵抗新种的侵入。

另外，Bradshaw 提出，恢复成功的标准应该包括以下 5 方面：①可持续性（可自然更新）；②不可入侵性（像自然群落一样能抵御入侵）；③生产力（与自然群落一样高）；④营养保持力（与自然群落相近）；⑤生物间具有相互作用。这些标准为判断生态恢复的效果提供了有力的支持。

8.4　典型退化生态系统的恢复

8.4.1　森林生态系统的恢复

在人类活动和自然因素的双重影响下，全球森林生态系统出现不同程度的退化，主要表现为森林面积减少、林分结构单一、林地土壤质量变差、初级生产力降低、生物多样性减少、生态服务功能下降等。农田占有是全球森林面积减少的主要原因，伐木搬运、采矿、道路扩展和基础设施建设也严重威胁着森林生态系统的可持续发展。

对森林生态系统进行恢复和重建，是防止其退化的主要措施（图 8.7）。森林生态系统的恢复与重建需要全面考虑技术、经济和社会等多方面因素。由于森林一般可分为次生林和天然林，因此对退化森林生态系统的恢复就这两方面分别考虑。

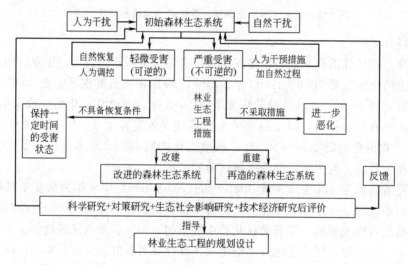

图 8.7　退化森林生态系统的恢复和重建（引自王治国等，2001）

（1）次生林的生态恢复　次生林一般生境较好，或刚被破坏而森林土壤尚未形成，或次生裸地已有林木生长，因而其恢复的步骤按照演替规律进行，人为促进演替的发展。其主要方法包括以下几种。

① 封山育林。对生境条件良好、种子库丰富的次生裸地，可以通过封山育林为乡土树种创造适宜的生态条件，促使其恢复。

② 林分改造。对生境破坏严重、自然恢复困难的次生裸地，可通过人工改良立地条件、补种乡土树种来促进森林植被的恢复。人工造林要充分考虑树种选择、密度配置和种类组成 3 个方面的因素。

③ 抚育间伐。是指在幼林郁闭后到林分成熟前的一段时间内，在未成熟林分中按一定的指标采伐部分林木，为其他林木的生长创造良好的生存环境。抚育间伐的手段包括透光抚育、遮光抚育和生长抚育等。

（2）天然林的保护　天然林的保护主要体现在以下几个方面。

① 保护生态系统的生物多样性。保护基因、物种、种群和群落资源，避免森林生态系统丧失生物多样性维持和基因资源保存的基本功能。

② 保护生态系统的结构和功能。保护生态系统的自然生态过程，实现较高的生产率和最大生产力，保持水源涵养量、土壤肥力增加量和水土保持效益。

③ 保持森林生态系统的健康和生命力。防止由于人类活动引起的生态系统破坏，减少环境污染，使之在森林生态系统承载力范围之内，保持并提高系统的稳定性、生命力和更新能力。

8.4.2　草地生态系统的恢复

很多原因都可以造成草地生态系统的退化，如自然因素（长期干旱、风蚀、水蚀、沙尘暴、鼠害、虫害等）和人为因素（如过度放牧、滥垦、采樵、开矿等）。草地退化是指草地生态系统在其演化过程中，其结构、能流和物质流等功能过程恶化，生态系统的生产和生态功能衰退，既包括"草"的退化，也包括"地"的退化。按其所在区域、成因及表现，草地生态系统的退化可分为以下几种：荒漠型退化、生境破坏型退化、杂草（灌木）入侵型退化、水土流失型退化、鼠害型退化、石漠型退化等。

退化草地生态系统的恢复有两类方法，一是改进现存的退化草地，二是建立新的草地。其具体措施如下。

① 建立人工草地，减轻天然草地的压力。

② 草地改良可以根据不同的退化草地类型而选用松耙和浅耕翻。

③ 草地补播，在不破坏和少破坏自然植被的前提下，播种一些适应性强、饲用价值高的牧草以加速植被恢复。

草地生态系统恢复的方式取决于其退化的程度。对不同类型的草地，其恢复方式也不尽相同。

① 石灰质草地的恢复。主要手段包括：改良立地条件，控制灌木入侵；加强草地封育管理，恢复草地生物多样性；建植人工种群，重建草地植被等。

② 热带稀树草地的恢复。主要手段包括：被动方法，即消除干扰，等待自然恢复；主动方法，即人工建植草地，利用外来物种组织侵蚀，改善土壤结构等。

③ 温带草地恢复。主要手段包括：改善土壤结构，提高土壤肥力；使用除草剂，控制杂草和外来物种；补播牧草，更新土壤种子库；火烧管理，促进植被恢复演替；调控畜群结构，控制合理放牧等。

8.4.3　淡水生态系统的恢复

淡水生态系统主要是指湖泊、河流、水塘等相对静止的和河流、小溪等流动的水生生态系统。随着全球人口的迅速增长，人类用水量也大幅增加，同时人类对水生生态系统的干扰也日益严重。世界范围内的水生生态系统被严重改变和破坏，水体中的生物资源被过度开发，水域污染严重，这些因素共同造成了淡水生态系统的退化。而水体的退化制约了人类的用水需求，因此，淡水生态系统的保护、恢复和重建成为摆在当代人面前的重要议题。这里分别介绍退化的湖泊和水库、河流、湿地生态系统的恢复。

（1）湖泊和水库的生态恢复　湖泊和水库的退化是因为其自然演替过程中受到自然干扰和人类干扰，结构和功能发生改变使得环境质量下降，其退化主要是由于点源污染和非点源污染引起的。退化湖泊和水库水生生态系统的恢复可针对上述问题展开，其中最重要的，就是要控制富营养化问题。其恢复可以采取如下手段进行。

① 切断污染源，减少营养盐的输入，这是富营养化湖泊和水库生态恢复的关键。

② 污水深度处理，如采用沉淀剂净化水体、用活性炭吸附污染物质、用微生物降解水中的有机质等，种植各种水生植物吸附营养物质。

③ 面源截留净化，如采用暴雨存留池塘、自然湿地和内河磷的沉淀等手段。

④ 湖区生物调控技术，主要是优化养殖模式、生物操纵技术、新型生物净化剂的开发使用等。

（2）河流生态恢复　农业开发、工业点源污染、水土侵蚀、河岸放牧、伐木采矿、过度捕鱼以及生活废水的排放等，均可导致河流水量减少和水质下降、水中溶解氧减少、营养物质增加、水生生物减少、水体温度升高等后果，从而引起河流生态系统的退化。

相较于湖泊和水库的恢复来说，退化河流生态系统的恢复要容易得多。对于小的河流，只要切断污染源，常年保持水流状态，河流即可自然恢复；大的河流恢复起来要复杂得多。退化河流的恢复可以采取以下措施。

① 严格控制污染源的排放，从源头上切断污染物的输入。

② 清理泥沙和污染物，避免泥沙和污染物的沉积，恢复河流的正常运行。

③ 充分利用河滨或河岸水分和营养，恢复河岸带植被，建立河岸绿化带，吸引各种动物前来栖息。

④ 合理捕捞，严禁过量捕捞、滥捕，制定休渔制度并严格执行。

（3）湿地生态系统的恢复　湿地的退化主要是由于自然环境的变化或是人类对湿地自然资源的过度及不合理利用而造成了湿地生态系统结构破坏、功能衰退、生物多样性减少、生物生产力下降以及湿地生产潜力衰退、湿地资源逐渐丧失等一系列生态环境恶化的现象。根据湿地的构成和生态系统特征，退化湿地生态系统的恢复技术可以概括为 3 个部分：湿地生境恢复技术、湿地生物恢复技术和湿地生态系统结构与功能恢复技术等。

① 湿地生境恢复技术。包括湿地基底恢复、湿地水状况恢复和湿地土壤恢复等，通过各类技术措施提高湿地生境的异质性和稳定性。

② 湿地生物恢复技术。主要包括物种选育和培植技术、物种引入技术、物种保护技术、种群动态调控技术、种群行为控制技术、群落结构优化配置与组建技术、群落演替与恢复技术等。

③ 生态系统结构与功能恢复技术。主要包括生态系统总体设计技术、生态系统构建与集成技术等。

湿地生态恢复技术的研究既是湿地生态恢复研究中的重点，也是难点。目前仍需要针对不同类型的退化湿地生态系统制定实用有效的恢复技术。

8.4.4　海岸带生态系统的恢复

人类的不合理开发降低了海岸带生态系统的自我恢复能力，并使海岸带生态环境产生退化。主要的表现为：①赤潮危害；②红树林破坏；③渔业资源下降；④海水养殖过度；⑤化肥农药污染；⑥工业和生活污染；⑦海岸工程建设、围海造田和海水入侵；⑧固体垃圾污染等。

为了减少海岸带资源破坏和避免生态进一步恶化，利用人工措施对已受到破坏和退化的海岸带进行生态恢复是改善海岸带现状的重要途径之一。海岸带生态恢复的总体目标是，采用适当的生物、生态及工程技术，逐步恢复退化海岸带生态系统的结构和功能，最终达到海岸带生态系统的自我持续状态。一般来说，海岸带生态恢复包括以下措施。

（1）人工河流水系的重新设计　主要做法是：重新设计河口水系，拆除海岸线和入海河流上的一些障碍物，重新恢复泥沙自然沉积和自然的水力平衡，从而起到控制海水入侵、防止海岸沉陷、保护海岸带湿地的目的。

（2）人工鱼礁生物恢复和护滩技术 主要做法是：将结构物用石块加重沉到水底来为鱼类提供栖息和觅食地；建造新型人工鱼礁来保护水生动物，以提高海岸带的生物量；应用其他技术形成类似天然珊瑚礁的生长过程，在鱼礁不断增长的同时促进周围生物量的增长，达到海岸带生物种群恢复和海岸带保护的目的。

（3）海岸带湿地的生物恢复技术 利用人工方法恢复和重建湿地是海岸带生态恢复的重要措施，主要做法有：在浅海区域修建坡状湿地，不同的水深处种植不同的湿地植被；修建梯状湿地可以减弱海浪冲击、促使泥沙沉积、保护海滩，同时也可以为海洋生物提供栖息地。

8.4.5 农业弃耕地的恢复

随着世界人口的增加，为了养活更多的人口，很长一段时间以来，各国农业均以追求高产量、高利润为目的，耕作强度不断增加；单一种植、高强度灌溉现象的增加，农药、化肥和除草剂的推广使用，高产品种的扩大引种——人类过度干扰和对土地的过度索取导致了农田生态系统退化，形成大量的弃耕地。近年来，全球平均每年有约 $5 \times 10^6 hm^2$ 土地由于极度破坏、侵蚀、盐渍化、污染等原因，已经不能再生产粮食。弃耕地的恢复成为摆在世人面前一个重要的课题。

农业弃耕地的生态恢复有赖于土壤、作物、市场、经济条件和农民经验等因素的共同作用。由于弃耕地的组分多而复杂，而且组分间的相互作用也很复杂，这导致其恢复显得非常困难。总的来说，弃耕地恢复的程序包括：研究当地使用历史、适合于当地的乡土作物以及种植习惯、人类活动对农业生态系统的影响、健康农田土地特征和退化农田土地特征，特别是研究农业生态系统的组分的关系，分析退化原因；在小范围内进行针对退化症状的样方试验，研究农田生态系统恢复机理，控制污染并合理用水，进行土壤改良和作物品种更新换代，选用高产、高质的优良品种；成功后在大范围内推行，并及时进行恢复后的评估及改进。

弃耕地的恢复措施大致包括：模仿自然生态系统，降低化肥输入，混种，间作，增加固氮作物品种，深耕，施用农家肥，种植绿肥，改良土壤质地。建立合理的轮作制度与休耕制度，利用生物防治病虫害，建立农田防护林系统，利用廊道、梯田等控制水土流失，秸秆还田，农、林、牧相结合。此外，在恢复干旱及贫瘠农田时可采用渗透技术。

［课后复习］

1. **概念和术语**：退化生态系统、生态恢复、恢复生态学、干扰、裸地、原生裸地、次生裸地、森林采伐迹地、弃耕地、沙漠、参照系统
2. **原理和定律**：自我设计理论、人为设计理论

［课后思考］

1. 常见的退化生态系统有哪些类型？退化的特征是什么？
2. 简述生态恢复和恢复生态学的辩证关系。
3. 目前恢复生态学的主要研究内容有哪些？
4. 恢复生态学的基本理论包括哪些？
5. 生态恢复应该考虑哪些基本原则？

6. 判定生态系统恢复成功的标准有哪些？

7. 分别简述森林、草地、淡水生态系统的生态恢复措施和方法。

［推荐阅读文献］

［1］ Perrow Martin R，Davy Anthony J. Handbook of Ecological Restoration. The United Kingdom：Cambridge University Press，2002.

［2］ 任海，彭少麟. 恢复生态学导论. 北京：科学出版社，2002.

［3］ 李洪远，鞠美庭. 生态恢复的原理和与实践. 北京：化学工业出版社，2004.

［4］ 董世魁，刘世梁，邵新庆等. 恢复生态学. 北京：高等教育出版社，2009.

9 生物多样性与保育

【学习要点】

1. 掌握生物多样性的概念，理解其价值和用途；

2. 理解生物多样性的危机及其产生原因，把握生物多样性研究的动态和趋势；

3. 掌握保育生物学的概念以及就地保护、易地保护的策略，了解保护生物学的形成和发展历史，熟悉自然保护区设计的基本原理和方法，了解景观尺度上的保护与管理；

4. 了解生物多样性监测与管理的目标和基本内容。

【核心概念】

生物多样性：是指地球上所有生物（动物、植物、微生物等）、它们所包含的基因以及由这些生物与环境相互作用所构成的生态系统的多样化程度。

保育生物学：解决由于人类干扰或其他因素引起的物种、群落和生态系统出现的各类问题，提供生物多样性保护的原理和工具的一门综合学科。

就地保护：是指以各种类型的自然保护区（包括风景名胜区）的方式，对有价值的自然生态系统和野生生物及其栖息地予以保护，以保持生态系统内生物的繁衍与进化，维持系统内的物质能量流动与生态过程。

易地保护：将生物多样性的保护对象迁移到其原来栖息地之外实施保护的一种生物多样性保护策略。

自然保护区：对有代表性的自然生态系统、珍稀濒危野生动植物物种的天然集中分布区、有特殊意义的自然遗迹等保护对象所在的陆地、陆地水体或者海域，依法划出一定面积予以特殊保护和管理的区域。

生物多样性监测：为确定与预期标准相一致或相背离的程度而对生物多样性进行的定期监视。换句话说，生物多样性监测是在时间尺度上对生物多样性的反复编目，从而确定其变化。

9.1 生物多样性概述

9.1.1 生物多样性的概念

对于生物多样性，不同的学者所下的定义是不一样的。根据联合国《生物多样性公约》，生物多样性（biodiversity）的定义是"生物多样性是指所有来源的形形色色的生物体，这些来源包括陆地、海洋和其他水生生态系统及其所构成的生态综合体；这包括物种内部、物种之间和生态系统的多样性。"一般来说，生物多样性包含 4 个层次的含义，即遗传多样性（genetic diversity）、物种多样性（species diversity）、生态系统多样性（ecosystem diversity 或生境多样性 habitat diversity）和景观多样性（landscape diversity）。生物多样性的 4 个层次的属性中，遗传多样性是基础，物种多样性、生态系统多样性是遗传多样性和环境复杂性的体现，而景观多样性则是生态系统多样性在宏观尺度上的空间配置形式（图 9.1）。

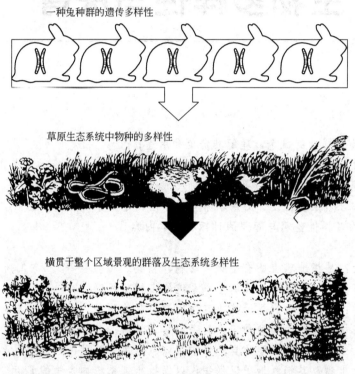

一种兔种群的遗传多样性

草原生态系统中物种的多样性

横贯于整个区域景观的群落及生态系统多样性

图 9.1　生物多样性的不同层次图解（引自 Primack，1993）

　　遗传多样性是指生物体内决定性状的遗传因子及其组合的多样性，生物遗传的物质基础是脱氧核糖核酸（DNA）或核糖核酸（RNA）。遗传多样性的表现形式是多层次的，在分子水平、细胞水平、个体水平都各有不同的表现形式。而遗传多样性的检测方法则经历了与上述顺序相反的发展历程，从形态学水平、细胞学水平，逐渐发展到了分子水平。

　　物种多样性是指有生命的有机体即动物、植物、微生物物种的多样性。目前已记录的生物物种数为 140 万～170 万种。物种是遗传信息的载体，是生态系统中最主要的组成部分，因此，物种多样性在生物多样性研究中占有举足轻重的地位。一般来说，物种多样性的最常用测度方法是物种丰富度指数（species richness index）。

　　生态系统多样性是指生物圈内生境、生物群落和生态系统的多样性以及生态系统内部生境差异、生态过程变化的多样性。生态系统是由不同的生物物种、种群、群落经过有机组合构成的，具有其特定的水平和垂直结构。由于结构的不同，导致生态系统功能的千变万化。此外，生态系统中还具有不同营养特点的生物组成，它们构成了生态系统复杂的食物链（food chain）和食物网（food web）。不同物种复杂的生物活动，通过食物链、食物网进行物质流（material cycle）、能量流（energy flow）和信息流（information flow）的转化或传递。

景观多样性是指不同类型的景观在空间结构、功能机制和时间动态方面的多样性和变异性。生态学中的景观是指不同生态系统类型所构成的异质空间；景观的异质性是景观的重要属性，也是景观多样性的基础。

随着生物多样性研究的推进，人们已经越来越多地认识到多样性兼有区域和局域的组分。区域多样性（regional diversity，即 γ-多样性）指的是不存在生物传播障碍的一个地理区域的所有栖息地中观察到的物种总数。而局域多样性（local diversity，即 α-多样性）指的是同质栖息地的一个小面积内的物种数。区域和局域多样性的概念对于栖息地的保护具有重要指导意义。

结合前文对生态位的讨论，生物多样性还可以理解为生态位关系。生态学家常用生态位的多维性来说明物种与环境关系的复杂性。两个物种生态位重叠的程度取决于其相互竞争的强度，因此，物种的生态位关系提供了一种生物群落组织结构的测度信息，也为我们理解生物多样性提供了更为开阔的视野。

9.1.2 生物多样性的价值和用途

生物多样性是地球上经过几十亿年发展进化的生命总和，是生物圈不可缺少的组成部分，支撑着人类社会的生存与发展。不管它们对于人类社会的物质价值如何，物种都具有它们自身的价值。它们的进化历史、独特的生态作用以及它们的存在本身赋予了它们这种固有价值。据 1997 年 Nature 杂志估计，生物多样性每年给人类创造了约 33 亿美元的巨大价值。探求给生物多样性定价的方法一直是环境经济学（或生态经济学）的一个主要研究热点，也是难点。

生物多样性的价值按不同的分类依据可以进行不同的划分。据经济合作与发展组织（OECD，1996）出版的《环境项目与政策的评价指南》框架，其价值可分为使用价值和非使用价值（图 9.2），其下又有具体的划分，如使用价值可细分为直接价值和间接价值等。其中直接价值也叫使用价值或商品价值，包括消耗性使用价值和生产性使用价值。消耗性使用价值是指用于自用，并不出现在市场上的产品价值。生产性使用价值则是从野外获得并在市场上流通的价值。

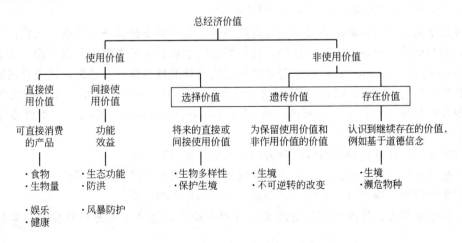

图 9.2 OECD 生物多样性经济价值分类（引自 OECD，1996）

间接价值表现在很多方面，包括非消耗性使用价值、选择价值、存在价值、公共财富资源和环境经济学等。其中非消耗性价值是指既能给人们提供经济实惠，在使用过程中不需要获取实物，生物多样性又不会受到损耗的使用价值，具体包括生态系统生产力、保护水资源、保持土壤、调节气候、废物处理、物种关系、娱乐和生态旅游、审美、科学教育活动、环境监测等。生物多样性的选择价值是指个人和社会对生物多样性潜在用途的将来利用，这种利用包括直接利用、间接利用、选择利用和潜在利用，例如昆虫学家为了防治某种害虫而在自然界中寻找它们的天敌，就是在利用天敌的选择价值。而生物多样性的存在价值是指人们对野生动植物的关注，愿意捐献经费以保证它们的持续存在，例如人们捐献大量资金进行大熊猫的保护，这表明了其存在价值——人们愿意为之付出，以避免物种灭绝和生境破坏。

9.1.3　生物多样性危机及产生原因

生物多样性丧失这个词几乎已经变成了物种丧失的代名词。其实，生物多样性已经超越了物种的层面，它的丧失包括全部组织层次和等级尺度上的功能和生态位丧失。但生物多样性危机最直接的表现就是物种的灭绝（表9.1），并由此带来生物多样性趋于枯竭，土壤、水和大气资源的质量恶化等一系列问题。

表 9.1　1600 年以来的灭绝记录（引自 Richard Primack、季维智，2000）

分类阶元	灭绝记录[1]				大约的物种数	灭绝所占比例
	大陆[2]	岛屿[2]	海洋	总计		
哺乳类	30	51	4	85	4000	2.1
鸟类	21	92	0	113	9000	1.3
爬行类	1	20	0	21	6300	0.3
两栖类[3]	2	0	0	2	4200	0.05
鱼类[4]	22	1	0	23	19100	0.1
无脊椎动物[4]	49	48	1	98	1000000	0.01
显花植物[5]	245	139	0	384	250000	0.2

① 大量的额外物种甚至没有被科学家记录到就可能已经灭绝了。
② 大陆地区指那些面积达到100km^2 或更大的陆地（等于或大于格陵兰），小于该面积的陆地被认为是岛屿。
③ 两栖类的种群数量在最近的20年已经有令人震惊的减小，一些科学家相信许多两栖物种正处于灭绝的边缘。
④ 给出的数字仅仅代表了北美和夏威夷。
⑤ 显花植物的数字也包括灭绝的亚种和变种。
注：资料来源为仿 Reid 和 Miller 1989；数据来源于多种渠道。

物种灭绝的过程可以简单表述为：大种群→若干破裂的小种群→小种群→灭绝。灭绝是自然的，但当前的灭绝速率不是自然的。我们需要科学认识3种类型的灭绝，即：①背景灭绝（background extinction），随着生态系统的变化物种的自然演替和消失，这类灭绝速率很慢，是自然系统的一种正常特征；②大量灭绝（mass extinction），是指由于自然灾害而发生的大规模的物种死亡；③人为灭绝（anthropogenic extinction），是由于人类开发活动引起的灭绝。

造成生物多样性危机的原因可以分为以下几个方面（表9.2）。

（1）生存条件的变更和破坏　如缓慢的地质变化、气候变迁和灾变事件等。

（2）生物因素　物种自身的发生、发展、衰老和死亡的过程。

（3）栖息地损失、片段化和生境隔离　导致生境破碎化和生境异质性变差，竞争能力下降。

（4）栖息地环境质量恶化　资源过度开发等原因导致生物生存条件的恶化或丧失。

（5）外来物种入侵　造成爆发性蔓延，破坏了当地种的栖息生存环境，导致物种多样性的损失。

表 9.2 **导致物种灭绝和濒临的因素**（引自 Primack，2000）

种　类	导致物种灭绝和濒临的因素/%					
	生境丧失	人为捕杀	引进外来种	捕食者	其他	未知
已灭绝：						
哺乳动物	19	23	20	1	1	36
鸟类	20	11	22	0	2	37
猛禽	5	32	42	0	0	21
鱼类	35	4	30	0	4	48
趋于灭绝：						
哺乳动物	68	54	6	8	9	—
鸟类	58	30	28	1	1	
爬行动物	53	63	17	3	3	
两栖动物	77	29	14	—	—	
鱼类	78	12	28			

　　其中后 3 个方面为人为灭绝的 3 类常见方式。生物多样性丧失的直接原因主要是生境丧失和破碎化、外来种的入侵、生物资源的过度开发、环境污染及全球气候变化等。但归根到底，人类活动是造成生物多样性危机的根本原因（图 9.3）。

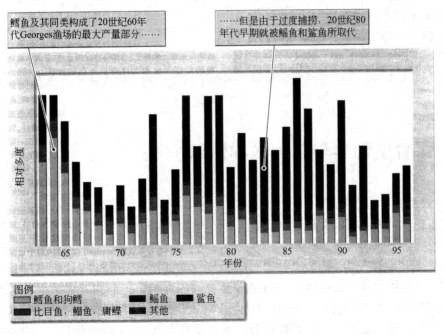

图 9.3　过度利用带来的群落物种组成的变化：20 世纪后期乔治海岸鳕鱼和鳐鱼、
鲨鱼的数量和组成变化（引自 M. J. Fogarty、S. A. Murawski，1998）

9.1.4　生物多样性研究

　　生物多样性的研究开始于 20 世纪 80 年代。最初激发人们要去研究生物多样性的是那些大型的濒危动物，它们面临的威胁引起了人们的警觉。当时世界自然保护联盟（IUCN）提出的保护就是针对这些大型野生动物的。随着研究的发展，人们逐渐认识到要保护一个物种，首先要保护它的栖息地和所在的生态系统，因此保护的重点逐渐由单纯的保护单一物种转移到保护关键地区的生态系统。6 个国际组织于 1996 年提出了一个国际生物多样性科学研究规划（DIVERSITAS），其核心研究计划包括以下几个方面（图 9.4）。

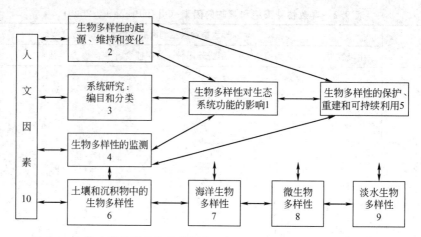

图 9.4 生物多样性科学的各个组分和相互间的关系（仿赵士洞，1997）

① 生物多样性对生态系统功能的影响；
② 生物多样性的起源、维持和变化；
③ 系统学研究、生物多样性编目和分类；
④ 生物多样性的监察；
⑤ 生物多样性的保护、恢复和可持续利用。

其研究的领域遍及海洋、淡水、微生物、土壤和沉积物中的生物多样性，也涉及与生物多样性相关的人文因素。这一国际研究规划展示了当前生物多样性研究的热点和未来若干年的研究方向。

9.2 保育生物学与生物多样性保护

9.2.1 保育生物学的产生

生物多样性是人类赖以生存的物质基础。保护生物多样性，保护丰富的生物资源，保护人类生存环境，已成为人类急需解决的重大问题之一。保育生物学就是在这样的情况下应运而生的。

现代保育生物学可以追溯到 1978 年在圣地亚哥召开的第一届国际保护生物学大会。至 20 世纪 70 年代后期，有关科学团体针对生物多样性危机提出了生物和生态学的一个分支学科，即保育生物学，鉴于此，它曾被称为"危机学科"。保育生物学仍是一门年轻的科学，它仍在为自己界定本学科的范围，也正在确立与其他学科的关系。

保育生物学（conservation biology）是解决人类干扰或其他因素引起的物种、群落、生态系统问题的学科，其目的在于提供生物多样性保护的原理和工具，研究保存不同环境中的生物多样性、保存物种的进化潜力的方法和进行相关的实践。"保存（preservation）"意味着保护生物多样性免受各种类型的人类干扰，而"保育"则是出于可持续利用的目的而对生物多样性加以保护，这是"一种管理环境的哲学，即以一种不掠夺、不耗尽、不灭绝生物和它所蕴含的资源及价值的方式来管理环境"。

保育生物学有两个目标：一是了解人类活动对物种、群落和生态系统的影响；二是发展实用的方法来阻止物种灭绝，并力图恢复濒危物种在生态系统中的正常功能。因此，种群生态学、分类学、生态学和遗传学等基础学科组成了保育生物学的核心；由于生物多样性危机主要是人类的压力造成的，因而保育生物学也融入了生物学以外的各种思想和专业技能。

由于其研究领域的特殊性，保育生物学一般都以下 5 个假定作为其学科的理论和思想基础。

① 有机体的多样性是好的。总的来说，人类乐于欣赏生物的多样性。

② 种群和物种在不恰当的时间内灭绝是不好的。不幸的是，人类活动使得物种灭绝的速率增加了近 1000 倍。

③ 生态复杂性是好的。生物和环境之间的相互关系的复杂性是保证其稳定性的基础。

④ 进化是好的。进化适应是最终导致新物种产生和生物多样性增加的过程。

⑤ 生物多样性具有内在价值。

9.2.2　种群和物种的保护：就地保护与易地保护

保育生物学中，对于生物多样性保护的主要途径包括就地保护（in situ）和易地保护（ex situ）两类。

就地保护就是通过立法，以保护区或国家公园的形式，将有价值的自然生态系统和珍稀濒危动植物集中分布的天然栖息地保护起来，限制人类活动的影响，确保保护区内生态系统及其物种的演化和繁衍，维持系统内部的物质循环、能量和信息流动等生态过程。就地保护的主要形式一般为自然保护区（nature reserves）、资源保护区（resource reserves）、国家公园（national park）和国家历史遗迹和文物地（national monuments and landmarks）等。

易地保护是将濒危动植物迁移到人工环境或异地实施的保护。当物种在野生环境下丧失生存、繁衍能力，即将灭绝时，易地保护无疑提供了一种最后的保护方案。一般来说，在下述情形下可对濒危物种实施易地保护：①当物种原有生境破碎成斑块状，或原有生境不复存在时；②当物种的数量下降到极低的水平，个体难以找到配偶时；③当物种的生存条件突然发生没有预知的变化时。

易地保护一般有如下类型：①种子的保存（seed preservation）；②花粉的保存（pollen preservation）；③组织的保存（tissue preservation）；④植物园（plant garden）；⑤野外基因库；⑥DNA 库等。

关于就地保护和易地保护孰优孰劣，保护学家们始终没有取得一致的意见。然而对这些分歧进行详细的分析之后不难看出，最安全有效的保护策略可能是将这两种方式结合在一起，互相取长补短。就地保护是最有效的保护，而易地保护是对就地保护的补充，仅能使单一或有限的物种得到有限的保护，两者并非互相排斥的，而是相互补充的。

9.2.3　群落和生态系统的保护：自然保护区的设计与管理

就地保护中最重要的形式之一就是自然保护区。过去的自然保护区设计大多具有很强的随意性，即更多的是依靠机遇而不是设计。保育生物学家在设计自然保护区时，通常会遇到以下主要问题：①保护物种所需要的保护区面积至少应为多少？②建立一个大型保护区还是建立多个小型保护区好（图 9.5）？③一个濒危物种的多少个体在保护区得到保护，才能使之免于灭绝？④保护区最适宜的形状是什么样的（图 9.6）？⑤如果建立多个保护区，它们的位置关系怎样才是最优的？

由岛屿生物地理学理论得出的生态学原理，可以指导设计人员获得最优的设计方案。自然保护区的设计有 3 条重要的指导原理：物种-面积关系、边缘效应原理和迁移原理。根据这些原理，可以形成一些基本的设计原则，如：自然保护区的最佳形状应该是圆形的，因为这种形状的边缘与面积的比值（edge to area ratio）最小，因而可以使边缘区域和边缘效应

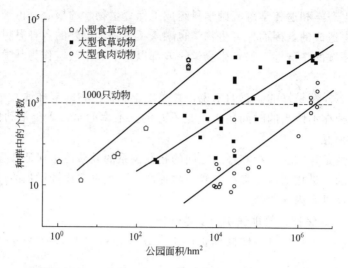

图 9.5　种群研究表明，非洲的大型公园和保护区拥有的每一物种的个体数
大于小型公园，只有最大的公园才可以维持许多脊椎动物的可繁衍
种群（仿 Shonewald-Cox，1983）

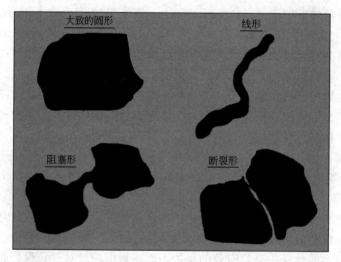

图 9.6　自然保护区的一些常见形状（仿 Andrew S. Pullin 著，贾竞波译，2005）

最小；自然保护区的面积应该足够大到能够容纳所有能代表该地区的生境成分，还要容得下
该生态系统中的各种干扰；对于多数种群孤立的物种来说，设立单个的大型自然保护区是最
优的；在某些情况下，位置分布得当的多个小型保护区效果要比单一的大型保护区要好等。
依据这些基本的设计原则，在辽阔的热带森林单一栖息地中进行保护区规划时，我们可以推
断：①较大面积的保护区优于较小的；②一个大面积的保护区优于同样面积的几个小保护
区；③连接隔离地域的廊道十分有用；④圆形的保护区比长方形的边缘少，因而更有利。当
然，不同类型的栖息地之间进行比较选择时，往往需要根据不同类型进行有针对性的考虑。

　　自然保护区内部功能区划的科学性和合理性关乎保护的成败和保护区的自身发展。一般
而言，自然保护区应有 3 个功能分区组成，分别为核心区、缓冲区、实验区。①核心区
（core area），在此区内生物群落和生态系统受到绝对的保护，禁止一切人类的干扰活动，或
有限地进行以保护核心区质量为目的的、或无替代场所的科研活动。②缓冲区（buffer

area），围绕核心区，是在核心区周围为保护、防止和缓解外界对核心区造成影响和冲击的区域，应尽量减少人为干扰，保护核心区在生物、生态和景观上的一致性。③实验区（experimental area），保护核心区的一致性，是自然保护区中进行科学实验的地区，在此区内允许进行一些科研和人类经济活动以协调当地居民、保护区和科研人员的关系。保护区的一般形式如图9.7，保护区不同类型的缓冲区如图9.8。

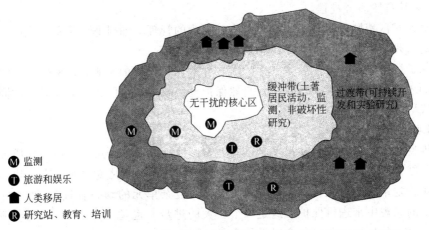

图 9.7　MAB保护区的一般形式（引自 Richard Primack、季维智，2000）

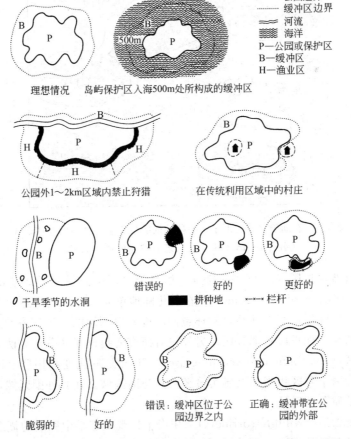

图 9.8　保护区不同类型的缓冲区（引自 Mckinnon 等，1986）

　　某个地区一旦被划定为自然保护区，为了维持其正常运作，保持或提高物种多样性，积极的管理常常是十分必要的。广义的自然保护区管理（包括资源、人力、社会及政治等问题的管理）已超出本书的论述范围，这里仅介绍一些使用的管理。

　　（1）生境管理　　主要是对自然生态过程的管理。包括自然火灾、风雪冰冻灾害、虫害、自然生境演替、树木倒伏等的调控手段。这一类管理必须非常谨慎，防止人类的干扰"矫枉过正"，影响其自然演替进程。

　　（2）对保护区威胁的处理　　主要是对人的行为的管理。如对非法偷猎、火灾、过度放牧以及农耕的管理，对开矿、砍伐、污染物排放的管理等。

　　（3）保护区管理与人　　主要是"保护区之外的保护"。如协调保护区和保护区所在地政治、经济的矛盾，争取政策支持，进行自然保护宣传教育，与所在地居民开发共同保护及双赢运作模式等。

9.2.4　景观尺度上的保护与管理

　　为了维持物种，我们需要在尺度和空间上安排生境中的各个斑块，使得异质种群动态与景观生态学结合起来。把对孤立自然保护区的传统管理，转变成对景观动态斑块的管理。它要求把"对特定单元的现状管理"转变为"对大而复杂单元的动态管理"，即把自然保护区融入更广阔的景观中来进行保护。这是一个巨大的进步，也是十分必要的进步。简单来说，这种景观尺度上的保护，可以包含以下的含义（图9.9）。

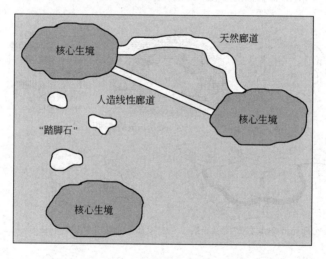

图9.9　有助于（或无助于）物种扩散的核心生境之间的连接形式

（引自 Andrew S. Pullin 著，贾竞波译，2005）

　　（1）生物圈自然保护区（MAB 保护区）　　相当于景观生态学中的斑块的概念。这个概念用等级管理（hierarchy of management）在弱化陆地单元（即景观生态学中的斑块）之间的边界，并在它们之间提供一个从纯自然环境向高度开发利用的人工环境的过渡。其具体区域的设计如上述的自然保护区功能分区。另外也有研究者提出了 4 分区方法，即核心区、缓冲区、环境敏感区（environmental sensitive area）和人类高强度利用区（intensive human use area），其中后两个分区相当于上述实验区及其外围区域。在其外围区域，即为相当于景观生态学中的"基质"的区域。

　　（2）野生生物廊道（wildlife corridors）　　相当于景观生态学中廊道的概念。这是尝试提高景观渗透性的最常见的方法。对于目标物种来说，廊道是一些渗透性较高的带状区域，它能把生境中原有的各个斑块连接在一起，减少生境中的斑块隔离程度，增加建群的概率；能增强基因在生境的各个斑块之间的流动，减少近交衰败和遗传变异的丧失；能增加因领域行为被驱逐出生境碎片的个体找到其他适宜生境的概率，减少个体的死亡。天然的廊道（如河岸的树林）本身就是具有保护价值的，因此也应受到与自然保护区无异的优先被保护权；而人造的廊道尽管被公认为是有用的保护管理工具，但其效果是否明显还需要更多的研究来论证。

（3）踏脚石（stepping stone）　异质种群理论中的"踏脚石"被认为是一种特殊的生境（相当于斑块）。自然状态下的踏脚石可以被个体转换性的使用，并能帮助个体向较远的地方扩散，同时也方便个体在生境各个斑块之间的运动，其作用类似于人们过河时使用的踏脚石。在设计人工的踏脚石系统之前，需要深入地调查和了解有关物种的习性。

在景观尺度上进行的自然保护区管理，目前的研究和实践均较少，还没有形成系统和成熟的理论。英国在自然保护区的景观尺度上的管理方面做了不少的探索和尝试，"英国自然保护协会"对英格兰划定了总共包括76个陆地区域和26个海洋性区域的自然保护区域。

9.3　生物多样性监测与管理

9.3.1　生物多样性监测

一些国际公约如《生物多样性公约》和《二十一世纪议程》，都要求缔约国对其生物多样性进行监测。生物多样性监测是DIVERSITAS项目的5个核心组分之一，是生物多样性资源管理的基本步骤，也是当前生物多样性研究的热点和需要加强的领域。2002年，《生物多样性公约》确定了到2010年前显著降低生物多样性损失程度的目标，更凸现了在全球、国家和区域层次上对生物多样性进行监测的重要性和迫切性。

生物多样性监测（biodiversity monitoring）到底要回答什么样的问题呢？根据联合国可持续发展委员会（Committee of Sustainable Development，CSD）关于可持续发展指标的压力-状态-响应模式，生物多样性监测必须回答如下问题。

① 所监测的目标面临何种压力？这些压力处于何种程度？

② 哪些影响生物多样性的因素正在改变或已经改变？

③ 管理某一监测目标（物种、种群、生态系统）的政策是否起作用？

生物多样性监测是为确定与预期标准相一致或相背离的程度，并对生物多样性进行定期或不定期的监视。从本质看，生物多样性监测是随着时间和空间的变化对生物多样性的反复编目，它所反映的是生物多样性在某一段时间内的变化过程，由此获得的信息可以为区域规划、可持续发展和生物多样性保护等宏观决策提供科学依据。

生物多样性监测按其监测的尺度可分为物种、生态系统和景观3个层面：①在物种水平，主要选择濒危物种、经济物种和指示物种等，监测其种群动态和主要影响因素；②在生态系统水平，通过选择重要的生态系统类型并在其典型地段建立一定面积的长期固定监测样地，实现对生态系统组成、结构、功能以及关键物种、濒危物种等的监测；③在景观水平，主要通过遥感手段和地理信息系统对一定区域的景观格局和过程及其影响因素进行监测。

按其在不同生物学水平上的监测，可分为以下4个层面：①基因监测，内容包括遗传变异与濒危物种、遗传变异与家养动物的繁育、跟踪个体起源的遗传标记。②种群监测，包括种群大小与密度、种群结构、种群平衡（population equilibrium）、种群分析、影响种群的人口压力变化。③物种监测，包括对关键种、外来种、指示种、重点保护种、受威胁种、对人类有特殊价值的物种、典型的或有代表性的物种的监测。④生态系统与景观监测，内容包括生态系统过程、景观片断化、生境破坏及其他干扰的影响，种群抵抗人类干扰的变化趋势，对全球气候变化的影响，由于某个关键种（或关键的分类单元）的灭绝而可能导致的生态系统变化，森林覆盖与土地利用对生物多样性的影响。

实施生物多样性监测的主体，除了科研人员和自然保护者以外，也可以是参与式自然资源监测系统。这是一种新理念下以保护区所在地居民为主体的对所在地社区所依赖资源进行监测的系统。它以掌握自然资源的丰富程度和利用及其变化情况，增强所在地居民环境意识并改善他们和自然保护区之间关系为目的，具有简便易行、应用乡土知识、资源投入低、决策透明的优点，能够促进森林资源保护、监测和管理，进行意识教育、冲突管理、野生动物肇事管理和促进当地经济发展，已越来越多地受到重视。

9.3.2 生物多样性管理

人们对生物资源的需求一直处于不断增长之中。现在人们已经充分认识到，这种需求的增长不可能通过挖掘尚未开发的生物资源或者通过权衡产品和服务来满足。考虑到地球生态系统的生态承载力并非无限大，对有限生态资源的多方位有效管理显得尤其有必要和有意义。1982 年联合国大会正式通过了《世界自然宪章》，是人们对自然（生物多样性）保护和管理的承诺。这个宪章展现了人们对于生物多样性管理所达成的共识：生物多样性管理就是要在生物多样性保护、提高人类的生活水平和在利益分配之间获得最佳的平衡。

一个综合性的、有预见性的、可采用的生物多样性管理方法应该包含以下 3 方面的信息：①针对特定地点的生物多样性所有方面的可靠的基础信息；②特殊生态系统的价值生成如何适应环境改变；③生物、物理、经济和技术等多方面信息。生物多样性公约（CBD）对信息的沟通和共享方面也做了相关的阐述。

对生物多样性的有效管理而言，有两类组织发挥了不可忽视的作用。

① 第一类组织是指那些提供数据源并且参与制定执行策略及方法的组织。如世界自然保护联盟（IUCN）、联合国环境规划署（UNEP）、联合国教科文组织（UNESCO）、世界自然基金会（WWF）、国际科学联盟理事会（ICSU）、国际粮农组织（FAO）、国际应用生物科学中心（CAB 国际）、世界自然保护监测中心（WCMC）、国际可持续发展生物圈计划（ISBI）等。

② 第二类是指资助生物多样性保护的相关项目、研讨会及其他活动的组织。如全球环境信托基金（GEF）、世界遗产基金（WHF）等。

有一些组织（如 IUCN、UNESCO 和 UNEP），具有上述两类组织的属性。

9.3.3 生物多样性立法和国际公约

从根本上说，生物多样性面临的威胁主要是人类和环境之间的不协调，生物多样性危机的真正根源在于有关经济政策和法律法规或其执行管理机制的不完善。只有当社会组织、政策法规和管理制度有机结合起来，才能为生物多样性提供有效的立法保护。全世界的生物多样性保护法律都是以农业、林业法律的一个专业分支开始的。最初这些法律知识专门处理野生物种的开发和保护区的建立，逐渐地，这些法律开始扩展到有关计划和土地利用的法规中。生物多样性法律从最初的规范和惩罚性法规，迅速发展成为为程序的建立和为生物多样性保护组织和管理机构提供结构框架的法规。

目前国际上已经制定了许多与生物多样性保护有关的公约和法律（表 9.3），其中《生物多样性公约》是当前国际公约中有关生物资源保护的最重要文件。从非常深刻和广泛意义上规定了生物多样性保护的总原则。《生物多样性公约》也叫《里约公约》或《地球峰会公约》，签订于 1992 年，截至 2009 年 10 月 26 日已有 192 个成员国。这个公约是生物多样性管理、调节和利用工作的一个重要里程碑。

表 9.3　最重要的国际性和地区性的生物多样性公约

(引自 K. V. 克里施纳默西著，张正旺译，2005)

序号	公　　约	年份	地点	重要性
1	国际植物保护公约	1951	罗马	全球性
2	海洋法公约	1958	日内瓦	全球性
3	保护植物新变种的国际公约(UPOV)	1983	日内瓦	全球性
4	国际重要湿地特别是水禽栖息地公约(亦称拉姆萨尔公约)	1971	伊朗	全球性
5	联合国教科文组织保护世界自然文化和自然遗产保护公约	1972	巴黎	全球性
6	濒危野生动植物种国际贸易公约(CITES)	1973	华盛顿	全球性/局域性
7	国际热带木材公约(ITTA)	1983	日内瓦	全球性
8	西半球自然保护和野生生物保护公约	1940	华盛顿	局域性
9	非洲保护自然和自然资源公约	1968	阿尔及尔	局域性
10	欧洲野生生物和自然栖息地保护公约	1979	伯尔尼	局域性
11	保护自然和自然资源公约	1985	吉隆坡	局域性
12	东非地区受保护区域和野生动植物保护协议	1985	内罗毕	局域性
13	加勒比海地区特别是受保护地区和野生生物的保护协定	1990	金斯顿	局域性

除此之外，各国政府制定的法律和政策对生物多样性的保护也有着重要的作用。

[课后复习]

概念和术语：生物多样性、保育生物学、就地保护、易地保护、遗传多样性、物种多样性、生态系统多样性、景观多样性、区域多样性、局域多样性、背景灭绝、大量灭绝、人为灭绝、自然保护区、资源保护区、国家公园、国家历史遗迹和文物地、核心区、缓冲区、实验区、生物圈自然保护区、野生生物廊道、踏脚石、生物多样性监测、基因监测、种群监测、物种监测、生态系统和景观监测、环境敏感区、人类高强度利用区

[课后思考]

1. 生物多样性包含了哪些层次？
2. 生物多样性的价值主要有哪些？如何理解选择价值和存在价值？
3. 生物多样性危机产生的主要原因有哪些？
4. 列举当前生物多样性研究的热点问题。
5. 就地保护和易地保护有哪些异同？
6. 自然保护区一般包括哪些功能区划？选择建立一个大的保护区还是几个小的保护区，哪些因素是决策时的关键因素？
7. 了解生物多样性管理和保护的一些主要组织和公约。

[推荐阅读文献]

[1] 克里施纳默西 K V. 生物多样性教程. 张正旺译. 北京：化学工业出版社，2006.
[2] Pullin Andrew S. 保护生物学. 贾竞波译. 北京：高等教育出版社，2005.
[3] Primack Richard，季维智. 保护生物学基础. 北京：中国林业出版社，2000.

10 生态系统服务

【学习要点】

　　1. 掌握生态系统服务的概念和内涵；

　　2. 熟悉生态系统服务功能价值的特征、类型和评估方法；

　　3. 理解全球生态系统服务价值评估的重要性。

【核心概念】

　　生态系统服务：生态系统与生态过程所形成及所维持的人类赖以生存的自然环境条件和效用。

　　直接价值：主要指生态系统产品所产生的价值，它包括食品、医药及其他工农业生产原料、景观娱乐等带来的直接价值。

　　间接价值：主要指无法商品化的生态系统服务功能，如维持生命物质的生物地球化学循环与水文循环、维持生物物种与遗传多样性、保护土壤肥力、净化环境、维持大气化学的平衡与稳定、支撑与维持地球生命支持系统的功能。

　　选择价值：是人们为了将来能直接利用与间接利用某种生态系统服务功能的支付意愿。

　　遗产价值：是指当代人将某种资源保留给子孙后代而自愿支付的费用。

　　存在价值：也被称作内在价值，指人们为确保某种资源继续存在（包括其知识存在）而自愿支付的费用。

　　生态足迹：维持一个人、地区、国家或者全球的生存所需要的以及能够吸纳人类所排放的废物、具有生态生产力的地域面积。是对一定区域内人类活动的自然生态影响的一种测度。

10.1　生态系统服务的概念

　　生态系统服务的概念是由 Holdren 和 Ehrlich（1974）首次提出，他们系统讨论了生物多样性的丧失将会怎样影响生态服务功能的问题，引起生态学界的重视。此后，Westman（1997）、Ehrllich 等（1983）、Cairns（1997）、Costanza 等（1997）先后发表文章加以讨论，特别以美国生态学会的 Gretchen Daily（1997）主编的《生态系统服务：人类社会对自然生态系统的依赖性》一书为标志，生态系统服务功能研究已成为生态学的热点问题之一。

生态系统服务（ecosystem service）是指生态系统与生态过程所形成及所维持的人类赖以生存的自然环境条件和效用。人类直接或间接地从生态系统获得的利益，主要包括向经济社会系统输入有用物质和能量、接受和转化来自经济社会系统的废弃物，以及直接向人类社会成员提供服务（如人们普遍享用的洁净空气、水等舒适性资源）。生态系统是生命支持系统，是人类经济社会赖以生存发展的基础，人造资本和人力资本都需要依靠自然资本来构建。生态系统服务和自然资本对人类的总价值是无限大的。生态系统服务是指对人类生存和生活质量有贡献的生态系统产品和服务。

生态系统服务包括提供人类生活消费的产品和保证人类生活质量的功能。植物利用太阳能，将 CO_2 等物质转化为生物量，用作人类的食品、燃料、原料及建筑材料等，是生态系统产品形成的基本途径。与生态系统产品相比，生态系统功能对人类的影响更加深刻和广泛（表 10.1）。

表 10.1　生态系统服务项目一览表（引自蔡晓明，2002）

序号	生态系统服务	生态系统功能	举例
1	气体调节	大气化学成分调节	CO_2/O_2 平衡，O_3 防紫外线，SO_x 水平
2	气候调节	全球温度、降水及其他由生物媒介的全球及地区性气候调节	温室气体调节，影响云形成的 DMS 产物
3	干扰调节	生态系统对环境波动的容量、衰减和综合反应	风暴防止、洪水控制、干旱恢复等生境对主要受植被结构控制的环境变化的反应
4	水调节	水文流动调节	为农业、工业和运输提供用水
5	水供应	水的贮存和保持	向集水区、水库和含水岩层供水
6	控制侵蚀和保持沉积物	生态系统内的土壤保持	防止土壤被风、水侵蚀，把淤泥保持在湖泊和湿地中
7	土壤形成过程	土壤形成过程	岩石风化和有机质积累
8	养分循环	养分的贮存、内循环和获取	固氮，N、P 和其他元素及养分循环
9	废物处理	易流失养分的再获取，过多或外来养分、化合物的去除或降解	废物处理，污染控制，解除毒性
10	传粉	有花植物配子的运动	提供传粉者以便植物种群繁殖
11	生物防治	生物种群的营养动力学控制	关键捕食者控制被食者种群，顶级捕食者使食草动物减少
12	避难所	为常居和迁徙种群提供生境	育雏地、迁徙动物栖息地、当地收获物种栖息地或越冬场所
13	食物生产	总初级生产中可用为食物的部分	通过渔、猎、采集和农耕收获的鱼、鸟兽、作物、坚果、水果等
14	原材料	总初级生产中可用为原材料的部分	木材、燃料和饲料产品
15	基因资源	独一无二的生物材料和产品的来源	医药、材料科学产品，用于农作物抗病和抗虫的基因，家养物种(宠物和植物栽培品种)
16	休闲娱乐	提供休闲旅游活动机会	生态旅游、钓鱼运动及其他户外游乐活动
17	文化	提供非商业性用途的机会	生态系统的美学、艺术、教育、精神及科学价值

10.2　生态系统服务的主要内容

10.2.1　生态系统的生产

生态系统的初级生产和次级生产为人类提供几乎全部的食品和工农业生产的原料。据统计，已知约有 8 万种植物可食用，人类历史上仅用了 7000 种。人类蛋白质来源不少是直接取自自然系统的，直接进入人类的社会经济生活。生态系统中许多植物是重要的药物来源。自然植被、水体和土壤等为鸟、兽、虫、鱼提供了必要的栖息环境，形成生态系统立体式网络结构，从而提供了多种服务。

10.2.2　产生和维持生物多样性

生态系统不仅为各类生物物种提供繁衍生息的场所，而且还为生物进化及生物多样性的产生与形成提供了条件。同时，生态系统通过生物群落的整体创造了适宜生物生存的环境。同物种不同种群对气候因子的扰动与化学环境的变化具有不同的抵抗能力，多种多样的生态系统为不同种群的生存提供了场所，从而可以避免因某一环境因子的变动而导致物种的绝灭，并保存了丰富的遗传基因信息。

10.2.3　传粉、传播种子

植物靠动物传粉（pollination）是互惠共生的特化形式。在已知繁殖方式的 24 万种植物中，大约有 22 万种植物（包括农作物）需要动物帮助。动物主要是野生动物，参与授粉的有 10 万种以上，从蜂、蝇、蝶、蛾、甲虫和其他昆虫，到蝙蝠和鸟类。农作物中约有 70% 的物种需要动物授粉。有些动物具有贮存和埋藏食物的行为，许多植物就依赖此种方式完成种子的扩散和传播。结有甜味果类的植物常依赖于动物播种。许多植物物种分布区的扩大和局部种群的恢复都取决于动物的活动。

10.2.4　控制有害生物

有害生物是指与人类争夺食物、木材、棉花及其他农林产品的生物。在自然生态系统中，有害生物往往受到天敌的控制，它们的天敌包括其捕食者、寄生者和致病因子，例如鸟类、蜘蛛、瓢虫、寄生蜂、寄生蝇、真菌、病毒等。自然系统的多种生态过程维持供养了这些天敌，限制了潜在有害生物的数量。许多现代农业施用大量农药，在杀伤有害生物的同时也会杀伤它们的天敌和其他有益生物。有害生物产生抗药性，又可以在缺乏天敌的情况下再次暴发，迫使人们更多地施用农药。这样会导致过度使用农药和依赖农药的恶性循环。

10.2.5　保护和改善环境质量

植物和微生物在自然生长过程中吸附周围空气中或者水中的悬浮颗粒和有机的、无机的化合物，把它们吸收、分解、同化或者排出。动物则对活的或死的有机体进行机械的或生物化学的切割和分解，然后把这些物质加以吸收、加工、利用或者排出。生物在自然生态系统中进行新陈代谢的循环过程，保证了物质在自然生态系统中的循环利用，有效地防止了物质的过度积累所形成的污染。空气、水和土壤中的有毒物质经过这些生物的吸收和降解得以消除或减少，环境质量得到改善。

10.2.6　土壤形成及其改良

土壤是自然生态系统经过成千上万年生物和物理、化学过程而形成的，并由整个生态系统维持更新。土壤是植物生长的基质和营养库，每块土壤都在不断地进行着物质循环和能量流动。土壤提供了植物生活的空间、水分和必需的矿质元素。

土壤生物是土壤积极的改良者。土壤中最多的生物是微生物，估计现在已知菌种的 50% 以上栖息于土壤之中。有些土壤细菌可吸收空气中的氮元素，转化为植物可以吸收的状态。土壤动物是最重要的土壤消费者和分解者。在土壤中存在的主要动物种类有数千种，很多是节肢动物，非节肢动物主要是线虫和蚯蚓。

10.2.7　减缓干旱和洪涝灾害

森林和植被在减缓干旱和洪涝灾害中起着重要作用，成为水利的屏障。在降雨时，植被的枝叶树冠截流 65％的雨水，减少了雨点对地面的直接冲击，35％的雨水变为地下水，植被的根系深扎于土层之中，这些根系和植物枝叶支持和充实土壤肥力，并且吸收和保护了水分。湿地草根层和泥炭层具有很高的持水能力，它能够削减洪峰的形成和规模。湿地为江河和溪流提供水源，有助于区域水的稳定。

10.2.8　净化空气和调节气候

绿色植物有防治大气污染、净化空气的功能。树叶表面绒毛有的还能分泌黏液、油脂，可吸附大量飘尘。一些植物在生长过程中，能挥发出肉桂油、柠檬油和天竺葵油等多种杀菌物质，杀死多种病原菌。

自然生态系统在全球、区域、流域和小生境等不同的空间尺度上影响着大气和气候。细菌、藻类和植物的繁衍，致使氧气在大气中富集，创造了生物进一步生存和发展的必要条件，氧化强度亦决定着许多物质的生物地化循环，氧浓度微小变化可导致全球物质循环的显著变化。植被在生长过程中，从土壤吸取水分，通过叶面蒸腾，把水蒸气释放到大气中，改变了当地温度、云量和降雨，增加了水循环。而森林砍伐会使降雨量降低。云量的增加也影响辐射和大气的热量交换，具有调节气候的作用。

10.2.9　休闲、娱乐

自然中洁净的空气和水，有助于人身心健康，人的性格和理性智慧得以丰富而健康的发展。不少野生动物以其形色、姿态、声韵或习性的优异给人以精神享受，增加生活情趣。绿色植物千姿百态的风景区是人们娱乐、疗养的好地方。野生动物对旅游贸易具有吸引力，旅游者希望看到保存完整的原始自然状态和自然生境中野生动物壮观的场面。

10.2.10　精神文化的源泉

自然生态环境深刻地影响着人们的美学倾向、艺术创造和宗教信仰。自然是人在精神上高层次追求和发展的重要源泉。人类对自然的好奇心是科学技术和宗教发展的永恒动力。多种多样的生态系统养育了文化精神生活的多样性。自然是美学的重要研究对象和艺术表现的无尽源泉，美感常同丰富的资源条件相伴。一些宗教，特别是历史久远的佛教、道教等东方宗教，建寺庙于沧海之滨、高山之巅，重视和强调人与自然的和谐。

10.3　生态系统服务的价值评估

生态系统具有服务功能，因而具有价值，有人称之为"自然资本"，以与人类社会创造的"社会资本"相对应。学科本质上，"社会资本"是（社会）经济学的研究核心，而生态学就是"自然界的经济学"。

10.3.1　生态系统服务价值评估的"经济学"意义

从经济和社会的高度来看，生态系统的服务功能价值特点有以下 3 方面。

（1）属于公共商品　不通过市场经济机构即市场交换用以满足公共需求的产品或服务就成为公共商品。生态系统的产品即是公共商品，具备两大特点是：一是非涉他性，即一个人消费该商品时不影响另一个人的消费；二是非排他性，即没有理由排除其他人消费这些商品，如新鲜的空气、无污染的水源。

（2）外部经济性　生态系统的生命支持功能的价值具有真正的外部经济性，这种部分价值不通过市场交换实现的经济主体受到其他经济主体活动的影响，如林业部门栽树水利部门受益，旅游业旺服务业受益。森林生态系统能给社会带来多种服务，如涵养水源、保持水土、固定二氧化碳、提供游憩、保护野生生物等，这些都是属于典型的外部经济效益。对外部经济效益进行评价可以有效地实现外部经济内部化，是完善市场经济结构、实现资源最佳分配的有效方法之一。

（3）存在"灯塔效应"和"免费搭车"等公产悲剧现象　私有商品都可以在市场交换，并有市场价格和市场价值，但公共商品没有市场交换，也没有市场价格和市场价值，因为消费者都不愿意一个人支付公共商品的费用而让别人都来消费。西方经济学中把这种现象称之为"灯塔效应"和"免费搭车"。生态系统提供的生命支持系统服务，如涵养水源、提供氧气、固定二氧化碳、吸收污染物质等都属于公共商品，没有进入市场，这给公共商品的估价带来了很大的困难。

10.3.2　生态系统服务价值的特征

生态系统不仅具有直接的使用价值，如粮食、果品、林木等，还表现出水土保持、调节气候、防风固沙和休闲娱乐等生态效益。这种由生物资源和环境资源结合起来形成的"生态资源"所产生的生态效益，具有以下特征。

（1）整体的有用性　生态资源的使用价值不是单个或部分要素对人类社会的有用性，而是各个组成要素综合成生态系统以后所表现出的整体有用性，这与那些单个要素直接或间接地转化为商品的有用性完全不同。如森林生态系统，其使用价值表现在改良土壤、涵养水源、调节气候、净化大气和美化环境等方面，这是森林植被与野生动物和土壤微生物等综合为一个有机的森林生态系统之后所表现出来的，而绝非单个系统要素所具有的功能。

（2）空间固定性　生态系统是在某些特定地域形成的，因而生态资源均具有一定的地域性，其使用价值一般只能在相应的地域及其影响的范围内发生作用，具有地域性，而一般商品则不受空间和位置的限制。

（3）用途多样性　一般的商品使用价值比较单一，而生态资源的使用价值则具有多样性。例如，森林生态系统在提供木材产品的同时，还具有调节气候、保持水土、固定二氧化碳和观赏旅游等多种用途。

（4）持续有效性　一般商品的使用价值在经过一定时期的消耗后便会丧失，而生态资源只要利用适度，其多种使用价值可以长期存在和永续利用。

（5）共享性　生态资源使用价值的生产者与非生产者、所有者与非所有者都可共享生态资源的使用价值。这主要由于生产者和所有者及其生产活动必须在一定的地域生态环境中进行；虽然生态资源的使用价值可以超出一定的空间范围发挥其作用，但生产者和经营者对它的经营范围和所有范围的控制力是有限的；因此不管所有者是否同意，非所有者和所有者均可以共享其使用价值。一般商品的使用价值不能共享。

（6）负效益性　人类在生态系统中投入越来越多的劳动，但如果投入不当，就会使生态系统恶化或污染，这时生态资源的使用价值又可表现为负效益。例如，河流上游垦荒使下游河水泛滥，森林过度砍伐造成水土流失甚至逐渐演化为荒漠等都是负效益性的表现。

10.3.3　生态系统服务价值的评估类型

生态系统服务的多价值性源于它的多功能性。英国经济学家 Pearce 将环境资源的价值分为使用价值和非使用价值，在使用价值中包括直接使用价值、间接使用价值和选择价值；非使用价值中包括遗产价值和存在价值。经济合作与发展组织（OECD）在 1995 年出版的《环境项目与评价指南》中对 Pearce 的分类系统作了一些改进，将选择价值与遗传价值、存在价值放在一起，意味着选择价值介于使用价值和非使用价值之间。

① 直接价值　直接价值主要指生态系统产品所产生的价值，它包括食品、医药及其他

工农业生产原料、景观娱乐等带来的直接价值。按产品形式分为显著实物型直接价值和非显著实物型直接价值。显著实物型直接价值以生物资源提供给人类的直接产品形式出现。非显著实物型直接价值体现在生物多样性为人类所提供的服务上，虽然无实物形式，但仍然可以感觉且能够为个人直接消费。

②　间接价值　间接价值主要指无法商品化的生态系统服务功能，如维持生命物质的生物地球化学循环与水文循环、维持生物物种与遗传多样性、保护土壤肥力、净化环境、维持大气化学的平衡与稳定，支撑与维持地球生命支持系统的功能。一般情况下，间接价值主要指与生命支持系统相关的生态服务。由于生态系统的功能价值趋向于对地方或社会服务，而不仅仅是对某一个人或法人实体的价值反映，因此，其生态效益的价值计算起来往往高于直接价值。但由于作为一种非实物性和非消耗性的价值，不能反映在国家的收益账目中。

③　选择价值　选择价值是人们为了将来能直接利用与间接利用某种生态系统服务功能的支付意愿。如果使用货币来计算选择价值，则相当于人们为确保自己或别人将来能利用某种资源或获得某种效益而预先支付一笔保险金。例如，人们为确保将来能利用某一森林在涵养水源、保护土壤、净化大气、固定 CO_2、释放氧气以及生态旅游等方面的效益，而愿意现在支付一定的保护费用，这种支付意愿的数值相当于某一森林的选择价值。选择价值的支付意愿可分为 3 种情况：为自己将来利用，为子孙后代将来利用（遗产价值），为他人将来利用（替代消费）。

④　遗产价值　遗产价值是指当代人将某种资源保留给子孙后代而自愿支付的费用。遗产价值还体现在当代人为他们的后代将来能受益于某种资源存在的知识而自愿支付其保护费用。例如，他们为使后代知道海洋中拥有鲸、喜马拉雅山拥有雪豹、中国拥有大熊猫、以及巴西亚马逊河拥有大量热带雨林等，自愿捐献钱物。遗产价值反映了代际间利他主义动机和遗产动机，可表述为代际间"替代消费"和代际间利他主义。

⑤　存在价值　存在价值也被称作内在价值，指人们为确保某种资源继续存在（包括其知识存在）而自愿支付的费用。存在价值是资源本身具有的一种经济价值，是与人类利用与否（包括现在利用、将来利用和选择利用）无关的经济价值，也与人类存在与否无关，即使人类不存在，资源的存在价值仍然在现实生活中存在。

10.3.4　生态系统服务价值的评估方法

对生态系统服务功能的评价，还处于探索阶段。目前，人们的研究和工作还多集中在生态环境被破坏的经济损失估值领域，称为环境影响的经济评价技术或环境经济评价技术。主要方法可分为 3 类：一是直接市场法，包括费用支出法、市场价值法、机会成本法、恢复和防护费用法、影子工程法、人力资本法等；二是替代市场法，包括旅行费用法和享乐价格法等；三是模拟市场价值法（又称假设市场价值法），包括条件价值法等。

（1）费用支出法　费用支出法是从消费者的角度来评价生态服务功能的价值，以人们对某种生态服务功能的支出费用来表示其价值。这种方法常用于对旅游文化娱乐功能的估算。费用支出法通常有 3 种形式：①总支出法，以游客的费用总支出作为游憩价值；②区内支出法，仅以游客在游览区内支出的费用作为游憩价值；③部分费用法，仅以游客支出的部分费用（如交通费、门票费、餐饮费和住宿费 4 项）作为游憩价值。

使用费用支出法仅能计算游客费用支出的总钱数，没有计算游客游憩的消费者剩余，不能真正反映旅游者对于旅游区的支付意愿，因而不能真实反映自然资源的实际价值。消费者剩余又称为消费者的净收益，是指买者的支付意愿减去买者的实际支付量。此外，该方法只是用于游客多的地点，不能真实评估游客少的地点的旅游价值。

（2）市场价值法　市场价值法与费用支出法类似，但它适合于没有费用支出的但有市场价格的生态服务功能的价值评估。市场价值法先定量地评价某种生态服务功能的效果，依据效果的市场价格来评估其经济价值。根据生态效益的正负划分，市场价值法可分为两类。

① 环境效益评价法。通过估算某种生态系统服务功能的定量值（如水源涵养量、CO_2 固定量、农作物增产量）和其"影子价格"（如涵养水源的定价可根据水库工程的蓄水成本，固定 CO_2 的定价可以根据 CO_2 的市场价格），计算其总经济价值。

② 环境损失评价法。它是与环境效益评价法类似的一种生态经济评价方法。例如，评价保护土壤的经济价值时，用生态系统破坏所造成的土壤侵蚀量及土地退化、生产力下降的损失来计算。环境效益评价法与环境损失评价法是一个问题的两个方面，一个是从公益效果考虑，另一个是从公益效果的损失考虑。这种方法只适用于有市场价格的生态系统产品或服务。

（3）恢复和防护费用法　根据保护或恢复某些生态功能所需费用而进行的生态功能的评价。即当某一生态系统遭到破坏后，恢复到原来状态所需费用；或者为确保某一生态系统不被破坏的费用。例如，因森林破坏后造成水土流失，而造林费用或防止水土流失的费用可作为森林破坏的损失或原有森林的效益。

（4）影子工程法　该方法是恢复费用法的一种特殊形式，它是指环境受到污染或破坏后，人工建造一个替代工程来代替原来的环境功能，然后用建造新工程的费用来估计环境污染或破坏所造成的经济损失的方法。例如一个旅游海湾被污染了，需要建造一个海湾公园来替代等。

（5）人力资本法　通过市场价格和工资多少来确定个人对社会的潜在贡献，并以此来估算环境恶化对人体健康影响的损失。包括 3 个部分：因污染致病、致残或早逝而减少本人或社会的收入；医疗费用的增加；精神和心理上的代价。

（6）机会成本法　机会成本是指保持其他条件不变，把一定的资源用于生产某种产品时放弃另一种产品生产的价值，或利用一定的资源获得某种收入时所放弃的另一种收入。对于稀缺性的自然资源和生态资源而言，其价格不是由其平均机会成本决定的，而是由边际机会成本决定的，它在理论上反映了收获或使用一单位自然或生态资源时全社会付出的代价。

边际机会成本法主要针对自然资源，在核算时既考虑了使用者本人开发资源所付出的代价，也反映了资源开发对他人的影响以及后代人由于不能使用该种资源所需付出的代价，比较客观全面地体现了某种资源系统的生态价值。但这种方法只适用于具有稀缺性的生态类型，而且涉及的条件较多，不易操作。

（7）旅行费用法　旅行费用法（Travel Cost Method，TCM）是评估非市场物品最早的技术，是通过观察人们的市场行为来推测他们显示的偏好。它通过旅行费用（如交通费用、门票和旅游点的花费等）来代替进入景点的价格，并通过这些费用资料，求出环境物品的消费者剩余。TCM 主要用于户外娱乐活动，如钓鱼、狩猎、森林观光、划船等，评价旅游景点的经济价值。主要使用范围包括娱乐场所、自然保护区、国家公园、风景名胜区、大坝、水库、森林、湖泊等有娱乐价值的场所。

（8）享乐价格法　享乐价格法（Hedonic Price Method，HPM）的原理，主要是人们赋予环境质量的价值，可以通过他们为优质环境物品享受所支付的价格来推断。此法常常用于房地产价值评估。如果人们支付某一地方房屋和土地的价格高于支付另一地方相同房屋和土地的价格，在去除非环境因素差别外，剩余的价格差别可以归结为环境因素。HPM 法主要适用于评估当地空气和水质的变化、噪声骚扰（特别是飞机和公路交通噪声），对社区福利舒适程度的影响，以及在城市贫穷地区、街区改进计划的影响评估等。

（9）条件价值法 条件价值法是从消费者的角度出发，在一系列假设前提下，假设某种"公共商品"存在并有市场交换，通过调查、询问、问卷、投标等方式来获得消费者对该"公共商品"的支付意愿和净支付意愿，综合所有消费者的支付意愿和净支付意愿，即可得到环境商品的经济价值。所以也叫问卷调查法、意愿调查评估法、投标博弈法、假设评价法等，属于模拟市场技术评估方法。条件价值法是适用于缺乏实际市场和替代市场交换商品的价值评估。

（10）生态足迹分析法 生态足迹（ecological footprint）是由加拿大环境经济学家 Willian Rees 和 Wackernagel 于 20 世纪 90 年代提出的，是一种衡量人类对自然资源利用程度以及自然界对人类提供的生命支持服务功能的方法。它是通过估算维持人类的自然资源消费量和同化人类产生的废弃物所需要的生物生产性空间面积的大小，并与给定人口区域的生态承载力进行比较，来衡量区域的可持续发展状况。

生态足迹的理论基础包括：①人类能够估计自身消费的大多数资源、能源及其所产生的废弃物数量。②这些资源和废弃物能折算成生产和消纳这些资源和废弃物的生态生产性面积。③任何特定人口（从单一个人到一个城市甚至一个国家的人口）的生态足迹，就是其占用的用于生产所消费的资源与服务，以及利用现有技术同化其所产生的废弃物的生物生产土地或水域的总面积。

10.3.5 全球生态系统服务的价值

Costanza 等 13 位生态学家（1997）采用直接或间接地评价方法对全球生态系统服务进行了总的评估。生态系统服务除向产品提供支付一定的价值外，还要提供非市场性的美学价值、存在价值和保护价值等。如珊瑚礁为鱼提供栖息地，增加鱼存量。珊瑚礁数量、质量变化可以在市场或游乐钓鱼业上表现出来。但珊瑚礁作为游乐潜泳场地或在保护生物多样性等方面是以复杂形式贡献给人类的，这都无法表现在市场上。

表 10.2 提供了各种生态系统服务项目在各类生态系统中的相对重要性，Costanza 的数据是初步的，但是对于了解各类生态系统在哪些方面最为要紧是有参考意义的。例如：①湿地在养分循环、抗干扰和调节、废物处理上具有特别重要的意义；②湖泊河流对水调节和水供应、休闲旅游具有重要作用；③热带森林的提供项目较多，从养分循环、原材料提供，到防侵蚀、气候调节和休闲旅游、基因资源等；④近海水域对养分循环、食品生产和抗干扰调节也有不少贡献。

Costanza 等对全球各种生态系统服务作出的估价只是探索性的，存在一定局限性，是一个初步的、十分粗放的估计。有的学者认为估计太低，或者生态系统的价值可能超过其各个功能之和，或者没有包括生态系统的内在价值等。但毕竟是一个很有用的定量数据，其重要意义表现在以下几方面：①生态系统服务估价较好地反映了自然资本的价值，它能够提高公众对生物多样性重要性的意识。过去的实践表明这是非常重要的，因为人们通常容易把发展经济与保护自然环境对立起来。②它从理论上说明，生态系统的许多服务项目，是人类几乎无法用其他方式替代的。据估计，要想通过人类自己来解决这些服务，每年至少要花人均九百万美元。③各种生态系统服务项目在各类生态系统上的相对价值，有助于说明其对于人类社会持续发展的相对重要性，从而为各级政府有关部门在制定具体方案和采取措施中提供背景值，也有助于解释生物多样性为什么正在损失。

表 10.2　全球各种生态系统服务的年平均价值一览表（引自 Costanza 等，1997）

各项服务功能	各种生态系统服务功能价值[美元/(hm²·年),美元按1994年值计]								总计/(10⁹美元/年)
	海洋	近海水域	热带森林	温带/北方森林	草原/牧场	湿地	湖泊河流	农田	
面积/10⁶hm²	33200	3102	1900	2955	3898	330	200	1400	
气体调节	38				7	133			1341
气候调节			223	88	0				684
干扰调节		88	5			4539			1779
水调节	—		6	0	3	15	5455		1115
水供应	—	—	8			3800	2117		1692
防侵蚀	—	—	245		29				576
土壤形成	—	—	10	10	1				53
养分循环	118	3677	922						17075
废物处理			87	87	87	4177	665		2277
传粉	—	—			25			14	117
生物防治	5	38		4	23			24	417
避难所		8				304		—	124
食物生产	15	93	32	50	67	256	41	54	1386
原材料		4	315	25		106			721
基因资料			41		0				79
休闲旅游		82	112	36	1	574	230		815
文化	76	62	2	2		881			3015
每公顷总价值	252	4052	2007	302	232	14785	8498	92	
年总价值/(10⁹美元/年)	8381	12568	3813	894	906	4879	1700	128	33268

注：空格表示缺少有关信息。

[课后复习]

概念和术语：生态系统服务、直接价值、间接价值、选择价值、遗产价值、存在价值、生态足迹、费用支出法、市场价值法、恢复和防护费用法、影子工程法、人力资本法、机会成本法、旅行费用法、享乐价格法、条件价值法

[课后思考]

1. 生态系统服务包括哪些主要内容？
2. 生态系统服务的功能价值主要有哪些类型？
3. 生态系统服务功能价值的评估方法有哪些？评述各方法的科学性。
4. 全球生态系统服务价值评估有什么意义？

[推荐阅读文献]

[1] 蔡晓明. 生态系统生态学. 北京：科学出版社，2002.
[2] 戈峰. 现代生态学. 第2版. 北京：科学出版社，2008.
[3] 王如松，胡聃，王祥荣等. 城市生态服务. 北京：气象出版社，2004.
[4] 李文华. 生态系统服务功能研究. 北京：气象出版社，2002.
[5] 李文华. 生态系统服务功能价值评估的理论、方法与应用. 北京：中国人民大学出版社，2008.

11 生态系统健康与管理

【学习要点】

    1. 理解生态系统健康的定义和内涵；

    2. 了解生态系统健康的标准和生态系统健康管理的原则；

    3. 掌握生态系统管理的概念和原则，熟悉生态系统管理的技术途径；

    4. 了解生态系统管理的数据基础和生态系统变化的度量方法。

【核心概念】

    生态系统健康：生态系统健康（学）是一门研究人类活动、社会组织、自然系统及人类健康的整合性科学；而生态系统健康是指生态系统没有病痛反应、稳定且可持续发展，即生态系统随着时间的进程有活力并且能维持其组织及自主性，在外界胁迫下容易恢复。

    生态系统管理：是一种物理、化学和生物学过程的控制，是将生物体和它们的非生物环境与人为活动的调节连接在一起，以创造一个理想的生态系统状态。

11.1　生态系统健康

    人口膨胀、环境污染、生物多样性减少、土地退化和气候变化等人类和自然干扰的影响日益危及到人类自身和赖以生存的地球的可持续发展。1992 年巴西世界环境和发展大会以来，保护和恢复地球生态系统的健康和完整性，成为世界各国一致的目标。

11.1.1　生态系统健康的定义和内涵

    生态系统健康（ecosystem health）既可理解为生态系统的一种状态，也可理解为一门学科。不同的学者对生态系统健康的状态与生态系统健康学科体系有不同的看法，但总的来说可概括如下：生态系统健康（学）是一门研究人类活动、社会组织、自然系统及人类健康的整合性科学；而生态系统健康是指生态系统没有病痛反应、稳定且可持续发展，即生态系统随着时间的进程有活力并且能维持其组织及自主性，在外界胁迫下容易恢复。

    健康的生态系统具有恢复力（resilience），保持着内稳定性（homeostasis）。系统发生变化就可能意味着健康的下降。如果系统中任何一种指示者的变化超过正常的幅度，系统的健康就受到了损害。当然，并不是说所有变化都是有害的，它与系统多样性相联系，多样性是易于度量的。事实上，生态系统健康可能更多地表现于系统创造性地利用胁迫的能力，而不是完全抵制胁迫的能力。健康的生态系统对干扰具有弹性，有能力抵制疾病。

生态系统健康包括从短期到长期的时间尺度、从地方到区域的空间尺度的社会、生态、健康、政治、经济、法律的功能，从地方、区域到全球胁迫下的生态环境问题。其目的是保护和增强区域环境容量的恢复力，维持生产力并保持自然界为人类服务的功能。生态系统健康只是一种隐喻，它是评价生态系统最佳状态的一种方式。可通过全面研究生态系统在胁迫下的特征，根据生态系统条件进行系统诊断，找出生态系统退化或不健康的预警指标，进而防止其退化或生病。

11.1.2　生态系统健康的标准

生态系统健康的标准有活力、恢复力、组织、生态系统服务功能的维持、管理选择、外部输入减少、对邻近系统的影响及人类健康影响 8 个方面，它们分属于生物物理、社会经济、人类健康范畴，以及一定的时间、空间范畴。这 8 个标准中最重要的是前 3 个方面。

（1）活力（Vigor）　即生态系统的能量输入和营养循环容量，具体指标为生态系统的初级生产力和物质循环。在一定范围内生态系统的能量输入越多，物质循环越快，活力就越高，但这并不意味着能量输入高和物质循环快，生态系统就更健康，尤其是对于水生生态系统来说，高输入可导致富营养化效应。

（2）恢复力（resilience）　即胁迫消失时，系统克服压力及反弹回复的容量。具体指标为自然干扰的恢复速率和生态系统对自然干扰的抵抗力。一般认为受胁迫生态系统比不受胁迫生态系统的恢复力更小。

（3）组织（organization）　即系统的复杂性，这一特征会随生态系统的次生演替而发生变化和作用。具体指标为生态系统中 r-对策种与 K-对策种的比率、短命种与长命种的比率、外来种与乡土种的比率、共生程度、乡土种的消亡等。一般认为，生态系统的组织越复杂就越健康。

（4）生态系统服务功能的维持（maintenance of ecosystem services）　这是人类评价生态系统健康的一条重要标准。一般是对人类有益的方面，如消解有毒化学物质、净化水、减少水土流失等，不健康的生态系统的上述服务功能的质和量均会减少。

（5）管理选择（management options）　健康生态系统可用于收获可更新资源、旅游、保护水源等各种用途和管理，退化的或不健康的生态系统不再具有多种用途和管理选择，而仅能发挥某一方面功能。

（6）外部输入减少（reduced subsides）　所有被管理的生态系统依赖于外部输入。健康的生态系统的外部输入（如肥料、农药等）会大量减少。

（7）对邻近系统的破坏（damage to neighboring systems）　健康的生态系统在运行过程中对邻近系统的破坏为零，而不健康的系统会对相连的系统产生破坏作用，如污染的河流会对受其灌溉的农田产生巨大的破坏作用。

（8）对人类健康的影响（human health effects）　生态系统的变化可通过多种途径影响人类健康，人类的健康本身可作为生态系统健康的反映。与人类相关又对人类影响小或者没有影响的生态系统为健康的系统。

11.1.3　生态系统健康管理的原则

（1）动态性原则（axiom of dynamism）　生态系统总是随着时间而变化，并与周围环境及生态过程相联系。生物与生物、生物与环境间联系，使系统输入、输出过程中，有支有收，要维持需求的平衡。生态系统动态，在自然条件下，总是自动向物种多样性、结构复杂化和功能完善化的方向演替。只要有足够的时间和条件，系统迟早会进入成熟的稳定阶段。生态系统管理中要关注这种动态、不断调整管理体制和策略，以适应系统的动态发展。

（2）层次性原则（axiom of hierarchy）　系统内部各个亚系统都是开放的，许多生态过程并不都是同等的，有高层次、低层次之别，也有包含型与非包含型之别。系统中的这种差别主要是由系统形成时的时空范围差别所造成的，管理中时空背景应与层次相匹配。

（3）创造性原则（axiom of creativity）　系统的自调节过程是以生物群落为核心，具有创造性。创造性的源泉是系统的多种功能流。创造性是生态系统的本质特性，必须得到高度的尊重。从而保证生态系统提供充足的资源和良好的系统服务。

（4）有限性原则（axiom of limitation）　生态系统中的一切资源都是有限的，并不存在"取之不尽，用之不竭"。因此，对生态系统的开发利用必须维持其资源再生和恢复的功能。生态系统对污染物也有一定容量的承受能力。因此，污染物是不允许超出该系统的承载力或容量极限的。当超出限量，其功能就会受损，严重时系统就会衰败，甚至崩溃。为此，对生态系统各项功能指标（功能极限、环境容量等）都应加以认真分析和计算。

（5）多样性原则（axiom of diversity）　生态系统结构的复杂性和生物多样性对生态系统是极为重要的，它是生态系统适应环境变化的基础，也是生态系统稳定和功能优化的基础。维护生物多样性是生态系统管理计划中不可少的部分。当多物种研究方法不能为生态系统管理提供所需完整信息时，单一物种或少数物种的研究有可能提供有价值的信息。

（6）双重性原则（axiom of human）　人类在生态系统中的地位具有两重性，包括人对其他对象的管理和人接受管理。管理是靠人去推动和执行的。管理过程也是一种社会行为，是人们相互之间发生复杂作用的过程。管理的原理和过程各个环节的主体是人，人与人的行为是管理过程的核心。提高全人类的环境意识和可持续发展的意识是当前的、长远的重要任务。要加强规划人的行为的法规、政策和制度，这是管理生态系统的重要内容。

11.1.4　生态系统健康、生态系统管理与生态系统可持续发展

生态系统健康、生态系统管理与可持续发展3者间的关系也很紧密：生态系统健康与可持续发展是生态系统的状态，而生态系统管理则是维持这些状态的重要手段；在胁迫下，生态系统会不健康或不持续，就需要相应的管理来回到健康与可持续方向上来；在没有胁迫的情况下，一个生态系统在发育（生长）过程中，每一个时间段均有一个健康状态，这些均为健康的生态系统，而仅仅处于发展中期（壮年期）的生态系统是可持续的，在早期和晚期均是不持续的；在生态系统壮年阶段，受到外界胁迫时，先要进行生态系统健康评价，再进行管理，以实现生态系统的可持续发展。

11.2　生态系统管理

11.2.1　生态系统管理的概念

生态系统管理（ecosystem management）的思想萌芽可以追溯到1864年Mash所著的《人与自然》一书，作者提出如果英国合理管理森林资源，就可使土壤侵蚀和水土流失减少。1866年以后，生态学开始兴起，合理利用自然资源与生态学的基本观点相符，更强调多用途和持续产量问题。Likens（1970）提出，现有森林管理方法可能影响生态系统的功能。Abrahamsen（1972）指出，人类活动导致生态系统的退化，人们已开始认识到一些传统的资源管理方法并没有起到预期的效果。20世纪80年代以后，生态系统管理方面的研究大量

出现，生态学也开始重视长期定位、大尺度和网络化研究。此时，生态系统管理与新兴的保护生物学、生态系统健康、生态完整性和恢复生态学相互促进和发展。在此期间，Agee 和 Johnson（1988）出版了生态系统管理的第一本专著，之后又有数本关于生态系统管理的专著问世（Slocombe，1993；Gordon，1994；Vogt 等，1997），生态系统管理的理论框架基本形成。

在生态系统管理理论和实践的发展过程中，由于不同生态学者所从事的研究领域、研究目的或研究对象不同，所提出的生态系统管理的定义也有所不同，比较有代表性的有如下几种。

① Overbay（1992）：利用生态学、经济学、社会学和管理学原理仔细地和专业地管理生态系统的生产、恢复或长期维持生态系统的整体性和理想的条件、利用、产品、价值和服务。

② 美国林学会（1992）：生态系统管理强调生态系统诸方面的状态，主要目标是维持土壤生产力、遗传特性、生物多样性、景观格局和生态过程。

③ 美国林业署（1992~1994）：生态系统管理是一种基于生态系统知识的管理和评价方法，这种方法将生态系统结构、功能和过程、社会和经济目标的可持续性融合在一起。

④ 美国内务部和土地管理局（1993）：生态系统管理要求考虑总体环境过程，利用生态学、社会学和管理学原理来管理生态系统的生产、恢复或维持生态系统整体性和长期的功益和价值。它将人类、社会需求、经济需求整合到生态系统中。

⑤ Wood（1994）：综合利用生态学、经济学和社会学原理管理生物学和物理学系统，以保证生态系统的可持续性、自然界多样性和景观的生产力。

⑥ 美国环境保护署（EPA，1995）：在支持可持续的经济和社会发展的同时，恢复和保持生态系统的健康、可持续性以及生物多样性。

⑦ Dale 等（1999）：考虑了组成生态系统的所有生物体及生态过程，并基于对生态系统的长期最佳理解的土地利用决策和土地管理的实践过程。它包括维持生态系统结构、功能的可持续性，认识生态系统的时空动态，生态系统功能依赖于生态系统的结构和多样性，土地利用决策必须考虑整个生态系统。

⑧ Maltby 等（1999）在为世界保护联盟（ICUN）下属的生态系统管理委员会（Commission on Ecosystem Management，CEM）所编写的科学报告《生态系统管理：科学与社会问题》中，将生态系统管理定义为：生态系统管理是一种物理、化学和生物学过程的控制，是将生物体和它们的非生物环境与人为活动的调节连接在一起，以创造一个理想的生态系统状态。按照这个定义，生态系统管理可以包括 5 方面的内容：①依靠控制污染或改变营养物质和污染物向大气圈、水域、土壤或更直接地到植被的输入来调节化学条件。②调节物理参数，例如依靠大坝来控制水的释放或者控制盐水侵入沿岸蓄水区。③改变生物间的相互关系，例如依靠控制放牧和捕食，或防止灌木和树木侵入草地和灌丛，或者依靠火烧或刈割来干涉植被的发展和动态。④控制人类对生物产品的使用，例如限制化肥和杀虫剂的使用，调节渔网的孔径大小。⑤在考虑保护的利益时介入文化、社会和经济过程，例如依靠对农民的补贴来降低他们的操作强度。

可见，生态系统管理的目的是明确的，从根本上说，是为了支持人类社会的可持续发展；从生态学意义的角度看，主要具有维持生物多样性的适度水平、维持生物的遗传特征、维持生态功能和生物地球化学循环以及保护美学价值等；从代际关系的角度看，具有为后人保持未来选择的机会等；从方法学的角度看，生态系统管理主要采取的是生态系统方法，该方法的最基本要素是它的整体性，即它明确地承认自然生态系统与经济、社会、政治和文化系统之间的关系。

11.2.2　生态系统管理的基本原则

越来越多的学者认为，生态系统管理的主要任务，其一是保护生命支持系统，即保持地球环境适合于生命的生态学过程；其二是保护各层次的生物多样性，即寻求保证人类所带来的变化对生物多样性造成的损失最小化；其三是保证对可再生资源的利用是可持续的。因此，检验生态系统管理的成功与否，重要的指标之一是看其是否维持了生态系统的完整性，而不仅仅是维持了一个健康的生态系统，因为"健康"只是生态系统完整性的一个方面。要实现生态系统管理的上述目标，制定一个科学的生态系统管理方案是必需的。

正确选择生态系统管理的原则，是制定科学方案的基础，Maltby 等（1999）认为，以下 10 项原则是生态系统管理应该遵循的，前 5 项称为指导性原则，后 5 项为操作性原则。

（1）管理目标是社会的抉择　在实际工作中，由于生态系统的动态性和区域差异性，人们很难确定一个生态系统为参照点来作为生态系统管理目标的基础，而往往是社会的需求、价值和利益等因素的权衡，即社会抉择决定着哪些生态系统需要保护，以及如何管理和利用它们。因此，科学虽能对生态系统管理目标的内涵及其目标的实际与否作出判定，但却不能就目标的抉择作出决策。社会的选择既受经济发展状况的影响，也与文化价值取向等因素有关。所以，即使在生态条件基本相似的情况下，人们也可能选择不同的生态系统管理模式和方法。

（2）生态系统的管理必须考虑人的因素　生态系统管理的这一基本原则，首先是由人与自然生态系统间的基本关系决定的，人类的生存和发展离不开生态系统提供的产品和服务。因此，无论在理论上或实践上，人类对生态系统的干扰都是无法避免的，对生态系统实施管理时，这是不能不考虑的首要因素。其次是由人类的地位决定的，人类这一物种现在是处于完全支配的地位，整个地球没有不受人类影响的地方。最后是生态系统管理所采纳的策略必须反映人类的需要和能力。

（3）生态系统必须在自然的分界内管理　对于生态系统的保护实际上存在许多限制。理论上讲，通过操纵某些关键因素，一些极不可能持续的生态系统可以得到保护并能维持，但如此极端的行动在自然生境中是不大合适的。每一个系统需要在更大的范围内进行评价，从而使得为保护而付出的努力不会浪费在不可能成功的地方。有些实际研究例证表明，某些生态系统已经被破坏到即使通过广泛管理也不能维持其功能和特征的程度，在此情况下，生态系统的管理绝不可能恢复原来的植被和动物区系，而且，不合适的行动可能要比不采取行动更糟糕，因为这会浪费努力和并不充足的资源。

（4）管理必须认识到变化是必然的　生态系统管理计划必须吸收生态学的新思维和对生物圈研究的新成果，接受生态系统不断变化的必然性这一事实，包括由于人类的行动已经使一些物种的生物地理屏障消失的事实。例如，把所有的"外来种"都看作不可接受的"入侵者"的观点，应该被更为实用的判断所替代。要重视不同物种对环境变化的响应方式的差异，这就可能发展成新的物种组合并形成新的生态系统类型。

（5）生态系统管理必须在适当的尺度内进行　生态系统管理必须在适当的尺度范围内进行才能有效和成功。由于对尺度的忽视，一些生态系统的管理很难区分一个部分（如一条河流流域的上游）的管理过程和管理活动与相邻区域的相互作用关系与相互影响。因此，确定以景观为单元（如河流流域）的管理受到了高度的重视。适当的管理范围主要取决于系统的结构、综合土地利用的目标、自然干扰的范围、相关的生物学过程以及构成种群的扩散特征和能力。

（6）生态系统管理需要从局部着手到全球考虑　地球系统的所有组分间都存在着相互联系，因此，生态系统管理的最终尺度是全球的。当今许多生态环境问题，如二氧化碳浓度增加、平流层臭氧枯竭、物种灭绝等，都是全球性的。这些问题可以通过政府间的渠道或国家级的组织制定全球或海域等大尺度的生态系统管理政策来解决。然而，对于地区当局、企业或公司以及个人，他们更关心的是就业、食物和健康等问题。只有他们在当地生活中自觉地关心和实施保护政策时，生态系统管理政策才能生效。生态系统在局地尺度上，通常由当地的人们进行管理，其成功与否取决于当地的社会条件。因此，生态系统管理必须充分承认当地的社会环境和迫切需求，首先致力于解决当地由于人类压力所引发的问题，然后扩展到区域管理，最后到全球尺度。

（7）生态系统管理必须寻求在适当层次上维持或加强生态系统功能　由于全球生态系统基本都受到各种不同程度的干扰和破坏，其结构和功能不同程度退化，系统的环境公益性减小。生态系统管理的有效途径，必须特别重视生态系统功能的维护。比如，生态系统可以在丢失某些特征种的情况下仍能维持其功能过程，但在所有主要的营养类别中，一定量的物种是生态系统成功地发挥其功能所必需的。在实践中，许多生态系统的管理是建立在指示种的基础上的。所以，无论是评价管理实践的需要，还是度量管理实践的成功与否，都需要有生态系统状况或健康的指示性标准。

（8）决策者应当以源于科学的适当工具为指导　决策者的行动将在不同尺度上影响着生态系统的管理，而有效的工具同专家们的知识相结合既是生态系统管理工作的需要，也是高明决策者科学决策所必须依赖的力量。因为，有效的生态系统管理必须基于自然法则，而自然科学的任务和所面临的挑战，就是掌握自然环境的法则及其所引起的生物学动态变化，这正是指导生态系统管理者最重要的基础。科学应当承担起使政策制定者知道选择各种生态系统管理途径和后果的责任。科学知识也是决策者的管理工具。

（9）生态系统管理者必须谨慎行事　人类对高度复杂的自然界的认识还是有限的，对人类自身活动的生态学后果的认识也缺乏全面的、可预见的判定。人们还无法了解生物多样性丧失或生态功能丧失的全部含义。科学家必须如实且简明易懂地来描述存在的风险和不确定性，使决策者和公众能区分事实或作出判断；而作为政策制定者和决策者，在缺乏事实支持时，不应该要求严格的结论，或为迎合自己想要达到的政策目标而歪曲科学结论。

（10）多学科交叉的途径是必要的　生态系统在结构、功能以及要素组成、过程等方面的复杂性，决定了生态系统管理任务不可能由一个人或一个业务部门独立完成。尤其是对于复合生态系统的管理，需要通过生态、经济和社会因素的综合，以达到管理整个系统的目的。这就需要组建学科综合、交叉的专家队伍，如水文学、水力学、生物学、农学、林学、土壤学、生态学、规划学以及统计学、社会学和法学等方面的专家。除专家队伍组成的多学科特点外，有效的生态系统管理还需要不同部门、不同机构间建立起协作关系，需要社会各界和公众的参与。

11.2.3　生态系统管理不同尺度的数据基础

采用生态系统观点编制管理计划是生态系统管理必要的第一步，也是实施生态系统管理的核心。而要建立具体的管理目标和优先目标，就需要确定需要什么样的生态学信息作为基础。生态系统具有不同的尺度和层次，其存在的问题和生态系统管理也具有不同尺度和层次，因此不同尺度上所需要的数据和信息类型是不同的。这些数据或知识可能是个体-种群、群落-生态系统、景观、生物圈等空间尺度的，同时这些空间尺度还与时间尺度问题相互交错。

（1）植物个体及种群水平　这一层次所收集的数据，都直接与植物个体及种群生存密切相关。个体水平上的研究主要是通过苗木试验研究树木生长和树木对干扰和胁迫的响应机制。但是人们逐渐认识到控制条件下的苗木试验可以用于确定植物对变化的环境反应机理，但是这些研究结果不能直接用于野外林地。这主要是因为苗木生长于非竞争条件下、生理和胁迫反应与树木不同、常常不带有菌根、生长速率受容器大小影响等原因。另外，小样方内测定的数据不能当大样方采用。

（2）群落及生态系统水平　数据的尺度是一年或几年。在收集这一层次的数据时，气候因素应被视为常量；样地尺度较小时要求较多的数据；要用较多的变量来研究生态系统的控制和反馈过程。需要指出的是，很难从本层次的样方数据来推测景观层次的数据。大型动物和鸟类因其活动范围较广，故不能仅在生态系统尺度开展研究，需要更大尺度。

（3）景观水平　景观生态系统是若干类型的生态系统的组合，其数据的空间尺度要比生态系统大，数据的时间尺度是几年至几十年。景观分析要确定明晰的边界和空间异质性；在进行尺度推绎时，部分的叠加可当作整体的性质；主要研究方法可利用遥感、GIS 和模型等进行研究；景观尺度是评价动物生境动态的最佳尺度。

（4）生物圈水平　生物圈是地球上最大的生态系统，由于空间尺度大，一些生态学过程的速率相对较慢。因此，数据主要是气候、地形和植被类型等方面的。气候是植被分布的决定因子，时间尺度可以不考虑。海拔高度对植被分布有一定影响，但在这个尺度上也是可以忽略的。

个体-种群以及群落-生态系统层次的数据，是实施生态系统管理的最基础和最重要的资料。在数据收集的过程中，应根据实际情况和管理的需要，决定进行数据收集的主要层次，同时要适当收集其相邻上下层次的部分数据。这在进行生态系统管理时，针对性更强，效果更佳。

11.2.4　生态系统变化的度量

生态系统管理必须考虑生态系统的变化，以确定管理方式，促进生态系统稳定和可持续发展。生态系统状态可用抵抗力（resistance，系统维持稳定状态的程度或吸收干扰的能力），恢复力（resilience，在干扰后系统返回干扰前状态的速率）和持续力（persistence，系统在某种状态下所延续的时间长度）进行测度。Westman（1985）将恢复力分为 4 个可测量成分：弹性（elasticity，系统恢复到干扰前状态的时间），振幅（amplitude，系统受干扰前后状态差异程度），滞后性（hysteresis，干扰移走后系统的恢复时间），可塑性（malleability，系统恢复后的状态与干扰前状态的差异）。

研究生态系统变化的参数一般采用生物多样性、生态系统净初级生产力、土壤、非生物资源（营养库及其流动、水分吸收及利用等）和一些生理学指标。当生态系统退化时比较敏感的指标有：植物体内合成防御性次生物质减少（容易暴发疾病和虫害）；植物根系微生物减少或增加太多；物种多样性降低或种类组成向耐逆境种或 r-对策种转变时；净初级生产力和净生产力下降；分解者系统中的年输入物质增加较多；植物或群落呼吸量增加；生态系统中的营养损失增加并限制生态系统中植物的生长；在长期营养库中的最小限制因子。

从管理者和普通人的角度看，他们更关注的是生态系统产品和服务功能的变化，这些指标包括：可提供的食物、药物和材料，旅游价值，气候调节作用，水和空气的净化功能，为人类提供精神享受，废物的去毒和分解，传粉播种，土壤的形成、保护及更新等，生态学家与管理者的度量指标的结合可能是生态系统管理发展的方向之一。

11.3 美国太平洋西北部成过熟森林生态系统管理

本节介绍美国太平洋西北部的成过熟森林生态系统管理的经验，其中包括了森林生态系统评估组（FEMAT）对美国太平洋西北部的成过熟森林管理规划的分析，它是联邦机构尝试推广生态系统管理方式的一个范例。

11.3.1 成过熟森林管理计划的发展历程

19世纪中叶以前，连绵的森林覆盖了卡斯凯德山脉（Cascade Mountains）西侧的大部分区域，其中由针叶树种混交的成过熟林（林分年龄在150年以上）约占森林面积的60%～70%，约为710万公顷。据估测，目前残存成过熟林大约190万公顷。国有保护区域以外的大多数成过熟林，因木材皆伐和建造运材公路而高度破碎化。成过熟林的持续减少和破碎化促使很多科学家、政策制定者和活动家为保护残存的成过熟林生态系统寻求法律依据。1990年，依据濒危物种法案，北部斑纹猫头鹰被列为"受胁迫种"。因此，猫头鹰被作为有效的法律证据，最后终止了在联邦土地上对成过熟林的进一步采伐。

地区性规划的启动受到下列因素驱动：①美国农业部林务局的职责是确保国家森林管理法案的实施，该法案要求林务局在国有森林系统的土地上维持可生存的、良好分布的脊椎动物种群；②美国内政部渔业与野生动物局基于濒危物种法案（ESA）所赋予的托管权制定一个北部斑纹猫头鹰的恢复计划。因此，虽然多数人最初关注的是成过熟林生态系统整体的退化，但有关成过熟林的讨论大多被限定在保护物种层次上。

20世纪90年代初，美国林务局在北部斑纹猫头鹰管理规划中采用猫头鹰栖息地保护区（HCAs）的保护策略。但是人们对于栖息地保护区是否能对成过熟林群落的其他成员提供足够的保护一直存有争议。将巢筑在海岸成过熟针叶林林冠的云纹小海鸦由于食物供应的不足，种群数量显著下降。1992年，云纹小海鸦被列为濒危种，获得与北部斑纹猫头鹰同等地位，成为规划中的重点。但是栖息地保护区还缺乏水生保护策略，河流源头森林区域的鲑鱼产卵和饲养生境正在丧失。1992年，联邦地方法院裁定斑纹猫头鹰管理计划不能履行国家森林生态系统管理法案（NFMA）所规定的美国林务局的法定职责，即不能维持所管理土地上的所有地方性脊椎动物种群都处于可繁殖和良好的分布状态。法院裁定要求林务局重新制定一个多物种保护计划，以保持足够的生境支持相关的（水中和陆地的）本土物种。

1993年，美国总统比尔·克林顿在召开"国家森林最高级会议"后发布一项总统命令，要求政府制定北部猫头鹰活动范围内联邦森林的跨部门计划。为此，林务局成立了森林生态系统管理评估组（FEMAT），吸收了600多名科学家和专家的意见。整个计划制定过程从根本上受制于法律的要求，为受到关注的特定物种提供栖息地，例如北部斑纹猫头鹰、云纹小海鸦和逆河流而上产卵的海鱼种类。因此，计划仍不是着重于生态系统管理的本身，而是更着重于多个物种的保护。

FEMAT的报告为太平洋西北部的联邦生态系统管理提供一个基本框架和评估（生态、社会和经济）的同时，管理过程也开始实施。1994年4月，政府选择FEMAT报告中的第9方案进行修订并作为最终计划，发表了"西北部森林计划"的标准和指导方针。"西北部森林计划"覆盖了华盛顿州西部、俄勒冈州西部和加利福尼亚州北部的19个国有林区的790万公顷和7个土地管理行政区的110万公顷土地。FEMAT报告包括5个方面：①生态系统管理的定义；②生态系统管理参数；③生态系统完整性指标；④空间尺度方法；⑤实施体制或管理计划的属性。这些内容代表了"西北部森林计划"的基本方法。

11.3.2 FEMAT 的生态系统管理目标

针对林务局和土地管理局所属土地上的森林，FEMAT 提出了 10 种不同强度采伐方式和栖息地保护管理选择方案。制定选择方案过程中遵循以下的基本目标作为指导原则。

① 维护和（或）恢复斑纹猫头鹰和云纹小海鸦的栖息地，很好地配置它们当前的分布范围，主要保障筑巢栖息地，为它们的生存提供保证。

② 维护和（或）恢复支撑其他与成过熟林相关物种的可生育种群的栖息地，很好地配置它们当前的分布范围。

③ 恢复和维持被土地管理部门认为或列入 ESA 名录的敏感或濒危的溯河产卵的鱼类和其他鱼类及水生生物的繁殖种群，维护和恢复它们的产卵和饲养栖息地。

④ 在地区内维护或创造一个相联系并相互作用的成过熟林生态系统。

实际上，FEMAT 报告和随之制定的"西北部森林计划"的目标是维持物种（包括濒危物种）水平上的生物多样性，它着重于保护生物多样性，尤其是物种的保护，而没有表明这些物种在森林中的基本作用。对解决生物多样性问题的要求极大地影响了 FEMAT 报告中生态系统管理概念的发展："生态系统管理是从包括分层次相对独立的管理计划的策略开始的，为斑纹猫头鹰、成过熟林、云纹小海鸦和所选择的鱼类原生种群提供保护。下一步就是在这个全面的、多阶段的保护策略中设计各个土地配置的多重作用，调节所关注的不同物种和生态系统（例如，河岸生态系统和成过熟林生态系统）。包括所关注的所有生态系统都需要有相应的管理行动，才能促进从单一物种保护的策略向生态系统管理的转变。""保护策略是生态系统管理的一个组成部分……一个多阶段策略最终会被更优先的生态系统管理策略所代替。"

FEMAT 生态系统管理的概念强调的是物种的生存能力而不是强调特定生态功能和过程的维护。不过，报告虽未直接涉及生态系统过程的测定方法，但它有助于这方面研究，并对以下内容进行了清楚地分析：①生态系统的空间尺度属性；②不同土地利用的空间分布状态是如何影响邻近景观单元的发生过程的；③残余物（例如伐根和倒木）是如何影响生态系统过程的。

在编写 FEMAT 报告时，对生态系统的科学认识还处于初级阶段，但"西北部森林计划"不同于过去的林务局管理计划和以保护单个物种为目标的传统管理计划，这个方案更突出生态系统中所有物种的整体保护。FEMAT 的第 9 方案保证 1374 个被认为与成过熟林相关的物种的生存能力。"西北部森林计划"对区域尺度分析进行首次尝试，研究整个生态系统组成的生物多样性，以及维持这个生物多样性所需要的栖息地的质量、条件和特征。因此，它可作为一个应进行扩展和改进的模式，这再次突出了适应性管理的重要性。随着对不甚了解的物种和生态系统属性掌握有更多的信息，适应性管理可作为一个灵活体系去改变管理策略或计划。

11.3.3 FEMAT 的生态系统管理参数

FEMAT 报告中最初的生态系统管理参数是生物多样性，首先提出的是物种和种群水平上的生物多样性。FEMAT 同时也承认其他生态系统管理参数的重要性。报告中提到了下列变量（这些变量对陆地和水体生态系统都很重要）：①生态系统的持续性；②生态学过程；③生态系统功能；④结构和组成；⑤丰富度和生态多样性。

除对社会经济方面评估外，FEMAT 报告分别就陆地和水体生态系统管理的生物学和生态学两方面进行了评估。水体生态系统评估的目标是支持水生物种种群，措施是维持河岸带环境特征和完整性，建立对"关键流域"和无道路地区的保护标准，维持和恢复各流域之间空间和时间的连通性。陆地生态系统的评估是看这些管理能否使"功能上相互作用的演替后期和成过熟森林生态系统"持续下去，评估基于下列标准：①丰富度和生态多样性，植物群落的面积及种类；②过程和功能，导致适合于物种和种群的生态系统发展和维持的生态作用；③连通性，生态系统的景观模式为维持动物和植物种群的生物流所提供的范围大小。

在生态学评估中，FEMAT报告明确地指出生态系统的结构和功能作为物种持续的根本决定因素。因此，FEMAT所提出的管理计划寻求维护关键性的结构特征和功能过程，创建和维持与成过熟林相关物种的栖息地。FEMAT报告也为水体和陆地生态系统提出了关键性的功能过程，例如，维持鱼类栖息地所必需的水文和沉积，维持陆地和水体栖息地动态过程的自然干扰作用。

11.3.4 FEMAT的生态系统健康指标

FEMAT（1993）把生态健康定义为"过程和功能足以维持与最初形成相一致的生物群落多样性的生态系统的状态"。FEMAT报告为水体和陆地生态系统提出了生态健康的指标，并运用这些指标评估和预测生态系统的完整性。生态系统的完整性是由每一个方案的要素共同决定的。评估方法可描述为粗过滤器（如生存能力等级分析是以栖息地有效性的一般评估为基础的）和细过滤器（如对北部斑纹猫头鹰所作的定量种群生存能力分析）。

水体生态系统评估中，每一个管理要素的评估主要是针对它所提供的生态系统结构特征的能力，这些特征能提供和维持良好鱼类栖息地的生态功能和过程的必要范围。主要指标是河岸带的结构（例如植被组成和垂直方向上的复杂性）和范围（或者宽度），其他结构性指标包括通道、峭壁、不稳定的斜坡、伐木搬运道路的物理完整性、水的质量和数量。除结构性生态系统特征外，水生生物的评估还包括特定种的空间范围。针对溯河产卵鱼类，FE-MAT还应用基于栖息地有效性的个体物种的生存能力等级作为指标。

陆地生态系统评估中，所采用的完整性指标是可生育、分布良好的个体物种种群的持续力的概率。评估的物种由林务局依据NFMA和ESA的法律授权而确定。专家组在每个管理选项下对单个类群（如真菌和地衣）评估与成过熟林相关物种的可生育、分布良好种群的持续力的概率。

11.3.5 空间尺度

FEMAT报告认为生态系统计划的实施需要在4种空间尺度上展开，即区域、生物地理生态分区、流域和局地。

这个计划所包含的区域水平是基于单一指示物种（如斑纹猫头鹰）的分布范围。这一恢复计划对保护斑纹猫头鹰很有意义，同时在某种程度上，对于保护少数稀有物种（例如灰熊和灰狼）也很有意义。然而，这个计划在许多其他方面并不完善，"西北部森林计划"涉及的森林也被包括在"哥伦比亚盆地生态系统管理项目"内，后者是为西北部干旱生态系统而制定的。这样，东侧斑纹猫头鹰活动范围内的森林就包含在针对不同生态区域的两个生态系统管理计划内。这种重叠是定义生态系统边界和生态系统计划单元所面临的困难的一个实例。

FEMAT用生物地理生态分区作为陆地生态系统评估的一部分。FEMAT试图保证在每个生物地理生态分区有较高比例的演替后期或成过熟林被包含在保护区内，这样使得生物地理生态分区水平的生物多样性得到维持。

流域已成为"西北部森林计划"进行积极管理活动的尺度。该计划的水生保护区策略主要是针对特殊的生态系统类型——水生/岸边栖息地。该计划中所要求的大部分管理目标是流域的恢复和管理，维护水生和岸边生态系统、水质等。这项计划描述的164个主要流域中流域分析优先于任何管理活动。

FEMAT 为计划的实施确定了"局地"的适当尺度水平，也规定了决定局地水平管理实践的使用标准和指导原则。

因为多数在国有森林和土地管理局土地上现存的成过熟林是相当破碎的，所以"西北部森林计划"的中心是以多种尺度去恢复和维持景观连通性。

11.3.6　实施体制

在北部斑纹猫头鹰栖息地范围内的大约 30％的联邦土地已被纳入国家保护地而保护起来，如国家公园、古迹和指定的自然保护区。在国有森林和土地管理局土地上还有 6％的土地被纳入政府收回地而被保护起来。"西北部森林计划"把国有森林中的所有未保护的地区和北部斑纹猫头鹰栖息地范围内的土地管理局土地分为以下 5 种管理类型：①演替后期保护区，面积约占联邦土地的 30％；②河岸保护区，面积约占联邦土地的 11％；③适应管理地区，面积约占联邦土地的 6％；④管理下的后期演替区，面积约占联邦土地的 1％；⑤母岩裸露区，面积约占联邦土地的 16％。每个类型在采伐、道路建设和旅游上都有不同的管理规定。

11.3.7　部门间和组织间的协调

由于过去的管理机制不足以系统或灵活地贯彻生态系统管理，在这个计划下，建立了 5 个行政级别，按照权力大小递减排列依次为：①部门间筹划指导委员会，由来自内务部、农业部、商业部、环境保护局和白宫环境政策办公室的美国首都华盛顿的代表组成；②区域性部门间执行委员会；③区域生态系统办公室；④12 个生态分区组（每个生态分区覆盖一个自然地理生态分区）；⑤地方组，在一些地区为研究具体流域而建立的分支组织。此外，还在俄勒冈州的波特兰市建立了"林业和经济发展办公室"，作为白宫和上述机构的联络部门，同时作为政府的西北部森林计划执行中的协调部门。

11.3.8　社会经济管理参数

FEMAT 报告中的社会经济目标可以解释为以下几个方面。

① 为适应所有用户团体提供多种用途：木材收益；非木材林产品（例如蘑菇、浆果、枝条等）；渔业收益；商业和体育的垂钓公司；娱乐收益，旅游用品商人、导游服务部门、零售设备；环境收益。

② 通过利润共享代替税收来维持对地方社团的支持，可以提供能带来国家收入的资源和推进经济的多元化。

③ 减少代理机构之间冲突和增进它们的合作。

FEMAT 报告包括了一个"选择性经济评价"和一个"选择性社会评价"，对每个管理选择呈现的经济和社会情况进行检验。这些评价预测了对木材依赖性团体及华盛顿、俄勒冈州和加利福尼亚州的社会和经济的影响。特别预测了联邦土地上国家和当地木材销售税收和与林产品工业相关工作的相应变化。然而，社会和经济评估没有考虑在联邦土地上由旅游业和娱乐业带来的直接经济收入和利润，也没有考虑伐木作业带来的间接经济影响，例如，与公共土地相关联的水质、空气质量和舒适度的下降。

11.3.9　适应性管理

对于在太平洋西北部森林中发展适应性管理，FEMAT 确认了 3 个主要机制。

① 适应性管理区域。"西北森林计划"描绘了 10 个将要进行林业研究的适应性管理区域。FEMAT 预见的这种试验类型的例子是"生态系统管理选项示范"工程。这是一项演替后期林分中多样化的物种对变化的收获强度和保留物结构产生的种群反应的研究。

② 反复制定计划。随着资料的利用和新工程（例如木材销售或恢复项目）的开发和优化，要反复进行演替后期保护区的流域分析和管理评估。

③ 监控。FEMAT 和"西北森林计划"强调了机构之间的相互监督和反馈机制的发展，用以指导计划和管理。"西北森林计划"要求：实施情况的监督（确定该计划是否按照要求被充分地实施）；效果监督（确定对所有的利益部门是否达到了预期效果）；有效性监督（确定在资源条件的管理活动和经济指标之间是否有因果关系）。它还要求建立机构之间的监督网络。尽管高度控制的研究只允许在本底和适应性管理区域进行，但这个计划鼓励有关整个土地配置的研究。

11.3.10 结论

FEMAT 计划为建立生态系统管理方法提供了一个有用的初期模式。这个管理方法很大程度上受社会价值左右，社会价值决定着管理计划的保护对象。FEMAT 报告的兴趣在于把社会和生物学的约束融入到一个计划中，这个计划体现了不同管理选择的权衡和因果关系。这是在影响管理效果方面承认自然和社会科学都重要的报告。

［课后复习］

1. **概念和术语**：生态系统健康、抵抗力、恢复力、持续力、活力、生态系统服务、直接价值、间接价值、选择价值、遗产价值、存在价值

2. **原理和定律**：动态性原则、层级性原则、创造性原则、有限性原则、多样性原则、双重性原则

［课后思考］

1. 怎样理解生态系统健康的定义和内涵？

2. 生态系统健康管理的标准有哪些？需要遵循哪些原则？

3. 如何解释生态系统健康、生态系统管理和生态系统可持续发展之间的关系？

4. 怎样理解生态系统管理应遵循的 10 大基本原则？

5. 生态系统管理的分析尺度有几个层次？所需要的基础数据有哪些？

6. 实现生态系统管理有哪些途径和技术方法？

［推荐阅读文献］

［1］ 任海，刘庆，李凌浩等. 恢复生态学导论. 第 2 版. 北京：科学出版社，2008.
［2］ 蔡晓明. 生态系统生态学. 北京：科学出版社，2000.
［3］ 马尔特比 E 等. 生态系统管理：科学与社会问题. 康乐等译. 北京：科学出版社，2003.
［4］ 沃科特 K A 等. 生态系统——平衡与管理的科学. 欧阳华等译. 北京：科学出版社，2002.
［5］ 林文雄. 生态学. 北京：科学出版社，2007.

12 生态监测与生态评价

【学习要点】
1. 理解环境污染生态效应的发生机制、污染的生态过程和生态效应；
2. 熟悉生态监测的概念、类型和常规监测指标；
3. 掌握生态环境影响评价的基本内容、程序及常用方法；
4. 了解生态风险评价的概念、步骤和基本方法。

【核心概念】
污染生态效应：污染物进入生态系统，参与生态系统的物质循环，势必对生态系统的组分、结构和功能产生某些影响，这种表现在生态系统中的响应即为污染生态效应。

生态监测：在地球的全部或局部范围内观察和收集生命支持能力的数据，并加以分析研究，以了解生态环境的现状和变化。

生态影响评价：对人类开发建设活动可能导致的生态环境影响进行分析与预测，并提出减少影响或改善生态环境的策略和措施。

生态风险评价：是借用风险评价的方法，确定各种环境污染物（包括物理、化学和生物污染物）对人类以外的生物系统可能产生的风险及评估该风险可接受程度的体系与方法。

12.1 环境污染的生态效应

12.1.1 污染生态效应

环境污染（environmental pollution）是指有害物质或因子进入环境，并在环境中扩散、迁移、转化，使环境系统结构和功能发生变化，对人类和其他生物的正常生存和发展产生不利影响的现象。污染物进入生态系统，参与生态系统的物质循环（图 12.1），势必对生态系统的组分、结构和功能产生某些影响，这种表现在生态系统中的响应即为污染生态效应（ecological effect）。这种响应的主体既包括生物个体（植物、动物、微生物和人类本身），也包括生物群体（种群和群落）甚至整个生态系统。大量的研究表明，污染物对生物体的作用首先是从生物大分子开始的，然后逐步在细胞、器官、个体、种群、群落、生态系统各个水平上反映出来（见图 12.1）。通常所说的生态效应主要包括 3 个层次。

① 个体生态效应。指环境污染在生物个体层次上的一些影响，如行为改变、繁殖能力

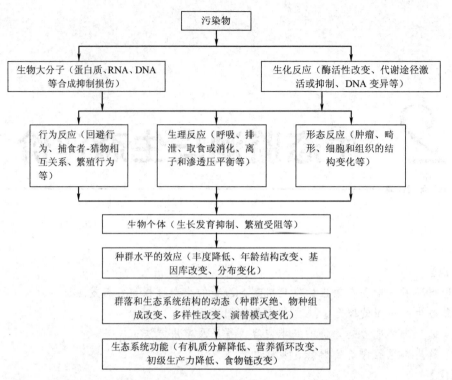

图 12.1　污染物在生态系统中的循环过程（引自卢高升等，2004）

下降、生长和发育受抑制、产量下降、死亡等。

② 种群生态效应。污染物在种群层次上的影响，如种群的密度、繁殖、数量动态、种间关系、种群进化等的影响。

③ 群落和生态系统效应。污染物对生态系统结构和功能的影响，包括生态系统组成成分、结构以及物质循环、能量流动、信息传递和系统动态进化等。

12.1.2　污染生态效应发生的机制

由于污染物的种类不同，生态系统与生物个体千差万别，所以生态效应的发生及其机制也多种多样。总的来说，发生的机制包括物理机制、化学机制、生物学机制和综合机制。

(1) 物理机制　污染物可以在生态系统中发生渗透、蒸发、凝聚、吸附、扩散、沉降、放射性蜕变等许多物理过程，伴随着这些物理过程，生态系统中某些因子的物理性质也会发生改变，从而影响到生态系统的稳定性，导致各个层次生态效应的发生。

(2) 化学机制　化学机制主要指化学污染物与生态系统中的无机环境各要素之间发生的化学作用，导致污染物的存在形式不断发生变化，其对生物的毒性及产生的生态效应也随之不断改变。如土壤中的重金属，当它们的形态不同时，产生的生态效应也往往不同。许多化合物如农药、氮氧化物、碳氢化物等在阳光作用下会发生一系列的光化学反应，产生异构化、水解、置换、分解、氧化等作用。

(3) 生物学机制　生物学机制指污染物进入生物体以后，对生物体的生长、新陈代谢、生理生化过程所产生的各种影响，如对植物的细胞发育、组织分化以及植物体的吸收机能、光合作用、呼吸作用、蒸腾作用、反应酶的活性与组成、次生物质代谢等一系列过程的影响。重要的生物机制包括生物体的富集机制和生物体的吸收、代谢、降解与转化机制。

（4）综合机制　污染物进入生态系统产生污染生态效应，往往综合了多种物理、化学和生物学的过程，并且往往是多种污染物共同作用，形成复合污染效应，比如光化学烟雾就是由氮氧化物和碳氢化合物造成的复合污染。复合污染生态效应主要包括协同、加合、拮抗、竞争、保护、抑制等作用。

12.1.3　环境污染的种群生态效应

（1）污染对种群动态的影响　污染物对种群动态的影响主要表现为种群数量的改变、种群性比和年龄结构的变化、种群增长率的改变、种群调节机制的改变等。

一般来说，污染物可以导致个体数量减少，种群密度下降；一些污染物也能够导致种群数量的增加和种群密度上升，如富营养化水体中藻类种群密度的上升。

一些污染物具有动物和人体激素的活性，这些物质能干扰和破坏野生动物和人类的内分泌功能，导致野生动物繁殖障碍，甚至能诱发人类重大疾病。这些被称为环境激素的物质能够导致一些野生动物的性别逆转。

很多种污染物可以增加生物个体的死亡率，降低其出生率，这样一方面会使种群的年龄结构趋向老化，另一方面降低了种群的增长率。当这种情况严重时，种群将趋向于灭绝，如果部分个体的死亡增加了种群中其他个体的存活概率，则种群能够达到一种新的平衡。

环境污染还可以通过改变种群的生活史进程而影响种群的动态。污染物可以作用于发育期的胚胎使其致死或致畸，可以延缓或加快生物体的生长或发育过程，还能够通过改变生物的生长模式和性成熟期等改变种群的生活史进程。

（2）污染对种间关系的影响　种间关系包括捕食、竞争、寄生和共生等。污染物通过影响生物体的生理代谢功能，使之出现各种异常生理、心理及行为反应，从而改变原有的种间关系。

污染物能够通过多种途径改变捕食者或者被捕食者的行为，对捕食的结果产生影响。污染物引起的生境破坏或者个体死亡可以导致生物机体能够获得的资源减少。污染物可以影响捕食者的神经和感觉系统，降低捕食的能力和效率。污染物还能够影响被捕食者的行为，加大它们被捕食的风险。

污染能够改变或逆转种间竞争关系，如在非污染环境中的优势种，可能会变成污染环境中的伴生种甚至偶见种。

污染物可以影响种间的寄生关系，它们可以通过影响寄生物和寄主来破坏寄生关系，也可以通过影响与寄生物有拮抗作用和协同作用的其他有机体与寄生物的平衡而影响寄生关系。

（3）污染对种群进化的影响　环境污染是一种人为的选择压力，这种人为选择压力也对生物产生影响，导致种群的进化。生物对污染物的抗性是污染胁迫下种群进化的动力，污染胁迫下种群的进化过程实际上是抗性基因出现频率逐渐增加的过程。抗性是有机体暴露在逆境时成功进行各项固有活动的能力，生物有机体对污染物的抗性有两种基本类型：回避性和耐受性，如机体的表皮组织对大气污染物具有一定的阻挡能力就是一种回避性，而生长在重金属严重污染环境中的某些植物体内具有很高的金属含量，但是还能够正常地生长发育，这就是一种耐受性。

12.1.4　环境污染的生态系统效应

进入环境的污染物对群落与生态系统的结构和功能都会产生作用和影响。在整个生态系统内，其影响是污染物在种群、个体及个体以下的水平产生影响的集合。

（1）污染物对生态系统组成和结构的影响　污染物可以导致生态系统组成和结构的改

变。当污染物进入生态系统后，常常导致生态系统中的某些因子发生变化，使生态系统的非生物组成和生物组成都发生变化。一方面，污染物质会造成生态系统中非生物环境的变化，污染物本身的引入就改变了生态系统中非生物环境组成，污染物与生态系统中的非生物组分发生化学反应也可能使环境的组成发生变化，污染物还会对某些生物体产生毒性，使这些生物的新陈代谢及其产物发生改变，从而改变非生物环境；另一方面，污染物质还会造成生态系统中生物组成的变化，污染物通常对生物具有毒性，当污染物质的数量过大，或影响时间过长时，有可能造成生态系统中某些生物种类的大量死亡甚至消失，导致生物种类的组成发生变化，使生物多样性降低。污染物质进入生态系统后，通过对生态系统组成成分等的影响，影响生态系统的结构。

（2）污染物对生态系统功能的影响 污染物进入生态系统后，由于生态系统的结构发生了变化，生态系统的能流、物流和信息流也会发生相应的变化。

污染会影响生态系统的初级生产量，当进入环境中的污染物达到足够数量时，初级生产者会受到严重的伤害，并反映出可见症状，如伤斑、枯萎甚至死亡，导致初级生产量下降。污染物也可以通过减少重要营养元素的生物可利用性、减少光合作用、增加呼吸作用、增加病虫害胁迫等途径使初级生产量下降。

污染物还能够影响生态系统的物质循环，一方面，污染物能够在营养循环的一些作用点上影响营养物质的动态，如改变有机物质的分解和矿化速率、营养物质吸收状况等影响生态系统的物质循环；另一方面，污染物还能够通过影响分解者来影响生态系统的物质循环，如重金属能抑制生态系统中的微生物种群，使有机质的分解和矿化速率降低。污染物还可以通过改变营养物质的生物有效性和循环的途径而影响生态系统的物质循环，如酸雨能够加速养分从土壤中淋失的速率，改变土壤矿物的风化速率，从而影响生态系统中的营养循环过程。

12.2 生态监测

环境污染危害监测与评价的发展历程和经验表明，要对其影响和危害作出全面、准确的评估，只进行环境要素，如大气、水、土壤等介质中的化学物质或有害物理因子的测定，往往具有一定的局限性。因此，具有明显"综合性"特点的生态监测与评价方法受到了高度重视。早在1970年，生态监测就被列入了"人与生物圈计划"，近些年来，随着新技术新方法的进步，生态监测有了新的内涵和发展，成为环境质量监测的重要手段。

12.2.1 生态监测的概念及理论依据

12.2.1.1 生态监测的概念

生态监测（ecological monitoring）是在地球的全部或局部范围内观察和收集生命支持能力的数据并加以分析研究，以了解生态环境的现状和变化。所谓生命支持能力数据，包括生物（人类、动物、植物和微生物等）和非生物（地球的基本属性），它可以分为3种：生境（habitat）、动物群（fauna）、经济的/社会的（economic/social）。

生物监测的目的是：①了解所研究地区生态系统的现状及其变化；②根据现状及变化趋势为评价已开发项目对生态环境的影响和计划开发项目可能造成的影响提供科学依据；③提供地球资源状况及其可利用数量。

12.2.1.2 生态监测的理论依据

① 生态监测的基础——生命与环境的统一性和协同进化 生命及生态系统在其发展进

化过程中不断地改变着环境，形成了生物与环境间的相互补偿和协同发展的关系。因此，生物的变化既是某一区域内环境变化的一个组成部分，同时又可作为环境改变的一种指示和象征。

②　生态监测的可能性——生物适应的相对性　生物的适应具有相对性，相对性是指生物为适应环境而发生某些变异。另外，生物适应能力不是无限的，而是有一个适应范围（生态幅），超过这个范围，生物就表现出不同程度的损害特征。所以群落的结构特征参数，如种的多样性、种的丰度、均匀度以及优势度和群落相似性等常被选作生态监测的指标。

③　污染生态监测的依据——生物的富集能力　通过生物富集，重金属或某种难分解物质在食物链的不同营养级的生物体内不断积累，由低营养级到高营养级的生物体内污染物浓度逐步升高；同一营养级的生物，随着个体发育，生物体内的污染物浓度也不断上升。系统的生态过程使某些有害物质在生态系统中得到传递和放大。当这些物质超过生物所能承受的浓度后，将对生物乃至整个群落造成影响或损伤，并通过各种形式表现出来。因此，污染的生态监测就是以此为依据，分析和判断各种污染物在环境中的行为和危害。

④　生态监测结果的可比性——生命具有共同特征　生命系统、生态系统具有许多共同特征，这使得生态监测结果具有可比性。如各种生物的共同特征决定了生物对同一环境因素变化的忍受能力有一定的范围，即不同地区的同种生物抵抗某种环境压力或对某一生态要素的需求基本相同。同时，生态系统基本结构和功能的一致性也使得生态监测具有可比性。可以根据系统结构是否缺损、能量转化效率、污染物的生物富集和生物放大效应等指标，判断分析环境污染及人为干扰的生态影响。

12.2.2　生态监测的分类

根据生态监测的对象和空间尺度，可分为宏观生态监测和微观生态监测。

宏观生态监测是指对区域范围内各类生态系统的组合方式、镶嵌特征、动态变化和空间分布格局等及其在人类活动影响下的变化情况进行观察和测定。例如，热带雨林、沙漠化生态系统、湿地生态系统等。宏观生态监测的地域等级从小的区域生态系统扩展到全球。其监测手段主要利用遥感技术、生态图技术、区域生态调查技术及生态统计技术等。宏观生态监测一般在原有的自然本底图和专业图件的基础上进行，所得的几何信息多以图件的方式输出，从而建立地理信息系统（GIS）。

微观生态监测是指对某一特定生态系统或生态系统聚合体的结构和功能特征及其在人类活动影响下的变化进行监测。微观生态监测通常以物理、化学及生物学的方法提取生态系统各个组分的信息。根据监测的具体内容，微观生态监测可分为4种。

①　干扰性生态监测。通过对生态因子的监测，研究人类生产生活对生态系统结构和功能的影响，分析生态系统结构对各种干扰的响应。

②　污染性生态监测。监测生态系统中主要生物体内的污染物浓度以及敏感生物对污染的响应，了解污染物在生态系统中的残留蓄积、迁移转化、浓缩富集规律及响应机制。

③　治理性生态监测。受破坏或退化的生态系统实施生态修复重建过程中，为了全面掌握修复重建的实际效果、恢复过程及趋势等，对其主要的生态因子开展监测。

④　环境质量现状评价生态监测。通过对生态因子的监测，获得相关数据资料，为环境质量现状评价提供依据。

12.2.3　生态监测的指标体系

生态监测指标体系主要指一系列能敏感清晰地反映生态系统基本特征及生态环境变化趋势并相互印证的项目。针对不同生态类型，指标体系有所不同。其中陆地生态系统如森林生态系统、草地生态系统、农田生态系统、荒漠生态系统以及城市生态系统等，重点监测内容应包括气象、水文、土壤、植物生长发育、植被组成以及动物分布等；水域生态系统包括淡水生态系统和海洋生态系统，重点监测内容主要有水动力、水文、水质以及水生生物组成及生长发育等。

对生态系统进行监测，一般应设置常规监测指标（表12.1）以及重点监测指标和应急监测指标（包括自然和人为因素造成的突发性生态问题）。针对不同类型的生态系统，重点监测指标也有所不同，表12.2列举了不同类型生态系统监测过程中的特殊监测指标。

表12.1 生态监测常规指标（引自付运芝等，2002）

要素	常 规 指 标
气象	气温、湿度、主导风向、风速、年降水量及其时空分布、蒸发量、土壤温度梯度、有效积温、大气干湿沉降物的量及其化学组成、日照和辐射强度等
水文	地表水化学组成、地下水水位及化学组成、地表径流量、侵蚀模数、水温、水深、水色、透明度、气味、pH、油类、重金属、氨氮、亚硝酸盐、酚、氰化物、硫化物、农药、除莠剂、COD、BOD、异味等
土壤	土壤类别，土种，营养元素含量，pH，有机质含量，土壤交换当量，土壤团粒构成，孔隙度，容重，透水率，持水量，土壤CO_2、CH_4释放量及其季节动态，土壤微生物，总盐分含量及其主要离子组成含量，土壤农药、重金属及其他有毒物质的积累量等
植物	植物群落及高等植物、低等植物种类、数量，种群密度，指示植物，指示群落，覆盖度，生物量，生长量，光能利用率，珍稀植物及其分布特征以及植物体、果实或种子中农药、重金属、亚硝酸盐等有毒物质的含量，作物灰分，粗蛋白，粗脂肪，粗纤维等
动物	动物种类，种群密度，数量，生活习性，食物链，消长情况，珍稀野生动物的数量及动态，动物体内农药、重金属、亚硝酸盐等有毒物质的富集量等
微生物	微生物种群数量、分布及其密度和季节动态变化，生物量，热值，土壤酶类与活性，呼吸强度，固氮菌及其固氮量，致病细菌和大肠杆菌的总数等
底质要素	有机质、总氮、总磷、pH、重金属、氰化物、农药、总汞、甲基汞、硫化物、COD、BOD等
底栖生物	动物种群构成及数量、优势种及动态、重金属及有毒物质富集量等
人类活动	人口密度、资源开发强度、生产力水平、退化土地治理率、基本农田保存率、水资源利用率、有机物质有效利用率、工农业生产污染排放强度等

表12.2 不同生态系统特殊监测指标

生态系统类型	重点监测指标
湿地生态系统	大气干湿沉降物及其组成、河水的化学成分、泥沙及底泥的颗粒组成和化学成分、土壤矿质含量、珍稀生物的数量及危险因子、湿地生物体内有毒物质残留量等
森林生态系统	全球气候变暖所引起的生态系统或植物区系位移的监测，珍稀濒危动植物物种的分布及其栖息地的监测
草地生态系统	沙漠化面积及其时空分布和环境影响的监测，草原沙化退化面积及其时空分布和环境影响的监测，生态脆弱带面积及其时空分布和环境影响的监测，水土流失、沙漠化及草原退化地优化治理模式的生态平衡的监测
农田生态系统	农药化肥施用量、残留量所造成的食品安全监测
湖泊生态系统	水体营养物质、藻类等对湖泊、水库和海洋生态系统结构和功能影响的监测
河流生态系统	污染物对河流水体水质、河流生态系统结构和功能影响的监测
矿业工程开发对生态环境的影响	地面沉降、SO_2、CO_2、烟尘、粉尘、氯化物、总悬浮颗粒物含量，采矿废物产生量、排放量、回填处置量、堆存量，采矿废物的化学成分对周围土壤、地表水、地下水、空气环境的影响，地面震动频率、速率、振幅等

12.3　生态影响评价

12.3.1　生态影响评价的概念

生态环境评价一般分为生态环境质量评价和生态影响评价。

生态环境质量评价主要考虑生态系统属性信息，是根据选定的指标体系，运用综合评价的方法评定某区域生态环境的优劣，作为环境现状评价或环境影响评价的参考标准，或为环境规划和环境建设提供基本依据。例如，野生生物种群状况、自然保护区的保护价值、栖息地适宜性与重要性评价等，都属于生态环境质量评价。生态环境评价一般包括资源评价在内。

生态影响评价（Ecological Impact Assessment，EcIA）是对人类开发建设活动可能导致的生态影响进行分析与预测，并提出减少影响或改善生态环境的策略和措施。例如，分析某生态系统的生产力和环境服务功能，分析区域主要的生态环境问题，评价自然资源的利用情况和评价污染的生态后果，以及某种开发建设行为的生态后果，都属于生态影响评价的范畴。

环境影响评价是我国的一项重要的环保制度。一般来说，环境影响评价包含生态影响评价在内，但现行的环境影响评价以污染影响评价为主，其生态影响评价的内容不全，深度不够，与实际需要进行的生态影响评价尚有较大差距，而且二者在诸多方面是不同的（表12.3）。

表 12.3　生态影响评价与传统环境影响评价的区别（引自毛文永，2003）

比较项目	环境影响评价	生态影响评价
主要目的	控制污染，解决清洁、安静问题，主要为工程设计和建设单位服务	保护生态环境和自然资源，解决优美、舒适和持续性问题，为建设单位、工程设计、环境管理和区域长远发展规划服务
主要对象	污染型工业项目、工业开发区	所有开发建设项目，区域开发建设活动
评价因子	水、大气、噪声、土壤污染，根据工程排污性质和环境要求筛选	生物及其生境，生态系统环境服务功能，污染的生态效应，根据开发活动影响性质、强度和环境特点筛选
评价方法	重工程分析和治理措施、定量监测与预测、指数法	重生态分析和保护措施、定量与定性方法相结合，综合分析评价，类别分析
工作深度	阐明污染影响的范围、程度，治理措施达到排放标准和环境标准要求	阐明生态影响的性质、程度和后果（功能变化），保护措施达到生态环境功能保持和可持续发展的要求
措施	清洁生产、工程治理措施、追求技术经济合理化	合理利用资源，寻求保护、恢复途径和补偿、建设方案及替代方案，全过程管理
评价标准	国家和地方法定标准，具有法规性质	法定标准并参考背景与本底、类比及规划等，具有法规或参考性质

12.3.2　生态影响评价的程序

生态影响评价的基本程序与环境影响评价是一致的，可大致分为生态影响识别、现状调查与评价、影响预测与评价、提出减缓措施和替代方案4个步骤（图12.2）。

生态影响评价首先要进行开发建设项目所在区域的生态环境调查、生态影响分析及现状评价，在此基础上有选择、有重点地对某些生态系统的影响作深入研究，对某些主要生态因子的变化和生态环境功能变化作定量或半定量预测计算，以把握开发建设活动导致的生态系

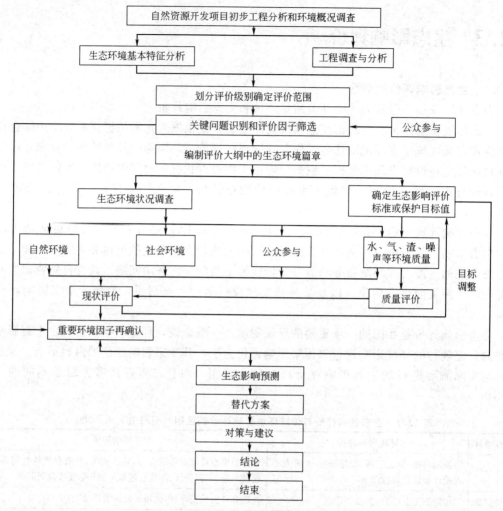

图 12.2 生态影响评价技术工作程序图

统结构变化、相应的环境功能变化以及相关的环境与社会性经济后果。评价过程中应特别重视以下 4 个环节。

① 选定影响评价的主要对象（受影响的生态系统）和主要评价因子。

② 根据评价的影响对象和因子选择评价方法、模式、参数并进行计算。

③ 研究确定评价标准，进行主要生态系统和主要环境功能的影响评价。

④ 进行社会、经济和生态环境相关影响的综合评价与分析。

12.3.3 生态影响评价的内容

（1）人类活动的生态影响 人类活动对生态环境的影响可分为物理性作用、化学性作用和生物性作用 3 类。

物理性作用是指因土地用途改变、清除植被、收获生物资源、分割生境、改变河流水系、以人工生态系统代替自然生态系统，使生态系统的组成成分、结构形态或生态系统的外部支持条件发生变化，从而导致系统的结构和功能发生变化。

化学性作用是指环境化学污染造成的效应。例如，水中的重金属、有机耗氧物质对水生生物的影响。化学性作用有的是直接毒杀作用，有的是间接改变生物生存条件（如土壤板结、水质恶化）所致；有的是急性作用，有的是缓慢的累积影响。

生物性作用主要是指人为引入外来物种导致的生态影响。外来物种导致的生态影响有时会表现得十分严重。孤立生境（如岛屿）和封闭生境（如内陆湖泊）应特别注意外来物种的引入问题。

（2）生态影响对象的敏感性分析 影响对象的敏感性是生态影响分析中的极重要内容，对于敏感性高的保护对象进行影响分析应包括以下主要内容：①保护意义或保护价值的认定。②明确保护目标的性质、特点、法律地位和保护要求。③分析拟开发建设活动对敏感目标的影响途径、影响方式、影响程度和可能后果。

（3）生态环境效应分析 所谓生态环境效应是指生态系统受到某种干扰后所产生的变化。生态环境效应依外力作用的方式、强度、范围的大小、时间的长短等会产生很大的差异。在进行生态环境影响评价时，应对生态环境效应进行判别，其内容包括生态效应的性质、程度、特点分析、相关性分析、可能性分析、生态影响评价指标选择。

12.3.4 生态影响评价的方法

生态影响评价方法尚不成熟，各种生物学方法都可借用于生态影响评价。

（1）图形叠置法 该方法也称为生态图法，它采用把两个或更多的环境特征重叠表示在同一张图上，构成一份复合图（也叫生态图），用以在生态影响所及范围内指明被影响的生态环境特征及影响的相对范围和程度。生态图主要应用于区域环境影响评价。

（2）列表清单法 该方法是将实施开发建设项目的影响因素和可能受影响的影响因子，分别列在同一张表格的行与列内，并以正负号、其他符号、数字表示影响性质和程度，在表中逐点分析开发建设项目的生态环境影响。该方法使用方便，是一种定性分析方法。

（3）生态机理分析法 这种方法的主要目的是评价开发项目及开发过程对植物生长环境的影响，以及判断项目对动物和植物的个体、种群、群落产生影响的程度。

（4）类比法 类比法就是将两个相似的项目，或者两个项目中相似的某个组成部分进行比较，以判定其生态影响程度的方法。类比法属于一种比较常用的定性与定量相结合的评价方法，它可分为整体类比和单项类比两种。在实际生产中，由于很难有完全相似的两个项目，因此单项类比法更实用。

（5）综合指标法 该方法也叫环境质量指标法。该法需要首先确定环境因子的质量标准，然后根据不同标准规定各个环境质量指标的上下限。具体方法是通过分析和研究环境因子的性质及变化规律，建立生态环境评价的函数曲线，将这些环境因子的现状值（项目建设前）与预测值（项目建设后）转换为统一的无量纲的环境质量指标，由好至差赋以 $1\sim0$ 之间的数值，由此可计算出项目建设前、后各因子环境质量指标的变化值。然后，根据各因子的重要性赋予权重，就可以得出项目对生态环境的综合影响。

（6）系统分析法 是一种多目标动态性问题的分析方法，经常应用于区域规划或解决多方案的优化选择问题。在生态系统质量评价中使用系统分析的具体方法有专家咨询法、层次分析法、模糊综合评价法、综合排序法、系统动力学、灰色关联等方法，这些方法原则上都适用于生态环境影响评价。

（7）景观生态学方法 景观生态学方法是目前普遍应用于生态系统现状评价和影响预测的方法，这种方法的普遍应用得益于信息采集手段的先进性和有效性。具体方法可看第6章。

另外，生态影响评价方法还包括生产力评价法、生物多样性定量评价和栖息地评估程序等。

12.4 生态风险评价

12.4.1 生态风险评价的概念

生态风险评价（ecological risk assessment）是借用风险评价的方法，确定各种环境污染物（包括物理、化学和生物污染物）对人类以外的生物系统可能产生的风险及评估该风险可接受程度的体系与方法。生态风险评价的核心是评估土壤、大气、水体环境的变化或通过食物链传递的变化和影响所引起的非愿望效应，重点是评估环境危害对自然环境可能产生的影响及其变化的程度。

生态风险评价包括预测性风险评价和回顾性风险评价。生态风险评价可以在一个较小的范围内进行，称作点位风险评价，也可以在一个较大的范围内进行，称为区域风险评价。

近年来生态风险评价主要侧重于进行面源污染影响的风险评价，特别是人们认识到了人类自身是全球生态系统的组成部分，生态系统发生的不良改变可以直接或通过食物链途径间接影响或危害人类自身的健康，因此通过科学的和定量的生态风险评价，能为保护和管理生态环境提供科学依据。

12.4.2 生态风险评价的步骤

生态风险评价的步骤一般包括 4 个环节，即危险性的界定（也就是问题的提出）、生态风险的分析、风险表征和风险管理（图 12.3）。

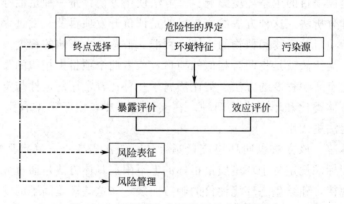

图 12.3 预测性生态风险评价内容及程序

危险性的界定，主要是通过了解所评价的环境特征及污染源情况，作出是否需要进行生态风险评价的判断。如果需要进行生态风险评价，则首先要科学地选定评价结点。所谓生态风险评价结点就是指由风险源引起的非愿望效应。生态风险评价结点的选择，一般应考虑 3 个方面的因素：问题本身受社会的关注程度、具有的生物学重要性和实际测定的可行性。其中，具有社会和生物学重要性的结点应是优先考虑的问题。例如，杀虫剂引起鸟类死亡、酸雨引起的鱼类死亡等都是典型的结点。

生态风险的分析，则需要进行暴露评价与效应评价。要通过收集有关数据，建立适当的模型，对污染源及其生态效应进行分析和评价。

风险表征就是将污染源的暴露评价与效应评价的结果结合起来加以总结，评价风险产生的可能性与影响程度，对风险进行定量化描述，并结合相关研究提出生态评价中的不确定因素的结论。

　　风险管理是决策者或管理者根据生态风险评价的结果，考虑如何减少风险的一种独立工作。风险管理者一般除了要考虑来自生态风险评价得出的结论，判断生态风险的可接受程度以及减少或阻止风险发生的复杂程度外，还要依据相应的一些环境保护法律法规以及社会、技术、经济因素来综合做出决策。因此，严格地说，风险管理不属于生态风险评价的范围，但是要使生态风险评价的结果充分发挥作用，需要生态风险评价者、风险管理者或决策者彼此合作、良好互动。

12.4.3　生态风险评价的基本方法

　　生态风险评价的核心内容是定量地进行风险分析、风险表征和风险评价，因此应设计能定量描述环境变化及其产生影响的程序与方法。在生态风险评价中主要应用数值模型作为评价工具，归纳起来有以下3类模型。

　　（1）物理模型　物理模型是通过实验手段建立的模型，通常采用实验室内各种毒性试验数据或结果，研究建立相应的效应模型，来表达通常在自然状态下不易模拟的某种过程或系统。污染源及其受纳水体的反应数据也可作为评价的依据。预测某个水库是否会发生富营养化，就常常利用附近类似的、已发生富营养化水库的资料，即应用类比研究的方法进行评价。渔业科学家提出的有些数据模型和计算机的处理与模拟技术也可用于评价污染对鱼类资源可能产生影响的生态风险评价中。

　　（2）统计学模型　应用回归方程、主成分分析和其他统计技术来归纳和表达所获得的观测数据之间的关系，做出定量估计。如毒性试验中的剂量-效应回归模型和毒性数据外推模型。统计模型只是总结了变量之间的关系，没有解释现象中的机理关系，利用统计模型可主要进行假设检验、描述、外推或推理。

　　（3）数学模型　数学模型主要用于定量地说明某种现象与造成此现象的原因之间的关系，是一类可以阐述系统中机制关系的机理模型。数学模型能综合不同时间和空间观测到的资料，可根据易于观察到的数据预测难以观察或不可能观察到的参数变化，能说明各种参数之间的关系，以提供有价值的信息，因此利用数学模型来阐述评价系统内的因果关系，是生态风险评价不可缺少的方法。用于生态风险评价的数学模型有两类，即归宿模型和效应模型。

　　① 归宿模型。模拟污染物在环境中的迁移、转化和归宿等运动过程，包括生物与环境之间的交换、生物在食物链（网）中迁移、积累等的各种模型。

　　② 效应模型。模拟风险源引起的生态效应，如模拟污染物质对生物的影响与胁迫作用，二氧化碳浓度增高引起增温效应，或者是人类开发环境引起的效应等。效应模型一般可在个体、种群、群落与生态系统3个层次进行模拟。

　　不确定性是生态风险评价的主要特点。不确定性的影响因素主要有3方面：自然界固有的随机性、人们对事物认识的片面性、实验和评价处理过程中的人为误差，即自然差异、参数误差和模型误差。因此，建立和选择模型的过程中，应尽量减少不确定性，提高模拟精度，并且应采用现实的、相对准确的模型来定量描述这些不确定性是生态风险评价的核心。通常，在生态风险评价中专家的判断和意见常常有重要的作用，并且在可能的情况下，采用多种方法或途径进行生态风险评估结果的比较，有助于提高模拟结果的可信赖程度。

［课后复习］

　　概念和术语：生态效应、生态监测、宏观生态监测、微观生态监测、生态影响评价、生态风险评价

［课后思考］

1. 污染生态效应发生的机制有哪些？

2. 污染在不同的生态系统层次中分别会产生哪些生态效应？

3. 生态监测根据空间尺度如何分类？

4. 生态环境影响评价和传统环境影响评价之间有哪些不同点？

5. 生态影响评价的内容和方法有哪些？

6. 生态风险评价的步骤是什么？

［推荐阅读文献］

［1］ 孙铁珩，周启星，李培军. 污染生态学. 北京：科学出版社，2002.
［2］ 黄铭洪. 环境污染与生态恢复. 北京：科学出版社，2003.
［3］ 奚旦立，孙裕生，刘秀英. 环境监测. 第3版. 北京：高等教育出版社，2004.
［4］ 毛文永. 生态环境影响评价概论. 修订本. 北京：中国环境科学出版社，2003.
［5］ Treweek Jo. 生态影响评价. 国家环境保护总局环境评估中心译. 北京：中国环境科学出版社，2006.

13 生态系统可持续发展途径

【学习要点】
    1. 熟悉生态规划的原则、内容和方法；
    2. 了解景观生态规划的原则与步骤；
    3. 掌握生态城市建设的概念、特征、内容和原则；
    4. 理解生态工程的含义，了解湿地生态工程、道路绿化工程、植被恢复工程的内容。

【核心概念】
    生态规划：就是要通过生态辨识和系统规划，运用生态学原理、方法和系统科学手段去辨识、模拟、设计人工复合生态系统内部各种生态关系，探讨改善系统生态功能，确定资源开发利用与保护的生态适宜度，促进社会经济可持续发展的一种区域发展规划方法。

    生态城市：是一种不耗竭人类所依赖的生态系统和不破坏生物地球化学循环，为人类居住者提供可接受的生活标准的城市。

    生态工程：应用自然生态系统原理，通过与自然环境合作而进行的对人类社会和自然环境双方都有利的一种系统设计，强调建立少花费、低能耗而更有效地利用自然资源，以及环境友好型的生态工艺。

13.1 生态规划

13.1.1 生态规划的概念和原则

13.1.1.1 生态规划的概念

    随着生态环境问题的加剧、人类生态环境意识的提高，协调发展与自然环境的关系，寻求社会经济持续发展，已成为当今科学界关注的重要课题。通过生态规划来协调人与自然及资源利用的关系，是实现持续发展的一个重要途径。

    生态规划就是要通过生态辨识和系统规划，运用生态学原理、方法和系统科学手段去辨识、模拟、设计人工复合生态系统内部各种生态关系，探讨改善系统生态功能，确定资源开发利用与保护的生态适宜度，促进社会经济可持续发展的一种区域发展规划方法。

    生态规划强调运用生态系统整体优化观点，重视规划区域内城乡生态系统的人工生态因子和自然生态因子（气候、水系、地形地貌、生物多样性、资源状况等）的动态变化过程和相互作用特征，进而提出资源合理开发利用、生态保护和建设的规划对策。其目的在于区域与城市生态系统的良性循环，保持人与自然、人与环境关系的持续共生，追求社会的文明、经济的高效和生态环境的和谐。

生态规划的内涵主要体现在以下几点。

① 以人为本。生态规划强调从人的生活、生产活动与自然环境和生态过程的关系出发，追求人与自然的和谐。

② 以资源环境承载力为前提。生态规划要求充分了解系统内部资源与自然环境特征，在此基础上确定科学合理的资源开发利用规模。

③ 规划目标从优到适。生态规划是基于一种生态思维方式，采用进化式的动态规划，引导实现可持续发展的过程。

13.1.1.2　生态规划的原则

(1) 整体优化原则　生态规划坚持整体优化的原则，从系统分析的原理和方法出发，强调生态规划的目标与区域或城乡总体规划目标的一致性，追求社会、经济和生态环境的整体最佳效益，努力创造一个社会文明、经济高效、生态和谐、环境洁净的人工复合生态系统。

(2) 协调共生原则　生态规划必须遵循共生的原则。共生是指不同种类子系统合作共存、互惠互利的现象，也指正确利用不同产业和部门之间互惠互利、合作共存的关系，搞好产业结构的调整和生产力的合理布局。协调是指要保持区域与城乡、部门与子系统各层次、各要素以及周围环境之间相互关系的协调、有序和动态平衡，保持生态规划与总体规划近远期目标的协调一致。

(3) 生态平衡原则　生态平衡是指处于顶级稳定状态的生态系统，此时系统内的结构与功能相互协调，能量的输入与输出之间达到相对平衡，系统的整体效益最佳。生态规划遵循生态平衡的理论，重视搞好水、土地资源、大气、人口容量、经济、园林绿地系统等生态要素的子规划；合理安排产业结构和布局，并注意与自然地形、河湖水系的协调性以及与城乡功能分区的关系，努力创造一个顶级稳定状态的人工复合生态系统，维护生态平衡。

(4) 高效和谐原则　生态规划的目的是要将人类聚居地建成一个高效、和谐的社会-经济-自然复合生态系统，使其内部的物质代谢、能量流动和信息的传递关系形成一个环环相扣的网络，物质和能量得到多层分级利用，废物循环再生，各部门、行业之间形成发达的共生关系，系统的功能、机构充分协调，系统能量的损失最小，物质利用率最高，经济效益最高。

(5) 可持续发展原则　生态规划遵循可持续发展理论，在规划中突出"既能满足当前的需要，又不危及后代满足其需要的发展能力"的思想，强调在发展过程中合理利用自然资源，并为后代维护、保留较好的资源条件，使人类社会得到公平的发展。

13.1.2　生态规划的内容和方法

生态规划的目标是建立区域可持续发展的行动方案，生态规划实际上是一个规划工作流程，在这个工作过程中，要求明确规划的目标与范围，充分了解规划地区与规划目标有关的自然系统特征与自然生态过程，以及社会经济特征等。在此基础上，根据规划目标对资源的开发利用，要求进行适宜性分析，并提出规划方案，然后对规划方案进行经济效益、社会效益及环境效益分析，以确定出满意的方案。生态规划也是一个动态过程，它要求的不是一个最终蓝图，而是将规划当作对某一地区的发展施加一系列连续管理和控制，并借助于寻求模拟发展过程的手段，使这种管理和控制得以实施。因此，生态规划的内容主要包括以下内容。

13.1.2.1　生态现状调查与评价

生态现状调查是进行生态规划的基础性工作，生态系统的地域性特征决定了细致周详的现场调查是必不可少的工作步骤。生态现状调查也应尽可能了解历史变迁情况。生态现状调查的主要内容和指标应满足生态系统结构和功能分析的要求，一般应包括生态系统的主要生物要素和非生物要素，能分析区域自然资源优势和资源利用情况，在有敏感生态保护目标或有特别保护要求的对象时，要作专门的调查。

生态现状评价是在现状调查的基础上，运用相关原理进行综合研究，用可持续发展观点评价资源现状、发展趋势和承受干扰的能力，评价植被破坏、珍稀濒危动植物物种消失、自然灾害、土地生产能力下降等生态问题及其产生的历史、现状和发展趋势等，以认识和了解评价区域环境资源的生态潜力和制约。

生态现状调查与评价的内容可分为水域生态系统、陆域生态系统和河岸带 3 部分，见表 13.1。

表 13.1　生态现状调查主要内容

		主要指标	评价作用
水域	水资源	地表水入境量、出境量，地下水量	分析水生生态、水源保护目标等
	径流量与需水量	不同水位径流量、断流、需水量组成	确定生态类型、分析蓄水滞洪
	水质	污染物、污染指数	分析水生生态，确定保护目标
	水生动植物	类型、分布、珍稀濒危物种、外来种	分析生态结构、类型，确定生态问题
	湿地	分布、面积、物种	确定保护目标与主要生态问题
陆域	地形地貌	类型、分布、比例、相对关系	分析生态系统特点、稳定性、主要生态问题、物流等
	土壤	成土母质、演化类型、性状、理化性质、厚度，物质循环、肥分、有机质、土壤生物特点、外力影响	分析生产力、生态环境功能（如持水性、保肥力、生产潜力）等
	土地资源	类型、面积、分布、生产力、土地利用	分析生态类型与特点、相互关系，生产力与生态承载力等
	植被	类型、分布、面积、盖度、建群种与优势种，生长情况、生物量、利用情况、历史演化、组成情况	分析生态结构、类型，计算环境功能。分析生态因子相关关系，明确主要生态问题
	植物资源	种类、生产力、利用情况、历史演变与发展趋势	计算社会经济损失，明确保护目标与措施
	动物	类型、分布、种群量、食性与习性、生殖与栖居地历史演化	分析生物多样性影响，明确敏感保护目标
	动物资源	类型、分布、生活规律、历史演变、利用情况	分析资源保护途径与措施
	景观	景观类型、特点、区位等	确定保护目标，资源分析
	人文资源	古迹与文物	确定保护目标，资源分析
河岸带	植被	类型、分布、面积、盖度、建群种与优势种，生长情况、生物量、利用情况、历史演化、组成情况	分析生态结构、类型，计算环境功能。分析生态因子相关关系，明确主要生态问题
	堤岸	类型、功能	分析主要生态问题

13.1.2.2 生态功能区划

(1) 生态功能区划的概念 生态功能区划是根据区域生态环境要素、生态环境敏感性与生态服务功能空间分异规律，将特定区域划分成不同生态功能区的过程。

生态功能区划的目的是为制定区域生态环境保护与建设规划、维护区域生态安全以及资源合理利用与工农业生产布局、保育区域生态环境提供科学依据。生态功能区的划分有助于明确重要生态功能保护区的空间分布、自然资源开发利用的合理规模和产业布局的宏观方向。

(2) 生态功能区划的方法 自然地域分异和相似性是生态区划的理论基础，生态区划是相对区域整体进行区域划分，其区划方法必然要借鉴其他自然区划方法。归纳起来，生态功能区划方法大致可分为两大类：基于主导标志的顺序划分合并法，基于要素叠置的类型制图法。

① 基于主导标志的顺序划分合并法。在进行生态区划时，首先根据对象区域的性质和特征，选取反映生态环境地域分异主导因素的指标，作为确定生态环境区界的主要依据，并强调同一级分区须采用统一的指标。选定主导指标后，按区域的相对一致性，在大的地域单位内从大到小逐级揭示其存在的差异性，并逐级进行划分；或根据地域单位的相对一致性，按区域的相似性，通过组合、聚类，把基层的生态区划单元合并为较高级单元的方法。

② 基于要素叠置的类型制图法。是根据生态系统及人类活动影响的类型图，利用它们组合的不同类型分布差异来进行生态区划的方法，它与生态系统类型的同一性原则相对应。由于城市生态系统是一个复杂的社会-经济-自然复合生态系统，自然要素上叠加着人类活动的深刻影响，单一要素的生态区划无法反映生态系统的全貌，因而利用 GIS 的多要素叠加功能，进行多种类型图的相互匹配校验，才能反映生态环境系统的综合状况。

13.1.2.3 生态影响预测

生态影响预测就是在生态现状调查与分析的基础上，有选择、有重点地对某些生态因子的变化和生态功能变化进行评价，可以定性描述，也可定量或半定量评价。预测内容可以侧重生态系统中的生物因子，或侧重生态系统中的物理因子，或侧重生态系统效应，或侧重生态系统污染水平变化。

生态影响包括正面影响和负面影响，主要的生态影响包括以下几个方面。

(1) 规划期内的资源利用情况的变化 包括土地资源、土地使用功能的调整与改变，绿地、水资源开发、利用与保护情况及其他资源情况的变化。

(2) 规划期内的植被改变 包括园林绿化、特殊生境及特有物种栖息地、自然保护区与国家森林公园、水域生态与湿地、开阔地、水陆交错带中的植被改变等。

(3) 规划期内自然生态的变化趋势 比如酸雨与酸沉降、水土流失与水体的悬浮物等。

13.1.2.4 生态规划目标与指标体系

根据生态规划的特点和目标、相关规定对生态保护工作的要求、生态影响识别等内容，生态规划的目标主要包括以下几点：①河流的可持续发展；②绿地资源的保护；③生物多样性的保护；④人文景观的保护；⑤合理利用土地。

根据生态规划的要求及目标，可选择生态规划的指标并建立指标体系，这是整个工作的一个重要环节，生态规划指标体系见表 13.2。

表 13.2　生态规划指标体系

目　　标		指　　标
土地利用	控制规划的实施可能造成的负面效应,健全生态系统的结构,优化生态系统的功能,引导系统的各种关系协调发展,提高系统的自我调节能力	绿化覆盖率(%)
		绿地率(%)
		人均绿地、人均公共绿地面积的比例(%)
		城市森林面积(km²)及总面积的比例(%)
		土地利用结构(%)
		自然保护区及其他具有特殊科学与环境价值的受保护区面积占区域面积的比例(%)
生物	保护生物多样性	生物多样性指数
		植物物种数目
		受威胁的物种占物种的百分比
水域	控制水污染,保护水域生态系统	水环境污染物年平均浓度(mg/L)
		水域面积占区域面积的比例(%)
		河流长度(km)
		湿地系统滨岸范围(指面积,km²)及保护情况
景观	保护具有生态价值的自然景观及动植物栖息地	景观破碎化程度

13.1.3　景观生态规划

13.1.3.1　景观生态规划的原则

（1）自然优先原则　保护自然景观资源（森林、湖泊、自然保留地等）和维持自然景观过程及功能，是保护生物多样性及合理开发利用资源的前提，是景观资源持续利用的基础。自然景观资源包括原始自然保留地、历史文化遗迹、森林、湖泊以及大的植被斑块等，它们对保持区域基本的生态过程和生命维持系统及保存生物多样性具有重要的意义，因此，在规划时应优先考虑。

（2）持续性原则　景观生态规划以可持续发展为基础，立足于景观资源的可持续利用和生态环境的改善，保证社会经济的可持续发展。因为景观是由多个生态系统组成、具有一定结构和功能的整体，是自然与文化的复合载体，这就要求景观生态规划必须从整体出发，对整个景观进行综合分析，使区域景观结构、格局和比例与区域自然特征和经济发展相适应，谋求生态、社会、经济 3 大效益的协调统一，以达到景观的整体优化利用。

（3）针对性原则　景观生态规划是针对某一地区特定的农业、城市或自然景观，不同地区的景观有不同的结构、格局和生态过程，规划的目的也不尽相同，如为保护生物多样性的自然保护区设计、为农业服务的农业布局调整以及为维持良好环境的城市规划等。因此，具体到某一景观规划时，针对规划目的应选取不同的分析指标，采用不同的评价及规划方法。

（4）综合性原则　景观生态规划是一项综合性的研究工作。其一，景观生态规划基于对景观的起源、现状、变化机制的理解，对它们的分析不是某单一学科能解决的，也不是某一专业人员能完全理解景观内在的复杂关系并做出合理决策的。景观生态规划需要多学科合作，包括景观规划者、土地和水资源规划者、景观建筑师、生态学家、土壤学家、森林学家、地理学家等。其二，景观生态规划是对景观进行有目的的调整，调整的依据是内在的景观结构、景观过程、社会经济条件以及人类价值观。这就要求在全面和综合分析景观自然条件的基础上，同时考虑社会经济条件、经济发展战略和人口问题，还要进行规划方案实施后的环境影响评价。

13.1.3.2 景观生态规划的步骤

在景观生态规划过程中，强调充分分析规划区的自然环境特点、景观生态过程与人类活动的关系，注重发挥当地景观资源与社会经济的潜力和优势，以及与相邻区域景观资源开发与生态环境条件的协调，提高景观持续发展的能力。这决定了景观生态规划是一个综合性的方法论体系，其内容可分为景观生态调查、景观生态分析及综合和规划方案分析 3 个相互关联的方面，包括以下 6 个步骤（图 13.1）。

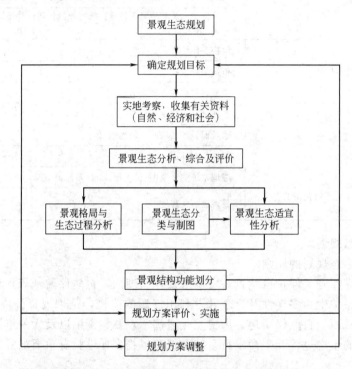

图 13.1　景观生态规划流程图（引自傅伯杰、陈利顶等，2001）

（1）确定规划范围与规划目标　规划前必须明确在什么区域范围内及为解决什么问题而规划。一般而言，规划范围由政府决策部门确定，规划目标可分为 3 类：第一类是为保护生物多样性而进行的自然保护区规划与设计，第二类是为自然（景观）资源的合理开发而进行的规划，第三类是为当前不合理的景观格局（土地利用）而进行的景观结构调整。这 3 个规划目标范围较大，因而要求将此 3 个大目标，分解成具体的任务。

（2）景观生态调查　包括生物（植被、野生动物等）、非生物（地理、地质、气候、水文和土壤等）两个方面，景观的生态过程及与之相关联的生态现象（人口、文化及人的价值观等）和人类对景观的影响程度等。收集资料的目的是了解规划区域的景观结构、自然过程及社会文化状况，为以后的景观生态分类与生态适宜性分析奠定基础。

（3）景观的空间格局与生态过程分析　由于人类长期改造的结果，景观结构与功能被赋予了一定的人工特征。不同的景观具有明显不同的景观空间格局。在景观生态规划中，往往对能流、物质平衡、土地承载力及空间格局等与规划区发展和环境密切相关的生态过程进行综合分析。

除自然景观外，由于人类经济活动的影响，使景观中生态系统能流、物流过程带有强烈的人为特征。经营景观及人工景观的空间分布及生态过程，与人类的生产、生活活动密切相关，是人与自然景观长期作用的结果，所以景观格局与特征，如景观优势度、景观多样性、景观均匀度、景观破碎化和网络连通性等，在不同方面反映了景观中人的活动强度，以及景观中现在的和潜在的功能分区，也反映了人与自然环境的关系。

（4）景观生态适宜性分析　以景观生态类型为评价单元，根据区域景观资源与环境特征、发展需求与资源利用要求，选择有代表性的生态因子（如降水、土壤肥力、旅游等），分析某一景观类型内在的资源质量以及与相邻景观类型的关系（相斥性或相容性），确定景观类型对某一用途的适宜性和限制性，划分景观类型的适宜性等级，同时进行不同景观利用类型的经济效益、生态效益和风险分析，以达到既维持生态平衡，又提高社会经济效益的目的。

（5）景观功能区划分　功能区的划分从景观空间结构中产生，以满足景观生态系统的环境服务、生物生产及文化支持3大基础功能为目的，并与周围地区景观的空间格局相联系，形成规划区合理的景观空间格局，实现生态环境条件的改善、社会经济的发展以及规划区持续发展能力的增强。

（6）景观生态规划方案评价及实施调整　景观生态适宜性分析所确定的方案与措施，主要建立在景观的自然特性基础之上，景观生态规划是在促进社会经济发展的同时，寻求最适宜的景观利用方式。因此，对备选方案需进行成本效益分析和区域持续发展能力的分析。对备选方案的评价结果和初选方案的结果可以用表格形式来表达，也可用计算机制图表示，供决策者参考。在确定了某一方案后，需要制定详细措施，促使规划方案的全面执行。

随着时间的推移、客观情况的改变，需要对原来的规划方案不断修正，以满足变化的情况，达到景观资源的最优管理和景观资源的可持续利用。

13.2　生态城市建设

13.2.1　生态城市的概念和特征

13.2.1.1　生态城市的概念和内涵

生态城市是一种不耗竭人类所依赖的生态系统和不破坏生物地球化学循环，为人类居住者提供可接受的生活标准的城市。

1971年，联合国教科文组织（UNUSCO）在"人与生物圈（MAB）"计划中提出了"生态城市"的概念。它的提出是基于人类生态文明的觉醒和对传统工业化与工业城市的反思，标志着人类社会进入了一个崭新的发展阶段。生态城市已超越传统意义上的"城市"的概念，超越了单纯环境保护与建设的范畴，它融合了社会、经济、技术和文化生态等方面的内容，强调实现社会-经济-自然复合共生系统的全面持续发展，其真正目标是创造人-自然系统的整体和谐。

自1990年第一届国际生态城市大会在美国的伯克利（Berkeley）召开以来，世界上许多专家学者、国际组织与城市，从各种不同角度对其进行了深入研究和探讨，认为生态城市是一个经济发达、社会繁荣、生态保护3者保持高度和谐，技术与自然达到充分融合，城乡环境清洁、优美、舒适，从而能最大限度地发挥人的创造力与生产力，并有利于提高城市文明程度的稳定、协调、持续发展的人工复合生态系统。

随着生态文明的发展与演进，生态城市的内涵也不断得到充实与完善。现阶段国内相对权威的定义是：生态城市是按生态学原理建立起来的一类社会、经济、自然协调发展，物质、能量、信息高效利用，生态良性循环的人类聚居地。而实际上，生态城市的定义并不是孤立的、一成不变的，它是随着社会和科技的发展而不断完善更新的。就目前来说，可以大致地认为"生态城市"是一个社会和谐进步、经济高效运行、生态良性循环的城市。

生态城市建设的目的不仅仅是为城市人类提供一个良好的生活工作环境，还要通过这一过程使城市的经济、社会系统在环境承载力允许的范围之内，在一定的可接受的市民生活质量前提下得到持久的发展，最终促进城市整体的持续发展。

13.2.1.2　生态城市的特征

生态城市是城市生态化发展的结果，它的核心目标是建设良好的生态环境和发达的城市经济，建设高度生态文明的社会，通过充分发挥人的主观能动性、创造性，恢复生态再生能力，扩充生态容量，提高生态承载能力，来实现社会-经济-自然复合生态的整体和谐，以及社会、生态、经济的可持续发展。与传统城市相比，生态城市主要有如下特征。

（1）和谐性　生态城市要实现的是人与自然、人与人之间的和谐共处，自然与人共生，人类回归自然，自然融入城市。人类自觉的环境意识增强，更加尊重环境，人与人的价值观、素质、健康水平较高，人与人之间互相关怀帮助，相互尊重，人人平等。

（2）高效性　主要是指采用可持续、可循环的生产、消费模式，经济发展强调质量与效益的同步提高，努力提高资源的再生和综合利用水平，物尽其用，人尽其才，物质、能量得到多层次分级利用，废弃物循环再生，各行业、部门之间的共生关系协调。

（3）可持续性　生态城市以可持续发展思想为指导，以保护自然环境为基础，最大程度地维持生态系统的稳定，保护生命支持系统及其演化过程，保证人类的开发活动都限制在环境承载能力之内，合理地分配资源，平等地对待后代和其他物种的利益。

（4）整体性　生态城市追求的不仅是环境优化或自身的繁荣，而且兼顾社会、经济和环境3者的整体效益；不仅重视经济发展与生态环境协调，更注重人类生活质量的提高，是在整体协调的新秩序下寻求发展。它强调的是人类与自然系统在一定时空整体协调的新秩序下共同发展。

（5）全球性　生态城市以人与人、人与自然的和谐为价值取向，就广义而言，要实现这一目标，就需要全球的共同合作，因为我们只有一个地球，是"地球村"的主人，为保护人类生活的环境及其自身的生存发展，全球人必须加强合作，共享技术与资源，在保持多样性的前提下实现可持续发展的人类目标。

根据以上生态城市的主要特征，可以构建出其系统特征的概念模型（图13.2）。在该模型中，自然是基础，经济是支柱，社会是支持也是压力，最终要实现3者的和谐。

13.2.2　生态城市建设内容和原则

1984年，雷吉斯特提出了建立生态城市的原则：①以相对较小的城市规模建立高质量的城市。不论城市人口规模多大，生态城市的资源消耗和废弃物总量应大大小于目前城市和农村的水平。②就近出行。如果足够多的土地利用类型都彼此临近，基本生活出行就能实现就近出行。就近出行还包括许多政策性措施。③小规模的集中化。从生态城市的角度看，城市、小城镇甚至村庄在物质环境上应该更加集中，根据参与社区生活和政治的需要适当分散。④物种多样性有利于健康。在城市、农村和自然的生态区域，多样性都是有益于健康的。

1996年，雷吉斯特领导的"城市生态组织"又提出了建立生态城市的10项原则：①修改土地利用开发的优先权，优先开发紧凑的、多种多样的、绿色的、安全的令人愉快的和有活力的混合土地利用社区，而且这些社区靠近公交车站和交通设施；②修改交通建设的优先

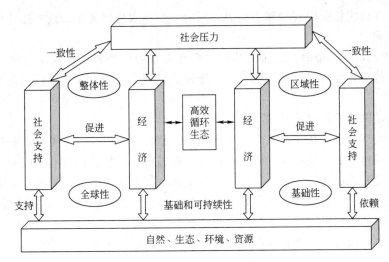

图 13.2　生态城市概念模型

权，把步行、自行车、马车和公共交通出行方式置于比小汽车方式优先的位置，强调"就近出行"；③修复受损的城市自然环境，尤其是河流、海滨、山脊和湿地；④建设体面的、低价的、安全的、方便的、适于多种民族的和经济实惠的混合居住区；⑤培育社会公正性，改善妇女、有色民族和残疾人的生活状况和社会地位；⑥支持地方化的农业，支持城市绿化项目，并实现社区的花园化；⑦提倡回收，采用新型优良技术（appropriate technology）和资源保护技术，同时减少污染物和危险品的排放；⑧同商业界共同支持具有良好生态效益的经济活动，同时抑制污染、废物排放和危险、有毒有害材料的生产和使用；⑨提倡自觉的简单化生活方式，反对过多消费资源和商品；⑩通过提高公众生态可持续发展意识的宣传活动和教育项目，提高公众的局部环境和生物区域（bioregion）意识。

　　国内学者王如松（1994）提出建立"天城合一"的中国生态城市思想，认为生态城市的建设要满足以下标准。①人类生态学的满意原则：包括满足人的生理需求和心理需求，满足现实需求和未来需求，满足人类自身进化的需要。②经济生态学的高效原则：最小人工维护原则（城市在很大程度上是自我维持的，外部投入能量最小），时空生态位的重叠作用（发挥城市物质环境的多重利用价值），社会、经济和环境效益的优化。③自然生态学的和谐原则：共生原则（人与其他生物共生，生物与自然环境共存，邻里之间共生），自净原则，持续原则（生态系统持续运行）。

　　在我国深圳召开的第五届生态国际会议（2002）通过了《生态城市建设的深圳宣言》，呼吁实现人与自然的和谐相处，把生态整合办法和原则应用于城市规划和管理。宣言阐述了建设生态城市所包含的 5 个方面内容。

　　① 生态安全。即向所有居民提供洁净的空气、安全可靠的水、食物、住房和就业机会，以及市政服务设施和减灾防灾措施的保障。

　　② 生态卫生。即通过高效率低成本的生态工程手段，对粪便、污水和垃圾进行处理和再生利用。

　　③ 生态产业代谢。即促进产业的生态转型，强化资源的再利用、产品的生命周期设计、可更新能源的开发、生态高效的运输，在保护资源和环境的同时，满足居民的生活需求。

　　④ 生态景观整合。即通过对人工环境、开放空间（如公园、广场）、街道桥梁等连接点和自然要素（水路和城市轮廓线）的整合，在节约能源、资源，减少交通事故和空气污染的

前提下，为所有居民提供便利的城市交通。同时，防止水环境恶化，减少热岛效应和对全球环境恶化的影响。

⑤ 生态意识培养。帮助人们认识其在与自然关系中所处的位置和应负的环境责任，引导人们的消费行为，改变传统的消费方式，增强自我调节的能力，以维持城市生态系统的高质量运行。

13.2.3 生态城市建设的建设模式

从国内外城市的生态化建设来看，生态城市大致可分为两类：一类是工业化后的生态改造城市，这类城市一般出现在发达国家和地区，在城市工业化已经基本完成的条件下，通过生态化改造和提升工业科技化和信息化，并尽量减少工业化所带来的弊端；另一类是与工业化同步的生态化城市，很多发展中国家（特别是中国）很多城市的生态建设就属于此类。这类城市在规划时就应积极运用生态学的思想，将环境生态意识融入城市的整体建设中去，改善以往生态城市建设的诸多不利方面，不过和西方发达国家相比，发展中国家还缺乏成熟的经验。

由于城市自身的发展条件千差万别，生态城市建设的模式也不同。目前，生态城市建设模式主要有以下几种。

（1）资源型生态城市　又叫自然型生态城市。这类生态城市的建设，以当地的自然资源为依托，尤其与当地的气候条件有很大的关系。昆明提出要建立"山水城市"，广州提出要建立"山水型生态城市"等，这与它们具有多种气候带特征、植物物种丰富的自然条件有很大的关系；吉林省长春市提出建立"森林城市"，也与其自然环境有很大的关系。这种生态城市的建设模式以人类居住环境的优化为前提，一般在经济发展水平处于中等的城市较为常见。

（2）政治型生态城市　又叫社会型生态城市。顾名思义，一般情况下它是具有较强政治意义的城市建设生态城市的模式，主要是发达国家的首都，如美国的华盛顿、瑞士的日内瓦。这类城市由于政治地位突出，在国际上影响力大，并且城市的职能定位比较单一，突出表现为政治中心，文化、教育职能强，聚集着国家决策精英。它的服务业比较突出，主要体现在人文景观的旅游业发展上。工业区远离城市，污染性较强的企业也被迁移，城市绿化突出，城市公共绿地覆盖率高，人居环境优越，政府用于城市建设的补贴丰厚，居民的福利待遇高。北京生态城市建设正朝着这一目标努力。

（3）经济复合型生态城市　对于大多数城市来说，尤其是发展中国家的大型城市，生态城市的建设模式一般属于这种复合型的模式，如上海建设生态城市的模式就属于这种模式，即不仅仅注重城市的绿化建设，注重表面的人居环境，也重视城市的经济发展和社会发展。经济的发展水平是决定这种城市生态城市建设的关键指标，有了城市物质财富，城市的建设资金充足，城市居民才能建设优美的城市环境，城市各方面社会事业的发展才能顺利进行。如何处理好经济发展与城市环境的协调关系，是建设这种生态城市模式的关键所在。

（4）海滨型生态城市　这种类型的生态城市模式多发生在沿海中等城市，城市生态系统的规模较小，有一定的区位优势，有利于经济的对外联系，产业结构转型比较容易，能够及时地解决工业企业污染问题，自然条件也较为优越，经济发展有很大的潜力。如山东的威海市和日照市就属于此种类型。1996年威海市提出建立"生态城市"，并确定城市的性质为"以发展高新技术为主的生态化海滨城市"。

（5）循环经济型生态城市　以循环经济的模式来建设生态城市，这是一个全新的理念。这种类型的生态城市模式多在经济欠发达、社会遗留问题比较多、缺乏未来城市发展的基础设施的城市。如贵阳市是原国家环保总局确定的首个循环经济型生态城市试点城市。

循环经济型生态城市建设的目的是追求人与自然的和谐，在城市建立起良好的生态环境；以实现良性循环为核心，实现经济发展、环境保护和社会进步的共赢，实现未来经济和社会的高速可持续性发展，将城市建设成为最佳人类居住环境。

虽然生态城市建设的模式不尽相同，但其最终的目标都是实现社会-经济-自然复合生态系统的和谐，只是在实现的过程中侧重点不同。

13.2.4 生态示范区建设

13.2.4.1 生态示范区的概念

可持续发展作为一种全新的发展观，已经被世界各国普遍接受并开展了多种实践。生态示范区建设是实施可持续发展的重要措施。世界上出现了多种生态示范区建设的实践模式。生态示范区是以生态学原理为指导，以协调社会、经济发展和环境保护为主要对象，以实践生态良性循环为目标，进行统一规划、综合建设的一定行政区域。

我国为了实施可持续发展战略，原国家环保局于 1995 年在全国开展了生态示范区建设，发布了《全国生态示范区建设规划纲要》，随后分批开展了生态示范区建设试点。目前，全国在建的生态示范区试点有 314 个，其中，生态市 40 个，生态县 264 个，其他 10 个。通过生态示范区建设，一些地区把发展经济和生态环境保护有机地结合起来，通过优化和调整产业结构，发展生态经济，形成了各具特色的生态产业，在推动当地经济、社会发展的同时，恢复和改善了生态环境质量，初步实现了社会、经济与环境、资源的协调发展。

13.2.4.2 生态示范区建设的内容

我国生态示范区的生态建设内容包括生态农业开发、环境污染治理、生态恢复、自然资源合理开发利用、生物多样性保护等。根据生态示范区建设内容的不同，可将生态示范区分为多种模式。

（1）生态农业型 以保护农业生态环境、发展农村经济为主要建设内容的生态示范区。通过建设，形成符合生态学原理的优质、高产、高效农业体系。

（2）乡镇工业型 围绕乡镇工业，以生态经济学原理为指导，规划并建设乡镇工业小区，加强管理，集中治理污染，发展绿色产品，促进经济和环境协调发展。

（3）贸工农一体化型 随着农业产业化进程的迅猛发展，农业与工业、商业的关系日益密切，农工商一体化已成为今后发展的大趋势。在这种情况下，积极协调农业与工业、商业的关系，加强生态环境保护，促进社会、经济与生态效益的统一，提高生态系统对可持续发展的支撑能力，是这一类型生态示范区建设的主要任务。

（4）生态旅游型 生态旅游示范区以合理开发旅游资源，有效防止生态破坏和旅游污染为主要建设内容。生态旅游以良好的生态环境为资源，坚持开发和保护并重，以旅游业为支柱，通过发展旅游业，带动其他产业的发展和生态环境的改善。

（5）生态城镇型 生态城镇示范区是以改善城镇生态环境和提高居民生活质量，加强生态景观建设和污染防治，实行清洁生产，有效利用资源和能源为主要建设内容。

（6）区域综合建设为主的生态示范区 综合生态示范区建设的主要内容是开展城乡生态环境综合整治，根据生态学规律，把经济生态建设、城乡规划建设等有机结合起来，逐步实现全区域社会、经济和生态环境的和谐发展。

（7）生态恢复治理型示范区 有计划地治理和恢复遭到破坏的生态环境，是生态环境保护的重要任务，也是生态示范区建设的主要内容之一。生态破坏恢复治理型示范区主要有两种类型，一种是在由于自然资源开发造成破坏的地区进行生态恢复，比如矿区、土地退化区等，另一种是环境污染区的生态恢复，比如农村环境的综合整治等。

13.2.4.3　生态示范区建设的步骤

生态示范区建设大体上可以分为 4 个步骤。

（1）编制与审批生态示范区建设规划　请有关专家和专业技术人员编制符合生态学原理的生态示范区建设规划。该规划应是生态环境保护和社会、经济发展相协调的综合规划，以用于指导、规范生态示范区建设。在此基础上，将编制好的规划报有关部门审批，或以某种形式确定下来，并纳入国民经济和社会发展规划，以保证生态示范区建设纳入当地社会、经济的整体发展中。

（2）制订实施建设的详细计划　制订实施规划的详细计划，将生态示范区建设指标分解到各个行业，将各项建设任务分解落实到各部门、单位，使之与各部门的工作有机结合起来，融为一体。

（3）实施建设　根据计划分阶段、逐步进行生态示范区建设。

（4）组织检查验收　对生态示范区建设任务的进展情况和建设目标的完成情况及时组织检查验收，总结推广经验，保证该项工作的顺利开展。

13.3　生态工程与技术

13.3.1　生态工程概述

13.3.1.1　生态工程的定义

20 世纪 50 年代，我国著名生态学家马世骏提出"生态工程"这一名词，并定义为：生态工程是应用生态系统中物种共生与物质循环再生原理、结构与功能协调原则，结合系统分析的最优化方法设计的促进分层多级利用物质的生产工艺系统；生态工程的目标就是在促进自然界良性循环的前提下，充分发挥资源的生产能力，防治环境污染，达到经济效益与生态效益同步发展。

由于生态工程学是一门新型学科，其发展历史较短，它的理论基础和基本概念还在逐步成熟之中。从不同学者给出的生态工程定义中可以看出，在表述上虽然有较大差别，但其核心思想都是应用自然生态系统原理，通过与自然环境合作而进行的对人类社会和自然环境双方都有利的一种系统设计，强调建立在少花费、低能耗而更有效地利用自然资源以及环境友好型的生态工艺。

13.3.1.2　生态工程的生态学理论

生态工程的设计，涉及的理论包括系统论、工程学理论和生态学的基本理论。这里仅就所涉及的生态学原理作一下介绍。

（1）物种共生原理　自然界中任何一种生物都不能离开其他生物而单独生存和繁衍，这种关系是自然界生物之间长期进化的结果，包括互惠共生与竞争抗生两大类，亦称为"相生相克"关系。在功能正常的生态系统，这种关系构成了生态系统的自我调节和负反馈机制。

（2）生态位原理　生态系统中各种生态因子都具有明显的变化梯度，这种变化梯度中能被某种生物占据、利用或适应的部分称为其生态位。在生态工程设计和调控汇总中，合理运用生态位原理，可以构成一个具有多种群的稳定而高效的生态系统。因此，在评价或判断某一生态工程设计时，生态位理论应用的如何是重要标准。例如，是否依据生态位理论，实现了各种生物之间的巧妙配合，达到了对资源最大限度的利用等。

（3）食物链原理　生物圈中各种生物即生产者和各级消费者间的营养关系，构成了生态系统中的食物链。各种食物链互相交错，形成食物网。生态学研究的物质、能量就是在这种网络中转化和传递的。林业生态工程实施中应用食物链原理，用人工食物链和环节（对社会有益的种群）取代自然食物链和环节，就可以大大提高人工林生态系统的效益。食物链与食物网是生态学的重要原理，也是生态工程的重要原理。

（4）物种多样性原理　实际上，这是生物多样性促进系统稳定性的观点，即生态系统中生物多样性越高，生态系统就越稳定。这一理论也适用于生态工程的设计，如在农业生态工程两方面，其一是可实现对资源充分利用的目的，其二是增加系统的稳定性，而系统能否稳定是衡量一个生态工程是否成功的重要指标。

（5）耐受性原理　任何生物的生长和繁衍离不开适宜的环境因子，环境因子在量上的不足和过量都会使该生物不能生长、生存或繁衍受到限制，以致被排挤而消退。一些生物耐性范围广阔，一些则狭窄，耐性越广阔，分布通常会越广。

（6）耗散结构原理　耗散结构理论认为一个开放系统，它的有序性来自非平衡态。生态系统是耗散结构系统，一定限度的外力干扰会使系统内部产生相应的反应变化，使系统可以进行自我调整。而当外力干扰超过一定限度时，系统就能从一个状态向新的有序状态变化。

（7）限制因子原理　一种生物的生存和繁荣，必须得到其生长和繁殖需要的各种基本物质，在"稳定状态"下，当某种基本物质的可利用量小于所需的临界最小量时，该基本物质便成为限制因子。

（8）综合作用原理　自然界中众多环境因子都有自己的特殊作用，每个因子都对生物产生影响，同时众多相互关联和相互作用的因子构成了一个复杂的环境体系，对生物产生综合影响。这种影响与单因子影响有巨大的差异。

13.3.2　湿地生态工程

湿地生态工程是应用生态工程的原理和方法对湿地进行构建、恢复和调整，以利于湿地正常功能的运作和生态系统服务的可持续性（崔保山等，2001）。湿地生态工程需要建立生态学理论基础及多学科间的联系，其中理论生态学和应用生态学为生态工程提供了强有力的保障。

13.3.2.1　湿地生态工程的基本原则

（1）适用性和多用性原则　根据湿地"没有净损失"的原理，工程系统应强调适用性，即要体现系统设计的主要目标，如洪水控制、废水处理、非点源污染控制、野生生物的改进、土壤替代以及研究和教育等方面的工作。多用性则注重系统构建时的多目标，即次要目标。工程系统是为了功能的发挥，而不是形式，因而在构建湿地的发展过程中，即使最初引进的动植物未能如愿，但整个湿地功能最初的目标是完整的，湿地演替也就没有失败。

（2）综合性原则　湿地生态工程设计涉及生态学、地理学、经济学、环境学等多方面的知识，具有高度的综合性。这就要求一方面工程系统应是花费最小的系统，即由植物、动物、微生物、土壤和水流组成的湿地系统应按照自我保持和自我设计来发展；另一方面，工程系统应利用自然能量，包括脉动水流以及其他的潜在能量作为系统发展的驱动力。这就要求多学科的相互协作和合理配置。

（3）地域性原则　不同区域具有不同的环境背景，地域的差异和特殊性要求在湿地生态系统工程中要因地制宜，具体问题具体分析。不要将湿地工程过分强调为矩形盆地、渠道以及规则的几何形状，要根据不同的水温、地貌条件设计湿地生态系统。由于设计的湿地系统是景观或流域的一部分，因而必须将构建的湿地融入自然的景观中，而不是独立于景观之外。

（4）生态关系协调原则 该原则是指人与环境、生物与环境、生物与生物、社会经济发展与资源环境以及生态系统与生态系统之间的协调，应将人类作为系统的一个组成部分而不是独立于湿地之外。人类试图缩短生态演替或过度管理系统的策略常常难以如愿。人类只能在设计和构建过程中对湿地发展加以引导，而不是强制管理，以保持工程系统的自然性和持续性。

（5）生态美学原则 工程的湿地系统一般具有多重功能和价值。在许多湿地构建中，除考虑主要目标外，特别注重对美学的追求，同时兼顾旅游和科研价值，许多国家对湿地公园的设计就体现了这一点。生态美学原则主要包括最大绿色原则和健康原则，体现在湿地的清洁性、独特性、愉悦性和可观赏性等方面，是湿地价值的重要体现（崔保山等，2001）。

13.3.2.2 湿地生态工程设计的主要指标

（1）水义指标 水文特征是湿地的最重要的标识因子，在湿地生态工程设计中水文指标是最重要的变量。如果有适宜的水文状况，化学及生物要素将相应发展。水文状况依赖于气候、水流或径流的季节性以及地下水特征。常要求的水文指标有水深及水周期、水的入流负荷以及水的持续时间（表 13.3）。

表 13.3 湿地生态系统工程设计的主要指标要求（引自崔保山等，2001）

指标类型	要 素	参考值
水文指标	水深/m 水周期/(m/a) 入流负荷/(cm/m² · d) 水持续时间/d	0.3～0.6 20～40 2～5 5～21
化学指标	化学去除率/% 化学负荷率/(g/m² · d)	90(COD,BOD) 15～35(N,P) 2～40(Fe)
基质指标	有机质含量/% 土壤结构	15～75 泥炭层＋黏土
生物指标	植被组成 最大生物量/(g/m² · d) 溶解氧/(mg/L)	芦苇、香蒲、草等 100～900 2～15

（2）化学指标 当水流进入湿地后，其中的化学物质对湿地功能的发挥可能是有益的，也可能是有害的。在农业流域内，这种入流将可能包括 N 和 P 等营养物以及各种杀虫剂中的痕量元素。化学指标包括去除效率、化学负荷率和沉积作用。

研究表明，化学去除率不仅同湿地的大小有关，也同湿地植被以及废水本身的特性有关，它会随着湿地规模的增加而增加，直到湿地面积是所在流域面积的 1%；另一方面，湿地的化学负荷率也是构建湿地所必须考虑的。

在滞留特定化学物质的过程中沉积物提供了特定的作用，同时为各种动植物提供了栖息环境。沉积物在构建湿地中的沉积对水质的提高来说是一个特别重要的过程，但从另一方面讲，湿地中高效率的沉积作用可能会使湿地迅速发生变化，而最终会使沉积变缓，影响湿地本身的生态和水文价值。同时，季节降雨、径流的差异性也会影响到湿地的沉积特性。

（3）基质指标 基质对湿地功能的正常发挥非常重要，也是支持有根植被的基本介质。如设计的湿地是用于提高水质，湿地基质或土壤将会截留特定的化学物质。基质指标包括有机质含量、土壤结构、营养物、铁和铝等。

　　湿地中土壤有机质含量对滞留化学物质具有重要作用。有机土壤可以通过离子交换转化一些污染物，并且可以通过提供能源和适宜的厌氧条件加强 N 的转化。在构建湿地时，可以经常把一些有机质（如菌肥、泥炭或碎屑）加入构建湿地的亚表层，这样可以大大提高化学物质的净化效果。

　　土壤结构对湿地构建也起着重要作用。由于黏土矿物透水性差，常用来构建湿地下层，上层铺设一定厚度的壤土，有利于植物生长。实际上，构建湿地的土壤结构是一项复杂的生态工程，需要综合考虑各种因素，以提高成功率。

　　（4）生物指标　生物指标是湿地生机和活力的象征。在构建湿地生态系统的过程中，生物指标特别是植物物种的选取直接影响到湿地功能的有效发挥。不同的湿地生态系统服务需要不同的植被类型，特别是在构建用于废水处理的湿地以及用于美学旅游的湿地时，其植被组成差别很大；同时，也要考虑到当地的气候及水文条件。常关注的生物指标有：植被组成、最大生物量、水生生物代谢和溶解氧等。

　　植被组成依赖于构建湿地所在区域的气候及设计特征。根据构建湿地的用途不同，应选择不同的植物组成。由于在湿地演替过程中，常伴有外来物种的入侵，因此在系统工程设计的初期与后期的物种数量差别很大，需要长期的定位监测和人为控制。同时，应特别关注植物群落的生物量，因为它是湿地生态系统健康的重要指标，也代表着湿地演替的相关阶段。

13.3.2.3　湿地生态工程设计类型

　　湿地是地球上具有多种生态功能的独特生态系统，是自然环境中自净能力很强的系统，人类已经认识到利用湿地生态工程技术可以处理被污染的水质。同时，由于人类活动干扰强度的加大，许多湿地受到污染，水质恶化，可以通过生态工程改善水质，逐渐恢复湿地的生态功能。从这个角度，可以将湿地生态工程分为两类：污水处理型湿地生态工程和湿地功能恢复型生态工程。

　　（1）污水处理型湿地生态工程　该类工程的主要环节是利用天然湿地再辅以工程措施，污水经过湿地时，经过湿地生态系统中的植物和土壤等介质渗滤，通过过滤吸附、沉淀、植物吸收和微生物降解等来实现对水环境污染物质的高效分解与净化，达到净化水质的目的。工程一般由预处理、布水工程、集排水工程和回水系统等组成，这些系统在布置上可以设置一定的高程差，使水自然流动，减少能源消耗。

　　污水经过沉淀预处理后，再按人为控制水力负荷经布水系统向集排水处理系统布放，使处理床的淹没水层保持在一定深度，以促进净化效果。污水在入渗运移过程中，一方面受过滤等物理作用，氧化还原、硝化反硝化作用等化学过程和微生物分解以及植物吸收、转化等一系列自然净化作用，逐步得到处理。另一方面，在净化过程中不断向回水系统运移汇集，最终由集水管排出回用，完成了处理与净化过程。一般情况下，COD、总氮、总磷的去除率可达 80%～90%，大肠杆菌可以降低 2～3 个数量级。

　　（2）湿地功能恢复型生态工程　该类工程是通过人类的一些行为使一个受干扰的或全部改变了的状况恢复到先前存在的或改变的状况，再现干扰前的结构和功能以及相关的物理、化学和生物学特性。其具体内容包括：提高地下水位来养护沼泽，改善水禽栖息地，增加湖泊的深度和广度以扩大湖泊容量，增加调蓄功能；迁移湖泊、河流中的富营养沉积物以及有毒物质以净化水质，恢复泛滥平原的结构和功能以利于蓄纳洪水；提供野生物栖息地以及户外娱乐区等。

　　此类生态工程设计主要依赖于湿地的受干扰程度和恢复潜力，由于地形地貌没有改变或轻微改变，退化的症状主要表现在水文状况即水供应的持续性方面以及因之带来的植被变化、栖息地丧失等。其工程设计应建立在生态工程原理基础之上，依赖湿地系统的自我设计和自组织能力使系统自身选择植物、动物、微生物以适应现有的条件，达到自我完善的目的。

13.3.3 道路绿化工程

13.3.3.1 道路景观与道路绿化

道路是人们在户外滞留时间最多的空间，道路绿化是改善道路环境最常用、最有效的方法之一。道路绿化在景观、功能和生态3个方面有其他手段无法替代的意义和作用。

（1）道路景观 道路绿化是道路景观的重要组成部分，绿地植物中道路景观建造中的作用主要有两个方面。一是丰富、统一道路立面，弥补道路立面在色彩、质感上的不足。植物在形态、大小、色彩上的日间变化、季相变换、年际变化，能给人以时间变迁的印象，弥补了道路立面单调的不足。二是通过绿地的形状和植物的形态、配植方式，对道路空间进行实的或虚的分割，结合其他因素，把各空间组织成一个流畅合理的整体。绿地植物作为软质景观材料，同时还在建筑物与道路之间起着缓冲作用。

（2）道路绿化的功能 道路绿化除了满足景观上的需要外，还有其他一些功能：①组织交通，通过绿地在平面上的分割、植物在立面上的遮拦，达到人车分流，各行其道，如绿化隔离带、行道树、绿篱、草地、花池等；②荫棚效应，行道树所形成的绿荫，可使行人免受夏日炎热，也由于树荫覆盖，可使路面温度降低；③隐蔽作用，有些道路在路旁有不好的地形地物，如矿山、厕所等，这些可以通过种植树木、花卉、绿篱等使之隐蔽起来，减少视觉污染；④防护作用，道路绿化可以起到减弱风力、降低噪声、遮挡灰尘的作用；⑤生态效应，道路绿地增加了空气湿度又增加了大气温度，起到了改善城市小气候的作用，吸收汽车尾气排出的有害气体，对空气起到了净化作用。

（3）道路绿地造景植物的选择 道路绿地造景植物的选择是城市绿化中的重要内容，直接关系到城市绿化的成败、绿化效果的快慢、绿化质量的高低，以及绿化效应的发挥和城市街道景观特色的形成。在进行道路绿化树种规划时，通常要考虑以下几个方面的问题：树种选择时要考虑植物是否易成活、寿命长、萌发力强、抗污染、抗病虫害、易养护等，另外还应考虑各种不同植物在空间分割和道路立面结合形成景观如何，从整个城市生态系统考虑其植物的多样性问题等。

13.3.3.2 道路绿地植物造景的设计方法

依道路横断面的不同，道路绿地可分为一板两带、两板两带、三板四带、四板五带4种类型，依此可以把道路绿化带分为人行道绿地、分车带绿地，另外，还有防护绿地、步行街绿地等。

（1）人行道绿地 从车行道边缘至建筑红线之间的绿地统称为人行道绿地。它包括人行道与车行道之间的隔离绿地以及人行道与建筑之间的缓冲绿地，也称基础绿地。人行道与车道之间的隔离绿地，人流较大时简化成只有行道树，以满足交通的需求。当人行道相对较宽敞时，人行道与车道之间设置隔离带。其宽度一般在1.5～4.5m，随着宽度的增加，植物配置相对复杂一些，有时采用封闭形式。行道树下植物多采用图案形式栽植，有时采用开放式，可供行人休息，植物配置更注重细节。

（2）分车带绿地 分车带绿地也称为隔离带绿地，用来分离同向或对向的交通。起着分割、组织交通和保障安全的作用。它包括慢车道隔离带和中央隔离带。快慢车道隔离带一般为2.5～6.0m宽，根据交通安全的要求，多规定快慢车道之间的植物高度不超过1m，且禁止列植成墙，以利驾驶员的视线通透。若要在此处栽植乔木，则其主干分枝必须在2m以上，株距大于 5m 才安全。

（3）步行街绿地　步行街地处繁华区，人流量大，购物、旅游、观光、休闲等功能对其景观上的要求也特别高。步行街中的绿化由于受步行空间的限制，比较零散，大多以花坛、花池、棚架等形式出现，所以步行街的植物造景都与相应的景观设施相配合。

（4）防护绿地　防护绿地以其防护功能为主，兼顾观赏功能。防护绿地大多采用树林形式，交通干道两侧防护绿地对景观的要求相对要高些。往往采用由草坪向灌木小乔木、乔木过渡，形成层次，起到良好的防护作用和景观效果。

13.3.4　植被恢复工程

13.3.4.1　影响植被恢复的因子

（1）海拔　海拔是气候、土壤等自然因子的综合反映（特别在山区）。它主要通过对光、热、水、气等生态因子的再分配，深刻反映小气候条件，强烈地影响土壤的理化性质及母质堆积方式，从而导致了林木生长差异和森林植被的分布规律。

（2）土壤质地　土壤是立地条件的基础，也是林木赖以生存的载体。土层厚度影响着土壤养分、水分的总贮量和根系分布空间范围，是决定林木生产力的重要因素。不同的地形下分布有不同的土壤、水肥条件，对林木生长的影响也各不一样。

（3）坡度　坡度通过影响太阳辐射的接受量、水分再分配及土壤的水热状况，来对植物的生长发育产生明显的影响。其影响的大小又与坡度的大小相关。坡度越大，土壤冲刷严重，含水量越少，同一坡面上部比下部土壤含水量少。

（4）坡向　坡向主要通过光照来直接调节空气和土壤的温湿条件（还间接影响土壤发育），从而影响林木生长。在低山区或地形起伏大的丘陵地带，阴坡比阳坡湿润，因此植被群落差异显著。

13.3.4.2　植物种类选择原则

在植被恢复与重建过程中，植物的选择十分重要，要因时因地选择适宜的植物种，才能迅速定植，并具有长期的利用价值，根据相关植被恢复的经验，植物品种选择需要遵循以下原则。

（1）生态适应性原则　所选择植物品种的生物学、生态学特征要与立地条件相适应，这是植被恢复必须坚持的基本原则。通过立地类型划分和对植物特性的掌握，选择适应当地立地条件的植物品种。因为只有植物品种对立地条件适应，才能在项目区成活、生长，才能最终形成稳定的目标群落，达到植被恢复、生态修复的目的。在考虑植物品种生态适应性时尤其要考虑立地条件下的限制性因子，这是分析植物适应性的关键因子。同时还要从坡面稳定的角度考虑，选择地上部分较矮、根系发达、生长迅速、能在短期内覆盖坡面的植物品种。

（2）先锋性、可演替性及持续稳定性原则　植被恢复中需要尽快实现植被覆盖并发挥固土及减少污染的作用，所以需要在当地进行详细的野外调查，进行优化筛选，选择一些适应立地条件、生长迅速的先锋植物。随着植被恢复实施时间的推移，原先的先锋植物品种随着生命的衰退成为弱势品种，甚至退出群落，而侵占能力强、生命力旺盛、寿命长的植物品种慢慢会占据主导地位，形成目标群落，实现自然演替。持续稳定性则要求目标群落形成后，植物在无人工养护条件下仍能健康生长，这也体现了植物对自然气候和立地条件的适应性。

（3）和谐一致性原则　所选择的植物品种应该与项目区周边的植被群落和谐统一，在群落形态、植物品种构成等方面和周围的植物群落相近；在水文效应、护坡固土、生态恢复等功能上与周边植物群落相一致。因为实施的目的是生态恢复，当植被破坏区域进行植被修复后，形成的植被群落尽可能与周边生态环境相协调，实现生态和谐的目标。

（4）抗逆性优先原则　退化生态系统的立地条件一般比较恶劣，要求植物品种具有一定的抗旱性、抗寒性、耐瘠薄、耐高温等特性，在重金属污染严重的地区还需要有极端忍受力。自然生长在重金属污染土壤上的植物能够富集大量的重金属元素，如 Ni、Zn、Cu、Co 和 Pb 等，称之为超富集植物。例如许多矿区废弃地的植被恢复实践中要重视超富集植物的使用。具有一定抗逆性的植物在后期无人为养护条件下能够具有较强的生命力，实现自我维持。抗逆性的强弱直接决定了植被能否达到自我生存的要求，影响到植被后期的稳定持久性。

（5）物种多样性原则　植物品种选择时还需要考虑品种的多样性，由多种植物品种形成的植被群落的生态稳定性明显好于品种单一的植被群落。灌木、草本、草花等多层次、多品种的组合，形成综合稳定的复合植物生态系统。但是不能为了多样性而盲目增加植物品种，造成营造的植物群落失去应有的功能性和安全性。如对高陡的岩石边坡，乔木在坡面不能健康成长，并且还会由于自身的质量造成坡面失稳。因此高陡的岩石边坡在先期营建植物群落时以灌草型为主，随着时间的推移在自然的作用下实现顶级植物群落的演替。

（6）注重有特殊功效的植物原则　利用生物固氮作用在重金属含量较低的退化生态系统土地上进行土壤改良及植被重建可以显出很大的作用和潜力。另外，绿肥作物具有生长快、产量高、适应性较强的特点，各种绿肥作物均含较高的有机质及多种大量营养元素和微量元素，可以为后茬作物提供各种有效养分，增加土壤养分，改善土壤结构，增加土壤的持水保肥能力，因此，可以利用绿肥作物迅速改良退化生态系统。

13.3.4.3　植物配置的原则

植物品种不同的配置方式和密度会直接影响到植被群落的稳定性和恢复成本。应根据恢复目的、立地条件和植物品种的特性，进行科学合理配置，按照既生态又经济的方案实施退化生态系统的植被恢复，营建与周边生态环境相协调的稳定的目标群落。

植物群落是由一定的植物种类结合在一起的一个有规律的组合。要发挥植被持续永久的综合生态功能，就要运用生态学原理构建一个和谐有序、稳定的植物群落，而其关键又在于植物的配置。植物的配置应遵循以下原则。

（1）以水土保持效果为主，兼顾生态景观效果　按照植被恢复的目的，遵循自然规律，选择耐瘠薄、抗干旱、繁衍迅速、覆盖效果好、根系发达的水土保持植物种，最大程度体现水土保持生态效应。同时选择一些彩叶树种、常绿植物以及观花、观型植物结合配置，营造适宜的生态景观效果。

（2）遵从因地制宜，乔灌草相结合　植物自然群落的草、灌、乔三位一体多层次结构，抗外界干扰能力强，即使群落中的一种或几种植物受到病虫害的危害而死亡，其他的植物也会填补其留下的空白。生态重建中，为了营建稳定的生态群落体系，必须合理配比乔木、灌木、草本植物，尽量模拟自然群落，建造乔灌草相结合的复合群落结构。同时必须依据立地条件，宜乔则乔、宜灌则灌、宜草则草，因地制宜，不可牵强。

（3）遵从生态位原则，优化植物配置，坚持生物多样性　植物品种的选配除了要考虑它们的生态习性外，还取决于生态位的配置，它直接关系到系统生态功能的发挥和景观价值的体现。在选配植物时，应充分考虑植物在群落中的生态位特征，从空间、时间和资源生态位上来合理选配植物种类，使所选择植物生态位尽量错开，从而避免种间的直接竞争，保证群落生物多样性的自然、稳定、持续。

（4）乡土植物与外来物种相结合　在植被恢复中，充分利用优良乡土树种，并积极推广、引进取得成效的优良外来树种。外来物种在植被恢复初期，可以迅速形成植被覆盖，稳固地表，改善矿山废弃地的土壤环境，为乡土树种正常生长创造良好的条件；乡土树种在植被恢复后期发挥主要作用，有利于实现稳定的目标群落，这样可以达到前期效果和长期效果兼顾的目的。这里说的外来物种是对当地环境适应能力强，生长稳定，能与周围的自然景物融合为一体，形成稳定的群落，并保持群落自然演替的顺利进行，且客观上在该地区有良好表现的那些植物。当然，对引入的外来物种要加强管理，否则会引起外来物种的泛滥，甚至对当地生态系统产生破坏。

[课后复习]

1. **概念与术语**：生态系统服务、生态系统管理、生态规划、生态城市、生态工程
2. **原理和定律**：生态规划的原则、景观生态规划的原则、生态城市建设原则、生态工程原理、植物种类选择原则、植物配置原则

[课后思考]

1. 结合你的实际观察，阐述对生态系统服务概念的理解。
2. 阐述你对生态系统管理的认识，并简述生态系统管理的主要原则。
3. 根据你的了解，生态规划有何重要作用和意义？
4. 生态城市建设的模式有哪些？你认为我国应该如何建设生态城市？
5. 湿地生态工程设计中应重点关注哪些内容？
6. 植被恢复对目前我国城市自然生态建设有何意义？

[推荐阅读文献]

[1] 杨志峰，徐琳瑜. 城市生态规划学. 北京：北京师范大学出版社，2008.
[2] 章家恩. 生态规划学. 北京：化学工业出版社，2009.
[3] 黄光宇，陈勇. 生态城市理论与规划设计方法. 北京：科学出版社，2004.
[4] 白晓慧. 生态工程. 北京：高等教育出版社，2008.
[5] 赵方莹，孙保平等. 矿山生态植被恢复技术. 北京：中国林业出版社，2009.

14 全球生态问题与生态安全危机

········

【学习要点】

1. 了解土地退化与沙漠化、酸雨、水资源短缺和森林锐减的主要内容；
2. 掌握气候变暖、温室效应和臭氧层破坏的定义和产生的原因；
3. 理解环境污染、生物入侵、转基因生物的主要危害机制。

【核心概念】

温室效应：是指透射阳光的密闭空间由于与外界缺乏热交换而形成的保温效应，就是太阳短波辐射可以透过大气射入地面，而地面增暖后放出的长波辐射却被大气中的二氧化碳等物质所吸收，从而产生大气变暖的效应。

臭氧层：是指大气层的平流层中臭氧浓度相对较高的部分，大气层的臭氧主要以紫外线打击双原子的氧气，把它分为两个原子，然后每个原子和没有分裂的氧合并成臭氧。

土地退化：是指由于环境因素或人为因素干扰，致使土地生态系统的结构和功能失调，表现为土地生物生产能力逐渐下降的过程。

土地沙化：是指因气候变化和人类活动所导致的天然沙漠扩张和砂质土壤上植被破坏、砂土裸露的过程。

酸雨：是指 pH 值小于 5.6 的降水。

水资源短缺：即水资源的稀缺，水资源相对不足，不能满足人们生产、生活和生态需要的状况。

森林锐减：是指人类过度采伐森林或自然灾害所造成的森林大量减少的现象。

环境污染：是指人为排放的有害有毒物质，破坏了环境的原有平衡，改变了生态系统的正常结构和功能，恶化了工农业生产和人类生活环境的现象。

生物入侵：是指生物从自然分布区经自然的或人为的途径侵入到另一个新的环境，其后代可以在新环境中繁殖、扩散，并影响和威胁到本地生物多样性的过程。

14.1　全球生态问题

14.1.1　气候变暖与温室效应

14.1.1.1　气候变暖

联合国世界气象组织（WMO）专家认为 2010 年发生在中国、俄罗斯、巴基斯坦及德国等国的反常气候带来的灾难与全球气候变暖的关联密不可分。另外 2010 年以来，反常天气光顾世界各地，突显出严峻的全球气候变暖趋势。北极熊无法冬眠、纽约冬季气温 22℃、海平面逐年上升等，类似报道在各大媒体上层出不穷，迫使人类更广更深地关注气候变暖事件及其负面影响，更加认识到人类应共同行动，认真应对全球变暖的迫切性。气候变暖指的是在一段时间中，地球的大气和海洋温度上升的现象。当前气候变暖问题，不仅是科学问题、环境问题，而且是能源问题、经济问题和政治问题。全球气候变暖主要是由人为的和自然的两方面原因引起的，自然原因如全球正处于温暖期、地球周期性公转轨迹变动等；人为原因如人口剧增、环境污染、海洋生态环境恶化等。

14.1.1.2 温室效应

温室效应（greenhouse effect）是指透射阳光的密闭空间由于与外界缺乏热交换而形成的保温效应，就是太阳短波辐射可以透过大气射入地面，而地面增暖后放出的长波辐射却被大气中的二氧化碳（carbon dioxide）等物质所吸收，从而产生大气变暖的效应。

按照地球和太阳的距离计算，全球温度应比现在低 33℃，也就是平均 -18℃，但是，从行星融合之时起，地球就一直在辐射能量，环绕着地球的大气防止了热量的全部散失。大气允许大部分辐射到达地面，这些光能中很大一部分转化为热能。白天热能被地面保存，晚上又被辐射出来。大部分热能被大气中的气体吸收，尤其是水蒸气、二氧化碳、甲烷和氧化氮。由大气层的气体引起的全球变暖就定义为温室效应。温室效应引起的影响将是深远的，如极地的冰会融化，海洋会因热而膨胀、海平面上升，最终导致全球气候的大规模变化。另外，全球变暖会引起生物的迁移，这种迁移或者是为寻求适宜的温度，或者是为适应变化的环境，或者是面临灭绝的反应。生物的这种迁移会引发热带病，生境由热带气候变成温带气候就有可能导致这类病（如疟疾）。

14.1.1.3 全球防治气候变暖的对策

（1）加大可再生能源的推广和使用 减少对石油燃料的依赖，是降低大气中 CO_2 浓度的主要方向。面对能源安全问题和国际和平，我们必须考虑到要尽早逐步地从依靠化石能源这种经济体制转化到利用可再生能源的一个新的体制，比如要大大提高能源使用效率，使用节能冰箱、节能空调、高效能汽车，推动如太阳能、风能、生物能等可再生能源的发展。

（2）排污权交易与 CO_2 排放总量控制 CO_2 气体的排放影响的范围是全球，在经济全球化这个大背景下，进行全球范围的 CO_2 交易，就有了技术和政策的基础。但是，CO_2 全球范围的交易需有一个共同的标准，而国家与国家之间在技术等领域上差别悬殊，造成 CO_2 全球范围内交易的实现还需要很长的时间。

（3）其他减缓措施 新的研究发现，在海水中添加石灰将会是降低大气中 CO_2 的一种可行的方法，除此外还有很多碳捕获技术。

14.1.2 臭氧层破坏

臭氧层破坏是当前全球面临的环境问题之一。自 20 世纪 70 年代以来就开始受到世界各国的关注。从 1995 年起，每年的 9 月 16 日被定为"国际保护臭氧层日"。

14.1.2.1 臭氧层的定义

臭氧层（ozone layer）是指大气层的平流层中臭氧浓度相对较高的部分，大气层的臭氧主要以紫外线打击双原子的氧气，把它分为两个原子，然后每个原子和没有分裂的氧合并成臭氧。臭氧分子不稳定，紫外线照射之后又分为氧气分子和氧原子，形成一个持续的臭氧-氧气循环，如此产生臭氧层。自然界中的臭氧层大多分布在离地 20～50km 的高空。臭氧层好像一个巨大的过滤网，可以吸收和滤掉太阳光中有害的紫外线，有效地保护地球生物的生存。高空臭氧层是保护层，但近地低空中的臭氧却是一种污染物，可能引起光化学烟雾，危害森林、作物、建筑物等，臭氧还会直接引起人的机体失调和中毒。

14.1.2.2 臭氧层的破坏

臭氧分子是平流层大气的重要组成部分，所以臭氧层在平流层的垂直分布对平流层的温度结构和大气运动起着决定性的作用，发挥着调节气候的重要功能。南极上空的臭氧层是在20亿年的漫长岁月中形成的，可是仅在一个世纪里就被破坏了60%。氟利昂作为氯氟烃物质中的一类，是一种化学性质非常稳定，且极难被分解、不可燃、无毒的物质，被广泛应用于现代生活的各个领域。清洁溶剂、制冷剂、保温材料、喷雾剂、发泡剂等中都使用了氟利昂。氟利昂在使用中被排放到大气后，其稳定性决定了它将长时间滞留于此达数十至100年。由于氟利昂不能在对流层中自然消除，只能缓慢地从对流层流向平流层，在那里被强烈的紫外线照射后分解。分解后产生的原子氯将会破坏臭氧层。

14.1.2.3 臭氧层破坏的影响

臭氧层被大量耗损后，吸收紫外线的能力大大减弱，导致到达地球表面的紫外线 UV-B 明显增加，给人类健康和生态环境带来多方面的危害。

(1) 对人体健康的影响　阳光紫外线中，臭氧层破坏引起 UV-B 的增加对人类健康有严重的危害作用，它能诱发和加剧眼部疾病、皮肤癌和传染性疾病。长期暴露于紫外线的辐射下，会导致细胞内的 DNA 改变，人体免疫系统的机能减退，人体抵抗疾病的能力下降。

(2) 对陆生植物的影响　一般说来，紫外线辐射增加使植物的叶片变小，因而减少俘获阳光的有效面积，对光合作用产生影响。

(3) 对水生生态系统的影响　阳光中的 UV-B 辐射对鱼、虾、蟹、两栖类动物和其他动物的早期发育阶段都有危害作用，还会危及水中生物的食物链和自由氧的来源，影响生态平衡和水体的自净能力。

(4) 对生物化学循环的影响　阳光紫外线的增加会影响陆地和水体的生物地球化学循环，从而改变地球-大气这一巨大系统中一些主要物质在地球各圈层中的循环。对陆生生态系统，增加的紫外线会改变植物的生成和分解，进而改变大气中重要气体的吸收和释放。在水生生态系统中，阳光紫外线也有显著作用，这些作用直接造成 UV-B 对水生生态系统中碳循环、氮循环和硫循环的影响。

(5) 对材料的影响　因平流层臭氧耗损导致阳光紫外辐射的增加会加速建筑、喷涂、包装及电线电缆等所用材料，尤其是高分子材料的降解和老化变质。

(6) 对对流层大气组成及空气质量的影响　平流层臭氧的减少使到达低层大气的 UV-B 辐射增加，由于 UV-B 的高能量，这一变化将导致对流层的大气化学更加活跃。首先，在污染地区如工业和人口稠密的城市，即氮氧化物浓度较高的地区，光化学烟雾污染会加重。其次，对流层中一些控制着大气化学反应活性的重要微量气体的光解速率将提高，其直接的结果是导致大气中重要自由基浓度增加，整个大气的氧化能力增加，从而对温室气体的气候效应产生影响。同时，对流层反应活性的增加还会导致颗粒物生成的变化。

14.1.3　土地退化与沙漠化

土地退化 (soil degradation) 是指由于环境因素或人为因素干扰，致使土地生态系统的结构和功能失调，表现为土地生物生产能力逐渐下降的过程。目前，土地退化的形式主要有土壤侵蚀、土地沙化、土壤次生盐碱化、土壤污染以及土壤肥力退化等。20 世纪 80 年代，人类活动引起的土地退化面积见表 14.1，退化类型见表 14.2。

表 14.1　人类活动引起的土地退化面积（20 世纪 80 年代）

地区	退化土地		退化程度			
	面积 /10^6 hm^2	占地总面积 的比率/%	轻度 /10^6 hm^2	中度 /10^6 hm^2	重度 /10^6 hm^2	极度 /10^6 hm^2
世界	1964.4	17	749.0	910.5	295.7	9.3
非洲	494.2	22	173.6	191.8	123.6	5.2
北美	158.1	8	18.9	112.5	26.7	0.0
南美	243.4	14	104.8	113.5	25.0	0.0
亚洲	748.0	20	294.5	344.3	107.7	0.5
欧洲	218.9	23	60.6	144.4	10.7	3.1
大洋洲	102.9	13	96.6	3.9	1.9	0.4

注：资料来源为联合国环境规划署，引自曹志平，2001。

表 14.2　人类活动引起的土地退化类型（20 世纪 80 年代）

地区	水土流失		风沙侵蚀		化学退化		物理	
	面积 /10^6 hm^2	占地总面积 的比率/%	面积 /10^6 hm^2	占地总面积 的比率/%	面积 /10^6 hm^2	占地总面积 的比率/%	面积 /10^6 hm^2	占地总面积 的比率/%
世界	1964.4	17	1964.4	1964.4	17	17	1964.4	17
非洲	494.2	22	494.2	494.2	22	22	494.2	22
北美	158.1	8	158.1	158.1	8	8	158.1	8
南美	243.4	14	243.4	243.4	14	14	243.4	14
亚洲	748.0	20	748.0	748.0	20	20	748.0	20
欧洲	218.9	23	218.9	218.9	23	23	218.9	23
大洋洲	102.9	13	102.9	102.9	13	13	102.9	13

注：资料来源为联合国环境规划署，引自曹志平，2001。

（1）土壤侵蚀（soil erosion）　是指在风或水的作用下，土壤物质被破坏、带走的作用过程。以风为动力使土粒飞散，造成的土壤侵蚀叫风蚀。在地表缺乏植被覆盖、土质松软干燥的情况下，4～5m/s 的风就会造成风沙。由于水的作用把土壤冲刷到别处的现象叫做水蚀，即通常所说的水土流失。土壤侵蚀使土壤肥力和保水性下降，从而降低土壤的生物生产力及其保持生产力的能力；还会使江河、湖泊的泥沙淤积，河床抬高，湖泊变浅、面积缩小，影响交通运输和经济发展；并可能造成大范围洪涝灾害和沙尘暴，给社会造成重大经济损失，并恶化生态环境。减少土壤侵蚀的根本办法是修梯田，筑拦沙坝，种草种树，增加植被覆盖。此外，以适当的角度来耕种梯田，顺着等高线而不是顺着斜坡挖水渠，这种等高耕作的方法可以减少水土流失。同时，在裸露的土地上种植作物有助于减少土壤侵蚀。如果用豆科植物作覆盖植物，可以固定氮，增加土壤氮含量。免耕农业种植系统是通过挖下窄裂沟而不是对土壤操作，减少对土壤的干扰，从而减少了侵蚀。

（2）土地沙化（soil desertification）　是指因气候变化和人类活动所导致的天然沙漠扩张和砂质土壤上植被破坏、砂土裸露的过程。当土壤中的水分不足以使大量植物生长，即使有植物生长也十分稀疏，不能给土壤提供足够水分。土地是否会发生沙化，决定的因素在于土壤中含有多少水分可供植物吸收、利用，并通过植物叶面而蒸发。任何破坏土壤水分的因素都会最终导致土壤沙化。土地沙化的大面积蔓延就是荒漠化，是最严重的全球环境问题之一。目前地球上有 20% 的陆地正在受到荒漠化威胁。造成土地沙化的主要原因有气候变化、农垦开荒、过度放牧、滥挖滥伐及水资源的不合理利用。土地沙化对经济建设和生态环境危害极大。首先，土壤沙化使大面积土壤失去农、牧生产能力，使有限的土壤资源面临更为严重的挑战。我国从 1979～1989 年 10 年间，草场退化每年约 $130×10^4 hm^2$，人均草地面积由 $0.4hm^2$ 下降到 $0.36hm^2$。其次，使大气环境恶化。由于土壤大面积沙化，使风挟带大量沙尘在近地面大气中运移，极易形成沙尘暴，甚至黑风暴。土壤沙化主要防治途径有：营造防沙林带；控制农垦；合理开发水资源；完善法制，严格控制破坏草地；实施生态工程；建立生态复合经营模式。

（3）土壤次生盐碱化（soil salinization） 是指分布在干旱、半干旱地区的土壤，因灌溉不合理，导致地下水位上升，引起可溶性盐类在土壤表层或土壤中逐渐积累的过程。其形成必须具备两个条件：①气候干旱、排水不畅和地下水位过高，是引起土壤积盐的重要原因，一般是地下水埋深（埋藏深度）比地下水临界深度浅，则将发生盐化；②地下水矿化度高。其积盐过程同土壤盐碱化。在华北地区经常大水漫灌农田会导致土壤次生盐碱化。防治的关键在于控制地下水位，故应健全灌排系统，采取合理灌溉等农业技术措施，防止地下水位抬升和土壤返盐。

当土壤中含有害物质过多，超过土壤的自净能力时，就会引起土壤的组成、结构和功能发生变化，微生物活动受到抑制，有害物质或其分解产物在土壤中逐渐积累，通过"土壤→植物→人体"，或通过"土壤→水→人体"间接被人体吸收，达到危害人体健康的程度，就是土壤污染。土壤污染物有下列 4 类：①化学污染物，包括无机污染物和有机污染物。前者如汞、镉、铅、砷等重金属，过量的氮、磷植物营养元素以及氧化物和硫化物等；后者如各种化学农药、石油及其裂解产物，以及其他各类有机合成产物等。②物理污染物，指来自工厂、矿山的固体废物，如尾矿、废石、粉煤灰和工业垃圾等。③生物污染物，指带有各种病菌的城市垃圾和由卫生设施（包括医院）排出的废水、废物以及厩肥等。④放射性污染物，主要存在于核原料开采和大气层核爆炸地区，以锶和铯等在土壤中生存期长的放射性元素为主。土壤污染防治的措施主要有：科学地进行污水灌溉；合理使用农药，重视开发高效、低毒、低残留农药；合理施用化肥，增施有机肥；施用化学改良剂，采取生物改良措施等。

（4）土壤肥力退化（soil fertility degradation） 主要是指土壤养分贫瘠化，为了维持绿色植物生产，土地就必须年复一年地消耗它有限的物质贮库，特别是作物所需的那些必要的营养元素，一旦土壤中营养元素被耗竭，土壤就不能满足作物生长。

人类活动引起的土地退化类型及程度见图 14.1。

14.1.4 酸雨

早在 20 世纪初，英国就出现酸雨，但没有引起人们的注意。20 世纪 50 年代以后，随着工业的迅速发展，北欧的瑞典、挪威、丹麦等国相继出现酸雨的危害，北美在相当大的范围内出现 pH 5 以下的酸雨。1973～1975 年，日本各地都发生 pH 4～5 的降雨，神奈川县多次出现 pH 4 以下的酸雨。因此，引起了世界各国的极大关注，开始了对酸雨的研究。

酸雨（acid rain）是指 pH 值小于 5.6 的降水（美国采用 pH 值小于 5）。广义的酸雨（酸沉降）包括干沉降和湿沉降。干沉降包括各种酸性气体、酸性气溶胶和酸性颗粒物，其主要成分为 SO_2、NO_2、SO_4^{2-}、HF、HCl、HCOOH、CH_3COOH、NO_3^-、Cl^-、F^- 等。湿沉降即通常所说的酸雨，包括酸性雨、酸性雾、酸性露、酸性雪和酸性霜等，主要成分有阳离子：H^+、Ca^{2+}、NH_4^+、Na^+、K^+、Mg^{2+}；阴离子：SO_4^{2-}、NO_3^-、Cl^-、HCO_3^-。

酸雨形成包括两大过程，即排入大气中的酸性物质（SO_x、NO_x），被氧化后与雨滴作用，或在雨滴形成过程中同时被吸收与氧化，雨滴降落（冲刷）过程中把酸性物质一起冲刷

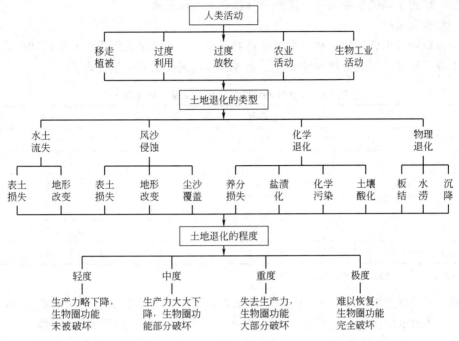

图 14.1　人类活动引起的土地退化（引自曹志平，2001）

下来；第二步是 SO_2 被氧化成 SO_3，然后再与水作用成为硫酸，其机理可能如下所示。

① 被光化学氧化剂氧化。SO_2 经过波长 290～400nm 光的作用下，发生光化学反应，形成 SO_3。

② 大气中有充足的氧，有一定的水分和微粒，包括各种金属元素。在这样的条件下，一些还原性污染物在金属催化剂（Fe、Mn）作用下，易产生氧化作用。

③ 被空气中的固体粒子吸附和催化，形成硫酸烟雾。

④ 气、液、固相的多相反应（非均相氧化反应）。多相反应有：水滴中过渡金属的催化氧化反应；液相中强氧化剂（如 H_2O_2、O_3 等）的氧化；NO_x、SO_2 和固体颗粒特别是与煤烟中碳颗粒碰撞的表面氧化等。

酸雨的危害主要表现在以下几个方面：①对人体皮肤、肺部、咽喉呼吸道系统的刺激性危害，空气中的酸性水气及细小水滴随人呼吸进入呼吸道产生危害；②腐蚀建筑材料、金属结构、涂料等，特别是许多以大理石和石灰石为材料的历史建筑物和艺术品，耐酸性差，容易受酸雨腐蚀和变色；③引起水生生态系统结构的变化，导致水生生物群落结构趋于单一化；④导致土壤酸化，抑制土壤中有机物的分解和氮的固定，淋洗土壤中 K、Ca、P 等营养元素，使土壤贫瘠化，也使有害金属离子活性增强；⑤损害植物的新生叶芽，从而影响其生长发育，导致森林生态系统的退化；⑥导致浅层地下水水质发生改变，pH 降低，硬度增高，水质恶化。

控制酸性污染物排放是控制酸雨污染的主要途径：①对原煤进行洗选加工，减少煤炭中的含硫量；②优先开发和使用各种低硫燃料，如低硫煤和天然气；③改进燃烧技术，减少燃烧过程中二氧化硫和氮氧化物的产生量；④采用烟气脱硫装置，脱除烟气中的二氧化硫和氮氧化物；⑤改进汽车发动机技术，安装尾气净化装置，减少氮氧化物的排放。我国 1998 年制定划分了酸雨控制区，实现二氧化硫达标排放和总量控制，使酸雨区的环境恶化趋势缓解，并制定了力争 2010 年城市环境质量达标，酸雨控制区降水 pH 小于 4.5 的面积明显减少的目标，规定了高硫煤的限产、停产和分批建成脱硫设施。

14.1.5 水资源短缺

水资源短缺即水资源的稀缺，水资源相对不足，不能满足人们生产、生活和生态需要的状况。水资源短缺已成为全球性的问题。世界各地区的淡水开采量见表14.3。

表 14.3　世界各地区的淡水开采量（1995 年）

项 目	世界	非洲	欧洲	北美和中美洲	南美洲	亚洲	大洋洲
每年再生性水资源总量/$10^9 m^3$	41022.0	3996.0	6234.6	6443.7	9526.0	13206.7	1614.3
农业用水/%	69	88	31	49	59	85	34
工业用水/%	23	5	55	42	23	9	2
生活用水/%	8	7	14	9	18	6	64
农业用水总量/$10^9 m^3$	28305.0	3516.5	1932.7	3157.4	5620.3	11225.7	548.9
占全世界农业总用水量的比例/%	100.0	12.4	6.8	11.2	19.8	40.0	1.9

注：资料来源为世界资源所，引自曹志平，2001。

世界水资源研究所认为，目前共有 2.32 亿人口所在的 26 个国家被列为缺水国家，另有 4 亿人口所生活地区的用水速率将超过水资源更新的速率，所以他们的缺水问题也日益严重。1/5 的世界人口可能饮用那些不符合卫生标准的淡水。全球陆地淡水资源分布是很不均匀的，其中北非和中东的很多国家缺水更为严重。例如中东地区，14 个国家中的 9 个已面临缺水困境，是世界上缺水国家最集中的地区，而且由于中东的河流实际上归几个国家所有，所以该地区还出现了由于水权问题而引起的紧张的政治局势。预测的 2050 年水源压力指数见表 14.4。

表 14.4　预测的 2050 年水源压力指数

国家	预测的水资源/（m^3/人）	国家	预测的水资源/（m^3/人）	国家	预测的水资源/（m^3/人）
阿富汗	697～1021	约旦	68～90	韩国	964～1488
阿尔及利亚	247～398	肯尼亚	141～190	卢旺达	247～351
巴林	72～104	科威特	38～59	沙特阿拉伯	67～84
巴巴多斯	129～197	黎巴嫩	768～1218	新加坡	159～221
布基纳法索	711～1018	莱索托	596～789	索马里	223～324
布隆迪	160～229	利比亚	213～276	南非	473～658
佛得角	176～252	马达加斯加	683～991	叙利亚	454～667
科摩罗	341～508	马拉维	236～305	坦桑尼亚	728～964
塞浦路斯	717～1125	马耳他	57～88	多哥	737～1081
吉布提	6～8	摩洛哥	468～750	突尼斯	221～363
埃及	398～644	莫桑比克	948～1337	乌干达	759～1134
埃塞俄比亚	477～690	尼日利亚	763～1116	阿联酋	120～171
加纳	816～1105	阿曼	163～235	也门	90～127
海地	505～679	秘鲁	756～1125	津巴布韦	715～1061
伊朗	581～891	卡塔尔	47～68	以色列	192～300

注：1. 包括预测的每年人均再生性水资源少于 $1000 m^3$ 的国家。

2. 资料来源为联合国环境规划署，引自曹志平，2001。

　　水资源的危机不仅表现在数量匮乏上，还表现在水质方面的恶化上，发生"水质性缺水"，即由于水质下降到无法使用的程度而造成的缺水，主要是由淡水受到污染而产生。目前世界地下水有一半受到污染，中国 50% 的地下水被污染，40% 的水源不能饮用。水质的下降不仅严重威胁着人的身体健康和生命安全，反过来也影响农业生产和加剧水资源紧张状况。

　　造成水资源短缺的原因主要有以下几点：①人口迅速增长导致了水资源消费量的猛增；②人口城市化急剧发展和地区水资源的分布不合理；③温室效应加剧了水资源供应的恶化；④森林锐减加速了水资源危机的形成；⑤水资源污染状况严重。

　　如果说 20 世纪是石油的世纪，那么，21 世纪则将是水的世纪，水资源缺乏已是 21 世纪面临的最严重的资源问题，它将制约全球经济的发展。因此，有必要认识和解决水资源问题的重要性和迫切性。目前各国采取的解决水资源危机的主要对策有：①提高水的利用效率，合理利用地下水资源，大力推广节水技术和装置，以减少水消耗和污水的压力；②采取跨流域的调水措施，以改变水资源地理分布不均的状况；③不断开发净水新技术和海水淡化技术；④充分收集和利用天然降水，改变传统的农业灌溉模式；⑤提高人类爱水、节水意识，节约生活用水。

14.1.6　森林锐减

　　森林是极其重要的资源，它不仅持续不断地为社会提供木材等多种原材料，而且还保存了世界上绝大多数物种基因资源和碳储量，是生物多样性保护的核心和全球变化的重要调节器。森林在保持水土、防治沙漠化、防治污染及恢复退化与受污染土地方面有着不可低估的作用。

　　森林锐减是指人类的过度采伐森林或自然灾害所造成的森林大量减少的现象。自 20 世纪 50 年代起，全球森林面积急剧减少，世界上 80% 的原始森林遭到破坏（图 14.2）。目前，

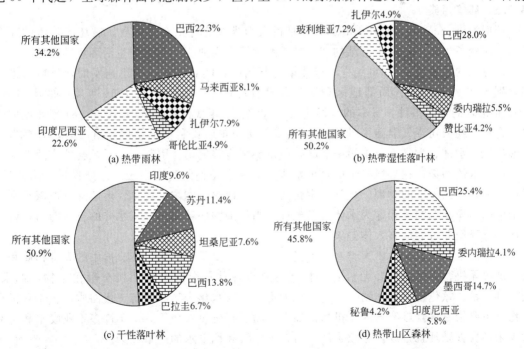

图 14.2　1981～1990 年各类型森林丧失：居首位的 5 个国家所占的百分比

（资料来源：FAO，1990 年森林资源评价：热带国家，FAO 林业报告第 112 号；仿曹志平，2001）

全球热带雨林仍以每年 1170 万公顷的速率急剧消失，尤其是世界上最大的亚马逊雨林，正被众多发达国家的木材公司肆无忌惮地成片砍伐。人类在毁掉大片森林的同时，也摧毁了物种生存所依赖的重要基础。

森林锐减导致气候变化异常，自然灾害频繁发生；生物多样性减少，物种基因受损；土壤侵蚀加剧，土地荒漠化进程加快等。巴西东北部的一些地区就因为毁掉了大片的森林而变成了巴西最干旱、最贫穷的地方；在秘鲁，由于森林不断被破坏，1925～1980 年间爆发4300 次较大泥石流、193 次滑坡，直接死亡人数 4.6 万人；1997 年夏，印度尼西亚多个岛屿上的热带雨林相继发生森林大火，浓烟笼罩了整个东南亚，究其原因，除气候干燥外，大量采伐人员在雨林中大规模伐木是引起大火的主要原因。

目前，经济增长是各国首选的政策目标，发展中国家更是如此，经济增长给社会带来一定的繁荣，但是产生了资源与经济发展"空壳化"问题，如何处理经济增长与环境保护，尤其森林可持续经营与经济可持续发展，成为社会关注的热点。因此，许多国家的政府都在探索制定更加切合实际的林业政策，从而与可持续发展思想更加一致。政策重点从重视木材及少数林产品转向更为广阔的社会、经济、生态目标，表现在规划森林培育和生物多样性、改变"树木和森林的归属及其用途"的观念方面。

在制定现有森林保护和合理开发利用的政策同时，大力发展人工林业是世界各国面对天然林和次生林日益减少所采取的共同的、长期的林业发展战略，成为解决 21 世纪木材需求的根本措施，以此来解决环境和木材供需之间的矛盾。

14.2　生态安全危机

14.2.1　环境污染

环境污染（environment pollution）是指人为排放的有毒有害物质，破坏了环境的原有平衡，改变了生态系统的正常结构和功能，恶化了工农业生产和人类生活环境的现象。

世界性的污染是从 18 世纪中叶产业革命开始的，随着大工业的迅速发展，环境污染加剧，到 20 世纪初期，在局部地区环境问题已日趋严重，如发生在 1934 年美国的黑风暴，1952 年伦敦的烟雾事件，日本的水俣病从 20 世纪 50 年代持续到 70 年代，1984 年印度博帕尔联合碳化物公司毒气泄漏事件，1986 年前苏联切尔诺贝利核电站爆炸事故等，公害事件相继出现，水体、大气、土壤污染加剧，城市噪声也很突出，引起了国际社会的广泛关注。

（1）水体污染　在环境科学中，把水体作为一个完整的生态系统。污染物进入水体后，经过一系列极其复杂的物理、化学和生化的变化，使污染物浓度或毒性逐渐降低，恢复到受污染前的洁净状态的过程称为水体自净过程。当污染物的数量超过了水体的自净能力，就会破坏生态环境并可能危害人体健康。

水体污染物可以分为 4 大类：①无机无毒物，主要是无机酸、碱、盐中的无毒物质和含氮、磷等无机营养物质。②无机有毒物，主要指各种重金属及其无机有毒化合物，如汞、镉、砷、铅、氰化物、氟化物等。③有机无毒物，碳水化合物、脂肪、蛋白质等。④有机有毒物，主要指有毒且难溶解的有机物，如苯、酚、有机氯农药等。由于许多工业废水和生活污水未经妥善处理就排放，导致了江、河、湖、海和地下水的严重污染。

（2）固体废物　固体废物是指人类在生产建设、日常生活和其他活动中产生的，在一定时间和地点无法利用而被丢弃的污染环境的固体、半固体废物。固体废物是相对某一过程或某一方面没有使用价值，而并非在一切过程或一切方面都没有使用价值。另外，由于各种产品本身具有使用寿命，超过了寿命期限，也会成为废物。因此，固体废物的概念具有时间性和空间性。

固体废物按化学组成可分为有机废物和无机废物；按物理形态可分为固态废物、半固态废物和液态（气态）废物；按危险程度可分为危险废物和一般废物等。

根据 2005 年实施的《中华人民共和国固体废物污染环境防治法》，固体废物分为城市生活垃圾、工业固体废物和危险废物。

① 城市生活垃圾　又称为城市固体废物，它是指在城市居民日常生活中或为城市日常生活提供服务的活动中产生的固体废物，主要包括居民生活垃圾、医院垃圾、商业垃圾、建筑垃圾等。它的主要特点是成分复杂，有机物含量高，其所含化学元素大部分为碳，其次为氧、氢、氮、硫等。

② 工业固体废物　是指在工业、交通等生产过程中产生的固体废物，又称工业废渣或工业垃圾，主要包括冶金工业固体废物、能源工业固体废物、石油化学工业固体废物、矿业固体废物、轻工业固体废物以及其他工业固体废物。不同工业类型所产生的固体废物种类和性质是迥然相异的。

③ 危险废物　《中华人民共和国固体废物污染环境防治法》中规定："危险废物是指列入国家危险废物名录或者根据国家规定的危险废物鉴别标准和鉴别方法认定的具有危险特性的废物。"

危险废物的特性，包括急性毒性、易燃性、反应性、腐蚀性、浸出毒性和疾病传染性。联合国环境规划署《控制危险废物越境转移及其处置巴塞尔公约》列出了"应加控制的废物类别"共 45 类，"须加特别考虑的废物类别"共 2 类，同时列出了危险废物"危险特性的清单"共 14 种特性。

（3）农药污染　近年来，农药污染事件频繁发生，危害也越来越严重，主要表现在土壤、水体、粮食、蔬菜、水果等与人类的生产、生活密切相关产品的污染上。

农药作为农业生产资料对减轻作物病虫害的防治作用是不可忽略的，但是，它也是一把双刃剑，农药在对作物实施保护的同时残留在作物体内，通过食物链而危害人体健康。尤其是有机磷农药，可以通过皮肤进入人体，从而对人体的健康造成危害。

性质稳定、分解缓慢、残效期长的农药（如有机氯农药）落入土壤中，易在土壤中积累，造成对土壤的污染。土壤中残留的农药，不仅容易被农作物吸收转入农副产品中，还会对土壤中的有益微生物，如固氮菌及其他有益生物造成危害。

随着科学技术的发展，农药对生态环境的影响也得到了重视。农药多是以液体喷洒使用的，在喷洒中或使用后，农药中的有毒成分会随水分一起蒸发到空气中，从而对大气造成影响，如果污染物的含量超过本底值，并达到一定数值就成为污染。而一旦达到污染或严重污染，就势必会对人体健康、其他生物健康及整个生态平衡造成威胁。

水体中农药的来源主要是以下几个方面：向水体直接施用农药；含有农药成分的雨水落入水体；植物或土壤黏附的农药，经水冲刷或溶解进入水体；生产农药的工业废水或含有农药的生活污水进入水体等。农药的使用危害着水环境及水生生物的生存，甚至破坏水生生态平衡。

14.2.2　生物入侵

生物入侵（biological invasion）是指生物从自然分布区经自然的或人为的途径侵入到另一个新的环境，其后代可以在新环境中繁殖、扩散，并影响和威胁到本地生物多样性的过程。对于特定的生态系统与栖境来说，任何非本地的物种都叫外来物种（alien species），它通常是指物种出现在其正常的自然分布范围之外的一个相对概念。而外来入侵物种（invasive alien species，IAS）是指对生态系统、栖境、物种、人类健康带来威胁的外来物种（万方浩等，2002）。

生物入侵对环境及生物多样性是一个极其严重的威胁。据分析，造成当地许多物种灭绝，从而使得生物多样性丧失的首要的因素是生境的破坏和破碎化，其次是生物入侵。生物入侵对生态系统的稳定性以及所有物种都赖以生存的自然界的平衡，造成了长期的威胁。由于生物入侵是在全球的尺度上进行的，因而它还有造成全球植物区系和动物区系均匀化的趋势。

（1）生物入侵的生态过程　由于长期以来，人类的工农业发展，已经造就了大面积的次生环境，这些环境中的原生性的种类已经丧失殆尽，因此为外来物种成为入侵物种营造了良好的环境。

一般认为，生物入侵的生态过程分为传入、定殖和扩散3个阶段，具体包括：①外来物种的传入。传入是指物种从原产地到达新栖息地的过程，它是外来物种成功入侵的第一步。②初始定殖和种群的成功建立。外来物种在新的栖息地定殖，建立一个具有自我繁衍能力的种群。③扩散和再次传入新的栖息地。一旦完成初始定殖和种群建立，外来物种可以通过外部因素而长距离的扩散，或者通过建立种群边缘扩张而进行短距离的扩散。

（2）生物入侵的危害　生物入侵往往会对一个国家或地区的环境资源、经济文化和社会的发展构成严重威胁。外来入侵物种的危害主要包括以下几个方面。

① 生物多样性丧失。外来入侵生物通过压制或排挤本地生物，形成单优势种群，不仅危及到本地生物的生存，还会导致本地生物的彻底灭绝。近年来，紫茎泽兰、豚草、大米草、空心莲子草、微甘菊、加拿大一枝黄花等在我国不同生态系统中的入侵与疯狂蔓延，很快形成了单优势群落，排挤其他生物的生存，导致原有生物群落的衰退和生物多样性的丧失。

② 对生态系统造成潜在的威胁。外来生物在适宜的生态和气候条件下疯狂生长，不仅对农林业造成直接损害，还会破坏整个生态系统的结构和功能。随着外来生物入侵，一个地区的本土生物常被入侵生物所包围和渗透，造成一些植被的近亲繁殖及遗传变异，有些入侵生物甚至可与不同属的种杂交——如加拿大一枝黄花不但可与同属植物杂交，还可与假蒿、紫菀杂交，这不仅会造成严重的物种基因的遗传侵蚀，更会导致原有生态系统的紊乱。

③ 经济损失严重。一旦引入外来入侵生物，经济上的损失是很难避免的。经济损失包括两大部分，一部分是生态受到破坏引起的经济损失，在我国外来入侵造成的经济损失平均每年达574亿人民币，印度每年的损失为1300亿美元，南非为800亿美元。另一部分是防治外来生物的损失，在美国，每年用于外来物种防治的直接费用竟达到1200亿美元。

④ 危害人畜健康。外来入侵生物不仅直接造成经济损失，而且间接污染环境，对人畜的健康形成威胁。如为了保护环境、防止外来植物和虫害对农作物和林木造成损害，人们不得不喷洒大量的农药以消灭外来生物。农药的大量使用使得环境遭到相当程度的污染，直接威胁到人畜的健康，而农药在农作物中的残留对人畜健康又构成了间接损害。

14.2.3　转基因生物

14.2.3.1　转基因生物的定义

转基因生物一词源于英语"transgenic organisms"，因为在20世纪70年代，重组脱氧核糖核酸技术刚开始应用于动植物育种的时候，常规的做法是将外源目的基因转入生物体内，使其得到表达，因而在早期的英语文献中，这种移植了外源基因的生物被形象地称为"transgenic organisms"，即"转基因生物"。转基因生物应用现代生物技术，导入特定的外源基因，包括其他动物、植物、微生物和人工设计合成的基因等，创造出许多前所未有的新性状、新产品甚至新物种。由于转基因生物比传统生物更抗病虫害，具有更高的营养价值和单位面积产量，能适应更恶劣的自然条件，因而对农业、人类健康、贸易和环境具有深远影响。

14.2.3.2　转基因生物的生态风险

转基因生物技术的开发和应用是人类智慧的产物，人们在利用生物技术造福人类的同时，也可能带来意想不到的安全问题，尤其是转基因生物技术的滥用对生物多样性、生态环境及人体健康均可能构成危险或潜在的风险，即生态风险问题。转基因生物的生态风险主要表现在两个方面：转基因生物对生态环境可能造成的危害；转基因生物对人类健康可能造成的危害。

（1）生态环境风险　转基因生物作为一种特殊的外来物种，其本身具有固定的遗传性，在其环境释放和大规模的商业化生产中，极有可能因为"基因逃逸"和"基因漂移"而形成新的杂交物种，或者因为"基因污染"而破坏本土的原始基因库，从而导致本土的原生物种资源的丧失，并进一步使整个生态环境产生变化。转基因生物可能对生态环境产生以下风险：①污染传统作物。②污染自然界的生物基因库。③造成生物多样性的丧失，破坏自然界的生态平衡。

（2）人体安全风险　转基因生物对人体的危害风险可能表现在：①可能产生毒素或增加毒素含量。②可能产生过敏反应。基因改变后，生物可能会出现新的蛋白质，此类蛋白质可能存在过敏源。③可能导致抗药性。④原有营养成分可能遭到破坏。转基因生物所引入的外源基因往往可以表达出蛋白质，可能会引起生物的代谢发生变化，从而造成该生物营养成分的改变。

［课后复习］

1. **概念和术语**：温室效应、臭氧层、土地退化、土地沙化、酸雨、水资源短缺、森林锐减、环境污染、生物入侵、外来物种、外来入侵物种、转基因生物
2. **原理和定律**：温室效应的原理、酸雨形成机制、生物入侵机制

［课后思考］

1. 防治全球变暖的对策有哪些？
2. 为什么臭氧层是地球的保护伞？臭氧层破坏有哪些主要影响？
3. 简述酸雨的形成机理及其控制途径。
4. 全球对水资源短缺和森林锐减采取了哪些有效的措施？
5. 生物入侵对生态系统产生的危害和机理是什么？
6. 转基因生物对人体产生的生态风险有哪些？

［推荐阅读文献］

［1］Bush Mark B. 生态学——关于变化中的地球. 刘雪华译. 北京：清华大学出版社，2007.
［2］李训贵. 环境与可持续发展. 北京：高等教育出版社，2004.
［3］高吉喜，张林波，潘英姿. 21世纪生态发展战略. 贵阳：贵州科技出版社，2001.

参 考 文 献

[1] Brokaw M, Busing R T. Niche versus chance and tree diversity in forest gaps. Trends in Ecology and Evolution, 2000, 15.

[2] Myers N, Mittermeier R A, Mittermeier C G, et al. Biodiversity hotspots for conservation priorities. Nature, 2000, 403.

[3] 麦肯齐 A, 鲍尔 A S, 弗迪 S R. 生态学 [M]. 北京：科学出版社, 2000.

[4] Mackenzie Aulay, Ball Andy S, Virdee Sonia R. 生态学 [M]. 孙儒泳, 李庆芬, 牛翠娟等译. 精要速览系列中文版. 北京：科学出版社, 2000.

[5] Pullin Andrew S. 保护生物学 [M]. 贾竞波译. 中文版. 北京：高等教育出版社, 2005.

[6] 安平. 谈森林资源锐减的国际与国内法律对策 [J]. 甘肃政法成人教育学院学报, 2004 (02)：108-111.

[7] 白晓慧. 生态工程 [M]. 北京：高等教育出版社, 2008.

[8] 包维楷, 陈庆恒. 生态系统退化的过程和特点 [J]. 生态学杂志, 1999, 18 (2)：36-42.

[9] 毕润成, 高瑞如. 生态学考研精解 [M]. 北京：科学出版社, 2007.

[10] 蔡晓明. 生态系统生态学 [M]. 北京：科学出版社, 2000.

[11] 曹志平, 钟晓东. 全球生物多样性监测及其进展 [J]. 生物多样性, 1997, 5 (2)：157-59.

[12] 曹伟著. 城市生态安全导论 [M]. 北京：中国建筑工业出版社, 2004.

[13] 陈阜. 农业生态学 [M]. 北京：中国农业大学出版社, 2002.

[14] 陈刚起. 三江平原沼泽开垦前后下垫面及水平衡变化研究 [J]. 地理科学, 1997, 7 (增刊)：427-423.

[15] 戴天兴. 城市环境生态学 [M]. 北京：中国建材工业出版社, 2002.

[16] 丁圣彦. 生态学——面向人类生存环境的科学价值观 [M]. 北京：科学出版社, 2004.

[17] 董世魁, 刘世梁, 邵新庆等. 恢复生态学 [M]. 北京：高等教育出版社, 2009.

[18] 董锁成. 《中国百年资源、环境与发展报告》[M]. 武汉：湖北科学技术出版社, 2002.

[19] 杜晓军, 高贤明, 马克平. 生态系统退化程度诊断：生态恢复的基础与前提 [J]. 植物生态学报, 2003, 27 (5)：700-708.

[20] 杜珍媛. 转基因技术的生态风险及对策研究 [J]. 安徽农业科学, 2010, 38 (19)：9961-9964.

[21] 马尔特比 E 等. 生态系统管理：科学与社会问题 [M]. 康乐等译. 北京：科学出版社, 2003.

[22] Odum Eugene P, Barrett Gary W. 生态学基础 [M]. 陆健健等译. 第 5 版. 北京：高等教育出版社, 2009.

[23] 方萍, 曹凑贵, 赵建夫. 生态学基础 [M]. 上海：同济大学出版社, 2008.

[24] 傅伯杰, 陈利顶, 马克明等. 景观生态学原理及应用 [M]. 北京：科学出版社, 2001.

[25] 加朗·弗兰克. 全球水资源危机和中国的"水资源外交"[J]. 和平与发展, 2010, (03)：66-72.

[26] Stuart Chapin F, Matson Pamela A, Mooney Harold A. 陆地生态系统生态学原理 [M]. 李博, 赵斌, 彭容豪等译. 北京：高等教育出版社, 2005.

[27] 高吉喜, 张林波, 潘英姿. 21 世纪生态发展战略 [M]. 贵阳：贵州科技出版社, 2001.

[28] 戈峰. 现代生态学 [M]. 第 2 版. 北京：科学出版社, 2008.

[29] 胡二邦. 环境风险评价实用技术和方法 [M]. 北京：中国环境科学出版社, 1999.

[30] 黄昌勇. 环境土壤学 [M]. 北京：中国农业出版社, 1999.

[31] 黄光宇, 陈勇. 生态城市理论与规划设计方法 [M]. 北京：科学出版社, 2004.

[32] 黄铭洪. 环境污染与生态恢复 [M]. 北京：科学出版社, 2003.

[33] 姜春娜, 杜丽娜. 浅论全球气候变暖及其预防对策 [J]. 中国环境管理, 第 2 辑：3-4.

[34] 金岚. 环境生态学 [M]. 北京：高等教育出版社, 1992.

[35] Treweek Jo. 生态影响评价 [M]. 国家环境保护总局环境评估中心译. 北京：中国环境科学出版社, 2006.

[36] 鞠美庭, 王勇, 孟伟庆等. 生态城市的理论与实践 [M]. 北京：化学工业出版社, 2008.

[37] 沃科特 K A 等. 生态系统——平衡与管理的科学 [M]. 欧阳华等译. 北京：科学出版社, 2002.

[38] 李博. 生态学 [M]. 北京：高等教育出版社, 2000.

[39] 瑞吉斯特·理查德. 生态城市——建设与自然平衡的人居环境 [M]. 王如松, 胡聃译. 北京：社会科学文献出版社, 2002.

[40] 李洪远. 生态学基础 [M]. 北京：化学工业出版社, 2005.

[41] 李洪远, 鞠美庭. 生态恢复的原理与实践 [M]. 北京：化学工业出版社, 2005.

[42] 李季, 许艇. 生态工程 [M]. 北京：化学工业出版社, 2008.

[43] 李莉. 臭氧层的破坏及其影响 [J]. 河北理工学院学报：社会科学版, 2003, 3 (增刊)：103-105.

[44] 李明辉, 彭少麟. 景观生态学与退化生态系统恢复 [J]. 生态学报, 2003, 23 (8)：1622-1628.

[45] 李维长. 世界森林资源保护及中国林业发展对策分析 [J]. 资源科学，2000，(6)：71-76.

[46] 李文华等. 生态系统服务功能价值评估的理论、方法与应用 [M]. 北京：中国人民大学出版社，2008.

[47] 李训贵. 环境与可持续发展 [M]. 北京：高等教育出版社，2004.

[48] 李元. 环境生态学导论 [M]. 北京：科学出版社，2009.

[49] 李振基，陈小麟，郑海雷. 生态学 [M]. 第 3 版. 北京：科学出版社，2007.

[50] 林文雄. 生态学 [M]. 北京：科学出版社，2007.

[51] 柳劲松，王丽华，宋秀娟. 环境生态学基础 [M]. 北京：化学工业出版社，2003.

[52] 刘晓农，叶萍，钟筱红. 转基因生物的标识问题及管理对策 [J]. 南昌大学学报：人文社会科学版，2010，41 (4)：82-85.

[53] 卢昌义，叶勇. 湿地生态与工程——以红树林湿地为例 [M]. 厦门：厦门大学出版社，2006.

[54] 卢升高，吕军. 环境生态学 [M]. 杭州：浙江大学出版社，2004.

[55] 陆书玉. 环境影响评价 [M]. 北京：高等教育出版社，2002.

[56] 毛文永. 生态环境影响评价概论 [M]. 修订本. 北京：中国环境科学出版社，2003.

[57] Bush Mark B. 生态学——关于变化中的地球 [M]. 刘雪华译. 北京：清华大学出版社，2007.

[58] Perrow Martin R，Davy Anthony J. Handbook of Ecological Restoration [M]. The United Kingdom：Cambridge University Press，2002.

[59] 钦佩，安树青，颜京松. 生态工程学 [M]. 南京：南京大学出版社，1998.

[60] 任海，刘庆，李凌浩. 恢复生态学导论 [M]. 第 2 版. 北京：科学出版社，2008.

[61] 任海，彭少麟. 恢复生态学导论 [M]. 北京：科学出版社，2002.

[62] 任海，彭少麟，陆宏芳. 退化生态系统恢复与恢复生态学 [J]. 生态学报，2004，24 (8)：1760-1768.

[63] Primack Richard，季维智. 保护生物学基础 [M]. 北京：中国林业出版社，2000.

[64] Ricklefs Robert E. 生态学 [M]. 孙儒泳，尚玉昌等译. 第 5 版. 北京：高等教育出版社，2004.

[65] White Rodney R. 生态城市的规划与建设 [M]. 上海：同济大学出版社. 2009.

[66] 尚玉昌. 普通生态学 [M]. 第 2 版. 北京：北京大学出版社，2002.

[67] 沈清基. 城市生态与城市环境 [M]. 上海：同济大学出版社，1998.

[68] 沈显生. 生态学 [M]. 北京：科学出版社，2008.

[69] 盛连喜. 环境生态学导论 [M]. 第 2 版. 北京：高等教育出版社，2009.

[70] 宋永昌. 植被生态学 [M]. 上海：华东师范大学出版社，2001.

[71] 宋永昌，由文辉，王祥荣. 城市生态学 [M]. 上海：华东师范大学出版，2000.

[72] 孙儒泳，李庆芬，牛翠娟等. 基础生态学 [M]. 北京：高等教育出版社，2002.

[73] 孙铁珩，周启星，李培军. 污染生态学 [M]. 北京：科学出版社，2002.

[74] 王如松，胡聃，王祥荣等. 城市生态服务 [M]. 北京：气象出版社，2004.

[75] 邬建国. 景观生态学——格局、过程、尺度与等级 [M]. 北京：高等教育出版社，2000.

[76] 奚旦立，孙裕生，刘秀英. 环境监测 [M]. 第 3 版. 北京：高等教育出版社，2004.

[77] 肖笃宁. 景观生态学——理论、方法及应用 [M]. 北京：中国林业出版社，1991.

[78] 肖笃宁. 景观生态学研究进展 [M]. 长沙：湖南科学技术出版社，1999.

[79] 谢军安. 全球水资源危机与可持续发展 [J]. 世界经济与政治，1998 (05)：53-57.

[80] 徐化成. 景观生态学 [M]. 北京：中国林业出版社，1996.

[81] 杨持. 生态学 [M]. 第 2 版. 北京：高等教育出版社，2008.

[82] 杨京平，卢剑波. 生态恢复工程技术 [M]. 北京：化学工业出版社，2002.

[83] 杨小波，吴庆书等. 城市生态学 [M]. 北京：科学出版社，2001.

[84] 杨志峰，何孟常，毛显强等. 城市生态可持续发展规划 [M]. 北京：科学出版社，2006.

[85] 杨志峰，徐琳瑜. 城市生态规划学 [M]. 北京：北京师范大学出版社，2008.

[86] 张从. 环境评价教程 [M]. 北京：中国环境科学出版社，2002.

[87] 章家恩. 生态规划学 [M]. 北京：化学工业出版社，2009.

[88] 章家恩. 生态退化的形成原因探讨 [J]. 生态科学，1999，18 (3)：28-32.

[89] 章家恩. 退化生态系统的诊断特征及其评价指标体系 [J]. 长江流域资源与环境，1999，8 (2)：215-220.

[90] 赵方莹，孙保平等. 矿山生态植被恢复技术 [M]. 北京：中国林业出版社，2009.

[91] 赵晓光，石辉. 环境生态学 [M]. 北京：机械工业出版社，2007.

[92] 庄菁. 联合国与全球环境发展问题探析 [D]. 苏州：苏州大学，2008.